AF546623

Autor Peter Pusch

Co-Autor Florian Pusch

Zu den Autoren

Dipl.-Ing. EUR-Ing. **Peter Pusch** (VDE, VDI). Technische Ausbildung bei BBC, heute ABB, in Essen. Studium der „Allgemeinen Elektrotechnik" in Münster. Netzführungs- und Lastverteilungs-Ing. bei der ÜNH AG Bremen, heute EWE AG Oldenburg. Planung, Projektleitung, Instandhaltung von Hoch- und Mittelspannungs-Schaltanlagen und Leittechnik. Technische Leitung des Transformatoren-Dienstleistungszentrums. Leitung der Anlagentechnik und technischen Unternehmensplanung. Dozent, Trainer und Berater in freier Mitarbeit zu den Themen Arbeitssicherheit, Gefährdungsbeurteilung, Schaltberechtigung, Unternehmensoptimierung, technische Organisationsabläufe. Vormals Mitglied einer VDEW-, aktuell FNN-Projektgruppe und VDE-Vorstandsmitglied der Region Nord-West e. V. Inhaber des Ingenieurbüros Pusch & Partner.

B. Eng. **Florian Pusch** (VDE). Nach einer elektrotechnischen Berufsausbildung und anschließendem Studium an der Hochschule Bremen zum Wirtschaftsingenieur ist Florian Pusch aktuell als Berater und Trainer für Elektrosicherheit tätig. Während seiner mehrjährigen Tätigkeit bei einer Ingenieurgesellschaft leitete er diverse Projekte in der Industrie. Beispielhaft genannt sei hier die Mitarbeit im Rahmen der Entwicklung des ersten Elektrofahrzeugs von Europas größtem Autobauer. Berufsbegleitend dazu qualifizierte er sich zum Netzingenieur Strom gemäß VDN-Richtlinie S 1000. Seit 2015 ist er Mitinhaber des Ingenieurbüros Pusch & Partner mit dem Schwerpunkt Arbeitssicherheit und Gesundheitsschutz sowie Beratung für den sicheren Betrieb von elektrischen Mittel- und Hochspannungsanlagen. Florian Pusch ist Mitglied im VDE-Nord e. V.

www.sicher-schalten.de

VDE-Schriftenreihe Normen verständlich **79**

Schaltberechtigung für Elektrofachkräfte und befähigte Personen

Betrieb von elektrischen Anlagen,
rechtssichere Organisation,
Fachkunde für die Schaltbefähigung

Dipl.-Ing. EUR-Ing. Peter Pusch
B. Eng. Wirtsch.-Ing. Netzing. Strom Florian Pusch

9., überarbeitete Auflage

VDE VERLAG GMBH

ICS 13.200; 29.130.10; 29.240.01

Bibliografische Information der Deutschen Nationalbibliothek
Die Deutsche Nationalbibliothek verzeichnet diese Publikation in der Deutschen Nationalbibliografie; detaillierte bibliografische Daten sind im Internet über http://dnb.dnb.de abrufbar.

ISBN 978-3-8007-5765-7 (Buch)
ISBN 978-3-8007-5766-4 (E-Book)
ISSN 0506-6719

Satz: Text- und Software-Service Manuela Treindl, Fürth
Druck: Buch- und Offsetdruckerei H. Heenemann GmbH & Co. KG
Printed in Germany

2022-03

Inhalt

Vorwort 9. Auflage

Liebe Leser,

über vier Jahre liegen nun schon wieder zwischen der 25-jährigen Jubiläumsauflage und diesem aktualisierten Exemplar.

Aus Gründen der besseren Lesbarkeit wird in diesem Buch auf die gleichzeitige Verwendung der Sprachformen männlich, weiblich und divers (m/w/d) verzichtet. Sämtliche Personenbezeichnungen gelten gleichermaßen für alle Geschlechter.

Die physikalischen Grundlagen der Elektrotechnik haben sich glücklicherweise nicht geändert ☺. Jedoch arbeiten ständig Experten der Schaltanlagenhersteller an Optimierungen sowie die Betriebspraktiker in diversen Arbeitskreisen um einen verbesserten, gemeinsamen Nenner mit sicheren Verfahrensweisen/Normen in Deutschland, Europa und der Welt zu erstellen.

Die **DIN VDE 1000-10** ist 2021 in aktualisierter Form neu erschienen. Hier geht es um die im Bereich der Elektrotechnik tätigen Personen und um die fachliche- und organisatorische Verantwortung, Begriffsbestimmungen sowie das Zusammenspiel von VEFK, EFK und EUP, siehe Kapitel 11.

Bezüglich der Organisation differenzieren einige Unternehmen die **Berechtigungen**. Sie unterteilen in: Teilschaltberechtigung, Schaltberechtigung, Verfügungserlaubnisberechtigung, Schaltauftragsberechtigung. Im Kapitel 11 finden Sie diese Begriffe erläutert.

Die IEC 61244-5 wird in IEC 62771-213 überführt. Im Teil 213 gehören jetzt **Spannungsprüf- und -anzeigesysteme** zur Norm der Hochspannungs-Schaltgeräte und -Schaltanlagen VDE 0671-213. Die Betriebsspannung wird sicher kapazitiv oder ohmsch ausgekoppelt und an der Bedienfront zuverlässig angezeigt, zwecks Anwendung der 3. Sicherheitsregel, siehe Kapitel 5.12.2 und Kapitel 10.3.3.

Überwacht sich das Spannungsanzeigegerät selbst, so ist keine Wiederholungsprüfung innerhalb von 6 Jahren erforderlich. Ältere Systeme verfügen darüber nicht und müssen wie Stabspannungsprüfer innerhalb der Frist einer Prüfung unterzogen werden. HR-Systemen sind in der neuen Norm nicht mehr enthalten. **Phasenvergleicher** werden in einer gesonderten Norm IEC 62771-215 beschrieben.

Durch technische Verbesserungen wie z. B. Feststellen der Spannungsfreiheit bei geschlossener Schaltfeldtür mittels kapazitiver Spannungsauskopplung wird eine der **T-O-P Maßnahmen** (Kapitel 2) verbessert.

T = Schutz durch Technik (Kapitel 5.11.3); O = Schutz durch organisatorische Maßnahmen (Kapitel 1 und 2) und P = Schutz durch personenbezogene Maßnahmen wie z. B. die PSAgS (Kapitel 5.11.2)

Schaltanlagenhersteller bieten aktuell als Alternative zu den SF_6-gasisolierten Schaltanlagen **MS-Schaltanlagen mit ökoeffizienten Gasen** wie z. B trockene Luft in Kombination mit der Vakuumschalttechnik an. SF_6 ist bekanntlich ein hochwirksames Treibhausgas. Jedoch nur dann, wenn es austritt und sich mit der Luftatmosphäre vermischt. Das ist in der Praxis höchst unwahrscheinlich, weil die Anlagenbehälter hermetisch verschlossen sind, siehe Kapitel 5.12.1.

Im Anhang Kapitel 14 finden Sie überarbeitete **Musterformulare** für Ihren Anlagen- und Netzbetrieb zur Nutzung, mit der Bitte die Quellen anzugeben.

In der Vergangenheit haben sich Unfälle durch Anwendung der **fünften Sicherheitsregel** ereignet: „Benachbarte unter Spannung stehende Teile abdecken **oder** abschranken".

So wurde in einigen Fällen in der Praxis entsprechend dieser Regel entweder abgedeckt **oder** abgeschrankt – eine Schwachstelle, die zu einem Unfall führen kann. Darum finden Sie in diesem Buch an verschiedenen Stellen – aus der Praxis für die Praxis – die Ergänzung **oder/und**, also abdecken **und** abschranken, wenn erforderlich, siehe Kapitel 10.3.5.

In den letzten Jahren sind verstärkt Fehlschaltungen und Unfälle durch die Ablenkung des Smartphone-Nutzers passiert. Darauf machen wir im Kapitel 9 „Fehlschaltungsanalyse" aufmerksam. Geben Tipps zu Verhütungsstrategien. Lass dich nicht „App-lenken".

KONZENTRATION und AUFMERKSAMKEIT.

Dieses Werk dient Ihnen weiterhin als Mittler zwischen Theorie und Praxis.

Tipps: Ruhe bewahren, nicht übereilt handeln, an den Selbstschutz und die Erhaltung der Gesundheit denken. Gefährdungen beurteilen, Risiken ermitteln, reduzieren und wenn erforderlich den Vorgang abbrechen, sobald das Restrisiko zu groß ist/wird. Konzentriert, aufmerksam Schritt für Schritt vorgehen, sich nicht ablenken lassen und immer das Ziel vor Augen haben:

Eigene Vorsicht ist der beste Selbstschutz
Sicher Schalten für mein Wohlbefinden
NULL Unfälle – NULL Fehlschaltungen
Sicherheit beginnt im Kopf

Uns ist klar, dass Ihnen als Leser noch zahlreiche Ergänzungen einfallen werden, die hätten berücksichtigt werden müssen. Wenn dadurch eine rege Diskussion entstehen könnte, wäre auch ein Ziel dieser Arbeit erreicht. Darum möchten wir weiterhin mit Ihnen einen **Dialog** fördern und bitten um **Vorschläge** aus Ihrer Praxis zur Verbesserung für die Praxis der Leser.

E-Mail: info@sicher-schalten.de oder

im Internet: www.sicher-schalten.de

Es geht um Ihre **Gesundheit**, Ihre **Sicherheit**, Ihr **Wohlbefinden** sowie das Ihrer Kunden, Kollegen und den Wettbewerbsvorteil Ihres Unternehmens, für eine sichere Stromversorgung und einen reibungslosen Betriebsablauf.

Herzlichen Dank für Ihr Interesse an diesem Buch.

Viel Spaß beim Lesen für Ihren persönlichen Erfolg.

Ihr *Peter Pusch* mit *Florian Pusch* aus Oyten bei Bremen im Jahr 2021

1 Einleitung

Elektrofachkräfte – befähigte Personen – in Energieversorgungsunternehmen (EVU/VNB/KW), der Industrie, in Gewerbe- und Handwerksbetrieben, auf Seeschiffen sowie in Kraftwerken, Wind- und Solarparks überwachen in Leitstellen oder vor Ort den Prozess und betreiben elektrische Anlagen. Sie führen täglich Schaltungen durch. Oft fehlen aber einheitliche Organisations- und Betriebsrichtlinien, um Schaltungen und Schaltgespräche strukturiert und sicher durchzuführen.

Durch menschliches Fehlverhalten, Fehlschaltungen, technische Unzulänglichkeiten und Organisationsschwachstellen können oftmals schwere elektrische Unfälle verursacht werden. Betriebsstörungen von beträchtlichem Ausmaß, mit hohen Kosten und Personenschäden können die Folge sein.

In keiner Vorschrift und Bestimmung ist das Thema der Schaltberechtigung ausführlich beschrieben. Hier ist der Unternehmer/Arbeitgeber mit seinem Führungsteam aufgefordert, aus den vorhandenen Gesetzen, Verordnungen, Unfallverhütungsvorschriften mit den zugehörigen Regeln sowie den „Allgemein anerkannten Regeln der Technik“ (z. B. DIN-Normen, VDE-Bestimmungen) die zugehörigen Vorschriftentexte herauszuziehen und diese für den sicheren Betrieb in einer Anweisung für Mitarbeiter festzuschreiben.

Die Führungspflichten des Unternehmers und des betrieblichen Vorgesetzten/der verantwortlichen Elektrofachkraft (VEFK) ergeben sich aus Gesetz und Rechtsprechung. Sie lassen sich für alle Vorgesetzten in der betrieblichen Hierarchie auf folgende Pflichten zurückführen (**Tabelle 1.1**):

- Organisation,
- Auswahl,
- Einsatz,
- Aufsicht.

In diesen vier Grundforderungen bzw. Verantwortungen steckt die Basis für die Organisation in Bezug auf die Schaltberechtigung im Betrieb.

Führungskreis (Stufe)	Stellung im Unternehmen	Aufgaben und Verantwortung	Führungs-pflichten
oberstes Management	Unternehmer Vorstand Gesellschafter Inhaber	Grundsatzentscheidungen (Geld, Anlagen, Einrichtungen, Organisation)	Organisation
		Auswahl der leitenden Führungskräfte	Auswahl
		Einsatz, Betreuung, Führung der leitenden Führungskräfte	Einsatz
		Aufsicht (Organisation, Person, Sache)	Aufsicht
oberes Management	Werksleiter/Direktor Geschäftsführer Betriebsleiter (mit Prokura) Hauptabteilungsleiter (mit Prokura)	Planung Entscheidungen von Bedeutung Regelung von organisatorischen Einrichtungen und Maßnahmen Grundsätzliche Anordnungen und Einzel-anweisungen (Schaltdienstanweisung)	Organisation
		Auswahl von Führungskräften und Mitarbeitern (Schaltauftrags- und Schaltberechtigte)	Auswahl
		Einsatz, Betreuung, Führung von Führungs-kräften und Mitarbeitern	Einsatz
		Aufsicht und Kontrollen (Organisation, Person, Sache)	Aufsicht
mittleres und unteres Management	Betriebsleiter (ohne Prokura) Fertigungsleiter Hauptabteilungsleiter (ohne Prokura) Abteilungsleiter Gruppenleiter/ Teamleiter	Durchführung von organisatorischen Maß-nahmen Arbeitsanweisungen (Unterweisungen bezüg-lich Schaltberechtigung und Arbeitssicherheit) Information Anweisungen im Einzelfall Meldung „nach oben"	Organisation
		Auswahl von Mitarbeitern (Schaltberechtigte)	Auswahl
		Einsatz, Betreuung, Führung von Mitarbeitern	Einsatz
		Aufsicht und Kontrollen (Organisation, Person, Sache)	Aufsicht

Tabelle 1.1 Führungspflichten

Der Unternehmer/Anlagenbetreiber:

- Vorstand einer Aktiengesellschaft oder
- Gesellschafter einer GmbH oder
- Inhaber des Betriebs

kann sich ein geeignetes Organisationsmodell auswählen, sodass der Betrieb zweckmäßig gegliedert ist, der Betriebsablauf funktioniert und die Verantwortungsbereiche klar bezeichnet und abgegrenzt sind. Ziel und Zweck ist es, das Unternehmen **rechtssicher** zu organisieren.

NULL Unfälle – NULL Fehlschaltungen

Auf die Schaltberechtigung bezogen, ergibt sich daraus der **rote Faden**:

Wer **darf**
Wo
Welche **Betriebsmittel**
Wann **freischalten**

Im Folgenden werden die vier W erläutert:

Wer?

Hier geht es um das **Anforderungsprofil** für eine befähigte, schaltberechtigte Person.

Es werden nach DIN VDE 0105-100 **zwei Arten von Schalthandlungen** unterschieden:

1. Schalthandlungen zur **Änderung des elektrischen Zustands** einer Anlage, zum **Bedienen** von Betriebsmitteln. Ein- und Ausschalten, Starten und Stillsetzen von Betriebsmitteln mit Einrichtungen, deren bestimmungsgemäßer Gebrauch gefahrlos ist. Hierfür ist eine Ein-/Unterweisung erforderlich, jedoch nicht die klassische Schaltberechtigung. **Zum Beispiel:** Der Bäckermeister – ein Unternehmer und somit Anlagenbetreiber – schaltet in seiner Backstube die elektrischen Betriebsmittel ein und aus. Die elektrische Anlage befindet sich in einem sicheren Zustand. Eine Schaltberechtigung ist nicht erforderlich.
2. Aus-/Frei- oder Wiedereinschalten von Anlagen unter Berücksichtigung der fünf Sicherheitsregeln, **im Zusammenhang mit der Durchführung von Arbeiten** an elektrischen Anlagen und Betriebsmitteln. Hierfür ist ein Anlagenverantwortlicher mit der Befähigung zum Schalten erforderlich. Die Grundqualifikation ist durch Elektrofachkräfte oder in Sonderfällen durch elektrotechnisch unterwiesene Personen gegeben.

Die **persönliche Qualifikation** besteht aus der erforderlichen Eignung, Neigung und Gesundheit.

Die **fachliche Qualifikation** einer Person mit Schaltbefähigung ist in der Regel durch die Qualifikation zur Elektrofachkraft gegeben.

Die Elektrofachkraft ist eine Person, die aufgrund

- ihrer fachlichen Ausbildung (z. B. als Elektroingenieur, Elektromeister/Techniker, Elektrogeselle) und
- ihrer theoretischen Kenntnisse
- die wichtigsten, einschlägigen Bestimmungen (UVV, VDE, TRBS u. a.) kennt,
- Arbeiten aufgrund in der Praxis gesammelter Erfahrungen beurteilen kann,
- mögliche Gefahren erkennen kann – im übertragenen Sinne „hellseherische Fähigkeiten“ besitzt –, um Unfälle zu verhüten.

Diese allgemeinen Kenntnisse und Fähigkeiten reichen jedoch für die Erteilung einer Schaltberechtigung noch nicht aus.

Ein Schaltgerät kann jeder elektrotechnische Laie ein- oder ausschalten. Bei der professionellen Schaltberechtigung geht es um mehr. Wenn eine Kabelstrecke oder ein Transformator freigeschaltet werden soll, muss sich die Person vorher Gedanken darüber machen, welche Auswirkung diese Schaltung hat (Gefährdungs- und Risikoanalyse). Welche Absprachen müssen getätigt werden? Wer ist wann zu informieren? Können vorher, in einer anderen Spannungsebene, Netzumschaltungen vorgenommen werden, um eine Versorgungsunterbrechung zu verhindern? Welche Stromflusswege gibt es noch, die freigeschaltet werden müssen? Welche Maßnahmen sind noch erforderlich? Wie z. B. eine Ersatzstromversorgung (Aggregat) beschaffen.

Bei einer nicht geplanten Schaltung – also bei einer **Störung** – liegen die Anforderungen bedeutend höher, weil situationsbedingt gehandelt werden muss. Hier ist eine **sehr gute Qualifikation, gepaart mit Erfahrung, erforderlich**.

Folgende Zusatzkenntnisse benötigt der Schaltberechtigte:

- **Ortskenntnisse:** Wo befinden sich die elektrischen Schaltanlagen?
- **Anlagenkenntnisse:** Im Unternehmen gibt es z. B. 40 Jahre alte, luftisolierte Anlagen mit noch sichtbaren Schalterstellungen und neue, fabrikgefertigte, typgeprüfte, metallgekapselte Anlagen, die sogar hermetisch verschlossen sind, die GIS – gasisolierten Schaltanlagen.
- **Netzkenntnisse:** Über welche Kabel oder Freileitungen fließt der Strom? Können Generatoren einspeisen? Wie groß sind die Kurzschlussströme im Fehlerfall?

- **Lastflusskenntnisse:** Wie groß sind die Ströme in den einzelnen Systemen vor der Schaltung? Was passiert, wenn geschaltet wird? Wie hoch sind die Ströme nach der Schaltung? Was wird spannungslos? Kann vorher eine Netzumschaltung in einer anderen Spannungsebene vorgenommen werden, um die Versorgungsunterbrechung zu vermeiden?
- **Brandbekämpfung:** Kenntnisse der DIN VDE 0132, Löschmittel. Abstände, ...
- **Erste Hilfe**, Herz-Lungen-Wiederbelebung.
- **Sonstige Spezial- und Prozesskenntnisse**, die im Unternehmen erforderlich sind.

Wo und welche Betriebsmittel?

Diese Frage grenzt die **Verantwortungsbereiche** des Schaltberechtigten ab.

Der Unternehmer legt fest, welche Betriebsmittel in welcher Spannungsebene und Werksteilen/Örtlichkeiten/Netzteilen geschaltet werden dürfen.

Wann?

Hiermit wird die Zeitkomponente angesprochen.

Ist die Schaltberechtigung zeitlich begrenzt oder unbegrenzt?

Handelt es sich um eine allgemein gültige, klassische Schaltberechtigung (SB) oder um eine begrenzte, eine sog. Teil-Schaltberechtigung für festgelegte Tätigkeiten?

Hierzu ein Beispiel zur Erläuterung:

Ein Schlosser soll für Instandhaltungszwecke an einem 5-kV-Motor arbeiten. Zum sicheren Arbeiten muss der Motor entsprechend den fünf Sicherheitsregeln freigeschaltet werden. Hierfür erhält der Monteur eine Teil-Schaltberechtigung nach Ausbildung/Qualifizierung zur EUP (elektrotechnisch unterwiesene Person) und entsprechend eine spezielle Arbeitsanweisung für diese Schaltung. Mehr darf er nicht schalten. Wenn während der Schaltung eine Besonderheit oder ein Fehler auftritt, ist die EFK (elektrotechnische Fachkraft) zu rufen, um den Fehler zu suchen und zu beheben.

Durch die **Erfolgskontrolle** – einen Befähigungsnachweis in Theorie und Praxis – wird die Qualifikation dokumentiert.

Der „**Bestellvorgang**" durch den Unternehmer/die Führungskraft erfolgt in schriftlicher Form. Auf den nächsten Seiten finden Sie zwei **Musterformulare** für den Bestellvorgang (**Bild 1.1** und **Bild 1.2**) sowie die **Tabelle 1.2**, die Parallelen zwischen der Schaltberechtigung und dem Führerschein aufzeigt.

Nachdem die Organisation festgelegt ist, müssen für die vorgesehenen Aufgaben die Personen mit fachlichen und führungsmäßigen Voraussetzungen ausgewählt werden.

Erteilung der Schaltberechtigung (Muster)

Herrn/Frau (Name, Vorname): ______________________

Org. Einheit / Abteilung: ______________________

wird hiermit die Schaltberechtigung gemäß der jeweils gültigen Schaltdienstanweisung/Betriebsanweisung für nachfolgende Anlagenteile / Spannungsebenen erteilt.

Nr.	Anlagenteil / Netz
1	
2	
3	
4	

Die Schaltberechtigung verlängert sich, wenn an einer Jahresunterweisung „Schaltberechtigung" sowie an einem Praxistraining erfolgreich teilgenommen wurde.

Mit meiner Unterschrift bestätige ich, dass ich in dem beschriebenen Bereich mit der Abwicklung von Schalthandlungen in den aufgeführten Anlagen und Netzen vertraut bin und mir die fachlichen Inhalte zur Schaltberechtigung vermittelt wurden.

Weiterhin bestätige ich, dass ich bei der Abwicklung von Schalthandlungen die einschlägigen Unfallverhütungsvorschriften (DGUV Vorschrift 1, Vorschrift 3) und VDE Bestimmungen insbesondere die 5 Sicherheitsregeln (VDE 0105-100) beachten werde.

Die Schaltdienstanweisung / Betriebsanweisung wurde mir ausgehändigt.

Ort, Datum: ______________________

Unterschrift Schaltberechtigter: ______________________

Unterschrift VEFK: ______________________

www.sicher-schalten.de NULL Unfälle NULL Fehlschaltungen

Bild 1.1 Erteilung der Schaltberechtigung Musterformular

Bescheinigung

Nach DGUV-Vorschrift 84 § 10

Certificate

According to national Accident Prevention Regulation 84 § 10

Herr/Frau ______________________
Mr./Mrs.
geboren am ____________ in/at ____________
born on
hat vom ____________ bis/to ____________
has from

an der Ausbildungsstätte/at the training centre/school

____
in
____

an einem von der BG Verkehr anerkannten Lehrgang zum Erwerb der Schalt-berechtigung für Mittelspannungsanlagen bis 36 kV erfolgreich teilgenommen.

successfully attended on a training course approved by the BV Verkehr for the safe operation of medium voltage systems of up to 36 kV.

______________________	______________________
Ort, Datum Place, date	Stempel und Unterschrift Seal and signature

Bild 1.2 Musterformblatt der Teilnahmebestätigung als Empfehlung der BG Verkehr Hamburg

Führerschein	**Schaltberechtigung**
Theorie • Berufskraftfahrer • Gesetze, Unfallverhütungsvorschriften, Normen, Bestimmungen • Begriffe, Fachausdrücke • Sicherheitsschilder • § 1 StVO (Straßenverkehrsordnung) • Kfz-Technik	**Theorie** • Elektrofachkraft • Gesetze, Unfallverhütungsvorschriften, Normen, Bestimmungen • Begriffe, Fachausdrücke • Sicherheitsschilder • Unfallverhütungsvorschrift DGUV-Vorschrift 3 • DIN VDE 0105, fünf Sicherheitsregeln • Grundlagen der Elektrotechnik
Praxis • Erfahrung • Arbeiten beurteilen, mögliche Gefahren erkennen • zur eigenen Sicherheit und für eine reibungslose Fahrt	**Praxis** • Erfahrung • Arbeiten beurteilen, mögliche Gefahren erkennen • zur eigenen Sicherheit und zum reibungslosen Betriebsablauf

Tabelle 1.2 Der Lkw-Führerschein im Vergleich zur Schaltberechtigung

Der Kreis schließt sich durch die Aufsichtspflicht des Unternehmers. Hierdurch wird sichergestellt, dass die getroffenen organisatorischen Maßnahmen durchgeführt, das geeignete Personal in Bezug auf die Schaltberechtigung ausgewählt, geschult und eingesetzt sowie richtig geführt wird.

Der Unternehmer sollte ein Durchführungskonzept mit einem Zeit-Maßnahmenplan **Schaltberechtigung** erstellt, um folgende Ziele festzulegen:

- einen theoretischen und praktischen Schulungsplan,
- Begriffsklärungen,
- einen einheitlichen Ablauf und Aufbau von Schaltberichten, Schaltgesprächen und Schalthandlungen,
- Abgrenzungen der Zuständigkeitsbereiche und Schaltberechtigungsklassen in Abhängigkeit der verschiedenen Anlagentypen, Spannungsebenen und Schaltorte,
- Erstellung eines Leitfadens und Arbeitsanweisungen für Schalthandlungen,
- eine Erfolgskontrolle in Theorie und Praxis,
- Wiederholungsunterweisungsabstände,
- die Erteilung und Gültigkeit der Schaltberechtigung.

Der Arbeitskreis sollte aus Mitarbeitern der Fachbereiche bestehen, die Schaltungen durchführen, planen sowie Schaltanlagen installieren und betreiben. Außerdem sind VEFK, Sicherheitsfachkraft und der Betriebsrat zu beteiligen.

In regelmäßigen Abständen ist der Unternehmer vom Arbeitskreis über den aktuellen Stand zu informieren, um an dieser Stelle die Möglichkeit zu haben, die Zielvorgaben zu korrigieren. Nach Genehmigung der Betriebsrichtlinie „Schaltberechtigung bzw. Schaltdienstanweisung“ kann die Information an alle Mitarbeiter gegeben werden, um anschließend mit der Durchführung zu beginnen.

Die Erteilung der Schaltberechtigung ist schriftlich zu erfolgen, wie aus Bild 1.1 und Bild 1.2 ersichtlich.

Die Schaltberechtigung kann im übertragenen Sinne mit einem Lkw-Führerschein gleichgesetzt werden (siehe Tabelle 1.2).

Der Berufskraftfahrer verfügt wie die Elektrofachkraft über

- eine fachliche Grundausbildung,
- Kenntnisse der einschlägigen Gesetze, Normen und Bestimmungen,
- Kenntnisse der gebräuchlichen Fachausdrücke und Schilder,
- Erfahrungen

und kann

- Arbeiten beurteilen,
- mögliche Gefahren erkennen

zur eigenen Sicherheit und zum reibungslosen Betriebsablauf.

Eine weitere Möglichkeit zur Erhaltung der Schaltberechtigung kann die Festlegung sein, dass jährlich mind. z. B. zehn verschiedene Schalthandlungen nachgewiesen werden müssen, um die Berechtigung aufrechtzuerhalten. Dieser Schritt ist vergleichbar mit der Fluglizenz eines Piloten, der eine jährliche Flugpraxis nachweisen muss. Denn in der Praxis zeichnet sich der Profi aus, der über Erfahrungen und Kenntnisse verfügt. Sporadisches/gelegentliches Schalten kann zur Unsicherheit führen und somit zu Fehlschaltungen.

Professionalität ist hier angesagt!

Wer also als pflichtbewusster Unternehmer die Schaltberechtigung in seinem Betrieb so organisiert, muss keine haftungs- und strafrechtlichen Konsequenzen in Kauf nehmen, wenn einmal ein Unfall passiert ist. Dasselbe gilt für die vom Unternehmer eingesetzten Vorgesetzten und Aufsichtspersonen.

Beachten Sie das BGH-Urteil (Az. VI ZR 182/01) und den dazugehörigen Zeitungsartikel aus der ZfK 05/2003 mit dem Titel „Folgenreicher Schaltfehler“ (**Bild 1.3**).

Folgenreicher Schaltfehler

BGH: Arbeitgeber müssen Personal sorgfältig auswählen

Arbeitgeber haben umfangreiche Überwachungs- und Aufsichtspflichten im Bereich Arbeitssicherheit vor allem dann, wenn von der Tätigkeit Gefahren für die öffentliche Sicherheit ausgehen können. Nach einem Urteil des Bundesgerichtshofs (BGH) reichen dabei regelmäßige Schulungen des Personals nicht aus.

Dem Urteil lag folgender Fall zugrunde: Ein Bagger hatte auf einer Baustelle ein Erdkabel beschädigt, und es kam zur Zündung eines Lichtbogens. Darauf begab sich ein Bauarbeiter zum Schaltwerk, um den Schaden zu melden. Dort war der Schaltwärter bereits mit der Feststellung und Lokalisierung des Fehlers beschäftigt. Danach war der Bauarbeiter wieder in der Baugrube, wo es erneut zur Zündung eines Lichtbogens kam. Der Arbeiter erlitt dabei schwere Verletzungen.

Gegen die Schadenersatzklage wandte das Stromversorgungsunternehmen ein, dem Mitarbeiter seien nur solche Tätigkeiten übertragen worden, deren gefahrlose Durchführung von ihm erwartet werden konnte; er hätte auch die gesetzlichen Anforderungen erfüllt. Der Arbeitgeber muß sich insoweit von den Fähigkeiten, der Eignung und der Zuverlässigkeit des Mitarbeiters überzeugen.

Besonders scharfe Maßstäbe sind dann anzulegen, wenn die Tätigkeit mit Gefahren für die öffentliche Sicherheit oder mit gravierenden Risiken für Leben, Gesundheit oder Eigentum verbunden ist. Davon muß sich der Arbeitgeber im Rahmen des Möglichen überzeugen. Dies ergibt sich im Schadensfall aber nicht durch Belege über die theoretische und praktische Unterweisung und Erteilung einer Schaltberechtigung für den Mitarbeiter – einschließlich Teilnahmeliste und Arbeitsschutz-Unterweisung sowie durchgeführte Wiederholungs-Unterweisungen. Es fehlten also Feststellungen zur beruflichen Qualifikation und persönlichen Eignung des Schaltwärters, Nachweise über dessen Vorkenntnisse und frühere Tätigkeit sowie Angaben zur Dauer des Beschäftigungsverhältnisses. So war die sorgfältige Auswahl des Schaltwärters nicht belegt worden.

Es fehlte aber auch der Nachweis einer sorgfältigen Überwachung. Der Arbeitgeber muß sich laufend von der ordnungsgemäßen Dienstausübung überzeugen. Art und Ausmaß der Überwachung richten sich nach den Umständen des Einzelfalls, insbesondere sind zu berücksichtigen: die Gefährlichkeit der übertragenen Tätigkeit, die Persönlichkeit des Mitarbeiters, sein Alter, seine Vorbildung und Erfahrung sowie seine bisherige Bewährung im Verhältnis zu der von ihm zu erfüllenden Aufgabe. Dabei kann eine sorgfältige Handhabung der Überwachungspflicht nicht vorhersehbare und unauffällige Kontrollen gebieten. Es reichte nicht aus, daß der Schaltwärter wiederholt theoretisch und praktisch geschult worden war. Der Arbeitgeber hätte vielmehr auch kontrollieren müssen, ob sich sein Mitarbeiter den Unterweisungen entsprechend verhielt *(Az. VI ZR 182/01).* ott

Bild 1.3 Folgenreicher Schaltfehler (ZfK 05/2003)

Die haftungs- und strafrechtlichen Konsequenzen reichen:

- vom **Bußgeld** bei Verstoß gegen die Unfallverhütungsvorschriften,
- über **Regress** der Berufsgenossenschaft gegen den Unternehmer (bzw. den Vorgesetzten, die Aufsichtsperson), der es schuldhaft (grob fahrlässig) unterlassen hat, darauf zu achten, dass seine Mitarbeiter die Arbeitsschutzvorschriften beachten, und wenn es durch sein „Unterlassen" zum folgenschweren Unfall kam,
- bis zur **strafgerichtlichen Verurteilung** (bei fahrlässiger Körperverletzung oder Tötung) des Unternehmers (bzw. des Vorgesetzten, der Aufsichtsperson), wenn durch sein Unterlassen (einfache Fahrlässigkeit reicht aus) Personen zu Schaden kommen.

Wer sich jedoch so verhält, wie es ein pflichtbewusster Unternehmer (bzw. der Vorgesetzte, die Aufsichtsperson) mit gleichen Aufgaben und Mitteln und in gleicher Position und Situation getan haben würde, haftet nicht. Er hat dann verantwortungsbewusst gehandelt und somit nichts fahrlässig unterlassen.

Nach der Betriebsrichtlinie „Schaltberechtigung bzw. Schaltdienstanweisung" wird jeder Elektrofachkraft bekannt sein, unter welchen Voraussetzungen und mit welchen Maßnahmen und Mitteln Schaltungen sowohl im Niederspannungs- als auch im Mittel- und Hochspannungsbereich durchgeführt werden. Um ein Höchstmaß an Betriebs- und Versorgungssicherheit – verbunden mit einem Optimum an Arbeitssicherheit – zu erreichen, ist es erforderlich, nach der vorgegebenen Richtlinie und der einheitlichen Schaltsprache zwischen Schaltauftrags- und Schaltberechtigten für den Schaltbetrieb im Mittel- und Hochspannungsnetz zu verfahren.

Jeder Schaltberechtigte muss seinen Zuständigkeits- und Verantwortungsbereich kennen. Die Mitarbeiter sollen die festgelegten Betriebsrichtlinien mittragen und motiviert sein, danach zu handeln.

Die folgenden Kapitel machen die Zusammenhänge nach dem Motto „**Aus der Praxis für die Praxis**" transparenter.

Sicherlich können nicht alle Informationen für jeden Betrieb komplett übernommen werden. Jedoch werden die Unterlagen als Leitfaden dienlich sein.

Die hier abgebildeten „Mosaikbausteine" (entsprechend den Kapiteln im vorliegenden Buch) werden zusammengesetzt und ergeben das fertige **Bild „Schaltberechtigung"** (siehe **Bild 1.4**).

„Mosaikbausteine Schaltberechtigung“

<table>
<tr><td colspan="2">Arbeitsschutzgesetz</td><td colspan="2">Betriebssicherheitsverordnung</td></tr>
<tr><td>DGUV-Vorschrift 1</td><td colspan="2">VDE-Bestimmungen
(DIN VDE 0105-100)</td><td>DGUV-Vorschrift 3</td></tr>
<tr><td colspan="2">Betriebsrichtlinien (z. B.
Schaltdienstanweisung)</td><td colspan="2">Fünf Sicherheitsregeln</td></tr>
<tr><td>Ausbildungsplan</td><td colspan="2">Grundlagen der Elektrotechnik,
Netz- und Schaltanlagentechnik</td><td>Verhalten bei Störungen</td></tr>
<tr><td colspan="4">Sicherheitskennzeichnung und Gesundheitsschutzkennzeichnung (ASR A1.3)</td></tr>
<tr><td colspan="4">Auswirkungen des elektrischen Stroms auf den menschlichen Körper</td></tr>
<tr><td>Fehlschaltungsanalyse und
Fehlschaltungsvermeidung</td><td colspan="2">Begriffsbestimmungen</td><td>Schaltgespräch</td></tr>
<tr><td>Praxis</td><td colspan="3">Erfolgskontrolle</td></tr>
</table>

Bild 1.4 Schaltberechtigung

Unser aller **Ziel** ist es, Fehlschaltungen und Unfälle zu verhüten:

- zur eigenen Sicherheit und Gesunderhaltung,
- zur Abwendung von Gefährdungspotenzial für Kollegen und Mitarbeiter,
- für eine sichere Energieversorgung,
- für einen reibungslosen Produktionsablauf.

Sicherheit beginnt im Kopf – in Ihrem Kopf!

Sie sollen sich allzeit wohlfühlen, gesund und glücklich sein und das Leben genießen können, denn laut Grundgesetz hat jeder das Recht auf Leben und körperliche Unversehrtheit.

Der Weg zum Ziel ist das richtige Anwenden der von uns Praktikern vorgegebenen Regeln.

NULL Unfälle – NULL Fehlschaltungen,
für meine Gesundheit, mein Wohlbefinden
sicher schalten.

2 Rechtliche Grundlagen

2.1 Allgemeine Übersicht – Europa und Deutschland

Schaltberechtigte Elektrofachkräfte müssen Vorschriften und Normen anwenden. Es ist sicherlich schwer, sich in dem „Vorschriftendickicht" zurechtzufinden.

Diese Ausführungen sind interessant für Führungskräfte sowie schaltberechtigte Elektrofachkräfte und geben einen Überblick über die europäischen Vorgaben, über die Umsetzung in nationales Recht und die Normen bis hin zur Einarbeitung in spezielle Betriebs- und Werknormen zur rechtssicheren Organisation mit dem Ziel:

NULL Unfälle – NULL Fehlschaltungen – sicher schalten

In Deutschland wird von mehreren Seiten darauf Einfluss genommen, dass in den Unternehmen Sicherheit und Gesundheitsschutz am Arbeitsplatz gewährleistet sind, und zwar durch die Europäische Union (EU), den Staat, die Berufsgenossenschaften und private Normengeber. Dementsprechend gibt es auch unterschiedliche Arten von Vorschriften und Regeln für die Sicherheit: EU-Vorschriften, staatliche Arbeitsschutzvorschriften, berufsgenossenschaftliche Unfallverhütungsvorschriften, „Allgemein anerkannte Regeln" (der Sicherheitstechnik und Arbeitsmedizin), „Gesicherte arbeitswissenschaftliche Erkenntnisse", das Rechtssystem in Deutschland, Sicherheit und Gesundheitsschutz, Arbeitssicherheit. All dies wird in Deutschland als einzigem Mitgliedstaat der EU von **drei Säulen** getragen: vom **Staat**, der Gesetze und Rechtsverordnungen erlässt, von **Unfallversicherungsträgern**, die (gesetzesähnliche) Unfallverhütungsvorschriften erlassen, von privaten **Normengebern**, die sog. Regelwerke – auch bekannt unter dem Synonym „Allgemein anerkannte Regeln der Technik" – aufstellen. Auf diese wird in vielen Rechts- und Unfallverhütungsvorschriften verwiesen. Staat und Unfallversicherungsträger überwachen die Einhaltung von Gesetzen, Rechtsverordnungen und Unfallverhütungsvorschriften. Jedoch gibt Europa ein Zwei-Säulen-Arbeitsschutzsystem vor. Nun verstehen Sie auch, dass in den vergangenen Jahren etliche UVV bzw. VBG/BGV überarbeitet oder aufgehoben wurden. Die neue Bezeichnung lautet DGUV (Deutsche Gesetzliche Unfallversicherung). Eine aktuelle Übersicht erhalten Sie auf den nächsten Seiten.

Ein Schlüsselsatz für den betrieblichen Praktiker, um die Vorgaben zu verstehen, ist die „**Einheitliche Beschaffenheit**" von Dingen und Normen.

Die Banane ist krumm. Aber wie krumm darf die Banane in Europa sein? Wenn sie wie vorgegeben krumm ist, hat sie sich das CE-Kennzeichen verdient.

Das Ziel ist, alle Normen einheitlich zu erlassen. Die Basisbestimmung für den Schaltberechtigten, mit dem Titel „Betrieb von elektrischen Anlagen“, ist eine europäische Norm mit der Bezeichnung EN 50110.

Auf die Sicherheit am Arbeitsplatz im Allgemeinen und speziell auch bei Arbeiten in elektrischen Anlagen nehmen Einfluss:

- EU-Vorschriften,
- staatliche Gesetze/Verordnungen,
- Unfallverhütungsvorschriften,
- „Allgemein anerkannte Regeln der Technik sowie arbeitswissenschaftliche Erkenntnisse“.

Einen Überblick und die Wertigkeit zeigen die folgenden **Begriffsdefinitionen**:

- **EU-Rechtsverordnungen**

  Sie sind in allen Mitgliedstaaten unmittelbar geltendes Recht und stehen im Rang über allen anderen Gesetzen. Sie müssen in nationales Recht umgesetzt werden.
- **EU-Richtlinien**

  Sie sind verbindliche Rahmenvorgaben, überlassen aber den EU-Mitgliedstaaten die Umsetzung ins nationale Recht.
- **staatliche Gesetze**

  Sie werden vom Gesetzgeber beschlossen. Es gibt Bundes- und Landesgesetze sowie das Arbeitssicherheitsgesetz, Arbeitsschutzgesetz, Betriebsverfassungsgesetz, Chemikaliengesetz u. v. a. m. Gesetze enthalten meist grundsätzliche, abstrakte Regelungen. Sie bilden die Grundlage für Verordnungen und weitere Rechtsvorschriften. Sie haben unbedingt Vorrang, z. B. das **Arbeitsschutzgesetz**. Seit 1996 ist das Arbeitsschutzgesetz in allen europäischen Mitgliedstaaten gleich.
- **Verordnungen**

  Sie werden vom zuständigen Bundes- oder Landesminister aufgrund gesetzlicher Legitimation erlassen. Sie stehen unterhalb eines Gesetzes. Sie bewegen sich im Rahmen der gesetzlichen Ermächtigung. Sie enthalten fest umrissene Grundsatzforderungen, oder sie geben Schutzziele vor. Ihre Beachtung kann erzwungen, ihre Nichtbeachtung geahndet werden (mit Geldbußen), z. B. die **Betriebssicherheitsverordnung** mit den entsprechenden **TRBS** – Technische Regeln für Betriebssicherheit.
- **Unfallverhütungsvorschriften**

  Bereits im **Grundgesetz** ist die rechtliche Verpflichtung zur Arbeitssicherheit verankert: „**Jeder hat das Recht auf Leben und körperliche Unversehrtheit.**“

Die Genehmigung für das Erlassen von Gesetzen für den Arbeitsschutz liegt beim Bundesminister für Arbeit und Soziales, der auch die Fachaufsicht über die Berufsgenossenschaften ausübt und für die Genehmigung von Unfallverhütungsvorschriften verantwortlich ist. Diese sind rechtsverbindlich ab Bekanntgabe im Bundesanzeiger bzw. im Gemeinsamen Ministerialblatt (GMBl.).

Die Unfallversicherungsträger allgemein und im Speziellen die gewerblichen **Berufsgenossenschaften** fungieren als Haftpflichtversicherer der Unternehmer bei Arbeitsunfällen. Sie sind verpflichtet, mit allen geeigneten Mitteln für die Verhütung von Arbeitsunfällen, für den Gesundheitsschutz und für eine wirksame Hilfe zu sorgen.

Zur Durchsetzung dieser Auflagen werden von den Berufsgenossenschaften Unfallverhütungsvorschriften erlassen. Sie enthalten Vorschriften über Einrichtung, Anwendung und Maßnahmen, die die Unternehmer zur Verhütung von Arbeitsunfällen zu beachten haben. Sie verweisen aber auch auf die Pflichten der Versicherten. Alle Unfallverhütungsvorschriften sind generell **rechtsverbindlich**, nicht nur für die Mitglieder der Berufsgenossenschaft „Energie Textil Elektro Medienerzeugnisse".

Ihre Beachtung kann erzwungen, ihre Nichtbeachtung mit Geldbußen geahndet werden.

Mit dem EG-Recht ist der Begriff Arbeitssicherheit durch den Begriff „Maßnahmen zur Verbesserung der Sicherheit und des Gesundheitsschutzes der Arbeitnehmer bei der Arbeit" abgelöst worden. Zielsetzung und Inhalt sind jedoch gleich geblieben.

Für den Schutz der Versicherten beim Betrieb und bei Tätigkeiten an elektrischen Anlagen ist die Berufsgenossenschaftliche Vorschrift mit der neuen Bezeichnung DGUV-Vorschrift 3 (bisher als BGV A3 bekannt) zu befolgen.

Seit Mai 2014 hat sich die Systematik des berufsgenossenschaftlichen Schriftenwerks verändert. Dies wurde notwendig, um Überschneidungen, die sich aus der Fusion der beiden Spitzenverbände von Berufsgenossenschaften und öffentlichen Unfallversicherungsträgern ergeben hatten, zu bereinigen und zu vereinheitlichen.

- **Änderung der Kurzbezeichnungen**

  Kurzbezeichnungen wie BGV/GUV-V, BGI/GUV-I oder GUV-SI gibt es nicht mehr. Die Schriften sind in vier Kategorien aufgeteilt:

  – DGUV-Vorschriften,

  – DGUV-Regeln,

  – DGUV-Informationen,

  – DGUV-Grundsätze.

In diesem Zusammenhang erhielt auch das Nummerierungssystem für alle von der DGUV herausgegebenen Schriften eine neue Ordnung. Jede Publikation des „Vorschriften- und Regelwerks der DGUV" erhielt eine neue mehrstellige Nummer. An ihr ist abzulesen, um welche Art von Schrift es sich handelt und welcher Fachbereich der DGUV für den Inhalt verantwortlich ist.

Die bestehenden Unfallverhütungsvorschriften bleiben gültig und werden nur nach Bedarf dem Stand der Technik angepasst.

Zur Orientierung finden sich in **Tabelle 2.1** die Gegenüberstellung der bisherigen Abkürzungen BGV und die entsprechenden neuen DGUV-Nummern.

DGUV-Nr.	BGV-Nr.	Bezeichnung der Vorschriften
Vorschrift 1	A1	Grundsätze der Prävention
Vorschrift 2	A2	Betriebsärzte und Fachkräfte für Arbeitssicherheit
Vorschrift 3	A3	Elektrische Anlagen und Betriebsmittel
Vorschrift 6	A4	Arbeitsmedizinische Vorsorge
Vorschrift 15	B11	Elektromagnetische Felder
Anmerkung: Im Zuge der Umstellung auf international gültige Normen wurde die DGUV-Vorschrift 9 (vormals BGV A8) zum 1. November 2012 außer Kraft gesetzt. Sie wurde durch die ASR A1.3 abgelöst.		

Tabelle 2.1 Übersicht der erlassenen Unfallverhütungsvorschriften – die neue DGUV-Systematik im Vergleich zum bisherigen BGV-Verzeichnis

Mit der Umstellung auf das neue System stellt die DGUV eine Transferliste mit den alten und den neu vergebenen Nummern bereit. In der DGUV-Publikationsdatenbank ist es möglich, sowohl nach den alten als auch nach den neuen Nummern zu suchen.

- **DGUV-Regel**

  Regeln sind Zusammenstellungen bzw. Konkretisierungen von Inhalten aus
  - staatlichen Arbeitsschutzvorschriften (Gesetze, Verordnungen) und/oder
  - Unfallverhütungsvorschriften und/oder
  - technischen Spezifikationen und/oder
  - den Erfahrungen der Präventionsarbeit der UV-Träger.

- **DGUV-Information**

  Informationen enthalten Hinweise und Empfehlungen, die die praktische Anwendung von Regelungen zu einem bestimmten Sachgebiet oder Sachverhalt erleichtern sollen und die z. B. für bestimmte Branchen, Tätigkeiten, Zielgruppen konkrete praxisgeeignete Arbeitsschutzmaßnahmen vorstellen.

- **DGUV-Grundsätze**
  enthalten Maßstäbe zur Erfüllung bestimmter Arbeitsschutzmaßnahmen, Anforderungen an Prüfungen, Mustervordrucke.
- **Durchführungsanweisungen**
  enthalten so lange Hinweise für die technischen Aufsichtspersonen der Berufsgenossenschaften und die betrieblichen Praktiker, bis sie durch eine DGUV-Regel ersetzt werden. Sie regeln, wie der in den Unfallverhütungsvorschriften vorgegebene Sicherheitsmaßstab erfüllt werden kann. Sie haben keine unmittelbare Bindungswirkung. Vorgesetzte, Elektrofachkräfte und Schaltberechtigte sollen allerdings ihre Maßnahmen nach den Vorgaben in den Durchführungsanweisungen ausrichten. Die Berufsgenossenschaften können jederzeit in einer Anordnung die Befolgung verlangen. Neue BG-Vorschriften werden keine Durchführungsanweisungen mehr enthalten.
- **EN**: europäische Norm
- **DGUV**: Deutsche Gesetzliche Unfallversicherung
- **Regeln der Technik**
  Von privaten Normengebern (z. B. **DIN Deutsches Institut für Normung e. V. oder VDE Verband der Elektrotechnik Elektronik Informationstechnik e. V.**) festgeschriebene Normen, die in Fachkreisen Anerkennung erlangt haben, sind in sog. „Regelwerken“ (z. B. dem VDE-Vorschriftenwerk) niedergelegt. Da es keine staatlichen Vorschriften sind, besteht auch kein Zwang zur Anwendung. Es empfiehlt sich jedoch dringend, die Normen anzuwenden, da man dann immer „richtig“ handelt. Wenn die Anwendung einer Norm in einer Unfallverhütungsvorschrift vorgeschrieben wird, ist die Norm zur Unfallverhütungsvorschrift erhoben worden und muss angewendet werden.
- **Richtlinien**
  Sie sind von staatlichen Stellen, von Berufsgenossenschaften, aber auch von privaten Institutionen herausgegebene **Empfehlungen**, z. B. die VDN-Richtlinien für schaltberechtigte Elektrofachkräfte. Auch für sie besteht kein Zwang zur Anwendung. Es ist jedoch empfehlenswert, sie ebenso wie Normen, Verwaltungsvorschriften und Durchführungsanweisungen zu befolgen. (Richtlinien haben den Charakter wohlüberlegter Empfehlungen. Sie sind oft Vorläufer von rechtsverbindlichen Unfallverhütungsvorschriften.)

  „**Allgemein anerkannte Regeln der Technik**“ sind Regelungen und Handhabungen, die in der Praxis erprobt und von der Mehrzahl der Fachleute, die sie anzuwenden haben, als richtig anerkannt worden sind. Sie können schriftlich niedergelegt, aber auch mündlich überliefert sein. Entscheidend ist die allgemeine Anerkennung. Auch „Regeln der Technik“, die in einem „Regelwerk“ niedergelegt sind, fallen hierunter.

Die u. a. anerkannte Regel der Technik hat durch das Arbeitsschutzgesetz besondere Bedeutung erlangt.

„Allgemein anerkannte Regeln der Technik" erhalten dann besondere Bedeutung, wenn keine Arbeitsschutzvorschrift (Gesetz und Verordnung) und keine Unfallverhütungsvorschrift zwingende Regelungen enthalten oder ausdrücklich auf sie verwiesen ist.

Eine „allgemein anerkannte Regel der Technik" kann mit einer Arbeitsschutzvorschrift oder Unfallverhütungsvorschrift gleichgesetzt werden (und muss damit auch angewendet werden), wenn dort ausdrücklich auf sie verwiesen wird.

„Allgemein anerkannte Regeln der Technik" sind dann nicht zwingend anzuwenden, wenn „dieselbe Sicherheit auf andere Weise gewährleistet werden kann". Wer abweicht, muss aber einen Nachweis führen.

Arbeitsschutzgesetz – ArbSchG. Das ArbSchG zur Umsetzung der EG-Richtlinie Arbeitsschutz und weiterer Arbeitsschutz-Richtlinien vom 07.08.1996 ist am 21.8.1996 in Kraft getreten und somit in europäisches Recht umgesetzt worden. Darin sind die Gefährdungsbeurteilung und die zugehörige Dokumentation für alle festgelegt. Auf das Thema Betrieb von elektrischen Anlagen bezogen, sind entsprechende Beurteilungen von Gefährdungspotenzialen zu analysieren, zu beschreiben und z. B. in einer Matrix vom zuständigen Linienverantwortlichen zu dokumentieren.

Arbeitsschutzgesetz: Inhalte

- Umsetzung europäischer Mindestvorschriften
- Der moderne Arbeitsschutzbegriff des Arbeitsschutzgesetzes
- Die Verantwortung des Arbeitgebers
- Grundpflichten der Arbeitgeber
- Pflichten und Rechte der Beschäftigten
- Überwachung des Arbeitsschutzrechts
- Das duale Arbeitsschutzsystem
- Sozialgesetzbuch SGB VII § 18
- Rechtsverordnung zur Umsetzung einzelner EG-Arbeitsschutz-Richtlinien
- Persönliche-Schutzausrüstungs-Benutzungsverordnung
- Lastenhandhabungsverordnung
- Bildschirmarbeitsverordnung
- Arbeitsstättenverordnung
- Arbeitsmittelbenutzungsverordnung

- Baustellenverordnung
- Biostoffverordnung

Anhang

- PSA-Benutzungsverordnung
- Lastenhandhabungsverordnung
- Bildschirmarbeitsverordnung
- Arbeitsstättenverordnung

Allgemeine Vorschriften

§ 1 Zielsetzung und Anwendungsbereich

(1) Dieses Gesetz dient dazu, **Sicherheit und Gesundheitsschutz** der Beschäftigten bei der Arbeit durch Maßnahmen des Arbeitsschutzes zu sichern und zu verbessern. Es gilt in allen Tätigkeitsbereichen.

§ 2 Begriffsbestimmungen

(1) Maßnahmen zur Verhütung von Unfällen bei der Arbeit und arbeitsbedingten Gesundheitsgefahren, einschließlich Maßnahmen der menschengerechten Gestaltung der Arbeit.

(2) Alle Beschäftigte, ausgenommen die in Heimarbeit Beschäftigten und die ihnen Gleichgestellten.

§ 4 Allgemeine Grundsätze

1. Die Arbeit ist so zu gestalten, dass eine Gefährdung für **Leben und Gesundheit** möglichst vermieden und die verbleibende Gefährdung möglichst gering gehalten wird.
2. **Gefahren sind an ihrer Quelle zu bekämpfen.**
3. Bei den Maßnahmen sind der **Stand der Technik**, Arbeitsmedizin und Hygiene sowie sonstige gesicherte arbeitswissenschaftliche Erkenntnisse zu berücksichtigen.
4. **Planen von optimalen Arbeitsbedingungen.**
5. **Individuelle Schutzmaßnahmen sind nachrangig zu anderen Maßnahmen.**
6. **Spezielle Gefahren berücksichtigen.**
7. **Erlassen von geeigneten Anweisungen.**

Kommentar zu § 4

Aus dem ArbSchG werden die bekannten T-O-P-Maßnahmen abgeleitet. Schutz durch technische, organisatorische sowie persönliche Maßnahmen. Hier ist vorrangig festgelegt, dass Gefahren an der Quelle – in unserem Fall die elektrische Schaltanlage – zu bekämpfen sind und dass persönliche Schutzmaßnahmen zweitrangig sind. Das bedeutet, dass der Schaltberechtigte durch die Bauweise der Schaltanlage beim Bedienen geschützt sein muss.

Bietet die Schaltanlage nicht mehr den Quellenschutz, z. B. nach Öffnen einer Schutzfeldtür, muss die PSAgS getragen werden.

§ 5 Beurteilung der Arbeitsbedingungen

(1) Durch **Gefährdungsbeurteilung und Dokumentation** sind die Maßnahmen des Arbeitsschutzes festzulegen.

(2) Der Arbeitgeber hat die Beurteilung je nach Art der Tätigkeiten vorzunehmen.

Bei gleichartigen Arbeitsbedingungen ist die Beurteilung eines Arbeitsplatzes oder einer Tätigkeit ausreichend.

Die Betriebssicherheitsverordnung

Präzise ausgeführt, handelt es sich um die „Verordnung über Sicherheit und Gesundheitsschutz bei der Verwendung von Arbeitsmitteln“, in Kurzform die Betriebssicherheitsverordnung – BetrSichV.

Sie trat im Rahmen des Artikels 1 der „Rechtsbereinigungsverordnung“ am **3. Oktober 2002** in Kraft. Die Novellierung der Betriebssicherheitsverordnung aus dem Jahr 2015 soll die Regelungen vereinfachen, Rechtssicherheit schaffen und gleichzeitig den Schutz Beschäftigter verbessern. Hierzu wurden Doppelregelungen beseitigt und konkrete Prüfvorschriften formuliert.

Zu den wichtigen Änderungen gehören:

- Aufnahme überwachungsbedürftige Anlagen in die Gefährdungsbeurteilung,
- konkrete Prüfvorschriften (in den Anhängen 2 und 3),
- zweijährige Prüffrist für alle Aufzuganlagen,
- materielle Anforderungen zum Brand- und Explosionsschutz werden zukünftig ausschließlich in der Gefahrstoffverordnung geregelt.

Mit der neuen Betriebssicherheitsverordnung ist nun gewissermaßen das Pendant zu den auf europäischer Ebene erarbeiteten Bau- und Ausrüstungsanforderungen für den Bereich des Betriebs von Arbeitsmitteln installiert worden.

Die BetrSichV legt die Bereitstellung von Arbeitsmitteln fest, welche die Arbeitgeber (Produktbetreiber) zu erfüllen haben. Ganz im Sinne des Arbeitsschutzgesetzes gehört es zu den Aufgaben des Arbeitgebers unter Berücksichtigung seiner speziellen betrieblichen Verhältnisse, geeignete Arbeitsmittel – z. B. Spannungsprüfer, Erdungsseile – für seine Arbeitnehmer/Schaltberechtigte auszuwählen und diesen bereitzustellen.

Die BetrSichV gilt auch für überwachungsbedürftige Anlagen, z. B. für Druckluftleistungsschalter und Druckluftanlagen, die bisher der Druckbehälterverordnung unterlagen. Mit Inkrafttreten der BetrSichV und mit Wirkung zum 1. Januar 2003 wurden die Druckbehälterverordnung und andere Verordnungen außer Kraft gesetzt.

Es bleibt jedoch nicht aus, dass die BetrSichV – bedingt durch ihren weitreichenden Anwendungsbereich – lediglich branchenübergreifende Anforderungen formulieren kann, die zur Anwendung in der Praxis einer weiteren ausfüllenden Ebene bedürfen. Die Aufgabe der Ausfüllung von Rechtsvorschriften übernehmen seit vielen Jahren technische Regeln, die von staatlichen Ausschüssen erarbeitet werden. So sieht § 21 BetrSichV die Bildung eines Ausschusses für Betriebssicherheit vor, legt die zu beteiligenden Fachkreise fest und sieht die Bildung von Unterausschüssen vor.

Zum Oberbegriff **Arbeitsmittel** wird ein weitgefächerter Anwendungsbereich festgelegt. Dazu gehören:

- Werkzeuge,
- Geräte,
- Maschinen,
- Anlagen.

Der **Anlagen**begriff setzt sich aus mehreren Funktionseinheiten zusammen, die zueinander in Wechselwirkung stehen und deren sicherer Betrieb wesentlich von diesen Wechselwirkungen bestimmt wird. Hierzu zählen auch abgeschlossene elektrische Betriebsstätten.

Zur Anwendung kommt die BetrSichV nur dann, wenn Arbeitsmittel auch von Beschäftigten bei der Arbeit benutzt werden. Dabei bestimmt die Verordnung die Benutzung als die Gesamtheit ein Arbeitsmittel betreffende Maßnahmen, wie Schalten, Erprobung, Ingangsetzen, Stillsetzen, Gebrauch, Instandsetzung und Wartung, Prüfung, Sicherheitsmaßnahmen bei Betriebsstörung, Um- und Abbau und Transport in elektrischen Betriebsstätten.

Also auch hier ist der Unternehmer gefordert, die BetrSichV für befähigte, schaltberechtigte Personen umzusetzen, Gefährdungsbeurteilungen und Checklisten zu erstellen sowie Prüffristen festzulegen. Die BG und Fachverlage bieten Ihnen die Basisformulare zur Umsetzung an.

Im § 14 ist die Prüfpflicht von Arbeitsmitteln (Werkzeuge, Geräte, Maschinen oder Anlagen …) festgeschrieben. Wenn z. B. durch das Nichtprüfen Leben und Gesundheit der Schaltberechtigten gefährdet werden, kann es schon ein Straftatbestand sein.

In der BetrSichV sind im § 25 Ordnungswidrigkeiten und im § 26 Straftaten **fixiert**.

Technische Regeln für Betriebssicherheit (TRBS)

Der Arbeitsausschuss Betriebssicherheit hat zur Konkretisierung der BetrSichV spezielle TRBS erstellen lassen. Diese ergänzen die BetrSichV durch Beispiele für den Betriebspraktiker auf Basis der entsprechenden Gefährdungen.

Die beschriebenen, sicheren Wege sind zu beachten.

Schon in der Vorbemerkung steht:

Die technische Regel für Betriebssicherheit (TRBS) gibt dem Stand der Technik, Arbeitsmedizin und Hygiene entsprechende Regeln und sonstige gesicherte arbeitswissenschaftliche Erkenntnisse für die Bereitstellung und Benutzung von Arbeitsmitteln sowie für den Betrieb überwachungsbedürftiger Anlagen wieder. Sie wird vom Ausschuss für Betriebssicherheit ermittelt und vom Bundesministerium für Arbeit und Soziales im Gemeinsamen Ministerialblatt bekannt gegeben.

Die Technische Regel konkretisiert die Betriebssicherheitsverordnung hinsichtlich der Ermittlung und Bewertung von Gefährdungen sowie der Ableitung von geeigneten Maßnahmen.

Bei Anwendung der beispielhaft genannten Maßnahmen kann der Arbeitgeber insoweit die Vermutung der Einhaltung der Vorschriften der Betriebssicherheitsverordnung für sich geltend machen. Wählt der Arbeitgeber eine andere Lösung, hat er die gleichwertige Erfüllung der Verordnung schriftlich nachzuweisen.

Die TRBS ist wie folgt strukturiert:

- allgemeine Regeln in der 1000er-Reihe.
- gefährdungsbezogene Regeln in der 2000er-Reihe.
- spezifische Regeln für Arbeitsmittel in der 3000er-Reihe.

Ausgewählte TRBS mit Ordnungsnummer und Titel zur Orientierung für schaltberechtigte Elektrofachkräfte:

TRBS 1111

Gefährdungsbeurteilung und sicherheitstechnische Bewertung

TRBS 1201

Ermittlung von Prüffristen, Prüfungen, Dokumentation

TRBS 1203

Befähigte Personen

TRBS 1111
Gefährdungsbeurteilung und sicherheitstechnische Bewertung

Die Gefährdungsbeurteilung ist das zentrale Element im betrieblichen Arbeitsschutz. Sie ist die Grundlage für ein systematisches und erfolgreiches Sicherheits- und Gesundheitsmanagement.

Nach dem Arbeitsschutzgesetz (ArbSchG) und der Unfallverhütungsvorschrift „Grundsätze der Prävention" (DGUV-Vorschrift 1) sind alle Arbeitgeber – unabhängig von der Anzahl der Mitarbeiterinnen und Mitarbeiter – dazu verpflichtet, eine Gefährdungsbeurteilung durchführen. § 5 ArbSchG regelt die Pflicht des Arbeitgebers zur Ermittlung und Beurteilung der Gefährdungen und konkretisiert mögliche Gefahrenursachen und Gegenstände der Gefährdungsbeurteilung. § 6 verpflichtet Arbeitgeber, das Ergebnis der Gefährdungsbeurteilung, die von ihm festgelegten Arbeitsschutzmaßnahmen und das Ergebnis ihrer Überprüfung zu dokumentieren. Der Arbeitgeber kann die Gefährdungsbeurteilung selbst durchführen oder andere fachkundige Personen, z. B. Führungskräfte, Anlagenverantwortliche, Fachkräfte für Arbeitssicherheit oder Betriebsärzte, damit beauftragen, wobei die Verantwortung für die Durchführung der Gefährdungsbeurteilung und die Umsetzung der Ergebnisse beim Arbeitgeber verbleibt.

Der Arbeitgeber hat außerdem die notwendigen Maßnahmen für die sichere **Bereitstellung und Benutzung der Arbeitsmittel** auf der Grundlage der BetrSichV zu ermitteln.

Hinweis für den Praktiker

In der TRBS 1111 findet der Schaltberechtigte eine Checkliste für die Gefährdungsbeurteilung/Risikoabschätzung. Dort sind Gefährdungen und sichere Wege aufgeführt.

Zur **Vorbereitung** der Gefährdungsbeurteilung hat der Arbeitgeber/Anlagenbetreiber die erforderlichen **Informationen zu beschaffen**, z. B.:

- rechtliche Grundlagen
- vorliegende Gefährdungsbeurteilungen
- Hersteller- und Lieferinformationen

- Informationen zu Arbeitsstoffen und zur Arbeitsumgebung
- Erfahrungen der Beschäftigten
- das Unfallgeschehen und
- Fähigkeiten und Eignung der Beschäftigten, die das Arbeitsmittel benutzen

Aus diesen Informationen werden:

- **Betriebsanweisungen** und **Unterweisungsunterlagen** erarbeitet und den Mitarbeitern zur Verfügung gestellt
- **Arbeitsmittel, Schutz- und Hilfsmittel regelmäßig überprüft**
- **Kommunikationsmöglichkeiten** festgelegt

Ein praktisches Beispiel erläutert die Vorgehensweise

Arbeitsauftrag:

Ein 630-kVA-Transformator ist zu klein geworden und soll gegen eine größere Einheit ersetzt werden.

Vorgehensweise:

Gefährdungen ermitteln, z. B.

- **elektrische Gefährdungen** sind vorhanden, da sich der Transformator in Betrieb befindet. Weitere Gefährdungen sind zu bewerten, ob vorhanden und in welcher Intensität;
- mechanische Gefährdungen beim Montieren;
- thermische Gefährdungen;
- Gefährdungen durch Absturz von Personen.

Die nächsten Gefährdungen betreffen weniger unser Beispiel, sind der Vollständigkeit halber als Prüfpunkte aufgeführt:

- Gefährdungen durch Dampf und Druck,
- Brand- und Explosionsgefährdung,
- Gefährdungen durch z. B. Lärm, Erschütterungen,
- Gefährdungen durch psychische Belastungen (Stress, Ärger, Zeitdruck, Mobbing, ...).

Alle Gefährdungen werden bewertet, Maßnahmen geprüft und festgelegt mit dem Ziel: NULL Unfälle!

- Vermeidung der Gefährdung,
- verbleibende Gefährdung/Restrisiko möglichst gering halten,
- Schutz vor Gefährdung durch Einsatz technischer Maßnahmen,
- Personen aus dem Gefahrenbereich fernhalten,
- Personen vorher schulen und unterweisen,
- Schutz vor Gefährdungen durch Einsatz persönlicher Schutzausrüstung (PSA).

In unserem Beispiel entscheidet sich der schaltberechtigte Anlagenverantwortliche für den sicheren Weg, den Transformator unter Anwendung der fünf Sicherheitsregeln freizuschalten.

Die festgelegten Maßnahmen werden umgesetzt.

Die Wirksamkeit der Maßnahmen wird überprüft – Kontrolle – und, wenn sinnvoll, verbessert.

Wenn erforderlich, wird dokumentiert:

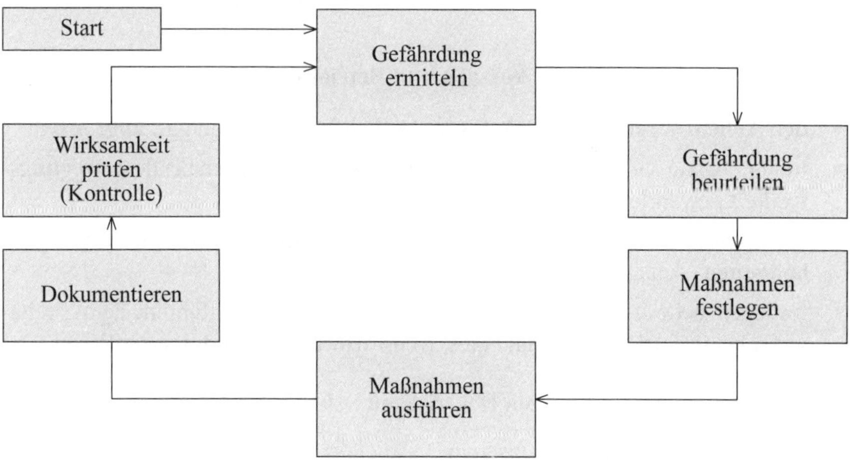

Bild 2.1 Die einzelnen Schritte der Gefährdungsbeurteilung und Gefahrenabwehrmaßnahmen

Der Gesetzgeber hat den Betrieben hinsichtlich der Durchführung und Art der Dokumentation der Gefährdungsbeurteilung Spielräume gelassen. Diese sollten im Sinne einer praxisgerechten Umsetzung im einzelnen Betrieb genutzt werden.

Entscheidend ist das Ziel:

Arbeitssicherheit und Gesundheitsschutz an allen Arbeitsplätzen und bei allen Tätigkeiten.

Vier „elektrische Gefährdungen" werden unterschieden:

- elektrischer Schlag,
- Störlichtbogen,
- statische Elektrizität,
- elektrische, magnetische und elektromagnetische Felder (weiterführende Informationen zu diesem Thema in der DGUV-Regel 103-013 und DGUV-Vorschrift 15).

Zur Verhütung der elektrischen Gefährdungen hat der **Arbeitgeber/Anlagenbetreiber** dafür zu sorgen, dass:

- zum Gefährdungsbereich elektrischer Anlagen nur **Personen Zugang** haben, die aufgrund fachlicher Ausbildung, Kenntnis und Erfahrung die auftretenden elektrischen Gefährdungen erkennen und die erforderlichen Maßnahmen des Arbeitsschutzes treffen können

und

- andere Personen den Gefährdungsbereich nur in **Begleitung** der o. g. Personen betreten dürfen

Bei Arbeiten an elektrischen Anlagen und Betriebsmitteln

- **den Arbeitsbereich eindeutig festlegen**, kennzeichnen und ggf. **abgrenzen**,
- freien Zugang zur Arbeitsstelle, freie **Fluchtwege** und ausreichende **Bewegungsfreiheit** gewährleisten,
- **verantwortliche Personen** für die sichere Durchführung der Arbeitsaufgabe **benennen** (Anlagen-/Arbeitsverantwortlicher),
- festlegen, bei welchen Arbeiten, mit wem und wie die Durchführung der **Arbeitsaufgabe abzustimmen** ist und dies, wenn erforderlich zu **dokumentieren**.

Maßnahmen zum Schutz gegen elektrischen Schlag

Arbeiten an aktiven Teilen – in unserem Beispiel der Transformatortausch – sind erst nach Sicherstellen des spannungsfreien Zustands durchzuführen.

Praxisbewährt haben sich die bekannten fünf Sicherheitsregeln:

1. **Freischalten**
2. **Gegen Wiedereinschalten sichern**
3. **Spannungsfreiheit feststellen**
4. **Erden und Kurzschließen**
5. **Benachbarte, unter Spannung stehende Teile abdecken oder abschranken**

Der Praktiker weiß, dass von der Reihenfolge oder der Vollständigkeit dieser fünf Sicherheitsregeln abgewichen werden darf, sofern es dafür wichtige technische Gründe gibt!

TRBS 1203 „Befähigte Person"

Anwendungsbereich

Diese technische Regel konkretisiert die Voraussetzungen für die erforderlichen Fachkenntnisse einer befähigten Person entsprechend § 2 Abs. 7 BetrSichV.

Der Arbeitgeber muss **befähigte Personen mit der Prüfung von Arbeitsmitteln und überwachungsbedürftigen Anlagen** auf der Grundlage der Gefährdungsbeurteilung nach § 3 BetrSichV bzw. der sicherheitstechnischen Bewertung beauftragen, wenn Bestimmungen der §§ 10, 14, 15 und 17 BetrSichV sowie des Anhangs 4 Teil A Nr. 3.8 der BetrSichV zur Anwendung kommen.

Eine „**Befähigte Person**" verfügt über:

- Berufsausbildung,
- Berufserfahrung,
- zeitnahe berufliche Tätigkeit.

Ergänzend zur Berufsausbildung muss die befähigte Person für die Prüfungen zum Schutz vor elektrischen Gefährdungen eine elektrotechnische Berufsausbildung (der Fachrichtungen Energie- und Gebäudetechnik, Automatisierungstechnik oder Informations- und Telekommunikationstechnik, Systemelektroniker, Informationselektroniker Schwerpunkt Bürosystemtechnik oder Geräte- und Systemtechnik, Elektroniker für Maschinen und Antriebstechnik sowie vergleichbare industrielle Ausbildungen) abgeschlossen haben, ein abgeschlossenes Studium der Elektrotechnik oder eine andere für die vorgesehenen Prüfaufgaben ausreichende elektrotechnische Qualifikation besitzen.

Aus all diesen Vorgaben ist zu schließen, dass eine „Elektrotechnisch unterwiesene Person" – EUP – keine elektrotechnisch befähigte Person sein kann.

Die EUP genügt nicht den Anforderungen der TRBS 1203. Darum darf die EUP in Verantwortung allein nicht prüfen. Die Bewertung der Prüfergebnisse darf nicht mehr nur das Messgerät (ja/nein, rot/grün) vornehmen, sondern nur die befähigte Person!

In der Praxis könnte die EUP in einem „Prüfteam" vorgegebene und fest umgrenzte Prüfaufgaben übernehmen und damit die befähigte Person, eine Elektrofachkraft, sinnvoll unterstützen!

Wichtig

Verantwortlich für die **Prüfungen**, die **Auswertung** der Ergebnisse sowie die Dokumentation bleibt die befähigte Person, eine erfahrene **Elektrofachkraft**!

Grundsätzlich gilt:

Elektrische Betriebs- und Arbeitsmittel sind

- vor der ersten Inbetriebnahme
- nach einer Änderung bzw. Instandsetzung
- in bestimmten Zeitabständen

sicherheitstechnisch zu überprüfen!

2.2 Aufstellung der wichtigsten Verordnungen, Richtlinien, Unfallverhütungsvorschriften und Bestimmungen, TRBS und Gefährdungsbeurteilung

Übersicht von Verordnungen und Richtlinien

- Arbeitsschutzgesetz (ArbSchG)
- Arbeitssicherheitsgesetz
  (Gesetz über die Betriebsärzte, Sicherheitsingenieure und andere Fachkräfte für Arbeitssicherheit [ASiG])
- Arbeitsstättenverordnung (ArbStättV)
- Arbeitszeitgesetz (ArbZG)
- Baustellenverordnung (BaustellV)
- Betriebssicherheitsverordnung (BetrSichV)
- Betriebsverfassungsgesetz (BetrVG)
- Bildschirmarbeitsverordnung (BildscharbV)
- Bürgerliches Gesetzbuch (BGB)
- Chemikaliengesetz (ChemG)
- Deutsche Gesetzliche Unfallversicherung (DGUV)
- Energiewirtschaftsgesetz (EnWG)
- Erste Verordnung zum Produktsicherheitsgesetz (1. ProdSV)
- Gefahrstoffverordnung (GefStoffV)

- Gewerbeordnung (GewO)
- Haftpflichtgesetz (HpflG)
- Handelsgesetzbuch (HGB)
- Handwerksordnung (Gesetz zur Ordnung des Handwerks [HWO])
- Jugendarbeitsschutzgesetz
  (Gesetz zum Schutz der arbeitenden Jugend [JArbSchG])
- Lastenhandhabungsverordnung (LasthandhabV)
- Ordnungswidrigkeitengesetz (OWiG)
- Produktsicherheitsgesetz (ProdSG)
- PSA-Benutzungsverordnung (PSA-BV)
- Sozialgesetzbuch Siebtes Buch (SGB VII)
- Strafgesetzbuch (StGB)
- Straßenverkehrsgesetz (StVG)
- Technische Regeln für Arbeitsstätten (ASR)
- Technische Regeln für Betriebssicherheit (TRBS)
- Verordnung über Allgemeine Bedingungen für den Netzanschluss und dessen Nutzung für die Elektrizitätsversorgung in Niederspannung (Niederspannungsanschlussverordnung – NAV)

Die als Extrakt nachfolgend aufgeführten Vorschriften und Bestimmungen sollten der befähigte Schaltauftragsberechtigte sowie die schaltberechtigte Elektrofachkraft kennen und in ihrer „Nähe" als Nachschlagewerke abgelegt haben:

- **DGUV-Vorschrift 1** Grundsätze der Prävention
- **DGUV-Vorschrift 3** Elektrische Anlagen und Betriebsmittel
- **DGUV-Information 203-013** SF_6-Anlagen und -Betriebsmittel
- **DGUV-Information 203-077** Thermische Gefährdung durch Störlichtbögen – Hilfe bei der Auswahl der persönlichen Schutzausrüstung
- **ASR A1.3** Sicherheits- und Gesundheitsschutzkennzeichnung
- **TRBS 1111** Gefährdungsbeurteilung und sicherheitstechnische Bewertung
- **DIN VDE 0100** Errichten von Niederspannungsanlagen
- **DIN EN 61936-1 (VDE 0101-1)** Starkstromanlagen mit Nennwechselspannungen über 1 kV – Teil 1: Allgemeine Bestimmungen

• **DIN EN 50522 (VDE 0101-2)**	Erdung von Starkstromanlagen mit Nennwechselspannungen über 1 kV
• **VDE-Schriftenreihe Band 11**	Erläuterungen zu DIN EN 61936-1 (**VDE 0101-1**)
• **VDE-Schriftenreihe Band 139**	Erläuterungen zu DIN EN 50522 (**VDE 0101-2**) Erdungsanlagen (Buch ist in Vorbereitung)
• **DIN VDE 0105-100**	Betrieb von elektrischen Anlagen
• **VDE-Schriftenreihe Band 13**	Erläuterungen zu DIN VDE 0105-100
• **DIN EN 62271 (VDE 0671) ff.**	Hochspannungs-Schaltgeräte und -Anlagen und Normen
• **DIN VDE 0680**	Körperschutzmittel, Schutzvorrichtungen und Geräte zum Arbeiten an unter Spannung stehenden Teilen bis 1 000 V
• **DIN VDE 0681**	Geräte zum Betätigen, Prüfen und Abschranken an unter Spannung stehenden Teilen mit Nennspannungen über 1 kV
• **DIN VDE 1000-10**	Anforderungen an die im Bereich der Elektrotechnik tätigen Personen
• **VDE 0682**	Arbeiten unter Spannung, Isolierplatten, Handwerkzeuge, Isolierstangen, Schutzkleidung, Spannungsprüfer
• **DGUV-Informationen**	zur Unfallverhütung
• **FNN**	Forum Netztechnik/Netzbetrieb im VDE
	diverse Empfehlungen für den Betrieb elektrischer Anlagen
• **Unternehmen**	spezielle Betriebsvereinbarungen/Dienstanweisungen/ Werknormen/Richtlinien, z. B. Schaltdienstanweisung

2.3 Sammelwerk der VDE-Bestimmungen

Der VDE „Technisch-Wissenschaftlicher Verband der Elektrotechnik Elektronik Informationstechnik e. V." wurde am 22. Januar 1893 gegründet. Bis zum 19. Oktober 1998 lautete der Name: Verband Deutscher Elektrotechniker e. V. Er ist ein technisch-wissenschaftlicher Verein, um Menschen oder Organisationen, die auf dem Gebiet der Energietechnik, Mess- und Automatisierungstechnik, Informationstechnik sowie Mikrotechnik tätig sind, zusammenzuschließen:

- zur Pflege, Förderung und Durchführung technisch-wissenschaftlicher Veranstaltungen,
- zur Weiterbildung,
- zur Kontaktpflege,
- zur Information der Öffentlichkeit,
- zur Festlegung von VDE-Bestimmungen (Arbeitsregeln) zum Zwecke der Abwendung von Gefahren für Menschen, Tiere und Sachen beim Umgang mit dem elektrischen Strom.

VDE-Bestimmungen sind kein Gesetz, aber festgeschriebene Normen. Aus rechtlicher Sicht spielen sie eine bedeutende Rolle, da in Gesetzen und Unfallverhütungsvorschriften auf „allgemein anerkannte Regeln der Technik" (VDE-Bestimmungen) Bezug genommen wird.

Die Grundlagen bilden:

- das **Energiewirtschaftsgesetz** (EnWG),
- **Produktsicherheitsgesetz** (ProdSG),
- die **Verordnung über Allgemeine Bedingungen für die Elektrizitätsversorgung von Kundenanlagen** (AVBEltV) wurde durch die NAV ersetzt.

Am 8. November 2006 ist die **NAV „Niederspannungsanschlussverordnung"** („NAV" Art. 1 der Verordnung) in Kraft getreten. Diese ist die Nachfolgeregelung der „Allgemeinen Versorgungsbedingungen Elektrizitätsversorgung" („AVBEltV"). Die NAV gilt für alle nach dem 12. Juli 2005 abgeschlossenen Netzanschlussverhältnisse. Sie gilt nicht für den Netzanschluss von Anlagen zur Erzeugung von Strom aus Erneuerbaren Energien und Grubengas (§ 1 (1) NAV).

Netzanschlussverhältnisse, die bis zum 12. Juli 2005 begründet wurden, bestehen auf der Grundlage der AVBEltV zunächst fort. Es besteht die Möglichkeit, die Anschlussnutzungsverhältnisse auf Grundlage der AVBEltV gemäß § 115 (1) Satz 2 EnWG an die NAV anzupassen. Die Anpassung ist in Textform vorzunehmen (§ 29 (1) NAV).

In § 49 **Energiewirtschaftsgesetz** steht:

Anforderungen an Energieanlagen

(1) Energieanlagen sind so zu errichten und zu betreiben, dass die technische Sicherheit gewährleistet ist. Dabei sind vorbehaltlich sonstiger Rechtsvorschriften, die ***allgemein anerkannten Regeln der Technik zu beachten****.*

(2) Die Einhaltung der allgemein anerkannten Regeln der Technik wird vermutet, wenn bei Anlagen der Erzeugung, Fortleitung und Abgabe die elektrotechnischen ***Regeln des Verbandes der Elektrotechnik Elektronik Informationstechnik e. V.*** *(VDE) sowie bei Gas die technischen Regeln der Deutschen Vereinigung des Gas- und Wasserfaches e. V. (DVGW)* ***eingehalten*** *worden sind.*

Von den allgemein anerkannten Regeln der Technik darf abgewichen werden, soweit dieselbe Sicherheit auf andere Weise gewährleistet ist. Soweit Anlagen aufgrund von Regelungen der Europäischen Union dem in der Gemeinschaft gegebenen Stand der Sicherheitstechnik entsprechen müssen, ist diese maßgebend.

Sowie:

„Die Einhaltung der allgemein anerkannten Regeln der Technik oder des in der Europäischen Union gegebenen Standes der Sicherheitstechnik wird vermutet, wenn die technischen Regeln des VDE Verband der Elektrotechnik Elektronik Informationstechnik e. V. beachtet worden sind. Die Einhaltung des in der Europäischen Union gegebenen Standes der Sicherheitstechnik wird ebenfalls vermutet, wenn technische Regeln einer vergleichbaren Stelle in der Europäischen Union beachtet worden sind, die entsprechend der Richtlinie 73/23/EWG des Rates – Niederspannungsrichtlinie – Anerkennung gefunden haben."

In der Verordnung zum **ProdSG** steht hierzu:

„Neue elektrische Betriebsmittel dürfen nur auf dem Markt bereitgestellt werden, wenn

1. sie entsprechend dem in der Europäischen Gemeinschaft gegebenen Stand der Sicherheitstechnik hergestellt sind,
2. sie bei ordnungsgemäßer Installation und Wartung sowie bestimmungsgemäßer Verwendung die Sicherheit von Menschen, Nutztieren und die Erhaltung von Sachwerten nicht gefährden.

Der für elektrische Betriebsmittel maßgebende Stand der Sicherheitstechnik ist unter Berücksichtigung des Netzversorgungssystems zu bestimmen, für das sie vorgesehen sind."

Nach der **NAV**, Kundenanlagen, gilt:

Es dürfen nur Materialien und Geräte verwendet werden, die entsprechend dem in der Europäischen Union gegebenen Stand der Sicherheitstechnik hergestellt sind. Das Zeichen einer amtlich anerkannten Prüfstelle (z. B. **VDE-Zeichen, GS-Zeichen**) bekundet, dass diese Voraussetzungen erfüllt sind.

Das **CE-Zeichen** ist eine Konformitätskennzeichnung, also das EU-Sicherheitszeichen auf Industrieerzeugnisse für Behörden (Zoll, Gewerbeaufsicht), und versichert, dass alle Anforderungen nach Maßgabe der EU-Richtlinie beachtet wurden. Das CE-Zeichen ist kein Ersatz für das VDE-Prüfzeichen.

VDE-Bestimmungen werden ständig überarbeitet und dem Stand der Technik sowie den europäischen Normen EN und den Harmonisierungsdokumenten HD angepasst. Das Gesamtwerk füllt über 70 Aktenordner oder eine DVD. All diese Bestimmungen kann und muss ein Schaltberechtigter nicht beherrschen, sondern nur die einschlägigen Vorschriften und Normen, die für seine Tätigkeit erforderlich sind. Ein Extrakt der wichtigsten Vorschriften und Bestimmungen wurde einige Seiten vorher abgedruckt.

Alte Anlagen und Geräte müssen an die neuesten Bestimmungen nur dann angepasst werden, wenn dies ausdrücklich erwähnt wurde, z. B. durch den Text:

„Bestehende Anlagen müssen bis zum (Datum) so angepasst werden, dass sie den Anforderungen der Bestimmungen entsprechen."

Das gesamte VDE-Vorschriftenwerk besteht aus:

- Satzungen,
- VDE-Leitlinien,
- VDE-Bestimmungen,
- VDE-Vornormen,
- VDE-Anwendungsregeln,
- Beiblättern des VDE-Vorschriftenwerks.

Seit Vertragsabschluss am 13. Oktober 1970 zwischen VDE und DIN wird gemeinsame Normungsarbeit geleistet. Das Organ ist die „**Deutsche Kommission Elektrotechnik Elektronik Informationstechnik in DIN und VDE**", kurz **DKE** genannt. Die Struktur zeigt **Bild 2.2**.

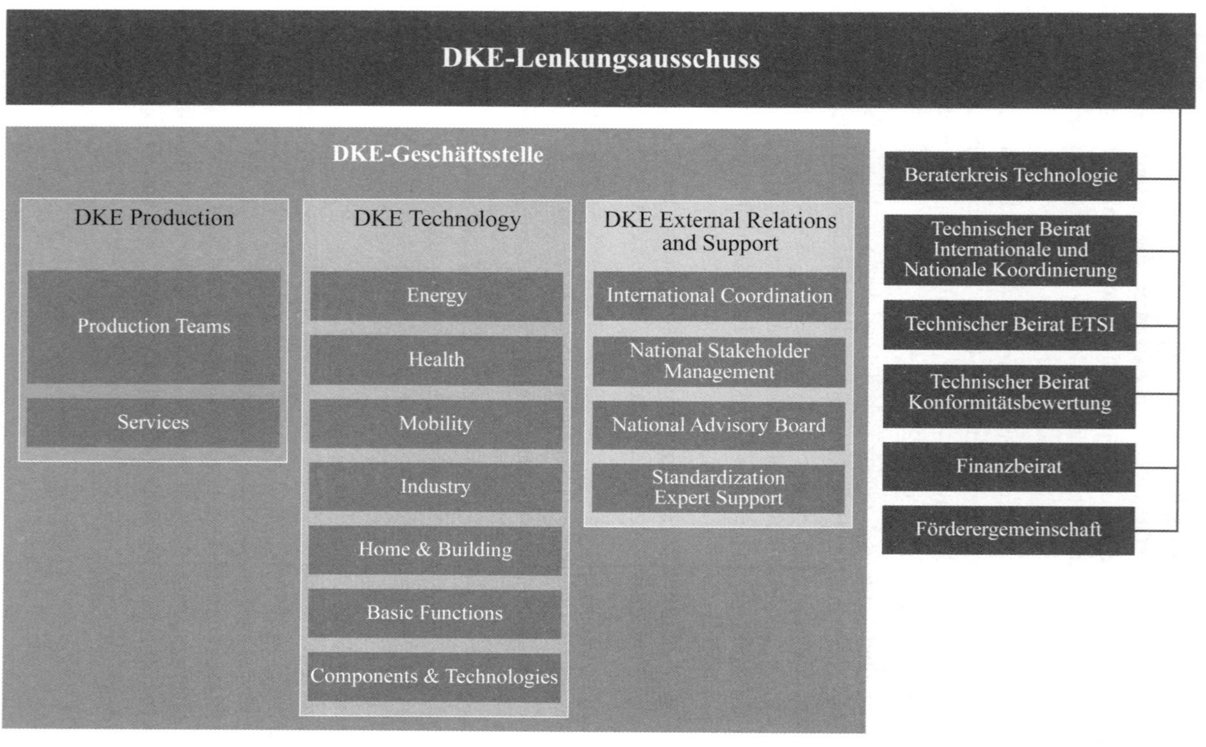

Bild 2.2 DKE-Struktur

Vorschlagberechtigt für die Besetzung von DKE-Gremien (Komitees) sind z. B.:

- der Zentralverband Elektrotechnik- und Elektronik-Industrie (ZVEI),
- das Forum Netztechnik/Netzbetrieb im VDE (FNN),
- die Vereinigung Industrielle Kraftwirtschaft (VIK),
- der VDE Verband der Elektrotechnik Elektronik Informationstechnik,
- das DIN Deutsches Institut für Normung,
- der Gesamtverband der Deutschen Versicherungswirtschaft (GDV),
- der Zentralverband der Deutschen Elektrohandwerke (ZVEH),
- die Berufsgenossenschaft für Energie Textil Elektro Medienerzeugnisse (BG ETEM),
- der Bundesverband der Unfallkassen, Deutsche Gesetzliche Unfallversicherung (DGUV),
- die Vereinigung der Technischen Überwachungsvereine (VdTÜV),
- die Arbeitsgemeinschaft der öffentlich-rechtlichen Rundfunkanstalten der Bundesrepublik Deutschland (ARD) im Benehmen mit dem Zweiten Deutschen Fernsehen (ZDF).

Die ehrenamtlichen Mitarbeiter in den Fachgremien werden von den o. g. Verbänden und Institutionen sowie von vielen weiteren Vertretungen von Fachkreisen vorgeschlagen und von der DKE berufen.

Das/der beauftragte

- Komitee,
- Unterkomitee,
- Arbeitskreis

arbeitet einen Text der neuen oder zu überarbeitenden Norm als **Entwurf** aus, der der Öffentlichkeit zur Stellungnahme vorgelegt wird. Eine Vornorm liegt zur Diskussion vor. Abschließend erscheint die genehmigte Norm.

Die VDE-Bestimmungen – nicht, wie im Sprachgebrauch üblich, VDE-Vorschriften – sind in folgende Gruppen eingeteilt:

0 Allgemeine Grundsätze

1 Energieanlagen

2 Energieleiter

3 Isolierstoffe

4 Messen, Steuern, Prüfen
5 Maschinen, Umformer
6 Installationsmaterial, Schaltgeräte
7 Gebrauchsgeräte, Arbeitsgeräte
8 Informationstechnik

Die **Nummerierung** ist vierstellig:

- Die erste Zahl ist eine Null (Ausnahme DIN VDE 1000).
- Die zweite Zahl gibt die entsprechende Gruppe (siehe oben) an.
- Die dritte und vierte Zahl ermöglichen es, in betreffende Fachgebiete zu unterteilen.

VDE-Vorschriftenwerk (die Gruppen 0 bis 8 mit den wichtigsten VDE-Bestimmungen)

DIN VDE	Titel
Gruppe 0 und 1	**Allgemeine Grundsätze + Energieanlagen**
0022	Satzung für das Vorschriftenwerk des VDE
0024	Satzung für das Prüf- und Zertifizierungswesen des VDE
0100	Errichten von Niederspannungsanlagen
0101	Starkstromanlagen mit Nennwechselspannungen über 1 kV
0102 und 0103	Kurzschlussströme
0104	Errichten und Betreiben elektrischer Prüfanlagen
0105	Betrieb von elektrischen Anlagen
0106	Verfahren zur Messung von Berührungsstrom und Schutzleiterstrom
0108	Sicherheitsbeleuchtungsanlagen
0109	Instandhaltung von Anlagen und Betriebsmitteln in elektrischen Versorgungsnetzen
0110	Isolationskoordination für elektrische Betriebsmittel in Niederspannungsanlagen
0113	Sicherheit von Maschinen
0115	Bahnanwendungen
0117	Sicherheit von Flurförderzeuge
0118	Elektrische Anlagen im Bergbau unter Tage
0122 und 0127	Elektrische Ausrüstung von Elektro-Straßenfahrzeugen, Windenergieanlagen
0140	Wirkungen des elektrischen Stromes auf Menschen und Nutztiere
0141	Erdungen für spezielle Starkstromanlagen mit Nennspannungen über 1 kV (Restnorm)
0143	Abspritzeinrichtungen für Starkstromanlagen mit Nennspannungen über 1 kV
0165 bis 0170	Explosionsgefährdete Bereiche

DIN VDE	Titel
0185	Blitzschutz
1000-10	Anforderungen an die im Bereich der Elektrotechnik tätigen Personen
Gruppe 2	**Energieleiter**
0207 bis 0209	Isolier-, Mantel- und Umhüllungswerkstoffe für Niederspannungskabel und -leitungen
0210	Freileitungen
0211	Bau von Starkstrom-Freileitungen mit Nennspannungen bis 1 000 V
0212 bis 0220	Bauteile, Armaturen von Freileitungen und Starkstromkabel
0228	Maßnahmen bei Beeinflussung von Telekommunikationsanlagen durch Starkstrom-anlagen
0250	Isolierte Starkstromleitungen
0253 bis 0299	Besondere Kabel, Verbindungsmittel und Verhalten
Gruppe 3	**Isolierstoffe**
0301 bis 0302	Bewertung und Kennzeichnung von elektrischen Isoliersystemen
0303	Prüfverfahren von Elektroisolierstoffen
0304	Thermische Eigenschaften von Elektroisolierstoffen
0306	Einfluss von ionisierender Strahlung auf Elektroisolierstoffe
0310 bis 0380	Bestimmungen für die verschiedenen Elektroisolierstoffe und -flüssigkeiten
Gruppe 4	**Messen, Steuern, Prüfen**
0400	Gasmessgeräte für explosionsfähige Atmosphäre
0403	Elektromagnetische Ortungsgeräte für unter Erde verlegte Rohre und Kabel
0411	Sicherheitsbestimmungen für elektrische Mess-, Steuer-, Regel- und Laborgeräte
0413	Elektrische Sicherheit in Niederspannungsnetzen bis AC 1 000 V und DC 1 500 V – Geräte zum Prüfen, Messen oder Überwachen von Schutzmaßnahmen
0414	Messwandler
0418	Messung der elektrischen Energie
0432 bis 0434	Hochspannungs-/Hochstrom-Prüftechnik
0435	Relais
0441 bis 0471	Prüfung von Isolierstoffen
0472	Prüfung an Kabeln und isolierten Leitungen
Gruppe 5	**Maschinen, Umformer**
0510	Akkumulatoren und Batterien
0530	Drehende elektrische Maschinen
0532	Transformatoren und Drosselspulen
0544 und 0545	Lichtbogen-, Widerstandsschweißeinrichtungen
0550	Bestimmungen für Kleintransformatoren

DIN VDE	Titel
0553	Hochspannungsgleichstromübertragung (HGÜ)
0557 und 0558	Stromversorgungsgeräte für Niederspannung mit Gleichstromausgang, Stromrichter, USV
0560	Kondensatoren
0565	Funk-Entstörmittel
0570	Sicherheit von Transformatoren, Netzgeräten, Drosseln und dergleichen
Gruppe 6	**Installationsmaterial, Schaltgeräte**
0603	Installationskleinverteiler und Zählerplätze AC 400 V
0604	Elektroinstallationskanalsysteme für elektrische Installationen
0605	Elektroinstallationsrohrsysteme für elektrische Energie und für Informationen
0606 bis 0613	Verbindungsmaterial und Klemmen
0616	Lampenfassungen
0619	Kabelverschraubungen für elektrische Installationen
0620 bis 0627	Stecker, Steckdosen und Kupplungen
0630	Geräteschalter
0631	Automatische elektrische Regel- und Steuergeräte
0632	Schalter, akustische Signalgeber und Anzeigeleuchten für Haushalt und ähnliche ortsfeste elektrische Installationen
0636	Niederspannungssicherungen
0641	Leitungsschutzschalter für Hausinstallationen und ähnliche Zwecke
0660	Niederspannungsschaltgeräte, Niederspannungs-Schaltgerätekombinationen
0664	Leitungsschutz-, Fehlerstrom-, Differenzstrom-Schutzschalter
0671	Hochspannungs-Schaltgeräte und -Schaltanlagen
0675	Überspannungsableiter
0680	Persönliche Schutzausrüstungen, Schutzvorrichtungen und Geräte zum Arbeiten an unter Spannung stehenden Teilen bis 1 000 V
0681 bis 0683	Arbeiten unter Spannung, Geräte zum Betätigen, Prüfen und Abschranken unter Spannung stehender Teile
Gruppe 7	**Gebrauchsgeräte, Arbeitsgeräte**
0700	Sicherheit elektrischer Geräte für den Hausgebrauch und ähnliche Zwecke
0701-0702	Prüfung nach Instandsetzung, Änderung elektrischer Geräte – Wiederholungsprüfung elektrischer Geräte
0710 und 0711	Leuchten
0712 und 0713	Lampenbetriebsgeräte
0715	Sicherheitsanforderungen für LED-Lampen, Glühlampen und Entladungslampen

DIN VDE	Titel
0721	Sicherheit in Elektrowärmeanlagen
0740	Elektrische Motorbetriebene handgeführte Werkzeuge, transportable Werkzeuge und Rasen- und Gartenmaschinen – Sicherheit
0745	Elektrostatische Handsprüheinrichtungen
0750	Medizinische elektrische Geräte
0751	Wiederholungsprüfungen und Prüfung nach Instandsetzung von medizinischen elektrischen Geräten
0752	Grundsätzliche Aspekte der Sicherheit elektrischer Einrichtungen in medizinischer Anwendung
Gruppe 8	**Informationstechnik**
0800	Informationstechnik, industrielle Kommunikationsnetze
0801	Informationstechnik – Einrichtungen und Infrastrukturen von Rechenzentren
0802	IT-Sicherheit für industrielle Automatisierungssysteme
0803	Funktionale Sicherheit sicherheitsbezogener elektrischer/elektronischer/programmierbarer elektronischer Systeme
0804	Besondere Sicherheitsanforderungen an Geräte zum Anschluss an Telekommunikationsnetze und/oder Kabelverteilsysteme
0805	Einrichtungen der Informationstechnik – Sicherheit
0808	Signalübertragung auf elektrischen Niederspannungsnetzen
0812 bis 0819	Installationskabel und -leitungen für Fernmelde- und Informationsverarbeitungsanlagen
0820	Geräteschutzsicherungen
0833	Gefahrenmeldeanlagen für Brand, Einbruch und Überfall
0837	Sicherheit von Lasereinrichtungen
0838 und 0843	Elektromagnetische Verträglichkeit (EMV) und EMV-Anforderungen von elektrischen Mess-, Steuer-, Regel- und Laborgeräten
0845	Überspannungsschutzgeräte für den Einsatz in Telekommunikations- und signalverarbeitenden Netzwerken, Maßnahmen bei Beeinflussung von Telekommunikationsanlagen durch Starkstromanlagen
0847	Elektromagnetische Verträglichkeit (EMV) – Prüf- und Messverfahren
0855	Kabelnetze für Fernsehsignale, Tonsignale und interaktive Dienste
0866	Sicherheitsbestimmungen für Funksender
0872 bis 0879	Störaussendung (Funkstörungen) und Störfestigkeit
0887	Hochfrequenzsteckverbinder, koaxiale Kommunikationskabel
0888	Lichtwellenleiter
0891 bis 0899	Verwendung von Kabeln und Leitungen

Im Zusammenhang mit den EU-Richtlinien sind die Mitglieder von DIN und DKE in Deutschland verpflichtet, eine **europäische Norm (EN)** hinsichtlich des Fachinhalts als auch der Gestaltung unverändert als deutsche Norm zu übernehmen und widersprechende nationale Normen zurückzuziehen.

Bisher wurden die VDE-Bestimmungen unter der Nummer „DIN VDE …" veröffentlicht. Um eine nationale Übersicht für übernommene europäische Normen (EN) zu gewährleisten, wird bei der nationalen Übernahme die vollständige EN-Nummer mit dem vorgesetzten nationalen Normenzeichen für die Benummerung verwendet. Die bisherige, geläufige VDE-Benummerung wird weiterhin angegeben.

Zum Beispiel:

DEUTSCHE NORM — Oktober 2015

	DIN VDE 0105-100 **(VDE 0105-100)**	DIN
	Diese Norm ist zugleich eine **VDE-Bestimmung** im Sinne von VDE 0022. Sie ist nach Durchführung des vom VDE-Präsidium beschlossenen Genehmigungsverfahrens unter der oben angeführten Nummer in das VDE-Vorschriftenwerk aufgenommen und in der „etz Elektrotechnik + Automation" bekannt gegeben worden.	VDE

Vervielfältigung – auch für innerbetriebliche Zwecke – nicht gestattet.

ICS 29.240.01

Ersatz für
DIN VDE 0105-100
(VDE 0105-100):2009-10
Siehe Anwendungsbeginn

Betrieb von elektrischen Anlagen –
Teil 100: Allgemeine Festlegungen

Operation of electrical installations –
Part 100: General requirements

Exploitation des installations électriques –
Partie 100: Règles générales

Die aktuelle Schreibweise lautet:

DIN VDE 0105-100 (**VDE 0105-100**):2015-10

2.4 Organisationsgrundlage für die Schaltberechtigung im Unternehmen

Entsteht durch eine Fehlschaltung bzw. Nichtbeachtung der Sicherheitsregeln ein Unfall mit Personenschaden, so geraten mit dem Schaltberechtigten der Unternehmer und jeder daran beteiligte Vorgesetzte in die Schusslinie der Gesetze. Es wird geprüft, ob ihnen zur Last gelegt werden können:

- Organisationsverschulden,
- Auswahlverschulden,
- Aufsichtsverschulden.

Ein Unternehmen mit einer Linien-Stabs-Organisation (siehe **Tabelle 2.2** „Betriebliche Hierarchie“) verfügt bereits über die Grundvoraussetzungen für die gesetzlich vorgeschriebene Arbeitssicherheitsorganisation. Dort sind die Verantwortungsbereiche durch die vorgegebenen hierarchischen Stufen erkennbar abgegrenzt.

Linie		**Stab**	**Arbeitnehmer-vertretung**
Stellung im Unternehmen	**Führungsstufe**	**Stabsstellen als Unterstützung/ Beratung des Unternehmens**	
Unternehmer	oberste	Betriebsarzt Sicherheitsfachkraft	Betriebsrat
Direktor	obere		
Betriebsleiter Abteilungsleiter	mittlere		
Gruppen-/Teamleiter	untere		
Mitarbeiter als z. B. Sicherheitsbeauftragte oder Betriebsratsmitglied	Basis		

Tabelle 2.2 Betriebliche Hierarchie/Organisationsstufen

Es empfiehlt sich immer eine Abgrenzung der Verantwortungsbereiche durch (übersichtliche) Organisationspläne, Stellenbeschreibungen, Geschäftsverteilungspläne, dokumentierte Pflichtenübertragungen und in Sachen Schaltberechtigung die Verantwortungsbereiche, z. B. in einem Übersichtsplan (**Bild 2.3**) vorzunehmen, und zwar nach der Maxime:

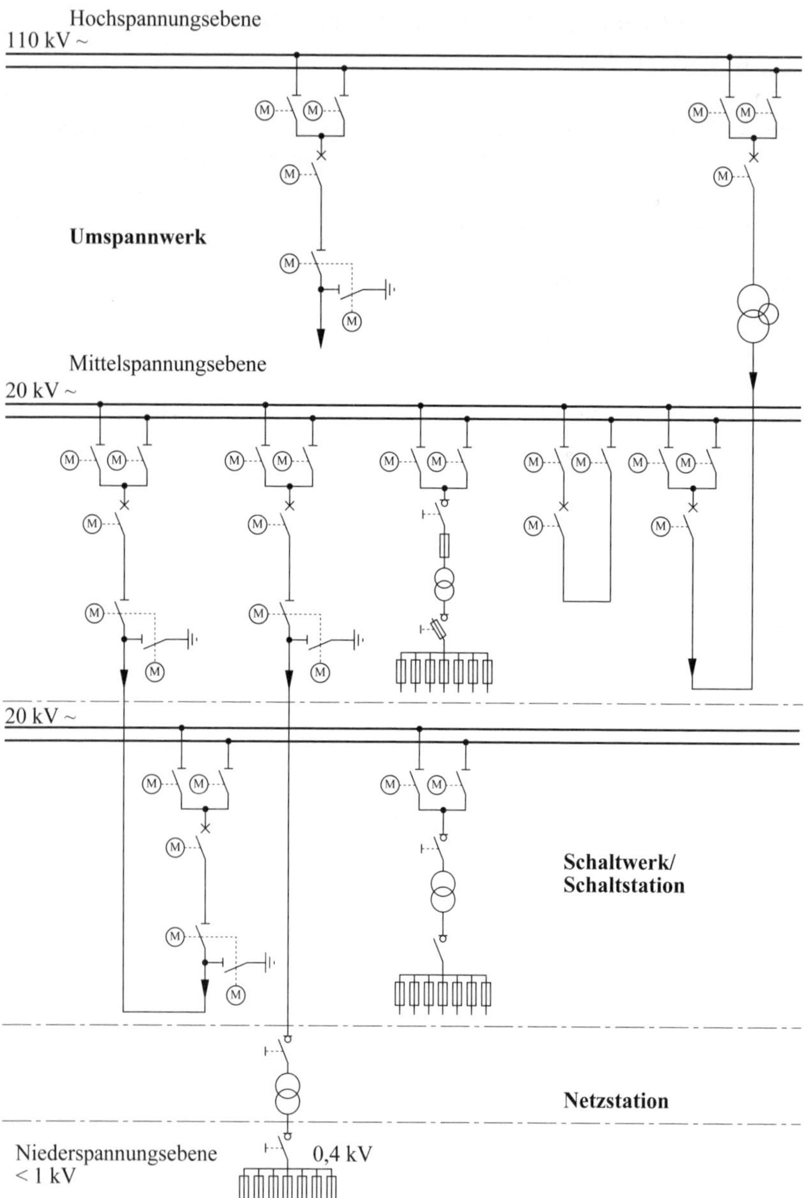

Bild 2.3 Die verschiedenen Schaltberechtigungsverantwortungsbereiche können im Übersichtsplan durch Farbunterschiede kenntlich gemacht werden

Wer darf wo welche Betriebsmittel wann schalten?

Dann besteht Klarheit für alle Beteiligten. Die getroffenen Organisationsmaßnahmen sind für das Unternehmen nachweisbar. Betriebsanweisungen, Arbeitsverfahren und Arbeitsabläufe sind dokumentiert.

Im Organisationsgefüge (Tabelle 2.2) eines Unternehmens sind noch die Stabsstellen und der Betriebsrat beteiligt sowie von außerhalb das Gewerbeaufsichtsamt und die Berufsgenossenschaft. Alle sollten zur Beratung in Sachen Betrieb elektrischer Anlagen/Schaltberechtigung beteiligt werden.

Gemäß Arbeitssicherheitsgesetz (ASiG) hat der **Sicherheitsingenieur**/die **Sicherheitsfachkraft** kein direktes Weisungsrecht.

Die Sicherheitskraft hat als Spezialist für die Arbeitssicherheit und die Unfallverhütung den Arbeitgeber und die Vorgesetzten (Führungskräfte) zu beraten und zu unterstützen. Ferner hat sie darauf hinzuwirken, dass sich alle im Betrieb Beschäftigten sicherheitsgerecht verhalten, ebenfalls, gemäß Arbeitssicherheitsgesetz (ASiG), der **Betriebsarzt**.

Er hat ähnliche Aufgaben wie die Sicherheitsfachkraft – jedoch auf dem Gebiet des Gesundheitsschutzes. Außerdem hat er die Beschäftigten zu untersuchen, arbeitsmedizinisch zu beurteilen und zu beraten.

Betriebsrat/Personalrat

Er hat sich für die Durchführung der Vorschriften und Maßnahmen zur Verbesserung der Sicherheit und des Gesundheitsschutzes der Arbeitnehmer im Betrieb einzusetzen. Ihm steht das Recht zu, bei Regelungen über Unfallverhütung und über Gesundheitsschutz mitzubestimmen (Betriebsverfassungsgesetz).

Sicherheitsbeauftragte

Er wirkt durch freiwillige Übernahme von Aufgaben für die Arbeitssicherheit. Er sorgt uneigennützig im Interesse seiner Kollegen für deren Sicherheit.

Durch die Bestellung zum Sicherheitsbeauftragten fallen ihm weder die Pflichten noch die Weisungsbefugnis eines Vorgesetzten zu.

Gewerbeaufsichtsbeamte

Sie vertreten das rechtliche und soziale Interesse der Gesellschaft, um Gesundheit und Leistungsvermögen der Staatsbürger zu schützen und volkswirtschaftliche Schäden zu vermeiden.

Technische Aufsichtspersonen bzw. Personen der Berufsgenossenschaft

Die Berufsgenossenschaften haben den gesetzlichen Auftrag, für Unfallverhütung zu sorgen.

Die Aufsichtspersonen führen diesen Auftrag durch, indem sie unter anderem durch Betriebsbesichtigungen die Befolgung der Unfallverhütungsvorschriften überwachen sowie die Unternehmer und die Versicherten über Unfallgefahren und deren Bekämpfung beraten.

Eine von der ursprünglichen Organisation abweichende, oft unbemerkt entstandene Organisation birgt das Risiko in sich, dass es zur Überschneidung von Verantwortlichkeiten kommt. Mehrere Persönlichkeiten halten sich für zuständig, es werden sich widersprechende Entscheidungen getroffen, und es können Fehlschaltungen oder unkorrekte Freigaben erfolgen.

Kritischer kann es sein, wenn Verantwortlichkeiten nicht mehr wahrgenommen werden, weil keiner sich zuständig fühlt. Diese Gefahr ist insbesondere dann groß, wenn in einem hierarchisch strukturierten Unternehmen Projektgruppen ihr Fachwissen einbringen, indem sie in andere Zuständigkeits- und Verantwortungsbereiche eindringen oder sogar Schaltanweisungen geben, obwohl sie nicht schaltanweisungsberechtigt sind. Dann fühlt sich oft der für die Ausführung verantwortliche Schaltberechtigte/ Arbeitsverantwortliche verunsichert.

Kommt es hier zu einem Unfall mit Gesundheitsschaden, ermittelt der Staatsanwalt im Unternehmen nach den Verantwortlichen unter dem Gesichtspunkt der fahrlässigen Körperverletzung oder Tötung. Die Ermittlungen richten sich gegen jeden, der entsprechend seiner Stellung, seinen Aufgaben und Kompetenzen durch Maßnahmen den Unfall hätte verhindern können.

Waren Verantwortungsbereiche für Schaltauftragsberechtigte und Schaltberechtigte nicht eindeutig festgelegt und voneinander abgegrenzt, ist zu klären, ob der Unternehmer es unterlassen hat, seinen Organisations-, Auswahl- und Aufsichtspflichten nachzukommen bzw. die Abläufe rechtssicher zu strukturieren.

Sicherlich wird es nicht ausreichen, die Ausgabe des sog. „**Hochspannungsschlüssels**“ an einen Mitarbeiter gleichzusetzen mit der Erteilung der Schaltberechtigung oder diese mündlich mitzuteilen, wie es in manchen Betrieben gehandhabt wird. Hier liegt keine eindeutige Festlegung des Verantwortungsbereichs vor, denn den „Hochspannungsschlüssel“ müssen auch andere Mitarbeiter besitzen, die in abgeschlossenen elektrischen Betriebsstätten tätig werden müssen, aber keine Schaltungen durchführen.

Ein zusätzliches organisatorisches Problem kann der Einsatz von Fremdfirmen mit sich bringen, die z. B. eine vorhandene elektrische Anlage umbauen bzw. erweitern sollen.

Zur eigenen betrieblichen Struktur treffen dann noch ein oder mehrere Verantwortungsbereiche selbstständig arbeitender fremder Unternehmer zusammen. Hier müssen hinsichtlich der Verkehrssicherungspflicht und Pflicht zur Koordination zusätzlich klare organisatorische Regelungen getroffen werden. Grundsätzlich ist der Unternehmer mit seinem Führungsteam verpflichtet, einen geeigneten Fremdunternehmer auszuwählen, klare vertragliche Absprachen in der Bestellung festzulegen und vor Arbeitsaufnahme eine **geeignete Person** – vormals Koordinator – (z. B. einen schaltberechtigten Anlagenverantwortlichen) namentlich zu benennen, der gegenüber seinen Auftragnehmern und deren Beschäftigten Weisungsbefugnis hat (siehe Formblätter I und II, **Bild 2.4** und **Bild 2.5**, Geeignete Person).

Bei Arbeiten in elektrischen Anlagen sollte diese Person mind. die Anlagenbeauftragung mit Schaltberechtigung besitzen, um für die tätigen Fremdfirmen den spannungsfreien Zustand vor Arbeitsbeginn her- und sicherzustellen sowie die Durchführungserlaubnis für das Betriebsmittel zu erteilen bzw. die Freigabe zur Arbeit.

Die Schaltungen und Durchführung der fünf Sicherheitsregeln kann und darf eine Fremdfirma nur dann übernehmen, wenn:

- die organisatorischen Verantwortungsbereiche festgelegt worden sind (eine entsprechende Schaltberechtigung/Verfügungserlaubnis im Auftrag erteilt wurde),
- die Netz- und Betriebsmittelkenntnisse vorhanden sind,
- eine Einweisung stattgefunden hat, die schriftlich bestätigt wurde.

In der Praxis könnte das der Ausnahmefall sein, wenn eine Fremdfirma mit demselben Personal bereits über einen längeren Zeitraum in einem Unternehmen tätig ist und die betrieblichen Abläufe kennt.

Im Regelfall sollte die befähigte Person die Schaltungen und Sicherheitsmaßnahmen durchführen. In der Unfallverhütungsvorschrift „Grundsätze der Prävention" DGUV-Vorschrift 1 ist, wie bereits beschrieben, die für die Gewährleistung der Arbeitssicherheit vorgeschriebene Abgrenzung der Verantwortungsbereiche in § 13 und die beauftragte Person vormals als „Koordinator" in § 6 festgelegt.

Weitere wichtige Grundlagen für die Organisation der Schaltberechtigung im Betrieb sind in der Unfallverhütungsvorschrift „Grundsätze der Prävention" DGUV-Vorschrift 1 festgelegt.

Firmenkopf

Der Auftragnehmer ist verpflichtet, bei Durchführung und Abwicklung des Auftrags die maßgeblichen Unfallverhütungsvorschriften, andere Arbeitsschutzvorschriften sowie im Übrigen die „Maßnahmen zur Verbesserung der Sicherheit und des Gesundheitsschutzes“ zu beachten.

Unser Mitarbeiter, Herr/Frau …, ist von uns als betriebsbeauftragte Person eingesetzt und wird die Arbeiten Ihrer Firma mit den Arbeiten der Mitarbeiter vom Auftraggeber und den von uns ebenfalls beauftragten Firmen koordinieren, um eine mögliche, gegenseitige Gefährdung zu vermeiden. Soweit es für die Sicherheit erforderlich ist, hat er auch Weisungsbefugnis gegenüber Ihren bei uns tätig werdenden Mitarbeitern. Bitte, unterrichten Sie Ihre Mitarbeiter, dass auch den Weisungen unseres Betriebsbeauftragten Folge zu leisten ist. Veranlassen Sie auch, dass sich Ihre mit der Durchführung der Arbeiten betrauten Mitarbeiter vor Beginn der Arbeiten mit unserem Betriebsbeauftragten in Verbindung setzen und auch während der Durchführung der Arbeiten Kontakt halten.

Der Ordnung halber machen wir Sie darauf aufmerksam, dass die Weisungsbefugnis unseres Beauftragten in Fragen der Koordination gegenüber dem bei uns tätig werdenden Mitarbeiter Ihrer Firma die verantwortlichen Vorgesetzten Ihrer Firma nicht von ihrer Verantwortung (besonders Aufsichtspflicht) gegenüber Ihren Mitarbeitern entbindet.

Darüber hinaus müssen auch Ihre entsandten Mitarbeiter alles tun, um eine Gefährdung unserer Mitarbeiter und den von uns beauftragten Firmen, die durch ihre Tätigkeit gegeben sein kann, zu vermeiden.

Werden Arbeiten ausgeführt, an denen keine Mitarbeiter vom Auftraggeber oder von Firmen, die von uns beauftragt wurden, beteiligt sind, so haben Sie sich entsprechend DGUV-Vorschrift 1 § 6 Abs. 2 mit den anderen Unternehmen abzustimmen.

Bild 2.4 Muster-Formblatt I: Verhütung von Unfällen bei Fremdvergabe nach Unfallverhütungsvorschrift (UVV) „Grundsätze der Prävention“ DGUV-Vorschrift 1 § 6

Anlage zur Bestellung-Nr. ______________________________

Arbeitsschutz und Unfallverhütung

Abstimmung von Arbeiten zur Unfallverhütung (vormals Koordination)

Der Auftragnehmer ist verpflichtet, bei Durchführung und Abwicklung des Auftrags die maßgeblichen Unfallverhütungsvorschriften, andere Arbeitsschutzvorschriften sowie im Übrigen die „Maßnahmen zur Verbesserung der Sicherheit und des Gesundheitsschutzes" zu beachten.

Diese Verpflichtung ist Teil des Vertrags. Wird diese Regelung nicht beachtet, gilt der Auftrag als nicht ordnungsgemäß erfüllt. Schadenersatzansprüche wegen sich daraus ergebender Folgen bleiben vorbehalten.

Unser Mitarbeiter, Herr/Frau ...., oder dessen Vertreter, wird die Arbeiten Ihrer Firma mit den Arbeiten der Mitarbeiter der vom Auftraggeber beauftragten Firmen koordinieren, um eine mögliche, gegenseitige Gefährdung zu vermeiden. Soweit es für die Sicherheit erforderlich ist, hat er auch Weisungsbefugnis gegenüber Ihren bei uns tätig werdenden Mitarbeitern. Bitte unterrichten Sie Ihre Mitarbeiter, dass auch den Weisungen unseres o. g. Mitarbeiters Folge geleistet wird. Veranlassen Sie auch, dass sich Ihre mit der Durchführung der Arbeiten betrauten Mitarbeiter vor Beginn der Arbeiten mit unserem Betriebsbeauftragten für die Koordination in Verbindung setzen und während der Durchführung der Arbeiten Kontakt halten.

Der Ordnung halber machen wir Sie darauf aufmerksam, dass die Weisungsbefugnis unseres o. g. Mitarbeiters in Fragen der Koordination gegenüber den bei uns tätig werdenden Mitarbeitern Ihrer Firma die verantwortlichen Vorgesetzten Ihrer Firma nicht von ihrer Verantwortung (besonders Aufsichtspflicht) gegenüber Ihren Mitarbeitern entbindet.

Darüber hinaus müssen auch Ihre entsandten Mitarbeiter alles tun, um eine Gefährdung unserer Mitarbeiter und der beauftragten Firmen, die durch ihre Tätigkeit gegeben sein kann, zu vermeiden.

Sie sind verpflichtet, Ihr Personal darauf hinzuweisen, dass den Anordnungen des Anlagenverantwortlichen/Koordinators/Schaltberechtigten wegen der möglichen großen Gefährdung bei Arbeiten in und an Hoch- und Niederspannungsanlagen unbedingt Folge zu leisten ist. Vor Beginn der Arbeiten wird Ihr Personal durch unseren Mitarbeiter, Herrn/Frau ..., oder dessen Vertreter über notwendige Verhaltensmaßnahmen und über die einschlägigen VDE-Bestimmungen unterrichtet.

Die Baustelle ist vorschriftsmäßig abzusichern. Für sämtliche durch Unterlassen der vorgenannten Anweisungen entstehenden Unfälle haftet allein der Auftragnehmer.

Auftraggeberanschrift

Bild 2.5 Muster-Formblatt II: Befähigte Person zur Koordination nach Unfallverhütungsvorschrift DGUV-Vorschrift 1 „Grundsätze der Prävention" nach § 6

2.5 Die Unfallverhütungsvorschrift DGUV-Vorschrift 1 „Grundsätze der Prävention"

Allgemeines

Seit dem 1. Januar 2004 gilt die Unfallverhütungsvorschrift DGUV-Vorschrift 1 mit dem Titel „**Grundsätze der Prävention**" (**Bild 2.6**).

Bild 2.6 Unfallverhütungsvorschrift DGUV-Vorschrift 1 „Grundsätze der Prävention"

Diese Basisvorschrift hatte 26 Jahre den Titel „**Allgemeine Vorschriften**" mit den bewährten Durchführungsanweisungen. Nun heißt es, Abschied zu nehmen und sich mit der neuen DGUV-Vorschrift 1 zu beschäftigen.

Zum Verständnis der geänderten UVV vorab einige Erläuterungen.

Die Berufsgenossenschaften haben nach § 15 Sozialgesetzbuch (SGB VII) das Recht und die Aufgabe, Unfallverhütungsvorschriften (UVV) zur Verhütung von Arbeitsunfällen, Berufskrankheiten und arbeitsbedingten Gesundheitsgefahren zu erlassen. Das Vorschriftenwerk der Berufsgenossenschaften ist im Laufe der Zeit organisch gewachsen und hat sich durchaus an veränderte Rahmenbedingungen angepasst und technische Neuerungen berücksichtigt. Parallel dazu hat sich das **staatliche Arbeitsschutzrecht** entwickelt, das in den letzten Jahren weitgehend durch die Umsetzung von **EU-Richtlinien** bestimmt wurde.

Das Nebeneinander von übergeordneten staatlichen Arbeitsschutzvorschriften und -gesetzen und eher branchenbezogenen berufsgenossenschaftlichen Vorschriften hat in vielen Bereichen seine Berechtigung. Zum Teil existierten aber parallele Regelungen gleichen oder ähnlichen Inhalts im staatlichen Arbeitsschutzrecht und in den Unfallverhütungsvorschriften.

Dadurch wurden die Vorschriften zu Arbeitssicherheit und Gesundheitsschutz für die Betriebe schwer durchschaubar und unnötig umfangreich. Das war insbesondere dann der Fall, wenn Vorschriften offensichtlich nicht aufeinander abgestimmt waren. Ein wesentliches Ziel war es, diese Doppelregelungen zu beseitigen. Ab 2014 wurde die Systematik für das Regelwerk der gesetzlichen Unfallversicherung vereinheitlicht.

Dazu wird zukünftig in großem Umfang auf das staatliche Arbeitsschutzrecht Bezug genommen, insbesondere auf das **Arbeitsschutzgesetz**. Die DGUV-Vorschrift 1 verknüpft künftig das staatliche Arbeitsschutzrecht mit den berufsgenossenschaftlichen Vorschriften. Damit hat die Berufsgenossenschaft jetzt die Möglichkeit, die staatlichen Vorschriften nicht nur bei der Beratung, sondern auch bei der Überwachung der Betriebe unmittelbar anzuwenden.

Die **DGUV-Vorschrift 1 ist die Grundlagenvorschrift** für die betriebliche und berufsgenossenschaftliche Präventionsarbeit. Sie enthält alle wesentlichen Bestimmungen über die im Unternehmen zu treffenden Präventionsmaßnahmen und die Organisation des Arbeitsschutzes.

Während die Unfallverhütungsvorschriften für Unternehmer, Vorgesetzte und Mitarbeiter, also alle Mitglieder der Berufsgenossenschaft, verbindliches Recht sind, ist die zukünftige DGUV-Regel als Hinweis für die praktische Umsetzung der Forderungen gedacht. Von den Regeln kann abgewichen werden, wenn man das Schutzziel der UVV auf andere Weise erreicht.

Für die Praxis empfiehlt es sich jedoch, die Regeln zu berücksichtigen. Verstöße dagegen können im Einzelfall auch den Vorwurf fahrlässiger Handlungsweise begründen.

Sehr bedeutend sind ferner die Vorschriften über die betriebliche Sicherheitsorganisation. Der Unternehmer hat die Übertragung von Pflichten (Aufsicht/Schaltberechtigung) schriftlich zu bestätigen, Verantwortungsbereiche und Befugnisse zu beschreiben sowie abzugrenzen, Arbeiten aufeinander abzustimmen.

Diese zuletzt genannten Vorschriften sind nicht nur für Fragen aktuell, die die Sicherheit betreffen. Die betrieblichen Abläufe sind, wie bereits beschrieben, ohnehin zu organisieren. Der Unternehmer hat dabei grundsätzlich freie Hand. Soweit aber die Sicherheit betroffen ist, sieht er sich jetzt Erfordernissen gegenüber, die in der DGUV-Vorschrift 1 sowie in staatlichen Arbeitsschutzvorschriften festgelegt sind.

Die DGUV-Vorschrift 1 ist in acht Kapitel mit vier Anlagen strukturiert, wobei die ersten drei Kapitel die Abschnitte der bisher gültigen BGV A1 widerspiegeln. Der Abschnitt III – Betriebsanlagen und Betriebsregelungen – der BGV A1 ist ersatzlos gestrichen, da er mit der **Arbeitsstättenverordnung** übereinstimmte. Leider sind auch einige konkrete Regelungen für den Betriebspraktiker entfallen.

Die Verantwortlichen in den Betrieben bleiben jedoch weiterhin verpflichtet, alle für die Sicherheit erforderlichen Maßnahmen zu treffen.

Es fällt auf, dass die DGUV-Vorschrift 1 **keine Durchführungsanweisungen** beinhaltet, die für den Praktiker den Vorschriftentext erläutert haben.

Zukünftig wird diese Rolle eine DGUV-Regel übernehmen.

Einen Überblick der DGUV-Vorschrift 1 – Grundsätze der Prävention – zeigt das Inhaltsverzeichnis:

Erstes Kapitel Allgemeine Vorschriften

§ 1 Geltungsbereich von Unfallverhütungsvorschriften

Zweites Kapitel Pflichten des Unternehmers

§ 2 Grundpflichten des Unternehmers

§ 3 Beurteilung der Arbeitsbedingungen, Dokumentation, Auskunftspflichten

§ 4 Unterweisung der Versicherten

§ 5 Vergabe von Aufträgen

§ 6 Zusammenarbeit mehrerer Unternehmer

§ 7 Befähigung für Tätigkeiten

§ 8 Gefährliche Arbeiten

§ 9 Zutritts- und Aufenthaltsverbote

§ 10 Besichtigung des Unternehmens, Erlass einer Anordnung, Auskunftspflicht

§ 11 Maßnahmen bei Mängeln
§ 12 Zurverfügungstellung von Vorschriften und Regeln
§ 13 Pflichtenübertragung
§ 14 Ausnahmen

Drittes Kapitel Pflichten der Versicherten

§ 15 Allgemeine Unterstützungspflichten und Verhalten
§ 16 Besondere Unterstützungspflichten
§ 17 Benutzung von Einrichtungen, Arbeitsmitteln und Arbeitsstoffen
§ 18 Zutritts- und Aufenthaltsverbote

Viertes Kapitel Organisation des betrieblichen Arbeitsschutzes

Erster Abschnitt Sicherheitstechnische und betriebsärztliche Betreuung, Sicherheitsbeauftragte

§ 19 Bestellung von Fachkräften für Arbeitssicherheit und Betriebsärzten
§ 20 Sicherheitsbeauftragte

Zweiter Abschnitt Maßnahmen bei besonderen Gefahren

§ 21 Allgemeine Pflichten des Unternehmers
§ 22 Notfallmaßnahmen
§ 23 Maßnahmen gegen Einflüsse des Wettergeschehens

Dritter Abschnitt Erste Hilfe

§ 24 Allgemeine Pflichten des Unternehmers
§ 25 Erforderliche Einrichtungen und Sachmittel
§ 26 Zahl und Ausbildung der Ersthelfer
§ 27 Zahl und Ausbildung der Betriebssanitäter
§ 28 Unterstützungspflichten der Versicherten

Vierter Abschnitt Persönliche Schutzausrüstungen

§ 29 Bereitstellung
§ 30 Benutzung
§ 31 Besondere Unterweisungen

Fünftes Kapitel Ordnungswidrigkeiten

§ 32 Ordnungswidrigkeiten

Sechstes Kapitel Aufhebung von Unfallverhütungsvorschriften

§ 33 Übergangs- und Ausführungsbestimmungen

Siebtes Kapitel Inkrafttreten

§ 34 Inkrafttreten

Anlage 1: Zu § 2 Abs. 1 der Unfallverhütungsvorschrift „Grundsätze der Prävention" (DGUV-Vorschrift 1) – Staatliche Arbeitsschutzvorschriften

Anlage 2: Zu § 20 Abs. 1 der Unfallverhütungsvorschrift „Grundsätze der Prävention" (DGUV-Vorschrift 1) – Zahl der Sicherheitsbeauftragten

Anlage 3: Zu § 26 Abs. 2 der Unfallverhütungsvorschrift „Grundsätze der Prävention" (DGUV-Vorschrift 1) – Voraussetzungen für die Ermächtigung als Stelle für die Aus- und Fortbildung in der Ersten Hilfe

Anlage 4: Übersicht über die außer Kraft zu setzenden Unfallverhütungsvorschriften

Für die Schaltauftrags- und Schaltberechtigung sind die wesentlichen Paragrafen beschrieben in den Kapiteln:

- Allgemeine Vorschriften,
- Pflichten des Unternehmers,
- Pflichten der Versicherten (der befähigten, schaltberechtigten Personen).

Im Folgenden werden BG-Auszüge, Bezug nehmend auf die Schaltberechtigung, vom Autor kommentiert:

Erstes Kapitel

Allgemeine Vorschriften

§ 1

Geltungsbereich von Unfallverhütungsvorschriften

Unfallverhütungsvorschriften gelten für Unternehmer und Versicherte; sie gelten auch

- *für Unternehmer und Beschäftigte von ausländischen Unternehmen, die eine Tätigkeit im Inland ausüben, ohne einem Unfallversicherungsträger anzugehören;*
- *soweit in dem oder für das Unternehmen Versicherte tätig werden, für die ein anderer Unfallversicherungsträger zuständig ist.*

Kommentar zu § 1

Arbeiten in Unternehmen ausländische Mitarbeiter, die für ihre Tätigkeiten eine eingeschränkte Schaltberechtigung erhalten haben, so müssen auch diese Personen die einschlägigen Bestimmungen kennen und danach handeln, um Unfälle und Fehlschaltungen zu verhüten.

Zweites Kapitel

Pflichten des Unternehmers

§ 2

Grundpflichten des Unternehmers

(1) Der Unternehmer hat die erforderlichen Maßnahmen zur Verhütung von Arbeitsunfällen, Berufskrankheiten und arbeitsbedingten Gesundheitsgefahren sowie für eine wirksame Erste Hilfe zu treffen. Die zu treffenden Maßnahmen sind insbesondere in staatlichen Arbeitsschutzvorschriften dieser Unfallverhütungsvorschrift und in weiteren Unfallverhütungsvorschriften näher bestimmt.

(2) Der Unternehmer hat bei den Maßnahmen nach Abs. 1 von den allgemeinen Grundsätzen nach § 4 Arbeitsschutzgesetz auszugehen und dabei insbesondere das staatliche und berufsgenossenschaftliche Regelwerk heranzuziehen.

(3) Der Unternehmer hat die Maßnahmen nach Abs. 1 entsprechend den Bestimmungen des § 3 Abs. 1 Sätze 2 und 3 und Abs. 2 Arbeitsschutzgesetz zu planen, zu organisieren, durchzuführen und erforderlichenfalls an veränderte Gegebenheiten anzupassen.

(4) Der Unternehmer darf keine sicherheitswidrigen Weisungen erteilen.

(5) Kosten für Maßnahmen nach dieser Unfallverhütungsvorschrift und den für ihn sonst geltenden Unfallverhütungsvorschriften darf der Unternehmer nicht den Versicherten auferlegen.

Kommentar zu § 2

Hier sind die Grundpflichten für den Unternehmer festgelegt: Geldmittel bereitzustellen für z. B. Werkzeuge und die persönliche Schutzausrüstung des Schaltberechtigten, die Schaltberechtigung zu organisieren, geeignete Schaltauftragsberechtigte und Schaltberechtigte auszuwählen, zu schulen und einzusetzen, ergänzend zum ArbSchG Betriebsvereinbarungen, z. B. eine Schaltdienstanweisung, festzulegen, die Einhaltung der Anweisung zu überwachen.

In Sachen Erste Hilfe ist es empfehlenswert, die Schaltberechtigten auszubilden, denn nach einem elektrischen Unfall entscheiden die ersten Minuten über Leben und Tod. In diesem Paragrafen wird ausdrücklich auf das staatliche Arbeitsschutzrecht Bezug genommen, z. B.:

- Arbeitsschutzgesetz,
- Arbeitsstättenverordnung,
- Betriebssicherheitsverordnung,
- PSA-Benutzungsverordnung,
- Lastenhandhabungsverordnung,
- Bildschirmarbeitsverordnung,
- Baustellenverordnung,
- Biostoffverordnung,
- Gefahrstoffverordnung,
- u. a.

§ 3

Beurteilung der Arbeitsbedingungen, Dokumentation, Auskunftspflichten

(1) Der Unternehmer hat durch eine Beurteilung der für die Versicherten mit ihrer Arbeit verbundenen Gefährdungen entsprechend § 5 Abs. 2 und 3 Arbeitsschutzgesetz zu ermitteln, welche Maßnahmen nach § 2 Abs. 1 erforderlich sind.

(2) Der Unternehmer hat ***Gefährdungsbeurteilungen*** *insbesondere dann zu überprüfen, wenn sich die betrieblichen Gegebenheiten hinsichtlich Sicherheit und Gesundheitsschutz verändert haben.*

(3) Der Unternehmer hat entsprechend § 6 Abs. 1 Arbeitsschutzgesetz das Ergebnis der Gefährdungsbeurteilung nach Absatz 1, die von ihm festgelegten Maßnahmen und das Ergebnis ihrer Überprüfung zu dokumentieren.

(4) Der Unternehmer hat der Berufsgenossenschaft alle Informationen über die im Betrieb getroffenen Maßnahmen des Arbeitsschutzes auf Wunsch zur Kenntnis zu geben.

Kommentar zu § 3

Beim Freischalten sowie beim Arbeiten an elektrischen Anlagen ist ein Gefährdungspotenzial vorhanden, das beurteilt werden muss, um mit dieser Grundlage die befähigten Personen zu unterweisen und Arbeitsplätze zu kontrollieren (siehe im Anhang die Formblattsammlung: Arbeitsanweisung für Schaltberechtigte).

§ 4

Unterweisung der Versicherten

(1) Der Unternehmer hat die Versicherten über Sicherheit und Gesundheitsschutz bei der Arbeit, insbesondere über die mit ihrer Arbeit verbundenen Gefährdungen und die Maßnahmen zu ihrer Verhütung, entsprechend § 12 Abs. 1 Arbeitsschutzgesetz sowie

bei einer Arbeitnehmerüberlassung entsprechend § 12 Abs. 2 Arbeitsschutzgesetz, zu unterweisen; die Unterweisung muss erforderlichenfalls wiederholt werden, ***mind. aber einmal jährlich*** *erfolgen; sie* ***muss dokumentiert*** *werden.*

(2) Der Unternehmer hat den Versicherten die für ihren Arbeitsbereich oder für ihre Tätigkeit relevanten Inhalte der geltenden Unfallverhütungsvorschriften und BG-Regeln sowie des einschlägigen staatlichen Vorschriften- und Regelwerks in ***verständlicher Weise zu vermitteln****.*

Kommentar zu § 4

Vormals war es der § 7, in der neuen DGUV ist es der § 4.

Vor Beginn der neuen Tätigkeit hat der Unternehmer den Schaltberechtigten zu schulen/unterweisen. Mindestens einmal jährlich sind die Unterweisungen zu wiederholen, besser sicherlich in kürzeren Abständen. Eindeutig ist jetzt die Dokumentationspflicht festgelegt und dass die Unterweisung verständlich sein muss. Die für den Schaltberechtigten wichtigsten Vorschriften und Bestimmungen sind im Kapitel „Rechtliche Grundlagen" aufgelistet.

§ 5

Vergabe von Aufträgen

(1) Erteilt der Unternehmer den Auftrag,

1. *Einrichtungen zu planen, herzustellen, zu ändern oder instand zu setzen,*
2. *Arbeitsverfahren zu planen oder zu gestalten,*

   so hat er dem Auftragnehmer schriftlich aufzugeben, die in § 2 Abs. 1 und 2 genannten, für die Durchführung des Auftrags maßgeblichen Vorgaben zu beachten.

(2) Erteilt der Unternehmer den Auftrag, Arbeitsmittel, Ausrüstungen oder Arbeitsstoffe zu liefern, so hat er dem Auftragnehmer schriftlich aufzugeben, im Rahmen seines Auftrags die ***für Sicherheit und Gesundheitsschutz einschlägigen Anforderungen einzuhalten****.*

(3) Bei der Erteilung von Aufträgen an ein ***Fremdunternehmen*** *hat der den Auftrag erteilende Unternehmer den Fremdunternehmer bei der Gefährdungsbeurteilung bezüglich der betriebsspezifischen Gefahren zu unterstützen. Der Unternehmer hat ferner sicherzustellen, dass Tätigkeiten mit besonderen Gefahren* ***durch Aufsichtführende*** *überwacht werden, die die Durchführung der festgelegten Schutzmaßnahmen sicherstellen. Der Unternehmer hat ferner mit dem Fremdunternehmen Einvernehmen herzustellen, wer den Aufsichtführenden zu stellen hat.*

§ 6

Zusammenarbeit mehrerer Unternehmer

(1) Werden Beschäftigte mehrerer Unternehmer oder selbstständige Einzelunternehmer an einem Arbeitsplatz tätig, haben die Unternehmer hinsichtlich der Sicherheit und des Gesundheitsschutzes der Beschäftigten, insbesondere hinsichtlich der Maßnahmen nach § 2 Abs. 1, entsprechend § 8 Abs. 1 Arbeitsschutzgesetz, zusammenzuarbeiten. Insbesondere haben sie, soweit es zur Vermeidung einer möglichen gegenseitigen Gefährdung erforderlich ist, ***eine Person zu bestimmen, die die Arbeiten aufeinander abstimmt****; zur Abwehr besonderer Gefahren ist sie mit entsprechender Weisungsbefugnis auszustatten.*

(2) Der Unternehmer hat sich je nach Art der Tätigkeit zu vergewissern, dass Personen, die in seinem Betrieb tätig werden, hinsichtlich der Gefahren für ihre Sicherheit und Gesundheit während ihrer Tätigkeit in seinem Betrieb angemessene Anweisungen erhalten haben.

Kommentar zu § 5 und § 6

Der uns bekannte Begriff „Koordinator“ wird nicht mehr verwendet.

Erteilt ein Unternehmer Fremdaufträge, so ist **eine Person zu bestimmen**, die die Arbeiten aufeinander abstimmt. Das könnte der Anlagenverantwortliche, der Schaltberechtigte oder eine beauftragte Person aus dem Unternehmen sein. Diese Person muss weisungsbefugt sein zur Abwehr besonderer Gefahren in „abgeschlossenen elektrischen Betriebsstätten“.

§ 7

Befähigung für Tätigkeiten

(1) Bei der Übertragung von Aufgaben auf Versicherte hat der Unternehmer je nach Art der Tätigkeiten zu berücksichtigen, ob die Versicherten befähigt sind, die für die Sicherheit und den Gesundheitsschutz bei der Aufgabenerfüllung zu beachtenden Bestimmungen und Maßnahmen einzuhalten.

(2) ***Der Unternehmer darf Versicherte, die erkennbar nicht in der Lage sind, eine Arbeit ohne Gefahr für sich oder andere auszuführen, mit dieser Arbeit nicht beschäftigen.***

Kommentar zu § 7

Es ist festgelegt, dass der Unternehmer Personen mit Schaltungen beauftragen muss, die in der Lage sind, Gefahren zu erkennen. Hier wird ein befähigter Schaltberechtigter gefordert.

Noch mehr, der Unternehmer muss sich auch davon überzeugen, die richtige Person ausgewählt zu haben, z. B. durch einen Test/Befähigungsnachweis und regelmäßige Kontrollen.

§ 8

Gefährliche Arbeiten

(1) Wenn eine gefährliche Arbeit von mehreren Personen gemeinschaftlich ausgeführt wird und sie zur Vermeidung von Gefahren eine gegenseitige Verständigung erfordert, hat der Unternehmer dafür zu sorgen, dass eine zuverlässige, mit der Arbeit vertraute ***Person die Aufsicht führt****.*

(2) Wird eine gefährliche Arbeit von einer Person allein ausgeführt, so hat der Unternehmer über die allgemeinen Schutzmaßnahmen hinaus für ***geeignete technische oder organisatorische Personenschutzmaßnahmen zu sorgen****.*

Kommentar zu § 8

Gegenüber der vormals gültigen BGV A1 § 36 sind nun die Anforderungen an Schutzmaßnahmen nur sehr allgemein umschrieben.

Ob das Schalten zu den gefährlichen Arbeiten zählt, obliegt dem Unternehmer. Er hat das in der Gefährdungsbeurteilung festzulegen und entsprechende organisatorische Maßnahmen zu erlassen, z. B. das Schalten mit einer zweiten Person. Eine gesetzliche Verpflichtung für die zusätzliche „Kontrollperson“ gibt es hierfür nicht.

§ 9

Zutritts- und Aufenthaltsverbote

Der Unternehmer hat dafür zu sorgen, dass Unbefugte Betriebsteile nicht betreten, wenn dadurch eine Gefahr für Sicherheit und Gesundheit entsteht.

Kommentar zu § 9

In der DIN VDE 0105-100 ist die Zugangsberechtigung für „abgeschlossene elektrische Betriebsstätten“ festgelegt und obliegt dem Anlagenbetreiber.

§ 10

Besichtigung des Unternehmens, Erlass einer Anordnung, Auskunftspflicht

(1) Der Unternehmer hat der ***Aufsichtsperson der Berufsgenossenschaft*** *die Besichtigung seines Unternehmens zu ermöglichen und sie auf ihr Verlangen zu begleiten oder durch einen geeigneten Vertreter begleiten zu lassen.*

(2) Erlässt die Berufsgenossenschaft eine Anordnung und setzt sie hierbei eine Frist, innerhalb der die verlangten Maßnahmen zu treffen sind, so hat der Unternehmer nach Ablauf der Frist unverzüglich mitzuteilen, ob er die verlangten Maßnahmen getroffen hat.

(3) Der Unternehmer hat den Aufsichtspersonen der Berufsgenossenschaft auf Verlangen die zur Durchführung ihrer Überwachungsaufgabe erforderlichen Auskünfte zu erteilen. Er hat die Aufsichtspersonen zu unterstützen, soweit dies zur Erfüllung ihrer Aufgaben erforderlich ist.

§ 11

Maßnahmen bei Mängeln

Tritt bei einem Arbeitsmittel, einer Einrichtung, einem Arbeitsverfahren bzw. Arbeitsablauf ein Mangel auf, durch den für die Versicherten sonst nicht abzuwendende Gefahren entstehen, hat der Unternehmer das Arbeitsmittel oder die Einrichtung der weiteren Benutzung zu entziehen oder stillzulegen bzw. das Arbeitsverfahren oder den Arbeitsablauf abzubrechen, bis der Mangel behoben ist.

Kommentar zu § 11

Hiernach hat der Unternehmer durch Kontrollen Mängel aufzudecken und zu beheben (siehe auch BetrSichV). Da jedoch der Unternehmer nicht ständig „überall vor Ort" ist, delegiert er seine Verantwortung an Führungskräfte, Mitarbeiter und Mitarbeiterinnen entsprechend § 13. Im § 16 sind die Pflichten der Versicherten hinsichtlich der Maßnahmen bei Mängeln festgelegt.

§ 12

Zurverfügungstellung von Vorschriften und Regeln

(1) Der Unternehmer hat den Versicherten die für sein Unternehmen geltenden Unfallverhütungsvorschriften ***an geeigneter Stelle zugänglich*** *zu machen.*

(2) Der Unternehmer hat den mit der Durchführung von Maßnahmen nach § 2 Abs. 1 betrauten Personen die für ihren Zuständigkeitsbereich geltenden Vorschriften und Regeln ***zur Verfügung zu stellen****.*

§ 13

Pflichtenübertragung

Der Unternehmer kann zuverlässige und fachkundige Personen schriftlich damit beauftragen, ihm nach Unfallverhütungsvorschriften obliegende Aufgaben in eigener Verantwortung wahrzunehmen. Die Beauftragung muss den Verantwortungsbereich und die Befugnisse festlegen und ist vom Beauftragten zu unterzeichnen. Eine Ausfertigung der Beauftragung ist ihm auszuhändigen.

Kommentar zu § 13

Ein Musterformblatt findet sich in **Bild 2.7** und im Anhang „Formblattsammlung".

Übertragung von Unternehmerpflichten

Herrn/Frau ____

werden für den Betrieb/die Abteilung*) ____________________________

____

____

der Firma ____

(Name und Sitz der Firma)

die dem Unternehmer hinsichtlich des Arbeitsschutzes und der Unfallverhütung obliegenden Pflichten übertragen, in eigener Verantwortung

- Einrichtungen zu schaffen und zu erhalten*)
- Anordnungen und sonstige Maßnahmen zu treffen*)
- ärztliche Untersuchungen von Beschäftigten zu veranlassen*)

soweit der Betrag von __________ Euro nicht überschritten wird*)

Dazu gehören insbesondere:

____

____

____

____

____________________, den ____________________

______________________________ ______________________________

Unterschrift des Unternehmers Unterschrift des Verpflichteten

*) Nichtzutreffendes streichen

Bild 2.7 Muster-Formular „Übertragung von Unternehmerpflichten" nach DGUV-Vorschrift 1 § 13

§ 14

Ausnahmen

(1) Der Unternehmer kann bei der Berufsgenossenschaft im Einzelfall Ausnahmen von Unfallverhütungsvorschriften schriftlich beantragen.

Kommentar zu § 14

Sollte der Unternehmer hinsichtlich der Schaltberechtigung und Anweisungen unsicher sein oder eine Ausnahmeregelung wünschen, so steht ihm seine BG bzw. die zuständige Arbeitsschutzbehörde mit Rat und Tat zur Seite.

Drittes Kapitel

Pflichten der Versicherten

§ 15

Allgemeine Unterstützungspflichten und Verhalten

(1) Die Versicherten sind verpflichtet, nach ihren Möglichkeiten sowie gemäß der Unterweisung und Weisung des Unternehmers für ihre Sicherheit und Gesundheit bei der Arbeit sowie für Sicherheit und Gesundheitsschutz derjenigen zu sorgen, die von ihren Handlungen oder Unterlassungen betroffen sind. Die Versicherten haben die Maßnahmen zur Verhütung von Arbeitsunfällen, Berufskrankheiten und arbeitsbedingten Gesundheitsgefahren sowie für eine wirksame Erste Hilfe zu unterstützen. Versicherte haben die entsprechenden Anweisungen des Unternehmers zu befolgen. Die Versicherten dürfen erkennbar gegen Sicherheit und Gesundheit gerichtete Weisungen nicht befolgen.

(2) Versicherte dürfen sich durch den ***Konsum von Alkohol****, Drogen oder anderen berauschenden Mitteln nicht in einen Zustand versetzen, durch den sie sich selbst oder andere gefährden können.*

(3) Absatz 2 gilt auch für die Einnahme von ***Medikamenten****.*

Kommentar zu § 5 und § 6

Alle Mitarbeiter(innen) sowie befähigte Personen mit Schaltberechtigung haben den Unternehmer zu unterstützen mit dem Ziel:

NULL Unfälle – NULL Fehlschaltungen.

Dazu gehört selbstverständlich der verantwortungsbewusste Umgang mit Alkohol und anderen Rauschmitteln. Beachten Sie hier auch die analoge Vorgabe des Gesetzgebers wie im Straßenverkehr.

§ 16

Besondere Unterstützungspflichten

(1) Die Versicherten haben dem Unternehmer oder dem zuständigen Vorgesetzten jede von ihnen festgestellte unmittelbare erhebliche Gefahr für die Sicherheit und Gesundheit sowie jeden an den Schutzvorrichtungen und Schutzsystemen festgestellten ***Defekt unverzüglich zu melden****. Unbeschadet dieser Pflicht sollen die Versicherten von ihnen festgestellte Gefahren für Sicherheit und Gesundheit und Mängel an den Schutzvorrichtungen und Schutzsystemen auch der Fachkraft für Arbeitssicherheit, dem Betriebsarzt oder dem Sicherheitsbeauftragten mitteilen.*

Kommentar zu § 16

Siehe auch § 11.

Beim Öffnen der „abgeschlossenen elektrischen Betriebsstätte" durch eine befähigte schaltberechtigte Person wird durch die menschlichen Sensoren – Riechen, Hören, Sehen – der erste Sicherheitscheck durchgeführt. Befindet sich die Anlage in einem unsicheren Zustand, ist zu entscheiden, ob sofort oder später die Mängelbeseitigung zu erfolgen hat. Der Anlagenbetreiber/Unternehmer ist in diesem Fall sofort zu benachrichtigen.

§ 17

Benutzung von Einrichtungen, Arbeitsmitteln und Arbeitsstoffen

Versicherte haben Einrichtungen, Arbeitsmittel und Arbeitsstoffe sowie Schutzvorrichtungen bestimmungsgemäß und im Rahmen der ihnen übertragenen Arbeitsaufgaben zu benutzen.

§ 18

Zutritts- und Aufenthaltsverbote

Versicherte dürfen sich an gefährlichen Stellen nur im Rahmen der ihnen übertragenen Aufgaben aufhalten.

Kommentar zu § 17 und § 18

Für das Freischalten sind diverse Einrichtungen, Arbeitsmittel (Spannungsprüfer, Erden, …) und Schutzvorrichtungen bestimmungsgemäß zu benutzen. Vor dem Frei- und Zuschalten haben andere Personen diesen Bereich zu verlassen.

Viertes Kapitel

Organisation des betrieblichen Arbeitsschutzes

Erster Abschnitt

Sicherheitstechnische und betriebsärztliche Betreuung, Sicherheitsbeauftragte

§ 19

Bestellung von Fachkräften für Arbeitssicherheit und Betriebsärzten

(1) Der Unternehmer hat nach Maßgabe des Gesetzes über Betriebsärzte, Sicherheitsingenieure und andere Fachkräfte für Arbeitssicherheit (Arbeitssicherheitsgesetz) und der hierzu erlassenen Unfallverhütungsvorschriften Fachkräfte für Arbeitssicherheit und Betriebsärzte zu bestellen.

(2) Der Unternehmer hat die Zusammenarbeit der Fachkräfte für Arbeitssicherheit und der Betriebsärzte zu fördern.

§ 20

Sicherheitsbeauftragte

(1) Der Unternehmer hat Sicherheitsbeauftragte mind. in der Anzahl nach Anlage 2 zu dieser Unfallverhütungsvorschrift zu bestellen.

(2) Die Sicherheitsbeauftragten haben den Unternehmer bei der Durchführung der Maßnahmen zur Verhütung von Arbeitsunfällen, Berufskrankheiten und arbeitsbedingten Gesundheitsgefahren zu unterstützen, insbesondere sich von dem Vorhandensein und der ordnungsgemäßen Benutzung der vorgeschriebenen Schutzeinrichtungen und persönlichen Schutzausrüstungen zu überzeugen und auf Unfall- und Gesundheitsgefahren für die Versicherten aufmerksam zu machen.

(3) Der Unternehmer hat den Sicherheitsbeauftragten Gelegenheit zu geben, ihre Aufgaben zu erfüllen, insbesondere in ihrem Bereich an den Betriebsbesichtigungen sowie den Untersuchungen von Unfällen und Berufskrankheiten durch die Aufsichtspersonen der Berufsgenossenschaften teilzunehmen; den Sicherheitsbeauftragten sind die hierbei erzielten Ergebnisse zur Kenntnis zu geben.

(4) Der Unternehmer hat sicherzustellen, dass die Fachkräfte für Arbeitssicherheit und Betriebsärzte mit den Sicherheitsbeauftragten eng zusammenwirken.

(5) Die Sicherheitsbeauftragten dürfen wegen der Erfüllung der ihnen übertragenen Aufgaben nicht benachteiligt werden.

(6) Der Unternehmer hat den Sicherheitsbeauftragten ***Gelegenheit zu geben, an Aus- und Fortbildungsmaßnahmen*** *der Berufsgenossenschaft teilzunehmen, soweit dies im Hinblick auf die Betriebsart und die damit für die Versicherten verbundenen Unfall- und Gesundheitsgefahren sowie unter Berücksichtigung betrieblicher Belange erforderlich ist.*

Kommentar zu § 20

Falls einmal eine Fehlschaltung durchgeführt wurde, sollten alle aus dem Fehler lernen. Die Sicherheitsbeauftragten und alle schaltberechtigten Personen sind zu informieren. Ihnen ist die Gelegenheit zu geben, Fachseminare zu besuchen.

Zweiter Abschnitt

Maßnahmen bei besonderen Gefahren

§ 21

Allgemeine Pflichten des Unternehmers

(1) Der Unternehmer hat Vorkehrungen zu treffen, dass alle Versicherten, die einer unmittelbaren erheblichen Gefahr ausgesetzt sind oder sein können, möglichst frühzeitig über diese Gefahr und die getroffenen oder zu treffenden Schutzmaßnahmen unterrichtet sind. Bei unmittelbarer erheblicher Gefahr für die eigene Sicherheit oder die Sicherheit anderer Personen müssen die Versicherten die geeigneten Maßnahmen zur Gefahrenabwehr und Schadensbegrenzung selbst treffen können, wenn der zuständige Vorgesetzte nicht erreichbar ist; dabei sind die Kenntnisse der Versicherten und die vorhandenen technischen Mittel zu berücksichtigen.

(2) Der Unternehmer hat Maßnahmen zu treffen, die es den Versicherten bei unmittelbarer erheblicher Gefahr ermöglichen, sich durch sofortiges Verlassen der Arbeitsplätze in Sicherheit zu bringen.

Kommentar zu § 21

Der Unternehmer hat befähigte, schaltberechtigte Personen auszuwählen und weiterzubilden, damit sie zur Gefahrenabwehr und Schadensbegrenzung eigenverantwortliche Entscheidungen treffen können.

§ 22

Notfallmaßnahmen

*(1) Der Unternehmer hat entsprechend § 10 Arbeitsschutzgesetz die **Maßnahmen zu planen**, zu treffen und zu überwachen, die insbesondere für den Fall des Entstehens von **Bränden**, von **Explosionen**, des unkontrollierten Austretens von Stoffen und von sonstigen gefährlichen Störungen des Betriebsablaufs geboten sind.*

*(2) Der Unternehmer hat eine ausreichende Anzahl von Versicherten durch **Unterweisung und Übung im Umgang mit Feuerlöscheinrichtungen** zur Bekämpfung von Entstehungsbränden vertraut zu machen.*

Kommentar zu § 22

Der Unternehmer hat mit den Beschäftigten Schaltfolgen zu trainieren und nach DIN VDE 0132 die Brandbekämpfung in elektrischen Betriebsstätten zu üben.

§ 23

Maßnahmen gegen Einflüsse des Wettergeschehens

Beschäftigt der Unternehmer Versicherte im Freien und bestehen infolge des Wettergeschehens Unfall- und Gesundheitsgefahren, so hat er geeignete Maßnahmen am Arbeitsplatz vorzusehen, geeignete organisatorische Schutzmaßnahmen zu treffen oder erforderlichenfalls persönliche Schutzausrüstungen zur Verfügung zu stellen.

Kommentar zu § 23

Der Schaltberechtigte – speziell im Freileitungsbereich – muss wissen, wie er sich bei widrigen Wetterverhältnissen zu verhalten hat.

Dritter Abschnitt

Erste Hilfe

§ 24

Allgemeine Pflichten des Unternehmers

(1) Der Unternehmer hat dafür zu sorgen, dass zur Ersten Hilfe und zur Rettung aus Gefahr die erforderlichen Einrichtungen und Sachmittel sowie das erforderliche Personal zur Verfügung stehen.

(2) Der Unternehmer hat dafür zu sorgen, dass ***nach einem Unfall unverzüglich Erste Hilfe geleistet*** *und eine erforderliche ärztliche Versorgung veranlasst wird.*

(3) Der Unternehmer hat dafür zu sorgen, dass Verletzte sachkundig transportiert werden.

(4) Der Unternehmer hat im Rahmen seiner Möglichkeiten darauf hinzuwirken, dass Versicherte

- *einem Durchgangsarzt vorgestellt werden, es sei denn, dass der erstbehandelnde Arzt festgestellt hat, dass die Verletzung nicht über den Unfalltag hinaus zur Arbeitsunfähigkeit führt oder die Behandlungsbedürftigkeit voraussichtlich nicht mehr als eine Woche beträgt,*
- *bei einer schweren Verletzung einem der von den Berufsgenossenschaften bezeichneten Krankenhäuser zugeführt werden,*
- *bei Vorliegen einer Augen- oder Hals-, Nasen-, Ohrenverletzung dem nächst erreichbaren Arzt des entsprechenden Fachgebiets zugeführt werden, es sei denn, dass sich die Vorstellung durch eine ärztliche Erstversorgung erübrigt hat.*

(5) Der Unternehmer hat dafür zu sorgen, dass den Versicherten durch berufsgenossenschaftliche Aushänge oder in anderer geeigneter schriftlicher Form Hinweise über die Erste Hilfe und Angaben über Notruf, Erste-Hilfe- und Rettungseinrichtungen, über das Erste-Hilfe-Personal sowie über herbeizuziehende Ärzte und anzufahrende Krankenhäuser gemacht werden. Die Hinweise und die Angaben sind aktuell zu halten.

(6) Der Unternehmer hat dafür zu sorgen, dass ***jede Erste-Hilfe-Leistung dokumentiert und diese Dokumentation fünf Jahre*** *lang verfügbar gehalten wird. Die Dokumente sind vertraulich zu behandeln.*

§ 25

Erforderliche Einrichtungen und Sachmittel

(1) Der Unternehmer hat unter Berücksichtigung der betrieblichen Verhältnisse durch Meldeeinrichtungen und organisatorische Maßnahmen dafür zu sorgen, dass unverzüglich die notwendige Hilfe herbeigerufen und an den Einsatzort geleitet werden kann.

(2) Der Unternehmer hat dafür zu sorgen, dass das Erste-Hilfe-Material jederzeit schnell erreichbar und leicht zugänglich in geeigneten Behältnissen, gegen schädigende Einflüsse geschützt, in ausreichender Menge bereitgehalten sowie rechtzeitig ergänzt und erneuert wird.

(3) Der Unternehmer hat dafür zu sorgen, dass unter Berücksichtigung der betrieblichen Verhältnisse Rettungsgeräte und Rettungstransportmittel bereitgehalten werden.

(4) Der Unternehmer hat dafür zu sorgen, dass mind. ein mit Rettungstransportmitteln ***leicht erreichbarer Sanitätsraum*** *oder eine vergleichbare Einrichtung*

1. *in einer Betriebsstätte mit mehr als 1 000 dort beschäftigten Versicherten,*
2. *in einer Betriebsstätte mit 1 000 oder weniger, aber mehr als 100 dort beschäftigten Versicherten, wenn seine Art und das Unfallgeschehen nach Art, Schwere und Zahl der Unfälle einen gesonderten Raum für die Erste Hilfe erfordern,*
3. *auf einer Baustelle mit mehr als 50 dort beschäftigten Versicherten*

vorhanden ist. Nummer 3 gilt auch, wenn der Unternehmer zur Erbringung einer Bauleistung aus einem von ihm übernommenen Auftrag Arbeiten an andere Unternehmer vergeben hat und insgesamt mehr als 50 Versicherte gleichzeitig tätig werden.

§ 26

Zahl und Ausbildung der Ersthelfer

(1) Der Unternehmer hat dafür zu sorgen, dass für die Erste-Hilfe-Leistung Ersthelfer ***mind.*** *in folgender Zahl zur Verfügung stehen:*

1. Bei zwei bis zu 20 anwesenden Versicherten ein Ersthelfer,

2. bei mehr als 20 anwesenden Versicherten

a) in Verwaltungs- und Handelsbetrieben 5 %,

b) ***in sonstigen Betrieben 10 %****.*

Von der Zahl der Ersthelfer nach Nummer 2 kann im Einvernehmen mit der Berufsgenossenschaft unter Berücksichtigung der Organisation des betrieblichen Rettungswesens und der Gefährdung abgewichen werden.

(2) Der Unternehmer darf als Ersthelfer nur Personen einsetzen, die bei einer von der Berufsgenossenschaft für die Ausbildung zur Ersten Hilfe ermächtigten Stelle ausgebildet worden sind. Die Voraussetzungen für die Ermächtigung sind in der Anlage 3 zu dieser Unfallverhütungsvorschrift geregelt.

(3) Der Unternehmer hat dafür zu sorgen, dass die Ersthelfer in der Regel in Zeitabständen von zwei Jahren fortgebildet werden. Für die Fortbildung gilt Absatz 2 entsprechend.

(4) Ist nach Art des Betriebs, insbesondere aufgrund des Umgangs mit Gefahrstoffen, damit zu rechnen, dass bei Unfällen Maßnahmen erforderlich werden, die nicht Gegenstand der allgemeinen Ausbildung zum Ersthelfer gemäß Absatz 2 sind, hat der Unternehmer für die erforderliche zusätzliche Aus- und Fortbildung zu sorgen.

§ 27

Zahl und Ausbildung der Betriebssanitäter

(1) Der Unternehmer hat dafür zu sorgen, dass ***mind. ein Betriebssanitäter zur Verfügung steht, wenn***

1. in einer Betriebsstätte mehr als 1 500 Versicherte anwesend sind,

2. in einer Betriebsstätte 1 500 oder weniger, aber mehr als 250 Versicherte anwesend sind und Art, Schwere und Zahl der Unfälle den Einsatz von Sanitätspersonal erfordern,

3. auf einer Baustelle mehr als 100 Versicherte anwesend sind.

Nummer 3 gilt auch, wenn der Unternehmer zur Erbringung einer Bauleistung aus einem von ihm übernommenen Auftrag Arbeiten an andere Unternehmer vergibt und insgesamt mehr als 100 Versicherte gleichzeitig tätig werden.

(2) In Betrieben nach Abs. 1 Satz 1 Nr. 1 kann im Einvernehmen mit der Berufsgenossenschaft von Betriebssanitätern abgesehen werden, sofern nicht nach Art, Schwere und Zahl der Unfälle ihr Einsatz erforderlich ist. Auf Baustellen nach Abs. 1 Satz 1 Nr. 3 kann im Einvernehmen mit der Berufsgenossenschaft unter Berücksichtigung der Erreichbarkeit des Unfallorts und der Anbindung an den öffentlichen Rettungsdienst von Betriebssanitätern abgesehen werden.

(3) Der Unternehmer darf als Betriebssanitäter nur Personen einsetzen, die von Stellen ausgebildet worden sind, welche von der Berufsgenossenschaft in personeller, sachlicher und organisatorischer Hinsicht als geeignet beurteilt werden.

(4) Der Unternehmer darf als Betriebssanitäter nur Personen einsetzen, die

1. an einer Grundausbildung

und

2. an dem Aufbaulehrgang

für den betrieblichen Sanitätsdienst teilgenommen haben.

Als Grundausbildung gilt auch eine mind. gleichwertige Ausbildung oder eine die Sanitätsaufgaben einschließende Berufsausbildung.

(5) Für die Teilnahme an dem Aufbaulehrgang nach Abs. 4 Satz 1 Nr. 2 darf die Teilnahme an der Ausbildung nach Abs. 4 Satz 1 Nr. 1 nicht mehr als zwei Jahre zurückliegen; soweit aufgrund der Ausbildung eine entsprechende berufliche Tätigkeit ausgeübt wurde, ist die Beendigung derselben maßgebend.

(6) Der Unternehmer hat dafür zu sorgen, dass die Betriebssanitäter regelmäßig innerhalb von drei Jahren fortgebildet werden. Für die Fortbildung gilt Abs. 3 entsprechend.

§ 28

Unterstützungspflichten der Versicherten

(1) Im Rahmen ihrer Unterstützungspflichten nach § 15 Abs. 1 haben sich Versicherte zum Ersthelfer ausbilden und in der Regel in Zeitabständen von zwei Jahren fortbilden zu lassen. Sie haben sich nach der Ausbildung für Erste-Hilfe-Leistungen zur Verfügung zu stellen. Die Versicherten brauchen den Verpflichtungen nach den Sätzen 1 und 2 nicht nachzukommen, soweit persönliche Gründe entgegenstehen.

(2) Versicherte haben unverzüglich jeden Unfall der zuständigen betrieblichen Stelle zu melden; sind sie hierzu nicht im Stande, liegt die Meldepflicht bei dem Betriebsangehörigen, der von dem Unfall zuerst erfährt.

Vierter Abschnitt

Persönliche Schutzausrüstungen

§ 29

Bereitstellung

(1) Der Unternehmer hat gemäß § 2 der ***PSA-Benutzungsverordnung*** *den Versicherten geeignete persönliche Schutzausrüstungen bereitzustellen; vor der Bereitstellung hat er die Versicherten anzuhören.*

(2) Der Unternehmer hat dafür zu sorgen, dass die persönlichen Schutzausrüstungen den Versicherten in ausreichender Anzahl zur persönlichen Verwendung für die Tätigkeit am Arbeitsplatz zur Verfügung gestellt werden. Für die bereitgestellten persönlichen Schutzausrüstungen müssen EG-Konformitätserklärungen vorliegen. Satz 2 gilt nicht für Hautschutzmittel und nicht für persönliche Schutzausrüstungen, die vor dem 1. Juli 1995 erworben wurden, sofern sie den vor dem 1. Juli 1992 geltenden Vorschriften entsprechen.

§ 30

Benutzung

(1) Der Unternehmer hat dafür zu sorgen, dass persönliche Schutzausrüstungen entsprechend bestehender ***Tragezeitbegrenzungen*** *und Gebrauchsdauern bestimmungsgemäß benutzt werden.*

(2) Die Versicherten haben die persönlichen Schutzausrüstungen bestimmungsgemäß zu benutzen, regelmäßig auf ihren ordnungsgemäßen Zustand zu prüfen und festgestellte Mängel dem Unternehmer unverzüglich zu melden.

§ 31

Besondere Unterweisungen

Für persönliche Schutzausrüstungen, die gegen tödliche Gefahren oder bleibende Gesundheitsschäden schützen sollen, hat der Unternehmer die nach § 3 Abs. 2 der PSA-Benutzungsverordnung bereitzuhaltende Benutzungsinformation den Versicherten im Rahmen von Unterweisungen mit Übungen zu vermitteln.

Kommentar zu § 29 bis § 31

Der Unternehmer hat allen befähigten Personen die persönliche Schutzausrüstung (PSA) zur Verfügung zu stellen und entsprechend der PSA-Benutzerverordnung zu unterweisen bzw. zu üben. Für alle PSA müssen EG-Konformitätserklärungen vorliegen. Für Schaltberechtigte gibt es spezielle PSAgS zum Schutz gegen thermische Auswirkungen von Störlichtbögen.

Fünftes Kapitel

Ordnungswidrigkeiten

§ 32

Ordnungswidrigkeiten

Ordnungswidrig im Sinne des § 209 Abs. 1 Nr. 1 Siebtes Sozialgesetzbuch (SGB VII) handelt, wer vorsätzlich oder fahrlässig den Bestimmungen der

§ 2 Abs. 5,

§ 12 Abs. 2,

§ 15 Abs. 2,

§ 20 Abs. 1,

§ 24 Abs. 6,

§ 25 Abs. 1, 4 Nr. 1 oder 3,

§ 26 Abs. 1 Satz 1 oder Abs. 2 Satz 1,

§ 27 Abs. 1 Satz 1 Nr. 1 oder 3, Abs. 3,

§ 29 Abs. 2 Satz 2

oder

§ 30

zuwiderhandelt.

Kommentar zu § 31

Verstöße können die BG oder die staatlichen Arbeitsschutzbehörden mit Bußgeldern ahnden.

Sechstes Kapitel

Aufhebung von Unfallverhütungsvorschriften

§ 33

Aufhebung von Unfallverhütungsvorschriften

Folgende Unfallverhütungsvorschrift wird aufgehoben:

„Grundsätze der Prävention“ (BGV A1) vom 1. Januar 2004

Siebtes Kapitel

Inkrafttreten

§ 34

Inkrafttreten

Diese Unfallverhütungsvorschrift tritt am 1. Oktober 2014 in Kraft.

Kommentar zur neuen DGUV-Vorschrift 1

Durch die neue DGUV-Vorschrift 1 ändert sich für die Betriebe nichts.

Wer bisher das Ziel hatte: NULL Unfälle – NULL Fehlschaltungen, wird wie bisher auf der sicheren Seite sein.

Diese DGUV-Vorschrift wird zukünftig durch eine DGUV-Regel – wie vormals die Durchführungsanweisungen – erläutert werden.

Zusammenfassend ist festzustellen, dass die DGUV-Vorschrift 1 keine fundamental neuen Forderungen stellt. Sie fasst die Bestimmungen zur Arbeitssicherheit und zum Gesundheitsschutz zusammen. Gleichzeitig ist der Weg zu einer weiteren Verschlankung der BG-Vorschriften gebahnt. Das Arbeitsschutzrecht wird flexibler, ohne die Verantwortung der Unternehmer zu schmälern. Es ist zu erwarten, dass EU-Richtlinien zu Sicherheit und Gesundheitsschutz bei der Arbeit künftig durch staatliches Recht umgesetzt werden. Die Branchenkompetenz der Berufsgenossenschaft wird sich bezüglich der Rechtssetzung künftig mehr im BG-Regelwerk widerspiegeln.

3 Unfallverhütungsvorschrift „Elektrische Anlagen und Betriebsmittel“ – DGUV-Vorschrift 3 (vormals BGV A3)

3.1 Allgemeine Übersicht

Im Grundgesetz ist das **Recht auf Leben und körperliche Unversehrtheit** verankert.

Für das Erlassen von Arbeitsschutzgesetzen ist der Bundesminister für Wirtschaft und Arbeit verantwortlich, der die Fachaufsicht für die Berufsgenossenschaften ausübt. Nach dem Sozialgesetzbuch 7. Buch (SGB VII) sind die Arbeitgeber verpflichtet, alle Arbeitnehmer gegen Betriebsunfälle zu versichern. Mit allen geeigneten Mitteln ist für die Verhütung von Arbeitsunfällen und auch von Fehlschaltungen zu sorgen.

Unfallverhütungsvorschriften sind rechtsverbindlich

Bei Verstoß gegen die Unfallverhütungsvorschriften durch Unternehmer, durch ihre Beauftragten und durch Versicherte gilt die Strafbestimmung nach Sozialgesetzbuch VII.

In Kapitel 2 dieses Buchs sind die rechtlichen Grundlagen ausführlich beschrieben.

Nachdem die Basis-Unfallverhütungsvorschrift „Grundsätze der Prävention“ DGUV-Vorschrift 1 in Kraft getreten ist, bestand die Aufgabe, durch den Fachausschuss Elektrotechnik der Berufsgenossenschaften möglichst bald eine zweite Grundsatzvorschrift zur Beschlussfassung vorzulegen, die „Spielregeln“ für den sicheren Umgang mit der elektrischen Energie vorschreibt.

3.1.1 Aktuelle Information zur DGUV-Vorschrift 3

Die bewährte BGV A3 wurde im Zuge der neuen Systematik in die DGUV-Vorschrift 3 überführt. Die Inhalte sind gleichgeblieben, lediglich die Bezeichnung hat sich geändert.

3.1.2 Die Unfallverhütungsvorschrift „Elektrische Anlagen und Betriebsmittel“ DGUV-Vorschrift 3

ist in erster Linie mit Schutzzielangaben, die ihrerseits Gefahrenabwehrgrundsätze mit der Durchführungsanweisung nach den erlassenen EU-Regelungen enthalten, zusammengestellt worden.

Daneben wurde erstmals im Vorschriftenwerk eine enge Verzahnung zwischen Vorschrift einerseits und Normenwerk andererseits erreicht.

Die DGUV-Vorschrift 3 sowie die DIN VDE 0105-100 sind ein **Muss** für:

- den Anlagenverantwortlichen,
- die Elektrofachkraft,
- den Schaltauftragsberechtigten,
- den Schaltberechtigten.

3.2 Gliederung der Unfallverhütungsvorschrift DGUV-Vorschrift 3

Die DGUV-Vorschrift 3 besteht aus drei Teilen:

- dem Vorschriftentext mit den §§ 1 bis 10,
- der Durchführungsanweisung/Regel,
- dem Anhang.

Die **Vorschrift**, die sog. „**autonome Rechtsnorm**“, enthält den rechtsverbindlichen Text der UVV. Die darin aufgeführten Schutzziele, Gefahrenabwehrgrundsätze und sonstige Festlegungen müssen verbindlich eingehalten werden (siehe **Bild 3.1**).

Die **Durchführungsanweisungen** bzw. nun die DGUV-Regeln entsprechen einem amtlichen Kommentar und geben:

- Auslegungshilfen,
- Anhaltspunkte,
- Hinweise auf anerkannte Regeln der Technik

aus der Praxis, für die Praxis, zum besseren Verständnis des Vorschriftentextes. Die Regeln/Durchführungsanweisungen sind nicht rechtsverbindlich. Sie müssen nicht in der vorliegenden Form befolgt werden. Es können auch andere Wege gegangen werden, um die vorgeschriebenen Schutzziele zu erreichen. Für die Praxis ist es jedoch empfehlenswert, sich nach den Regeln/Durchführungsanweisungen zu richten, weil dann die allgemein anerkannten Regeln der Technik und somit die Vorschriften eingehalten werden. Ansonsten liegt die Beweispflicht beim Anwender.

Bild 3.1 DGUV-Vorschrift 3 „Elektrische Anlagen und Betriebsmittel“

Im **Anhang** werden Anpassungen bestehender elektrischer Anlagen und Betriebsmittel an elektrotechnische Regeln gefordert. Außerdem hat die BG ETEM in der Broschüre „Erläuterungen und Hinweise für den betrieblichen Praktiker zur Unfallverhütungsvorschrift BGV A3“ von *Egyptien/Schliephacke/Siller* in der zweiten aktualisierten Auflage von 1998 gesammelte betriebliche Erfahrungen für den Praktiker herausgegeben (im vorliegenden Buch „Schaltberechtigung“ sind einige Definitionen und Begriffe übernommen worden). Der Inhalt gliedert sich in:

- eine allgemeine Einführung,
- eine Sammlung von Begriffsbestimmungen und Terminologien,
- Vorschriftentext und Erläuterungen zur DGUV-Vorschrift 3,
- praktische Beispiele und Bilder,
- eine Zusammenfassung der wichtigsten Vorschriften,
- ein detailliertes Stichwortverzeichnis.

Das vorgenannte Fachbuch eignet sich für Elektrofachkräfte, Schaltauftragsberechtigte sowie für Schaltberechtigte in besonderer Weise.

All diese Fachbücher, Unfallverhütungsvorschriften, DIN-VDE-Normen, Betriebsnormen sowie technische Verbesserungen der Betriebsmittel haben das gemeinsame Ziel, Unfälle und Fehlschaltungen zu verhüten.

3.3 DGUV-Vorschrift 3 mit Kommentar

In den folgenden Ausführungen werden zu den einzelnen Paragrafen und der zugehörigen Durchführungsanweisung ein Kommentar in Bezug und speziell auf die Schaltberechtigung gegeben.

Der Inhalt der zehn Paragrafen gliedert sich wie folgt:

§ 1 Geltungsbereich
§ 2 Begriffe
§ 3 Grundsätze
§ 4 Grundsätze beim Fehlen elektrotechnischer Regeln
§ 5 Prüfungen
§ 6 Arbeiten an aktiven Teilen
§ 7 Arbeiten in der Nähe aktiver Teile
§ 8 Zulässige Abweichungen
§ 9 Ordnungswidrigkeiten
§ 10 Inkrafttreten

§ 1 Geltungsbereich

(1) Diese Unfallverhütungsvorschrift gilt für elektrische Anlagen und Betriebsmittel.

(2) Diese Unfallverhütungsvorschrift gilt auch für nicht elektrotechnische Arbeiten in der Nähe elektrischer Anlagen und Betriebsmittel.

Durchführungsanweisung zu § 1 Abs. 2:

Zu den nicht elektrotechnischen Arbeiten zählen z. B. das Errichten von Bauwerken in der Nähe von Freileitungen und Kabelanlagen (siehe § 7) sowie Annäherungen bei anderen Arbeiten wie Bau-, Montage-, Transport-, Anstrich- und Ausbesserungsarbeiten.

Kommentar zu § 1

Der Geltungsbereich umfasst alle Arten und Einsatzzwecke elektrischer Anlagen und Betriebsmittel:

- in der Starkstromtechnik,
- in der Nachrichtentechnik,
- in der Informationstechnik,
- in der Mess- und Regelungstechnik,
- mit Kleinspannung,
- sowie nicht elektrotechnische Arbeiten in der Nähe aktiver Teile.

Die Elektrofachkraft/der Schaltberechtigte ist hier gefordert, bei nicht elektrotechnischen Arbeiten sein Fachwissen an elektrotechnische Laien weiterzugeben und ggf. dadurch den „Laien“ zur elektrotechnisch unterwiesenen Person zu qualifizieren.

Die Vergangenheit hat bewiesen, dass gerade bei Arbeiten in der Nähe von spannungsführenden Teilen mit z. B. Bagger, Kran, Betonpumpe und hochstehender Transportfläche bei Lkw usw. Netzstörungen und Unfälle aufgetreten sind. Hier ist Aufklärungsarbeit durch Elektrofachkräfte für den elektrotechnischen Laien erforderlich, um die Gefahren des elektrischen Stroms und die Schutzabstände, die erforderlich sind, bekannt zu geben.

§ 2 Begriffe

(1) Elektrische Betriebsmittel im Sinne dieser Unfallverhütungsvorschrift sind alle Gegenstände, die als Ganzes oder in einzelnen Teilen dem Anwenden elektrischer Energie (z. B. Gegenständen zum Erzeugen, Fortleiten, Verteilen, Speichern, Messen, Umsetzen und Verbrauchen) oder dem Übertragen, Verteilen und Verarbeiten von Informationen (z. B. Gegenstände der Fernmelde- und Informationstechnik) dienen. Den elektrischen Betriebsmitteln werden gleichgesetzt Schutz- und Hilfsmittel, soweit an diese Anforderungen hinsichtlich der elektrischen Sicherheit gestellt werden. Elektrische Anlagen werden durch Zusammenschluss elektrischer Betriebsmittel gebildet.

(2) Elektrotechnische Regeln im Sinne dieser Unfallverhütungsvorschrift sind die allgemein anerkannten Regeln der Elektrotechnik, die in den VDE-Bestimmungen enthalten sind, auf die die Berufsgenossenschaft in ihrem Mitteilungsblatt verwiesen hat. Eine elektrotechnische Regel gilt als eingehalten, wenn eine ebenso wirksame andere Maßnahme getroffen wird; der Berufsgenossenschaft ist auf Verlangen nachzuweisen, dass die Maßnahme ebenso wirksam ist.

(3) Als Elektrofachkraft im Sinne dieser Unfallverhütungsvorschrift gilt, wer aufgrund seiner fachlichen Ausbildung, Kenntnisse und Erfahrungen sowie Kenntnis der einschlägigen Bestimmungen die ihm übertragenen Arbeiten beurteilen und mögliche Gefahren erkennen kann.

Durchführungsanweisung zu § 2 Abs. 2:

Die Berufsgenossenschaft verweist in ihrem Mitteilungsblatt auf die im Anhang aufgeführten elektrotechnischen Regeln in der jeweils gültigen Fassung.

Durchführungsanweisung zu § 2 Abs. 3:

Die fachliche Qualifikation als Elektrofachkraft wird im Regelfall durch den erfolgreichen Abschluss einer Ausbildung, z. B. als Elektroingenieur, Elektrotechniker, Elektromeister, Elektrogeselle, nachgewiesen. Sie kann auch durch eine mehrjährige Tätigkeit mit Ausbildung in Theorie und Praxis nach Überprüfung durch eine Elektrofachkraft nachgewiesen werden. Der Nachweis ist zu dokumentieren.

Sollen Mitarbeiter, die die obigen Voraussetzungen nicht erfüllen, für festgelegte Tätigkeiten, z. B. nach § 5 Handwerksordnung, bei der Inbetriebnahme und Instandhaltung von elektrischen Betriebsmitteln eingesetzt werden, können diese durch eine entsprechende Ausbildung eine Qualifikation als „Elektrofachkraft für festgelegte Tätigkeiten“ erreichen. Diese Qualifikation wird nicht als Nachweis der erforderlichen Kenntnisse und Fertigkeiten zur Erteilung der Ausübungsberechtigung gemäß § 7a Handwerksordnung angesehen.

Festgelegte Tätigkeiten sind gleichartige, sich wiederholende Arbeiten an Betriebsmitteln, die vom Unternehmer in einer Arbeitsanweisung beschrieben sind. In eigener Fachverantwortung dürfen nur solche festgelegten Tätigkeiten ausgeführt werden, für die die Ausbildung nachgewiesen ist.

Diese festgelegten Tätigkeiten dürfen nur in Anlagen mit Nennspannungen bis AC 1 000 V bzw. DC 1 500 V und grundsätzlich nur im freigeschalteten Zustand durchgeführt werden. Unter Spannung sind Fehlersuche und Feststellen der Spannungsfreiheit erlaubt.

Die Ausbildung muss Theorie und Praxis umfassen. Die theoretische Ausbildung kann innerbetrieblich oder außerbetrieblich in Absprache mit dem Unternehmer erfolgen. In der theoretischen Ausbildung müssen, zugeschnitten auf die festgelegten Tätigkeiten, die Kenntnisse der Elektrotechnik, die für das sichere und fachgerechte Durchführen dieser Tätigkeiten erforderlich sind, vermittelt werden.

Die praktische Ausbildung muss an den infrage kommenden Betriebsmitteln durchgeführt werden. Sie muss die Fertigkeiten vermitteln, mit denen die in der theoretischen Ausbildung erworbenen Kenntnisse für die festgelegten Tätigkeiten sicher angewendet werden können.

Die Ausbildungsdauer muss ausreichend bemessen sein. Je nach Umfang der festgelegten Tätigkeiten kann eine Ausbildung über mehrere Monate erforderlich sein.

Die Ausbildung entbindet den Unternehmer nicht von seiner Führungsverantwortung. In jedem Fall hat er zu prüfen, ob die in der o. g. Ausbildung erworbenen Kenntnisse und Fertigkeiten für die festgelegten Tätigkeiten ausreichend sind.

Kommentar zu § 2 „Begriffe“

Ein oft wiederkehrender **Begriff** ist das „elektrische Betriebsmittel“. Eine Sammlung in alphabetischer Reihenfolge von Begriffen ist in Kapitel 11 nachzulesen.

Wichtig ist die Festlegung und somit die Verzahnung der Unfallverhütungsvorschrift mit den Normen, insbesondere den **VDE-Bestimmungen**, die im Sinne der UVV aufgewertet werden. Ein Verstoß gegen die im Anhang der Durchführungsanweisung aufgeführten VDE-Bestimmungen ist ein direkter Verstoß gegen die Unfallverhütungsvorschrift. Die wichtigen VDE-Bestimmungen für Schaltberechtigte sind in diesem Werk aufgeführt. Wer im Ausnahmefall davon abweichen möchte, muss nachweisen, dass mind. gleichwertige, wirksame Ersatzmaßnahmen getroffen werden.

Ein Schlüsselbegriff ist die **Elektrofachkraft**. Anlagenverantwortliche, Schaltberechtigte und Schaltauftragsberechtigte sollten eine Schaltbefähigung sowie die Qualifikationsmerkmale der Elektrofachkraft nach DGUV-Vorschrift 3 aufweisen.

Elektrofachkraft ist eine Person, die aufgrund

- ihrer fachlichen Ausbildung (z. B. als Elektroingenieur, Elektromeister/Techniker, Elektrogeselle) oder über einen zweiten Ausbildungsweg,
- theoretische Kenntnisse und in mehreren Jahren praktische Erfahrungen gesammelt hat (Netz-, Anlagen-, Lastflusskenntnisse),
- die wichtigsten einschlägigen Bestimmungen kennt,
- Arbeiten beurteilen kann,
- und mögliche Gefahren erkennen kann – im übertragenen Sinne „hellseherische Fähigkeiten“ besitzt.

Die **Elektrofachkraft** hat u. a. folgende Aufgaben. Sie

- schaltet Betriebsmittel frei,
- führt Sicherheitsmaßnahmen durch,
- unterrichtet elektrotechnisch unterwiesene Personen,
- unterweist Hilfskräfte über sicherheitstechnisches Verhalten,
- ordnet an,
- überwacht, beaufsichtigt Arbeiten und Arbeitskräfte, z. B. bei nicht elektrotechnischen Arbeiten in der Nähe unter Spannung stehender Teile.

Eine Elektrofachkraft ist also nicht schon qualifiziert durch einen Helm, Latzhose und Schutzschuhe, sondern durch eine über mehrere Jahre andauernde Ausbildung/ Befähigung in der Praxis.

Der Berufskraftfahrer/Autofahrer ist nicht bereits nach bestandener Fahrprüfung der Experte, sondern nach einiger Zeit der praktischen Erfahrung. Der Elektrogeselle ist nicht nach der Prüfung Elektrofachkraft, sondern nach einigen Monaten durch die praktische Erfahrung.

Die „hellseherische Fähigkeit“ bedeutet, dass mögliche Gefahren durch die Elektrofachkraft erkannt werden. Sie tritt erst durch jahrelanges Training ein (siehe Bild 3.5). Neben dem „normalen Weg“ über eine Regelausbildung zur Qualifikation einer Elektrofachkraft kann auch ein zweiter Weg beschritten werden.

Die nicht elektrotechnisch ausgebildete Person, z. B. ein Betriebsschlosser, arbeitet bereits mehrere Jahre in einem Unternehmen im Freileitungs-, Kabel-, Schaltanlagenbau oder hält Elektromotoren instand. Sie hat in dieser Zeit praktische Erfahrungen gesammelt. Über einen betriebsinternen Ausbildungsweg werden die erforderlichen theoretischen Fachkenntnisse gelehrt, durch eine interne Prüfung das Wissen getestet und anschließend die Elektrofachkraft für das entsprechende Arbeitsgebiet vom Unternehmen bestellt (siehe **Bild 3.2**). Die Basis für die Qualifikation zur Schaltberechtigung ist geschaffen.

Bild 3.3 zeigt das Musterformular „Erklärung zur Erteilung einer Schaltberechtigung“. Siehe in diesem Zusammenhang auch **Bild 3.4** „Erteilung der Schaltberechtigung“.

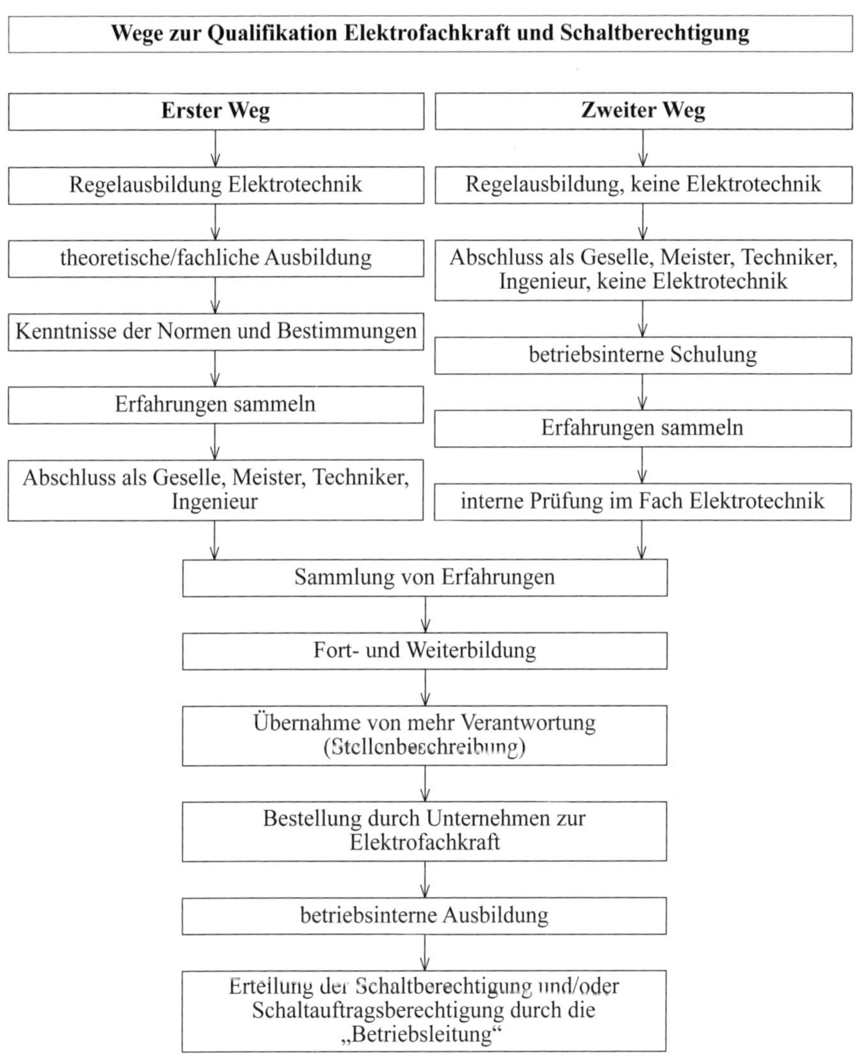

Bild 3.2 Wege zur Qualifikation Elektrofachkraft und Schaltberechtigung

Firmenkopfzeile

Erklärung zur Erteilung der Schaltberechtigung für befähigte Personen

Name ____

beschäftigt als ____________________________________

im Bereich ____

Erklärung für befähigte Personen

Ich erkläre hiermit, über die Gefahren des elektrischen Stroms unterrichtet zu sein. Mir sind auch die VDE-Bestimmung „Betrieb von elektrischen Anlagen“ (DIN VDE 0105-100) sowie die Unfallverhütungsvorschrift DGUV-Vorschrift 3 „Elektrische Anlagen und Betriebsmittel“ (mit Durchführungsanweisung) bekannt, und ich verpflichte mich zu deren Befolgung. Im Einzelnen nehme ich Folgendes zur Kenntnis:

Betriebsstätten

Ich bescheinige ausdrücklich, dass ich abgeschlossene elektrische Betriebsstätten nur betreten darf, soweit dies zur Vornahme der mir aufgetragenen Arbeiten als Schaltberechtigter erforderlich ist.

Bei Betreten von Betriebsräumen mit elektrischen Anlagen sowie bei Arbeiten in solchen Räumen und Anlagen werde ich größte Vorsicht walten lassen. Ich werde vor allem streng darauf achten, dass die elektrischen Betriebsstätten nach dem Verlassen stets sorgfältig verschlossen werden und niemals unbewacht offen stehen.

Bedienen von elektrischen Anlagen

Zur Vornahme von Schaltungen in Nieder-, Mittel- und Hochspannungsanlagen bin ich nur im Rahmen dieser Schaltberechtigung befugt. Ich habe die Aufgabe, aufgrund meiner örtlichen Übersicht und meiner Betriebserfahrung die Zulässigkeit einer Schaltung und die Reihenfolge der Schalthandlungen kritisch zu überdenken und im Fall eines Irrtums meine Führungskraft/den Anlagenbetreiber sofort zu informieren.

Die generelle Schaltberechtigung wurde mir am .... vom Betriebsleiter, Herrn/Frau ...., erteilt.

Arbeiten an und in elektrischen Anlagen

An elektrischen Anlagen darf mit Ausnahme des § 8 der DGUV-Vorschrift 3 nur gearbeitet werden, wenn diese spannungsfrei und geerdet sind. Der schaltberechtigte Anlagenverantwortliche stellt das Herstellen und Sicherstellen des spannungsfreien Zustands an der Arbeitsstelle her und erteilt nach Einweisung die Durchführungserlaubnis an den Arbeitsverantwortlichen.

Zur Herstellung und Sicherstellung der Spannungsfreiheit vor Arbeitsbeginn sind folgende Maßnahmen (fünf Sicherheitsregeln) durchzuführen:

1. Freischalten,
2. gegen Wiedereinschalten sichern,
3. Spannungsfreiheit feststellen,
4. Erden und Kurzschließen,
5. benachbarte, unter Spannung stehende Teile abdecken oder abschranken.

Bild 3.3 Musterformular „Erklärung zur Erteilung der Schaltberechtigung“ (Vorderseite)

Wird eine Arbeit an elektrischen Anlagen unter meiner Anleitung von mehreren Personen gemeinsam durchgeführt, so werde ich eine Person als Arbeitsverantwortlichen bestimmen, wenn ich mich von der Arbeitsstelle entferne. Diese Aufsicht führende Person ist für die Einhaltung aller Sicherheitsbestimmungen während meiner Abwesenheit verantwortlich.

Personen, die allein arbeiten, übernehmen sinngemäß die Aufgaben des Arbeitsverantwortlichen für ihren Bereich.

Arbeiten in der Nähe von unter Spannung stehenden Teilen

Besteht bei diesen Arbeiten die Gefahr einer zufälligen oder direkten Berührung spannungsführender Anlagenteile, dann werde ich diese durch hinreichend feste und zuverlässig angebrachte isolierende Abdeckungen oder andere geeignete Einrichtungen gegen zufälliges Berühren sichern.

In Anlagen mit Nennspannungen über 1 kV sind die Grenzen des Arbeitsbereichs kenntlich zu machen.

Personen, die keine Elektrofachkraft sind, aber durch genaue Unterweisung über die ihnen übertragenen Arbeiten und möglichen Gefahren als unterwiesene Personen gelten, sollten bei Arbeiten in der Nähe von unter Spannung stehenden Teilen nur dann eingesetzt werden, wenn sie die erfolgte Unterweisung verstanden und auf dem dafür vorgesehenen Erklärungsvordruck bestätigt haben.

Arbeiten an unter Spannung stehenden Teilen

Arbeiten an unter Spannung stehenden Teilen sind nur in Ausnahmefällen zulässig. Hierfür muss in jedem Einzelfall eine schriftliche Anweisung vom Leiter des Betriebs/vom Vorgesetzten vorliegen, und es müssen die zugehörigen Bedingungen der DIN VDE 0105 und die Schutzziele gemäß DGUV-Regel 103-011 „Arbeiten unter Spannung“ erfüllt sein.

Bei allen Arbeiten an unter Spannung stehenden Teilen werde ich als Schaltberechtigter größte Sorgfalt walten lassen und die zum Schutz zur Verfügung stehenden Schutzmittel (z. B. isolierte Werkzeuge, PSAgS, isolierte Absperrungen usw.) unbedingt benutzen.

Es ist mir bekannt, dass die Nichtbefolgung dieser Anweisung sowie die Nichtbefolgung der angeführten Sicherheitsvorschriften und Bestimmungen arbeitsrechtliche Konsequenzen haben kann.

....	....
Ort, Datum	Unterschrift

Anlage: Muster einer Erklärung für Personen, die als elektrotechnisch unterwiesene Personen zur Arbeit herangezogen werden.

Bild 3.3 (*Fortsetzung*) Musterformular „Erklärung zur Erteilung der Schaltberechtigung“ (Rückseite)

Erteilung der Schaltberechtigung (Muster)

Herrn/Frau (Name, Vorname): ______________________

Org. Einheit / Abteilung: ______________________

wird hiermit die Schaltberechtigung gemäß der jeweils gültigen Schaltdienstanweisung/Betriebsanweisung für nachfolgende Anlagenteile / Spannungsebenen erteilt.

Nr.	Anlagenteil / Netz
1	
2	
3	
4	

Die Schaltberechtigung verlängert sich, wenn an einer Jahresunterweisung „Schaltberechtigung“ sowie an einem Praxistraining erfolgreich teilgenommen wurde.

Mit meiner Unterschrift bestätige ich, dass ich in dem beschriebenen Bereich mit der Abwicklung von Schalthandlungen in den aufgeführten Anlagen und Netzen vertraut bin und mir die fachlichen Inhalte zur Schaltberechtigung vermittelt wurden.

Weiterhin bestätige ich, dass ich bei der Abwicklung von Schalthandlungen die einschlägigen Unfallverhütungsvorschriften (DGUV Vorschrift 1, Vorschrift 3) und VDE Bestimmungen insbesondere die 5 Sicherheitsregeln (VDE 0105-100) beachten werde.

Die Schaltdienstanweisung / Betriebsanweisung wurde mir ausgehändigt.

Ort, Datum: ______________________

Unterschrift Schaltberechtigter: ______________________

Unterschrift VEFK: ______________________

www.sicher-schalten.de NULL Unfälle NULL Fehlschaltungen

Bild 3.4 Musterformular 2 „Erklärung zur Erteilung der Schaltberechtigung“

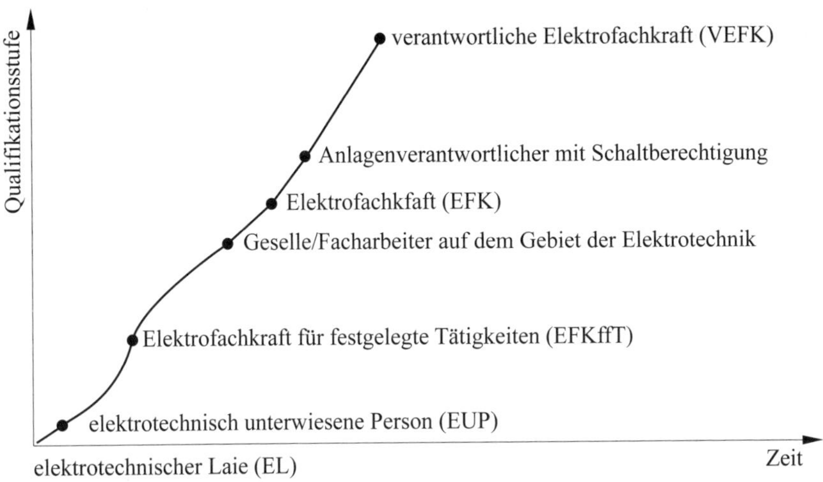

Bild 3.5 Qualifikationsstufen

Eine grafische Erläuterung der Qualifikationsstufen im Zusammenhang mit der Elektrofachkraft zeigt **Bild 3.5**.

Das Bild veranschaulicht die Qualifikationsdifferenzen des elektrotechnischen Laien, der durch eine Elektrofachkraft in einem „Schnellkurs" zur elektrotechnisch unterwiesenen Person wird, bis hin zur Elektrofachkraft. Die Zeitachse lässt den großen Unterschied gut erkennen.

Nach DIN VDE 0105-100 ist eine **elektrotechnisch unterwiesene Person**, wer durch eine Elektrofachkraft über die ihr übertragenen Aufgaben und die möglichen Gefahren bei unsachgemäßem Verhalten unterrichtet und erforderlichenfalls angelernt sowie über die notwendigen Schutzeinrichtungen und Schutzmaßnahmen unterwiesen wurde. Von der elektrotechnisch unterwiesenen Person werden Kenntnisse nur für die (ihr) übertragenen Aufgaben vorausgesetzt.

Bild 3.6 zeigt das Musterformular „Erklärung für elektrotechnisch unterwiesene Personen".

Die Unterweisung durch die Elektrofachkraft darf sich auf den begrenzten Bereich beschränken. Sie muss sich nach dem Umfang der übertragenen Aufgaben, aber auch nach den örtlichen Verhältnissen richten.

Wenn die elektrotechnisch unterwiesene Person die Arbeitsverantwortung/Aufsichtsführung über elektrotechnische Laien hat, sind selbstverständlich an die ihr durch eine Elektrofachkraft zu gebenden Unterweisungen höhere Anforderungen zu stellen, als wenn sie allein eine begrenzte Aufgabe zu erfüllen hat.

Einweisung für EuP | Elektrotechnisch unterwiesene Person

Name, Vorname (EuP): ______________________

Tätigkeitsbereich / Arbeitsstelle: ______________________

Ich erkläre durch meine Unterschrift, dass ich vor Beginn der Arbeiten an der o.g. Arbeitsstelle über die Gefahren des elektrischen Stromes sowie über die notwendigen Schutzeinrichtungen, Schutzmaßnahmen und Sicherheitsabstände beim Arbeiten in oder an elektrischen Anlagen unterwiesen wurde.

Ich bestätige ausdrücklich, dass ich den Anordnungen von der EFK Folge leiste und das ich die Personen, die mir unterstellt sind bzw. die ich beaufsichtige durch eine Elektrofachkraft unterweisen lasse.

Detaillierte Tätigkeitsbeschreibung

Nr.	Tätigkeit
1	
2	
3	

Mir ist insbesondere bekannt, dass elektrische Anlagen und Betriebsstätten nur betreten werden dürfen, soweit dies für die Arbeiten erforderlich ist und soweit die Anlagen durch eine Elektrofachkraft freigegeben wurden. Bei Arbeiten in der Nähe von unter Spannung stehenden Anlagenteilen sind mir die genannten Sicherheitsabstände einzuhalten, insbesondere beim Handhaben von Metallteilen, Leitern und Werkzeugen. Änderungen und Reparaturen an elektrischen Betriebsmitteln sind der EUP verboten.

Ort, Datum: ______________________

Unterschrift unterwiesene Person: ______________________

Unterschrift Elektrofachkraft: ______________________

www.sicher-schalten.de NULL Unfälle NULL Fehlschaltungen

Bild 3.6 Musterformular „Einweisung für EuP – Elektrotechnisch unterwiesene Person"

Da aber die elektrotechnisch unterwiesene Person keine Elektrofachkraft ist und es ihr an Ausbildung, Kenntnissen und Erfahrungen mangelt, wird sie oft nicht in der Lage sein, von sich aus mit ihrer Tätigkeit verbundene Gefahren zu erkennen. Deshalb ist es sehr wichtig, dass mit der Unterweisung zur Sache selbst auch eine Unterrichtung über solche möglichen Gefahren verbunden wird.

Es muss auf Gefahren hingewiesen werden, die in der Tätigkeit selbst begründet sein können, aber auch auf solche, die nur dann entstehen können, wenn sich die elektrotechnisch unterwiesene Person unsachgemäß verhalten würde.

Unterweisungen allein reichen aber dann nicht aus, wenn die zu verrichtenden Tätigkeiten größere Anforderungen stellen. In diesen Fällen kann es erforderlich sein, die elektrotechnisch unterwiesene Person für eine solche Tätigkeit anzulernen. Mit der Unterweisung, der Unterrichtung und dem Anlernen sollte immer eine Information über die im jeweiligen Fall nötigen Schutzeinrichtungen und Schutzmaßnahmen verbunden sein.

Wenn alle Einweisungen erfolgt sind, wird vorausgesetzt, dass die elektrotechnisch unterwiesene Person auch die Fähigkeit hat, nach diesen Richtlinien zu arbeiten bzw. sich richtig zu verhalten. Hiervon muss sich der Unterweisende, z. B. durch gezielte Fragestellung, überzeugen. Die Bestätigung der Unterweisung sollte schriftlich erfolgen.

Beispiel:

Eine elektrische Anlage ist freigeschaltet und geerdet. Der sichere Zustand hergestellt. Es sollen von unterschiedlichen Firmen folgende Arbeiten in der Nähe von spannungsführenden Teilen durchgeführt werden:

- Schlosserarbeiten,
- Maurerarbeiten,
- Malerarbeiten.

Der Anlagenverantwortliche/Schaltberechtigte/die Elektrofachkraft ist gleichzeitig als Koordinator eingesetzt. Um die elektrotechnischen Laien zu qualifizieren, wird durch die Elektrofachkraft eine Unterweisung durchgeführt:

- über die ihnen übertragenen Aufgaben,
- Gefahren bei unsachgemäßem Verhalten,
- erforderlichenfalls angelernt und über notwendige Schutzmaßnahmen und Schutzeinrichtungen unterwiesen und vom jeweiligen Anlagen-Arbeitsverantwortlichen schriftlich bestätigt.

und vom jeweiligen Arbeitsverantwortlichen schriftlich bestätigt.

Zertifikat

Herr/Frau ....

hat vom .... bis ....

an einem Lehrgang

Elektrotechnik für Monteure

teilgenommen und die Abschlussprüfung
mit Erfolg bestanden.

Er/Sie hat damit die Qualifikation erhalten,
als Elektrofachkraft für festgelegte Tätigkeiten
elektrische Arbeiten am Produkt:

....

im Rahmen seiner/ihrer Tätigkeit durchzuführen.

Bild 3.7 Musterformular „Lehrgangsbescheinigung für zukünftige Elektrofachkräfte für festgelegte Tätigkeiten“

Elektrotechnischer Laie

ist, wer weder als Elektrofachkraft noch als „elektrotechnisch unterwiesene Person" qualifiziert ist.

Für die Definition des Laien gilt, dass hier Laien in elektrotechnischer Hinsicht gemeint sind. Im Sinne dieser Norm ist jedermann als Laie anzusehen, der nicht die Qualifikation als Elektrofachkraft hat und nicht als „elektrotechnisch unterwiesene Person" gilt.

Elektrofachkraft für festgelegte Tätigkeiten

§ 5 der Handwerksordnung erlaubt Handwerksbetrieben, Fremdgewerke auszuführen, wenn sie mit dem eigenen Gewerk zusammenhängen oder dies wirtschaftlich ergänzen. Auch in anderen Betrieben, die nicht zum Handwerk gehören, fallen z. B. bei der Inbetriebnahme, Instandhaltung und im Kundendienst elektrotechnische Tätigkeiten an, die nach der DGUV-Vorschrift grundsätzlich Elektrofachkräften vorbehalten sind. In beiden Fällen werden diese Arbeiten zunehmend von „Nichtelektrikern" durchgeführt.

In der DGUV-Vorschrift wird gefordert, dass Arbeiten an elektrischen Anlagen und Betriebsmitteln nur von Elektrofachkräften oder unter deren Leitung und Aufsicht durchgeführt werden. Deshalb ist eine ausreichende Ausbildung der Personen erforderlich, die solche Tätigkeiten eigenständig durchführen sollen.

Um diesen Bedürfnissen sowohl im Handwerk als auch in der Industrie und sonstigen gewerblichen Bereichen Rechnung zu tragen, wurde der Begriff „**Elektrofachkraft für festgelegte Tätigkeiten**" aufgenommen.

Zur Planungssicherheit ist im Juli 2000 durch die BG der **DGUV-Grundsatz 303-001 (vormals BGG 944)** entstanden, mit dem Titel:

Ausbildungskriterien für festgelegte Tätigkeiten im Sinne der Durchführungsanweisungen zur Unfallverhütungsvorschrift „Elektrische Anlagen und Betriebsmittel"

Folgende Inhalte enthält der DGUV-Grundsatz 303-001:

Vorbemerkung

1 Begriffe

2 Grundlegende Anforderungen an die Ausbildung

3 Ausbildung zur Elektrofachkraft für festgelegte Tätigkeiten im Rahmen des Handwerks

3.1 Grundausbildung

3.2 Betriebliche Fachausbildung

4 Ausbildung zur Elektrofachkraft für festgelegte Tätigkeiten in der Industrie und in sonstigen gewerblichen Bereichen

5 Nachweis der Ausbildung

Anhang 1: Ausbildungsplan für festgelegte Tätigkeiten in einem Handwerk (Theorie)

Anhang 2: Ausbildungsplan für festgelegte Tätigkeiten bei der Instandhaltung von Produktionsanlagen

Anhang 3: Bescheinigung über die erfolgreiche Teilnahme an einer Ausbildung zur „Elektrofachkraft für festgelegte Tätigkeiten“

Diese Qualifikation ist auf keinen Fall mit der der Elektrofachkraft gleichzusetzen. Die Forderung kommt aus Handwerk und Industrie, Fachhandwerkern nicht elektrotechnischer Berufe durch eine mehrmonatige Zusatzausbildung beschränkte Tätigkeiten der Elektrotechnik im Zusammenhang mit der Haupttätigkeit zu erlauben.

So darf dann ein Tischler oder Kundendienstmonteur, der eine Küche aufbaut, die Elektrogeräte anschließen oder Baugruppen bis AC 1 000 V austauschen.

Elektrofachkraft für festgelegte Tätigkeiten ist:

- wer aufgrund seiner fachlichen Ausbildung (mind. 80 h) in Theorie und Praxis ausgebildet ist,
- wer über Kenntnisse und Erfahrungen verfügt sowie die bei dieser Tätigkeit zu beachtenden Bestimmungen der ihm übertragenen Aufgaben beurteilen und mögliche Gefahren erkennen kann.

§ 3 Grundsätze

(1) Der Unternehmer hat dafür zu sorgen, dass elektrische Anlagen und Betriebsmittel nur von einer Elektrofachkraft oder unter Leitung und Aufsicht einer Elektrofachkraft den elektrotechnischen Regeln entsprechend errichtet, geändert und instand gehalten werden. Der Unternehmer hat ferner dafür zu sorgen, dass die elektrischen Anlagen und Betriebsmittel den elektrotechnischen Regeln entsprechend betrieben werden.

(2) Ist bei einer elektrischen Anlage oder einem elektrischen Betriebsmittel ein Mangel festgestellt worden, d. h., entsprechen sie nicht oder nicht mehr den elektrotechnischen Regeln, so hat der Unternehmer dafür zu sorgen, dass der Mangel unverzüglich behoben wird und, falls bis dahin eine dringende Gefahr besteht, dafür zu sorgen, dass die elektrische Anlage oder das elektrische Betriebsmittel im mangelhaften Zustand nicht verwendet werden.

Durchführungsanweisung zu § 3 Abs. 1:

Leitung und Aufsicht durch eine Elektrofachkraft sind alle Tätigkeiten, die erforderlich sind, damit Arbeiten an elektrischen Anlagen und Betriebsmitteln von Personen, die nicht die Kenntnisse und Erfahrungen haben, sachgerecht und sicher ausgeführt werden.

Die Forderung „unter Leitung und Aufsicht einer Elektrofachkraft" bedeutet die Wahrnehmung von Führungs- und Fachverantwortung, insbesondere:

- *das Überwachen der ordnungsgemäßen Errichtung, Änderung und Instandhaltung elektrischer Anlagen und Betriebsmittel,*
- *das Anordnen, Durchführen und Kontrollieren der zur jeweiligen Arbeit erforderlichen Sicherheitsmaßnahmen einschließlich des Bereitstellens von Sicherheitseinrichtungen,*
- *das Unterrichten elektrotechnisch unterwiesener Personen,*
- *das Unterweisen von elektrotechnischen Laien über sicherheitsgerechtes Verhalten, erforderlichenfalls das Einweisen,*
- *das Überwachen, erforderlichenfalls das Beaufsichtigen der Arbeiten und der Arbeitskräfte, z. B. bei nicht elektrotechnischen Arbeiten in der Nähe unter Spannung stehender Teile.*

Das Betreiben umfasst alle Tätigkeiten (Bedienen und Arbeiten) an und in elektrischen Anlagen sowie an und mit elektrischen Betriebsmitteln. Zum Instandhalten (siehe DIN 31051) gehören die Inspektion (Kontrolle), die Wartung und die Instandsetzung.

Durchführungsanweisung zu § 3 Abs. 2:

Im Allgemeinen liegt ein Mangel nicht vor, wenn bei Erscheinen neuer elektrotechnischer Regeln an neue Anlagen oder Betriebsmittel andere Anforderungen gestellt werden. Die Berufsgenossenschaft verweist in ihrem Mitteilungsblatt auf die im Anhang aufgeführten Anpassungen vorhandener elektrotechnischer Anlagen und Betriebsmittel an elektrotechnische Regeln.

Kommentar zu § 3 „Grundsätze"

Der Unternehmer muss:

- beim Errichten,
- Ändern,
- Instandsetzen,
- Betreiben/Schalten

von elektrischen Anlagen dafür sorgen, dass es nur:

- entsprechend den **elektrotechnischen Regeln** im Sinne der UVV und
- durch eine **Elektrofachkraft** (oder zumindest unter deren Leitung oder Aufsicht) geschieht.

Für die Praxis bedeutet dies, dass nur die für „Nichtfachleute" zugelassenen elektrischen Anlagen und Betriebsmittel (z. B. elektrische Büromaschinen oder Werkzeuge mit Stecker) von diesen „Laien" betrieben werden dürfen. Der Betrieb von sog. abgeschlossenen elektrischen Anlagen (z. B. Hochspannungsschaltanlagen oder besondere elektrische Betriebsräume) erfordert bereits eine Elektrofachkraft oder zumindest eine elektrotechnisch unterwiesene Person.

Sobald aber an der elektrischen Anlage oder dem Betriebsmittel selbst geschaltet/gearbeitet wird, ist auf jeden Fall eine dafür befähigte Person oder eine Elektrofachkraft erforderlich.

Wichtig ist die Qualifikation der Elektrofachkraft, die in Abschnitt 3.2 unter § 2 ausführlich beschrieben wurde.

So kann z. B. nicht ein Elektromechaniker aus dem Elektromaschinenbau ohne Weiteres zum Schalten oder Arbeiten im Hochspannungsbereich betraut werden. Vorher ist zu prüfen, ob alle Anforderungen erfüllt sind.

Bei einem aufgetretenen **Mangel** an elektrischen Anlagen oder Betriebsmitteln (z. B. Stecker defekt mit Kabelisolationsfehler, oder Schalter lässt sich nicht betätigen, oder Spannungsprüfgerät ist defekt oder festgestellte Teilentladungen in einer Schaltanlage usw.) hat der Unternehmer, der Fachverantwortliche, die Elektrofachkraft, der Schaltberechtigte die Pflicht, den Mangel zu beheben bzw. die Anlage stillzulegen und dem Vorgesetzten/Unternehmer vorzuschlagen, welche Maßnahmen im Einzelfall durchgeführt werden müssen.

Ein Mangel liegt bei älteren, in Betrieb befindlichen Anlagen nicht vor, wenn durch eine neue elektrotechnische VDE-Bestimmung der geforderte Zustand nicht erreicht ist. Es sei denn, eine Anpassung vorhandener Anlagen wird ausdrücklich gefordert!

Im Anhang 1 der DGUV-Vorschrift 3 wurde u. a. das Sicherstellen des Schutzes beim Bedienen von Hochspannungsanlagen nach DIN VDE 0101:1998-05 Abschnitt 4.4 bis zum 31.12.2000 gefordert. Hier ist Rechtssicherheit geschaffen worden, da die neue DIN EN 61936-1 (**VDE 0101-1**) die Nachrüstung nicht mehr fordert. In der Bundesrepublik Deutschland müsste mind. eine der folgenden Maßnahmen zum Schutz des Schaltberechtigten und für einen sicheren Anlagenbetrieb realisiert werden:

- Lasttrennschalter anstelle von Trennschaltern; die Lasttrennschalter müssen den am Einbauort max. auftretenden Betriebsstrom ausschalten können und für das Einschalten auf Kurzschluss geeignet sein,
- der Schaltfehlerschutz für Trennschalter und Erdungsschalter, z. B. Verriegelung, einschaltfeste Erdungsschalter, unverwechselbare Schlüsselsperren,
- die Bedienung der Anlage aus sicherer Entfernung,

- der Einbau von geeigneten Schutzvorrichtungen, z. B. Lichtbogenleitbleche, Lichtbogenfenster, Vollwandtüren, Trennwände,
- alte Anlagen gegen eine neue austauschen.

§ 4 Grundsätze beim Fehlen elektrotechnischer Regeln

(1) Soweit hinsichtlich bestimmter elektrischer Anlagen und Betriebsmittel keine oder zur Abwendung neuer oder bislang nicht festgestellter Gefahren nur unzureichende elektrotechnische Regeln bestehen, hat der Unternehmer dafür zu sorgen, dass die Bestimmungen der nachstehenden Absätze eingehalten werden.

(2) Elektrische Anlagen und Betriebsmittel müssen sich in sicherem Zustand befinden und sind in diesem Zustand zu erhalten.

(3) Elektrische Anlagen und Betriebsmittel dürfen nur benutzt werden, wenn sie den betrieblichen und örtlichen Sicherheitsanforderungen im Hinblick auf Betriebsart und Umgebungseinflüsse genügen.

(4) Die aktiven Teile elektrischer Anlagen und Betriebsmittel müssen entsprechend ihrer Spannung, Frequenz, Verwendungsart und ihrem Betriebsort durch Isolierung, Lage, Anordnung oder fest angebrachte Einrichtungen gegen direktes Berühren geschützt sein.

(5) Elektrische Anlagen und Betriebsmittel müssen so beschaffen sein, dass bei Arbeiten und Handhabungen, bei denen aus zwingenden Gründen der Schutz gegen direktes Berühren nach Abs. 4 aufgehoben oder unwirksam gemacht werden muss,

- *der spannungsfreie Zustand der aktiven Teile hergestellt und sichergestellt werden kann oder*
- *die aktiven Teile unter Berücksichtigung von Spannung, Frequenz, Verwendungsart und Betriebsort durch zusätzliche Maßnahmen gegen direktes Berühren geschützt werden können.*

(6) Bei elektrischen Betriebsmitteln, die in Bereichen bedient werden müssen, wo allgemein ein vollständiger Schutz gegen direktes Berühren nicht gefordert wird oder nicht möglich ist, muss bei benachbarten aktiven Teilen mind. ein teilweiser Schutz gegen direktes Berühren vorhanden sein.

(7) Die Durchführung der Maßnahmen nach Abs. 5 muss ohne eine Gefährdung, z. B. durch Körperdurchströmung oder durch Lichtbogenbildung, möglich sein.

(8) Elektrische Anlagen und Betriebsmittel müssen entsprechend ihrer Spannung, Frequenz, Verwendungsart und ihrem Betriebsort Schutz bei indirektem Berühren aufweisen, sodass auch im Fall eines Fehlers in der elektrischen Anlage oder im elektrischen Betriebsmittel Schutz gegen gefährliche Berührungsspannungen vorhanden ist.

Durchführungsanweisung zu § 4 Abs. 2:

Der sichere Zustand ist vorhanden, wenn elektrische Anlagen und Betriebsmittel so beschaffen sind, dass von ihnen bei ordnungsgemäßem Bedienen und bestimmungsgemäßer Verwendung weder eine unmittelbare (z. B. Berührungsspannung) noch eine mittelbare (z. B. durch Strahlung, Explosion, Lärm) Gefährdung für den Menschen auftreten kann.

Der geforderte sichere Zustand umfasst auch den notwendigen Schutz gegen zu erwartende äußere Einwirkungen (z. B. mechanische Einwirkungen, Feuchtigkeit, Eindringen von Fremdkörpern).

Durchführungsanweisung zu § 4 Abs. 3:

Elektrische Anlagen und Betriebsmittel können in ihrer Funktion und Sicherheit durch Umgebungseinwirkungen (z. B. Staub, Feuchtigkeit, Wärme, mechanische Beanspruchung) nachteilig beeinflusst werden. Daher sind sowohl die einzelnen Betriebsmittel als auch die gesamte Anlage so auszuwählen und zu gestalten, dass ein ausreichender Schutz gegen diese Einwirkungen über die üblicherweise zu erwartende Lebensdauer gewährleistet ist. Hierzu zählen unter anderem die Wahl der Schutzart, der Schutzklasse, der Isolationsklasse sowie der Kriech- und Luftstrecken. Bei der Wahl sind in jedem Fall die speziellen Einsatzbedingungen zu berücksichtigen, z. B. auf Baustellen oder in aggressiver Umgebung.

Durchführungsanweisung zu § 4 Abs. 5:

Als zusätzliche Maßnahme, die bei der Aufhebung des betriebsmäßigen Schutzes gegen direktes Berühren anzuwenden sind, gelten z. B. das Abdecken oder Abschranken.

Durchführungsanweisung zu § 4 Abs. 6:

Ein vollständiger Schutz gegen direktes Berühren ist häufig die einfachste und in jedem Fall die wirkungsvollste Schutzmaßnahme. Dies gilt vor allem für Betriebsmittel, die für betriebsmäßige Vorgänge bedient werden müssen, aber auch an und in der Nähe von Betriebsmitteln, zu denen nur Elektrofachkräfte und elektrotechnisch unterwiesene Personen Zutritt oder Zugriff haben.

*In Bereichen, die nur mind. elektrotechnisch unterwiesenen Personen zugänglich sind, genügt bei Betriebsmitteln, die nicht betriebsmäßig, sondern nur zum Wiederherstellen des Soll-Zustands bedient werden, z. B. Einstellen oder Entsperren eines Relais, Auswechseln von Lampen oder Sicherungseinsätzen, bei Nennspannungen bis 1 000 V ein teilweiser Schutz gegen direktes Berühren nach DIN EN 50274 (**VDE 0660-514**):2002-11 „Niederspannungs-Schaltgerätekombinationen – Schutz gegen elektrischen Schlag – Schutz gegen unabsichtliches direktes Berühren gefährlicher aktiver Teile“. Solche Abdeckungen erfüllen ihren Zweck, wenn sie gegen* *unbeabsichtigtes Verschieben oder Entfernen gesichert sind oder nur mit Werkzeug oder Schlüssel entfernt werden können.*

Durchführungsanweisung zu § 4 Abs. 7:

Diese Forderung ist erfüllt, wenn:

- *die Anlage oder genügend kleine Abschnitte der Anlage freigeschaltet werden können,*
- *die erforderlichen Hilfsmittel und Einrichtungen zum Sichern gegen Wiedereinschalten sowie ein Verbotszeichen mit der Aussage „Nicht schalten" und erforderlichenfalls der zusätzlichen Aussage „Es wird gearbeitet/Ort .../Entfernen des Schilds nur durch ..." oder bei ferngesteuerten Anlagen eine entsprechende Einrichtung vorhanden sind und angebracht werden können,*
- *am freigeschalteten Anlagenteil das Feststellen der Spannungsfreiheit möglich ist,*
- *die Anlageteile, soweit erforderlich, mit Einrichtungen zum Erden und Kurzschließen (z. B. Erdungsschalter, Erdungswagen, Anschließstellen) ausgerüstet sind oder Einrichtungen zum Erden und Kurzschließen (z. B. Seile oder Schienen mit ausreichendem Querschnitt) vorhanden sind und angebracht werden können und*
- *Hilfsmittel zum Abdecken und Abschranken (z. B. Abdecktücher, Isolierplatten, Führungsschienen für isolierende Schutzplatten) vorhanden sind.*

In Anlagen mit Nennspannungen über 1 kV müssen zum Freischalten die erforderlichen Trennstrecken hergestellt werden können.

Einrichtungen zum Sichern gegen Wiedereinschalten sind z. B. ein- oder mehrfach verschließbare Schalter, Schalterabdeckungen, Steckkappen für Schalter, abnehmbare Schalthebel, Blindeinsätze für Schraubsicherungen, Absperr- und Entlüftungseinrichtungen für Druckluft, Mittel zum Unwirksammachen der Federkraft, Mittel zum Unterbrechen der Hilfsspannung.

Bei ferngesteuerten Anlagen müssen Kennzeichnungen, Hinweise und Anweisungen so gestaltet sein, dass der Schaltzustand der Anlage und die Zuständigkeiten und Möglichkeiten für eine Schaltung, z. B. von der zentralen Fernsteuerstelle aus, eindeutig erkennbar sind.

Einschiebbare isolierende Schutzplatten werden im Allgemeinen nur in Führungsschienen sicher gehalten.

Kommentar zu § 4 „Grundsätze beim Fehlen elektrotechnischer Regeln"

Einheitliche Aspekte für die Schutzziele in Sonderfällen (z. B. keine bzw. unvollständige Normen) sind in § 4 festgelegt.

Wird seitens der Industrie eine Neuentwicklung auf den Markt gebracht, so können unter Umständen die elektrotechnischen Normen noch fehlen oder unvollständig sein. Bis aktuelle DIN-VDE-Bestimmungen über den Gelbdruck (Entwurf) bis zum Weißdruck im Anhang zur Durchführungsanweisung aufgenommen werden, gelten die Grundsätze nach § 4.

Primär ist der Unternehmer/Anlagenbetreiber gefordert, der die Verantwortung an die VEFK, den Anlagenverantwortlichen, die Elektrofachkraft/den Schaltberechtigten vor Ort (Arbeitsstelle) delegiert hat.

Diese Personen müssen darauf achten – auch schon im eigenen Interesse –, dass elektrische Anlagen und Betriebsmittel:

- sich in einem sicheren Zustand befinden,
- den Umgebungseinflüssen genügen,
- durch Isolation, Lage und Anordnung gegen direktes Berühren geschützt sind,
- gefahrlos freigeschaltet und geerdet werden können, ohne Gefährdung durch Körperdurchströmung oder Lichtbogenbildung (siehe hierzu Kapitel 10, fünf Sicherheitsregeln und DIN VDE 0105-100),
- gegen direktes Berühren geschützt werden können, durch Abdecken oder/und Abschranken (fünfte Sicherheitsregel).

Wenn ein vollständiger Schutz beim Bedienen von z. B. alten/offenen Anlagen generell schwer durchführbar ist, sind bei Nennspannungen bis 1 000 V die erforderlichen Abdeckschutzmaßnahmen einzuhalten.

In der Durchführungsanweisung ist vermerkt, dass bei Nennspannungen **bis 1 000 V** ein ausreichender Schutz gegen direktes Berühren dann gegeben ist, wenn im Umkreis von mind. **25 cm** die an der Arbeitsstelle befindlichen aktiven Teile gegen Berühren geschützt sind. Bei älteren Anlagen sind entsprechende Abdeckungen nachzurüsten!

Beim Bedienen und Schalten von Betriebsmitteln, besonders älterer Bauart, darf bei Nennspannungen > 1 000 V keine Gefährdung, z. B. durch Störlichtbogenbildung oder Körperdurchströmung, auftreten.

Das wird erreicht durch z. B.:

- überschaubare Freischaltungsabschnitte und Möglichkeiten zur Herstellung der erforderlichen Trennstrecke,
- Einrichtungen und Möglichkeiten zum Sichern gegen Wiedereinschalten,
- gefahrloses Feststellen der Spannungsfreiheit an zugänglichen Schnittstellen,
- vorhandene Erdungsfestpunkte bzw. fest eingebaute Erdungsschalter,
- Führungsschienen für isolierende Schutzplatten bzw. Halterungen für Abdeckungen.

§ 5 Prüfungen

(1) Der Unternehmer hat dafür zu sorgen, dass die elektrischen Anlagen und Betriebsmittel auf ihren ordnungsgemäßen Zustand hin geprüft werden:

- *vor der ersten Inbetriebnahme und nach einer Änderung oder Instandsetzung vor der Wiederinbetriebnahme durch eine Elektrofachkraft oder unter Leitung und Aufsicht einer Elektrofachkraft und*
- *in bestimmten Zeitabständen. Die Fristen sind so zu bemessen, dass entstehende Mängel, mit denen gerechnet werden muss, rechtzeitig festgestellt werden.*

(2) Bei der Prüfung sind die sich hierauf beziehenden elektrotechnischen Regeln zu beachten.

(3) Auf Verlangen der Berufsgenossenschaft ist ein Prüfbuch mit bestimmten Eintragungen zu führen.

(4) Die Prüfung vor der ersten Inbetriebnahme nach Abs. 1 ist nicht erforderlich, wenn dem Unternehmer vom Hersteller oder Errichter bestätigt wird, dass die elektrischen Anlagen und Betriebsmittel den Bestimmungen dieser Unfallverhütungsvorschrift entsprechend beschaffen sind.

Durchführungsanweisung zu § 5 Abs. 1 Nr. 1:

Elektrische Anlagen und Betriebsmittel dürfen nur in ordnungsgemäßem Zustand in Betrieb genommen werden und müssen in diesem Zustand erhalten werden.

Diese Forderung ist erfüllt, wenn vor Inbetriebnahme, nach Änderung oder Instandsetzung (Erstprüfung) sichergestellt wird, dass die Anforderungen der elektrotechnischen Regeln eingehalten werden. Hierzu sind Prüfungen nach Art und Umfang der in den elektrotechnischen Regeln festgelegten Maßnahmen durchzuführen. Nur unter bestimmten Voraussetzungen dürfen Erstprüfungen elektrischer Anlagen und Betriebsmittel entfallen (siehe Durchführungsanweisungen zu § 5 Abs. 4).

Durchführungsanweisung zu § 5 Abs. 1 Nr. 2:

Zur Erhaltung des ordnungsgemäßen Zustands sind elektrische Anlagen und Betriebsmittel wiederholt zu prüfen.

Anhand der folgenden Tabellen können Prüffristen festgelegt werden, wenn die elektrischen Anlagen und Betriebsmittel normalen Beanspruchungen durch Umgebungstemperatur, Staub, Feuchtigkeit oder dergleichen ausgesetzt sind. Dabei wird unterschieden zwischen ortsveränderlichen und ortsfesten elektrischen Betriebsmitteln und stationären und nicht stationären Anlagen.

Ortsveränderliche elektrische Betriebsmittel *sind solche, die während des Betriebs bewegt werden oder die leicht von einem Platz zum anderen gebracht werden können, während sie an den Versorgungsstromkreis angeschlossen sind (siehe auch Abschnitte 2.7.4 und 2.7.5 von DIN VDE 0100-200).*

Ortsfeste elektrische Betriebsmittel *sind fest angebrachte Betriebsmittel oder Betriebsmittel, die keine Tragevorrichtung haben und deren Masse so groß ist, dass sie nicht leicht bewegt werden können. Dazu gehören auch elektrische Betriebsmittel, die vorübergehend fest angebracht sind und die über bewegliche Anschlussleitungen betrieben werden (siehe auch Abschnitte 2.7.6 und 2.7.7 von DIN VDE 0100-200).*

Stationäre Anlagen *sind solche, die mit ihrer Umgebung fest verbunden sind, z. B. Installationen in Gebäuden, Baustellenwagen, Containern und auf Fahrzeugen.*

Nicht stationäre Anlagen *sind dadurch gekennzeichnet, dass sie entsprechend ihrem bestimmungsgemäßen Gebrauch nach dem Einsatz wieder abgebaut (zerlegt) und am neuen Einsatzort wieder aufgebaut (zusammengeschaltet) werden. Hierzu gehören z. B. Anlagen auf Bau- und Montagestellen, fliegende Bauten.*

Die Verantwortung für die ordnungsgemäße Durchführung der Prüfungen obliegt einer Elektrofachkraft.

Stehen für die Mess- und Prüfaufgaben geeignete Mess- und Prüfgeräte zur Verfügung, dürfen auch elektrotechnisch unterwiesene Personen unter Leitung und Aufsicht einer Elektrofachkraft prüfen.

Ortsfeste elektrische Anlagen und Betriebsmittel

Für ortsfeste elektrische Anlagen und Betriebsmittel sind die Forderungen hinsichtlich Prüffrist und Prüfer erfüllt, wenn die in Tabelle 1A genannten Forderungen eingehalten werden.

Anlage/Betriebsmittel	Prüfung	Art der Prüfung	Prüfer
Elektrische Anlagen und ortsfeste Betriebsmittel	vier Jahre	auf ordnungsgemäßen Zustand	Elektrofachkraft
Elektrische Anlagen und ortsfeste Betriebsmittel in „Betriebsstätten, Räumen und Anlagen besonderer Art“ (DIN VDE 0100 Gruppe 700)	ein Jahr		
Schutzmaßnahmen mit Fehlerstrom-Schutzeinrichtungen in nicht stationären Anlagen	ein Monat	auf Wirksamkeit	Elektrofachkraft oder elektrotechnisch unterwiesene Personen bei Verwendung geeigneter Mess- und Prüfgeräte
Fehlerstrom-, Differenzstrom- und Fehlerspannungs-Schutzschalter		auf einwandfreie Funktion durch Betätigen der Prüfeinrichtungen	Benutzer
• in stationären Anlagen	sechs Monate		
• in nicht stationären Anlagen	arbeitstäglich		

Tabelle 1A *Wiederholungsprüfungen ortsfester elektrischer Anlagen und Betriebsmittel*

Die Forderungen sind für ortsfeste elektrische Anlagen und Betriebsmittel auch erfüllt, wenn diese von einer Elektrofachkraft ständig überwacht werden.

Ortsfeste elektrische Anlagen und Betriebsmittel gelten als ständig überwacht, wenn sie kontinuierlich

- *von Elektrofachkräften instandgehalten und*
- *durch messtechnische Maßnahmen im Rahmen des Betreibens (z. B. Überwachen des Isolationswiderstands) geprüft werden.*

Die ständige Überwachung als Ersatz für die Wiederholungsprüfung gilt nicht für die elektrischen Betriebsmittel der ***Tabelle 1B*** *und* ***Tabelle 1C****.*

Ortsveränderliche elektrische Betriebsmittel

Tabelle 1B enthält Richtwerte für Prüflisten. Als Maß, ob die Prüffristen ausreichend bemessen werden, gilt die bei den Prüfungen in bestimmten Betriebsbereichen festgestellte Quote von Betriebsmitteln, die Abweichungen von den

Anlage/Betriebsmittel	***Prüffrist*** ***Richt- und Maximalwerte***	***Art der Prüfung***	***Prüfer***
• *ortsveränderliche elektrische Betriebsmittel (soweit benutzt)* • *Verlängerungs- und Geräteanschlussleitungen mit Steckvorrichtungen* • *Anschlussleitungen mit Stecker* • *bewegliche Leitungen mit Stecker und Festanschluss*	*Richtwert sechs Monate, auf Baustellen drei Monate*[*)] *Wird bei den Prüfungen eine Fehlerquote < 2 % erreicht, kann die Prüffrist entsprechend verlängert werden.* *Maximalwerte:* *Auf Baustellen, in Fertigungsstätten und Werkstätten oder unter ähnlichen Bedingungen ein Jahr, in Büros oder unter ähnlichen Bedingungen zwei Jahre.*	*auf ordnungsgemäßen Zustand*	*Elektrofachkraft, bei Verwendung geeigneter Mess- und Prüfgeräte auch elektrotechnisch unterwiesene Person*
[*)] *Konkretisierung siehe „Regeln für Sicherheit und Gesundheitsschutz – Auswahl und Betrieb elektrischer Anlagen und Betriebsmittel auf Baustellen“*			

Tabelle 1B *Wiederholungsprüfungen ortsveränderlicher elektrischer Betriebsmittel*

Grenzwerten aufweisen (Fehlerquote). Beträgt die Fehlerquote höchstens 2 %, kann die Prüffrist als ausreichend angesehen werden.

Die Verantwortung für die ordnungsgemäße Durchführung der Prüfung ortsveränderlicher Betriebsmittel darf auch eine elektrotechnisch unterwiesene Person übernehmen, wenn geeignete Mess- und Prüfgeräte verwendet werden.

Schutz- und Hilfsmittel

Die Prüffristen für Schutz- und Hilfsmittel zum sicheren Arbeiten in elektrischen Anlagen sind in Tabelle 1C angegeben.

Prüfobjekt	*Prüffrist*	*Art der Prüfung*	*Prüfer*
Isolierende Schutzbekleidung (soweit benutzt)	*vor jeder Benutzung*	*auf augenfällige Mängel*	*Benutzer*
	12 Monate *sechs Monate für isolierende Handschuhe*	*auf Einhaltung der in elektrotechnischen Regeln vorgegebenen Grenzwerte*	*Elektrofachkraft*
Isolierte Werkzeuge, Kabelschneidgeräte; isolierende Schutzvorrichtungen sowie Betätigungs- und Erdungsstangen	*vor jeder Benutzung*	*auf äußerlich erkennbare Schäden und Mängel*	*Benutzer*
Spannungsprüfer, Phasenvergleicher		*auf einwandfreie Funktion*	
Spannungsprüfer, Phasenvergleicher und Spannungsprüfsysteme (kapazitive Anzeigesysteme) für Nennspannungen über 1 kV	*sechs Jahre*	*auf Einhaltung der in den elektrotechnischen Regeln vorgegebenen Grenzwerte*	*Elektrofachkraft*

***Tabelle 1C** Prüfungen für Schutz- und Hilfsmittel*

Durchführungsanweisung zu § 5 Abs. 4

Die Bestätigung des Herstellers oder Errichters bezieht sich auf betriebsfertig installierte oder angeschlossene Anlagen, Betriebsmittel und Ausrüstungen. Sie kann in der Regel nur vom Errichter abgegeben werden, da nur er die für den sicheren Einsatz der Anlage maßgebenden Umgebungs- und Einsatzbedingungen kennt.

Zu unterscheiden von der hier geforderten Bestätigung ist die Lieferbestätigung des Herstellers oder Lieferers bei der Lieferung von anschlussfertigen elektrischen Betriebsmitteln. Für diese Lieferbestätigung reicht es aus, wenn der Hersteller oder Lieferer auf Verlangen nachweist, dass der gelieferte Gegenstand den Verordnungen zum Gerätesicherheitsgesetz entspricht (z. B. durch eine Konformitätserklärung, in der die Einhaltung der einschlägigen elektrotechnischen Regeln bestätigt wird).

Kommentar zu § 5 „Prüfungen“

Vom Unternehmer werden Prüfungen der elektrischen Anlagen und Betriebsmittel gefordert. Sie sind von einer beauftragten Person zu veranlassen und von einer befähigten Person gemäß TRBS 1203, z. B. der Elektrofachkraft, vorzunehmen:

- vor der ersten Inbetriebnahme (oder Vorlage einer Errichterbestätigung nach DGUV-Vorschrift 3 vom Anlagenhersteller),
- nach Änderung oder Instandsetzung,
- vor der Wiederinbetriebnahme.

Bild 3.8 zeigt eine Errichterbestätigung.

Errichterbestätigung (Muster)

Nach § 5 Absatz 4 der DGUV Vorschrift 3 „Elektrische Anlagen und Betriebsmittel

1.	Auftragnehmer / Errichter
	Name oder Firma
	Anschrift (Straße, Nr, PLZ, Ort)

2.	Auftraggeber / Eigentümer
	Name oder Firma
	Anschrift (Straße, Nr, PLZ, Ort)

3.	Örtlicher Bereich
	Anschrift (Straße, Nr, PLZ, Ort)

4.	Genaue Bezeichnung der / des Anlagenteile(s)

Es wir hiermit verbindlich bestätigt, dass die elektrische Anlage den Bestimmungen der einschlägigen Gesetze und DIN / VDE-Bestimmungen entsprechend errichtet und nach der berufsgenossenschaftlichen Vorschrift DGUV Vorschrift 3 entsprechend geprüft wurde und nicht zu beanstanden ist.

Errichter der Anlage

Ort, Datum

Unterschrift / Stempel

www.sicher-schalten.de

NULL Unfälle NULL Fehlschaltungen

Bild 3.8 Musterformular einer „Errichterbestätigung“

Etwas problematischer ist die Aussage:

Prüfungen von elektrischen Anlagen und Betriebsmitteln sind in bestimmten Zeitabständen vorzunehmen.

Die Fristenregelung für die Prüfung von elektrischen Anlagen und Betriebsmitteln ist sehr dehnbar.

Die Verantwortung, wie oft geprüft werden muss, bleibt beim Betreiber. In einem Nachsatz heißt es:

Die Fristen (die Zeitabstände der Prüfung) sind so zu bemessen, dass entstehende Mängel, mit denen gerechnet werden muss, rechtzeitig festgestellt werden.

Mittelwerte der Fristen sind in den Durchführungsanweisungen zur UVV (z. B. sechs Monate bzw. vier Jahre) nachzulesen.

Wenn elektrische Anlagen und Betriebsmittel durch Elektrofachkräfte bzw. Schaltberechtigte **ständig überwacht** werden (z. B. EVU sowie Industriebetriebe) und ein Prüfbuch geführt wird, dann können die Prüfrichtwerte vernachlässigt werden.

Prüfzyklen eines EVU zeigt **Tabelle 3.1**.

Sinnvoll ist die Beratung und Weitergabe der empfohlenen Prüffristen an Unternehmer/Betriebsleiter, die keine eigenen Elektrofachkräfte beschäftigt haben. Hier ist der Schaltberechtigte des EVU gefordert, der Kundenanlagen betreut und den Betriebsverantwortlichen entsprechend beraten muss. Elektrische Anlagen müssen mind. alle vier Jahre auf ihren ordnungsgemäßen Zustand überprüft werden.

§ 6 Arbeiten an aktiven Teilen

(1) An unter Spannung stehenden aktiven Teilen elektrischer Anlagen und Betriebsmittel darf, abgesehen von den Festlegungen in § 8, nicht gearbeitet werden.

(2) Vor Beginn der Arbeiten an aktiven Teilen elektrischer Anlagen und Betriebsmittel muss der spannungsfreie Zustand hergestellt und für die Dauer der Arbeiten sichergestellt werden.

(3) Absatz 2 gilt auch für benachbarte Teile der elektrischen Anlage oder des elektrischen Betriebsmittels, wenn diese:

- *nicht gegen direktes Berühren geschützt sind oder*
- *nicht für die Dauer der Arbeiten unter Berücksichtigung von Spannung, Frequenz, Verwendungsart und Betriebsort durch Abdecken oder Abschranken gegen direktes Berühren geschützt worden sind.*

(4) Absatz 2 gilt auch für das Bedienen elektrischer Betriebsmittel, die aktiven, unter Spannung stehenden Teilen benachbart sind, wenn diese nicht gegen direktes Berühren geschützt sind.

Betriebsmittel/ Trassen	Kontrollfrist (Inspektion)	Prüffrist	Wartungsfrist	Prüfer	Art	Bemerkung
110-kV-Freileitungen	befliegen jährlich bzw. alle zwei Jahre	alle fünf Jahre Erdungsmessungen	abhängig vom Kontrollergebnis	Monteure, Betriebsmonteure, Meister	Befliegung, „Ablaufen"	1. 2.
20-kV-Freileitung	alle zwei Jahre befliegen	alle fünf Jahre Erdungsmessungen	abhängig vom Kontrollergebnis	Monteure, Betriebsmonteure, Meister	Befliegung, „Ablaufen"	1.
Ortsnetzfreileitung	kein fester Zyklus	alle fünf Jahre Erdungsmessungen	–	Monteure, Betriebsmonteure	tägliche Praxis, Beobachtungen während der Fahrt	–
Kabelverteiler	alle drei bis fünf Jahre	alle fünf Jahre Erdungsmessungen	abhängig vom Kontrollergebnis, mind. alle fünf Jahre	Monteure, Betriebsmonteure	–	–
Betonfertigstationen, gemauerte Kabelstationen	alle zwei/ vier Jahre	alle fünf Jahre Erdungsmessungen	abhängig vom Kontrollergebnis	Monteure, Betriebsmonteure	–	–
Mast-, Turmstationen	alle zwei bis vier Jahre	alle fünf Jahre Erdungsmessungen	abhängig vom Kontrollergebnis, mind. alle fünf Jahre, bei Maststationen alle drei Jahre	Monteure, Betriebsmonteure	–	–
Mast- und Erdungsschalter Fabrikat C	–	alle fünf Jahre Erdungsmessungen	alle zwei Jahre	Monteure, Betriebsmonteure	–	–
Mast- und Erdungsschalter Fabrikat D	–	alle fünf Jahre Erdungsmessungen	alle drei Jahre	Monteure, Betriebsmonteure	–	–

1. Nach Häufung von KU/AWE (Kurzunterbrechung) bzw. Gewittern ist stichprobenweise zu kontrollieren.
2. Bei 25-jährigen und älteren Freileitungen sind die mechanischen Eigenschaften der Armaturen stichprobenweise genauer zu kontrollieren (Klöppel- und Pfannenabrieb).
3. Wartung siehe zutreffende Checkliste.
4. Wartung umfasst Säubern, Fetten und Gängigmachen der Schalter.

Tabelle 3.1 *Beispiel für Prüf-, Kontroll- und Wartungszyklen eines regionalen EVU/VNB*

Durchführungsanweisung zu § 6 Abs. 1

Bei Arbeiten an aktiven Teilen elektrischer Anlagen, deren spannungsfreier Zustand für die Dauer der Arbeiten nicht hergestellt und sichergestellt ist (Arbeiten unter Spannung), sowie beim Arbeiten in der Nähe unter Spannung stehender aktiver Teile gemäß § 7 kann es sich um gefährliche Arbeiten im Sinne des § 36 UVV „Allgemeine Vorschriften“ (DGUV-Vorschrift 1) sowie des § 22 Abs. 1 Nr. 3 „Gesetz zum Schutze der arbeitenden Jugend (Jugendarbeitsschutzgesetz)“ handeln.

§ 22 Jugendarbeitsschutzgesetz lautet (Auszug)*: Gefährliche Arbeiten*

(1) Jugendliche dürfen nicht beschäftigt werden:

1. *...,*
2. *...,*
3. *mit Arbeiten, die mit Unfallgefahren verbunden sind, von denen anzunehmen ist, dass Jugendliche sie wegen mangelnden Sicherheitsbewusstseins oder mangelnder Erfahrung nicht erkennen können oder nicht abwenden können,*
4. *...,*
5. *...,*
6. *...,*
7. *...*

Durchführungsanweisung zu § 6 Abs. 2

Das Arbeiten im spannungsfreien Zustand setzt voraus, dass die betroffenen Anlagenteile festgelegt und die Beschäftigten entsprechend auf den zulässigen Arbeitsbereich hingewiesen werden. Dazu gehört die Kennzeichnung der Arbeitsstelle bzw. des Arbeitsbereichs und, falls erforderlich, des Wegs zur Arbeitsstelle innerhalb der elektrischen Anlage.

Das Herstellen des spannungsfreien Zustands vor Beginn der Arbeiten und dessen Sicherstellen an der Arbeitsstelle für die Dauer der Arbeiten geschieht unter Beachtung der nachfolgenden fünf Sicherheitsregeln, deren Anwendung der Regelfall sein muss:

- *Freischalten,*
- *gegen Wiedereinschalten sichern,*
- *Spannungsfreiheit feststellen,*
- *Erden und Kurzschließen,*
- *benachbarte, unter Spannung stehende Teile abdecken oder abschranken.*

Die unter besonderer Berücksichtigung der betrieblichen und örtlichen Verhältnisse, z. B. bei Hoch- und Niederspannungs-Freileitungen, Kabeln oder Schaltanlagen, durchzuführenden Maßnahmen sind im Einzelnen in den elektrotechnischen Regeln (siehe Anhang 3) festgelegt.

Bei Arbeiten mit Kabelbeschussgeräten oder Kabelschneidgeräten kann nach dem Beschießen bzw. Schneiden eines Kabels am Gerät im ungünstigsten Fall Spannung anstehen. Diese Spannung ist mit herkömmlichen, für die Nennspannung der Anlage bemessenen Spannungsprüfern häufig nicht feststellbar. Daher ist durch geeignete organisatorische Maßnahmen (z. B. Rückfrage bei der netzführenden Stelle) vor der Freigabe zur Arbeit möglichst eindeutig zu klären, ob am Kabelbeschuss- oder Kabelschneidgerät Spannung anstehen kann.

Durchführungsanweisung zu § 6 Abs. 3

Sind der Arbeitsstelle benachbarte Anlagenteile nicht freigeschaltet, müssen vor Arbeitsbeginn Sicherheitsmaßnahmen wie beim Arbeiten in der Nähe unter Spannung stehender Teile getroffen werden (siehe Durchführungsanweisungen zu § 7).

Kommentar zu § 6 „Arbeiten an aktiven Teilen"

Für alle Personen, und speziell für den Schaltberechtigten, ist hier generell festgelegt, dass an unter Spannung stehenden aktiven Teilen nicht gearbeitet werden darf.

Die fünf Sicherheitsregeln nach DIN VDE 0105-100 werden in den Durchführungsanweisungen beschrieben und sind somit rechtsverbindlich für den Schaltberechtigten. Generell wird erlaubt, sowohl von der Reihenfolge der fünf Sicherheitsregeln als auch von deren vollständiger Durchführung, unter Berücksichtigung des Einzelfalls, abzuweichen. Bei einfachen Anlagen, die nur einseitig eingespeist werden, kann das Abdecken oder Abschranken benachbarter, unter Spannung stehender Teile entbehrlich sein. Hier wie auch in den zahlreichen Sonderfällen, z. B. bei Mittelspannungs-Freileitungsanlagen zwischen 1 kV und 36 kV, wo hinsichtlich des Erdens und Kurzschließens u. a. bestimmte Sonderregelungen angewendet werden können (siehe Kapitel 10), gibt die UVV Hinweise für Schaltberechtigte, um praxisnah und sicher elektrische Anlagen und Betriebsmittel freizuschalten.

Ist ein Schaltfeld freigeschaltet, so geht Gefahr von den unter Spannung stehenden Nachbarfeldern aus, wenn die vorgeschriebenen Sicherheitsabstände für Hochspannungsanlagen unterschritten werden können. Für Niederspannungsanlagen ist ein **Richtwert von 25 cm** im Umkreis zu aktiven Teilen von der BG genannt worden, der nicht unterschritten werden darf.

Der Schaltberechtigte muss benachbarte, unter Spannung stehende Teile freischalten und den spannungsfreien Zustand sicherstellen, wenn diese Teile nicht für die Dauer der Arbeiten abgeschrankt oder/und abgedeckt werden können.

§ 7 Arbeiten in der Nähe aktiver Teile

In der Nähe aktiver Teile elektrischer Anlagen und Betriebsmittel, die nicht gegen direktes Berühren geschützt sind, darf, abgesehen von den Festlegungen in § 8, nur gearbeitet werden, wenn:

- *deren spannungsfreier Zustand hergestellt und für die Dauer der Arbeiten sichergestellt ist oder*
- *die aktiven Teile für die Dauer der Arbeiten, insbesondere unter Berücksichtigung von Spannung, Betriebsort, Art der Arbeit und der verwendeten Arbeitsmittel, durch Abdecken oder Abschranken geschützt worden sind oder*
- *bei Verzicht auf vorstehende Maßnahmen die zulässigen Annäherungen nicht unterschritten werden.*

Durchführungsanweisung zu § 7

Arbeiten in der Nähe unter Spannung stehender Teile sind Tätigkeiten aller Art, bei denen eine Person mit Körperteilen oder Gegenständen die Schutzabstände nach ***Tabelle 3.2*** *von unter Spannung stehenden Teilen, gegen deren direktes Berühren kein vollständiger Schutz besteht, unterschreiten kann, ohne unter Spannung stehende Teile zu berühren oder bei Nennspannungen über 1 kV die Grenze der Gefahrenzone zu erreichen.*

<table>
<tr><th>Netz-Nennwechsel-spannung
U_n (Effektivwert)

kV</th><th>Höchste Spannung der Anlage
(DIN EN 61936-1 (VDE 0101-1))
U_m
kV</th><th>Bemessungs-Blitz- oder Schaltstoßspannung
U_p oder U_s

kV</th><th colspan="2">Äußere Grenze der Gefahrenzone
D_L[a, e, f] (Abstand in Luft)

mm</th></tr>
<tr><td>≤ 1</td><td>–</td><td>4</td><td colspan="2">keine Berührung</td></tr>
<tr><td>3</td><td>3,6</td><td>40</td><td>60 [b]</td><td>120 [b]</td></tr>
<tr><td>6</td><td>7,2</td><td>60</td><td>90 [b]</td><td>120 [b]</td></tr>
<tr><td>10</td><td>12</td><td>75</td><td>120 [b]</td><td>150 [b]</td></tr>
<tr><td>15</td><td>17,5</td><td>95</td><td colspan="2">160</td></tr>
<tr><td>20</td><td>24</td><td>125</td><td colspan="2">220</td></tr>
<tr><td>30</td><td>36</td><td>170</td><td colspan="2">320</td></tr>
<tr><td>36</td><td>41,5</td><td>200</td><td colspan="2">380 c</td></tr>
<tr><td>45</td><td>52</td><td>250</td><td colspan="2">480</td></tr>
<tr><td>66</td><td>72,5</td><td>325</td><td colspan="2">630</td></tr>
<tr><td>70</td><td>82,5</td><td>380</td><td colspan="2">750 c</td></tr>
<tr><td>110</td><td>123</td><td>550</td><td colspan="2">1 100</td></tr>
<tr><td>132</td><td>145</td><td>650</td><td colspan="2">1 300</td></tr>
<tr><td>150</td><td>170</td><td>750</td><td colspan="2">1 500</td></tr>
<tr><td>220</td><td>245</td><td>1 050</td><td colspan="2">2 100</td></tr>
<tr><td>275</td><td>300</td><td>850</td><td colspan="2">2 400</td></tr>
<tr><td>380</td><td>420</td><td>950/1 050</td><td colspan="2">2 900/3 400 [d]</td></tr>
<tr><td>480</td><td>525</td><td>1 175</td><td colspan="2">4 100</td></tr>
</table>

Tabelle 3.2 *Grenze der Gefahrenzone D_L, abhängig von der Nennspannung (DIN VDE 0105-100:2015-10, Tabelle 101)*

Die Forderung hinsichtlich des Schutzes durch Abdecken oder Abschranken ist erfüllt:

- *bei Nennspannungen bis 1 000 V, wenn aktive Teile isolierend abgedeckt oder umhüllt werden, sodass mind. teilweiser Schutz gegen direktes Berühren erreicht wird,*
- *bei Nennspannungen über 1 kV, wenn aktive Teile abgedeckt oder abgeschrankt werden. Es muss sichergestellt sein, dass die in Tabelle 3.2 angegebene Grenze der Gefahrenzone D_L nicht erreicht werden kann. Die Grenze der Gefahrenzone ist der Mindestabstand in Luft. Ein Erreichen der äußeren Grenze der Gefahrenzone ist mit einer Berührung des unter Spannung stehenden Teils gleichzusetzen.*

Schutzeinrichtungen müssen mechanisch ausreichend fest bemessen sein. Bei Einengung der Gefahrenzone durch Schutzeinrichtungen (z. B. Trennwände, isolierende Schutzplatten) ist die elektrische Festigkeit zu beachten.

Netz-Nennwechselspannung U_n (Effektivwert)	**Höchste Spannung der Anlage (DIN EN 61936-1 (VDE 0101-1)) U_m**	**Bemessungs-Blitz- oder Schaltstoßspannung U_p oder U_s**	**Äußere Grenze der Gefahrenzone D_L [a, e, f] (Abstand in Luft)**
Gleichspannung kV			
≤ 1,5		–	keine Berührung
150		–	2 100
200		–	2 400
320		–	3 400
400		–	4 100
550		–	6 400

[a] *Werte D_L sind bis zur Netz-Nennwechselspannung 275 kV für die höchste Bemessungs-Blitzstoßspannung und für Nennspannungen größer 275 kV mit einer Ausnahme nach der höchsten Bemessungs-Schaltstoßspannung angegeben (siehe DIN EN 61936 1 (**VDE 0101-1**), Tabelle 1 oder Tabelle 2; weitere Werte für niedrigere Bemessungs-Stoßspannungen können diesen Tabellen entnommen werden).*

[b] *Bei den Spannungen 3 kV, 6 kV und 10 kV werden Werte D_L für Innenraumanlagen (kleinerer Wert) und Freiluftanlagen (größerer Wert) unterschieden.*

[c] *Diese, der jeweiligen höchsten Spannung zugeordneten, Werte D_L sind in DIN EN 61936-1 (**VDE 0101-1**) enthalten, werden aber als Anlagenwerte international nicht bevorzugt.*

[d] *Für die Netz-Nennwechselspannung 380 kV werden zwei Werte für D_L angegeben, da in Deutschland betriebene Anlagen für Bemessungs-Schaltstoßspannungen von 950 kV oder 1 050 kV errichtet wurden. Welcher Wert jeweils anzunehmen ist, muss mit dem Anlagenbetreiber abgestimmt werden.*

[e] *Für Gleichspannungen über 275 kV kann von den Werten D_L in Abstimmung mit dem Anlagenbetreiber in Anlehnung an IEC/TS 61936-2:2015-03 abgewichen werden.*

[f] *Zwischenwerte D_L für Gleichspannung können durch Interpolation bestimmt werden.*

Tabelle 3.2 (*Fortsetzung) Grenze der Gefahrenzone D_L, abhängig von der Nennspannung (DIN VDE 0105-100:2015-10, Tabelle 101)*

Die Forderung hinsichtlich der zulässigen Annäherungen (Schutz durch Abstand) ist erfüllt, wenn sichergestellt ist, dass

- *bei Nennspannungen bis 1 000 V unter Spannung stehende aktive Teile nicht berührt werden können,*
- *bei Nennspannungen über 1 kV die Grenze der Gefahrenzone nach Tabelle 3.2 nicht erreicht werden kann,*
- *bei bestimmten elektrischen Arbeiten die Schutzabstände nach Tabelle 3 der DGUV-Vorschrift 3 nicht unterschritten werden.*

Die Schutzabstände nach Tabelle 3 der DGUV-Vorschrift 3 gelten für folgende Tätigkeiten, wenn diese von Elektrofachkräften oder von elektrotechnisch unterwiesenen Personen ausgeführt werden:

- *Bewegen von Leitern und sperrigen Gegenständen in der Nähe von Freileitungen,*
- *Hochziehen und Herablassen von Werkzeugen, Material und dergleichen, sofern Freileitungen oder Leitungen in Freiluftanlagen unterhalb einer Arbeitsstelle unter Spannung bleiben müssen,*
- *Arbeiten an einem Stromkreis von Freileitungen, wenn mehrere Stromkreise (Systeme) mit Nennspannungen über 1 kV auf einem gemeinsamen Gestänge liegen,*
- *Anstrich- und Ausbesserungsarbeiten an Masten, Portalen und dergleichen von Freileitungen unter besonderen, in den elektrotechnischen Regeln beschriebenen Voraussetzungen,*
- *Arbeiten an Freiluftanlagen.*

***Aufsichtführung** ist die ständige Überwachung der gebotenen Sicherheitsmaßnahmen bei der Durchführung der Arbeiten an der Arbeitsstelle. Der Aufsichtführende darf dabei nur Arbeiten ausführen, die ihn in der Aufsichtführung nicht beeinträchtigen.*

Bei der Bemessung der Abdeckung oder Abschrankung oder des Abstands ist besonders zu berücksichtigen, dass Beschäftigte auch durch unbeabsichtigte und unbewusste Bewegungen, die z. B. von

- *der Art der Arbeit,*
- *dem zur Verfügung stehenden Bewegungsbereich,*
- *dem Standort,*
- *den benutzten Werkzeugen,*
- *den Hilfsmitteln und Materialien*

abhängig sind, oder durch unkontrollierte Bewegungen von Werkzeugen, Hilfsmitteln, Materialien und Abfallstücken, z. B. durch

- *Abrutschen,*
- *Herabfallen,*

- *Wegschnellen,*
- *Anstoßen*

bei Nennspannungen bis 1 000 V unter Spannung stehende aktive Teile nicht berühren bzw. bei Nennspannungen über 1 kV die Grenze der Gefahrenzone nach Tabelle 3.2 nicht erreichen können.

Bei nicht elektrotechnischen Arbeiten (z. B. bei Bau-, Montage-, Transport-, Anstrich- und Ausbesserungsarbeiten), bei Gerüstarbeiten, Arbeiten mit Hebezeugen, Baumaschinen, Fördergeräten oder sonstigen Geräten und Bauhilfsmitteln ist die Forderung hinsichtlich der zulässigen Annäherung (Schutz durch Abstand) erfüllt, wenn die Schutzabstände nach ***Tabelle 3.3*** *nicht unterschritten werden.*

Netz-Nennspannung ***U_n (Effektivwert)*** ***kV***	***Schutzabstand*** ***(Abstand in Luft von ungeschützten unter Spannung stehenden Teilen)*** ***m***
bis 1	*0,5*
über 1 bis 30	*1,5*
über 30 bis 110	*2,0*
über 110 bis 220	*3,0*
über 220 bis 380	*4,0*

Tabelle 3.3 *Schutzabstände bei nicht elektrotechnischen Arbeiten, abhängig von der Nennspannung (DIN VDE 0105-100:2015-10, Tabelle 102)*

In Ausnahmefällen dürfen die Schutzabstände nach Tabelle 3.3 reduziert werden, wenn die Arbeiten unter Beaufsichtigung durch Elektrofachkräfte oder elektrotechnisch unterwiesene Personen des Betreibers der entsprechenden elektrischen Anlage ausgeführt werden.

Beaufsichtigung *erfordert die ständige ausschließliche Durchführung der Aufsicht. Daneben dürfen keine weiteren Tätigkeiten durchgeführt werden.*

Die Schutzabstände nach der Tabelle 3.3 müssen auch beim Ausschwingen von Lasten, Tragmitteln und Lastaufnahmemitteln eingehalten werden. Dabei muss auch ein Ausschwingen des Leiterseils berücksichtigt werden.

Kommentar zu § 7 „Arbeiten in der Nähe aktiver Teile"

Der Schaltberechtigte, Anlagenverantwortliche, der auch der Arbeitsverantwortliche sein kann, hat zu beachten, dass er erst die Freigabe zur Arbeit erteilen darf, wenn bei Arbeiten in der Nähe aktiver Teile:

- für die Dauer der Arbeiten der spannungsfreie Zustand hergestellt und sichergestellt und ggf. geerdet und kurzgeschlossen wurde oder
- die spannungsführenden Teile entsprechend abgedeckt oder abgeschrankt wurden oder
- die zulässigen Annäherungen nicht unterschritten werden können und
- der Arbeitsbereich unverwechselbar gekennzeichnet ist.

Besonders gefährdet sind bei Arbeiten in der Nähe spannungsführender (Freiluftanlagen) Teile die elektrotechnischen Laien, die Nichtfachleute wie Kran- und Baggerführer, Lkw- und Betonpumpenfahrer. Darum werden zwei Schutzzonen unterschieden.

Zone I: für Arbeiten, die in der Regel von Elektrofachkräften oder mind. elektrotechnisch unterwiesenen Personen ausgeführt werden bzw. unter deren Aufsicht;

Zone II: für nicht elektrotechnische Arbeiten, die in der Regel von elektrotechnischen Laien durchgeführt werden.

Hier ist wieder das Fachwissen der Schaltberechtigten gefordert, die richtigen Anweisungen und Unterweisungen an die Arbeitsgruppe weiterzugeben (**Tabelle 3.4**).

Netzspannung	**Schutzzone I**	**Schutzzone II**
	Elektrofachkräfte elektrotechnisch unterwiesene Personen	**elektrotechnische Laien**
> 0 kV bis 1 000 V	0,50 m	1 m
> 1 kV bis 30 kV	1,50 m	3 m
> 30 kV bis 110 kV	2,00 m	
> 110 kV bis 220 kV	3,00 m	4 m
> 220 kV bis 380 kV	4,00 m	5 m

Tabelle 3.4 Mindestabstände in Abhängigkeit von Nennspannung und Qualifikation

§ 8 Zulässige Abweichungen

Von den Forderungen der §§ 6 und 7 darf abgewichen werden, wenn:

1. *durch die Art der Anlage eine Gefährdung durch Körperströmung oder durch Lichtbogenbildung ausgeschlossen ist oder*
2. *aus zwingenden Gründen der spannungsfreie Zustand nicht hergestellt und sichergestellt werden kann, soweit dabei*
   - *durch die Art der bei diesen Arbeiten verwendeten Hilfsmittel oder Werkzeuge eine Gefährdung durch Körperdurchströmung oder durch Lichtbogenbildung ausgeschlossen ist und*

- *der Unternehmer mit diesen Arbeiten nur Personen beauftragt, die für diese Arbeiten an unter Spannung stehenden aktiven Teilen fachlich geeignet sind und*
- *der Unternehmer weitere technische, organisatorische und persönliche Sicherheitsmaßnahmen festlegt und durchführt, die einen ausreichenden Schutz gegen eine Gefährdung durch Körperdurchströmung oder durch Lichtbogenbildung sicherstellen.*

Durchführungsanweisung zu § 8 Nr. 1

Eine Gefährdung durch Körperdurchströmung oder Lichtbogenbildung ist ausgeschlossen, wenn

- *der bei der Berührung durch den menschlichen Körper fließende Strom oder die Energie an der Arbeitsstelle unter den durch die elektrotechnischen Regeln festgelegten Grenzwerten bleibt oder*
- *die Spannung die in den elektrotechnischen Regeln für die jeweilige Verwendungsart und den Betriebsort als zulässig angegebenen Grenzwerte für das Arbeiten an unter Spannung stehenden Teilen nicht überschreitet.*

Soweit in elektrotechnischen Regeln keine Grenzwerte festgelegt sind, darf unter Spannung gearbeitet werden, wenn

- *der Kurzschlussstrom an der Arbeitsstelle höchstens 3 mA bei Wechselstrom (Effektivwert) oder 12 mA bei Gleichstrom beträgt,*
- *die Energie an der Arbeitsstelle nicht mehr als 350 mJ beträgt,*
- *durch Isolierung des Standorts oder der aktiven Teile oder durch Potentialausgleich eine Potentialüberbrückung verhindert ist,*
- *die Berührungsspannung weniger als AC 50 V oder DC 120 V beträgt oder*
- *bei den verwendeten Prüfeinrichtungen die in den vergleichbaren elektrotechnischen Regeln festgelegten Werte für den Ableitstrom nicht überschritten werden.*

Durchführungsanweisung zu § 8 Nr. 2

Zwingende Gründe können vorliegen, wenn durch den Wegfall der Spannung

- *eine Gefährdung von Leben und Gesundheit von Personen zu befürchten ist,*
- *in Betrieben ein erheblicher wirtschaftlicher Schaden entstehen würde,*
- *bei Arbeiten in Netzen der Stromversorgung, besonders beim Herstellen von Anschlüssen, Umschalten von Leitungen oder beim Auswechseln von Zählern, Rundsteuerempfängern oder Schaltuhren die Stromversorgung unterbrochen würde,*
- *bei Arbeiten an oder in der Nähe von Freileitungen der Bahnbetrieb behindert oder unterbrochen würde,*

- *Fernmeldeanlagen einschließlich Informationsverarbeitungsanlagen oder wesentliche Teile davon wegen Arbeiten an der Stromversorgung stillgesetzt werden müssten und dadurch Gefahr für Leben und Gesundheit von Personen hervorgerufen werden könnte oder*
- *Störungen in Verkehrssignalanlagen hervorgerufen werden, die zu einer Gefahr für Leben und Gesundheit von Personen sowie Schäden an Sachwerten führen könnten.*

Beim Arbeiten unter Spannung besteht eine erhöhte Gefahr der Körperdurchströmung und der Lichtbogenbildung. Dies erfordert besondere technische und organisatorische Maßnahmen. Das verbleibende Risiko (Eintrittswahrscheinlichkeit und Verletzungsschwere, siehe DIN VDE 31000-2) muss damit auf ein zulässiges Maß reduziert werden. Dies wird erreicht, wenn die nachfolgenden Anforderungen erfüllt und die elektrotechnischen Regeln eingehalten werden.

Sollen Arbeiten unter Spannung durchgeführt werden, ist vom Unternehmer schriftlich für jede der vorgesehenen Arbeiten festzulegen, welche Gründe als zwingend angesehen werden. Hierbei müssen das jeweils gewählte Arbeitsverfahren, die Häufigkeit der Arbeiten und die Qualifikation der mit der Durchführung der Arbeiten betrauten Personen berücksichtigt werden. Für die Durchführung der Arbeiten sind eine Arbeitsanweisung zu erstellen und geeignete Schutz- und Hilfsmittel für das Arbeiten unter Spannung zur Verfügung zu stellen.

Beim Herausnehmen und Einsetzen von unter Spannung stehenden Sicherungseinsätzen des NH-Systems ohne Berührungsschutz und ohne Lastschalteigenschaften wird eine Gefährdung durch Körperdurchströmung und durch Lichtbögen weitgehend ausgeschlossen, wenn NH-Sicherungsaufsteckgriffe mit fest angebrachter Stulpe verwendet werden sowie Gesichtsschutz (Schutzschirm) getragen wird.

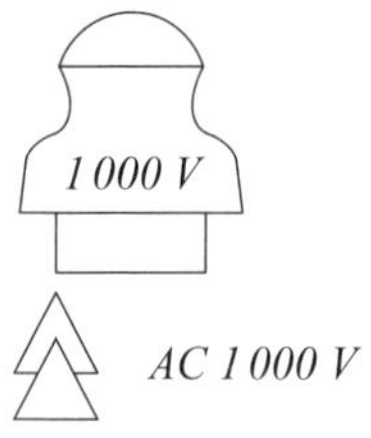

Isolierte Werkzeuge und isolierende Hilfsmittel zum Arbeiten an unter Spannung stehenden Teilen sind geeignet, wenn sie mit dem Symbol des Isolators oder mit einem Doppeldreieck und der zugeordneten Spannungs- oder Spannungsbereichsangabe oder der Klasse gekennzeichnet sind.

Die Forderungen hinsichtlich der fachlichen Eignung für Arbeiten an unter Spannung stehenden Teilen sind erfüllt, wenn die Festlegungen in Tabelle 3.5 beachtet werden und eine Ausbildung für die unter Spannung durchzuführenden Arbeiten erfolgt ist. Die Kenntnisse und Fertigkeiten müssen in regelmäßigen Abständen (etwa ein Jahr) überprüft werden und, wenn erforderlich, muss die Ausbildung wiederholt oder ergänzt werden.

Im Rahmen der organisatorischen Sicherheitsmaßnahmen sollen die Arbeiten von einer in der Ersten Hilfe ausgebildeten und mind. elektrotechnisch unterwiesenen Person überwacht werden (siehe § 7 UVV „Erste Hilfe" DGUV-Vorschrift 1).

Die Sicherheitsmaßnahmen sind für den Einzelfall oder für bestimmte, regelmäßig wiederkehrende Fälle schriftlich festzulegen. Dabei sind die Festlegungen in den elektrotechnischen Regeln zu beachten.

Kommentar zu § 8 „Zulässige Abweichungen"

Nur in Sonderfällen darf von § 6 und § 7 abgewichen werden.

In der Regel ist das Arbeiten an aktiven Teilen nicht erlaubt, aber Ausnahmen zeigt der § 8 in Sonderfällen auf.

In der DIN VDE 0105-100 steht hierzu:

„6.3 Bei Arbeiten unter Spannung besteht eine erhöhte Gefahr der Körperdurchströmung oder Lichtbogenbildung. Dies erfordert besondere technische und organisatorische Maßnahmen, je nach Art, Umfang und Schwierigkeitsgrad der Arbeiten."

Demnach muss dem Schaltberechtigten klar sein, dass auch bei Spannungsebenen > 1 000 V:

- das Heranführen von Spannungsprüfern, Betätigungsstangen, Isolierstangen,
- das Anbringen von Abdeckungen (isolierende Schutzplatten),
- das Reinigen/Abspritzen von Isolatoren in Freiluftanlagen (siehe DIN EN 50186 (**VDE 0143**)),
- das Anspritzen von aktiven Teilen bei der Brandbekämpfung (siehe Kapitel 6 und DIN VDE 0132),
- das Abklopfen von Raureif mittels Isolierstange und Arbeitskopf,
- das Arbeiten in Prüffeldern und an Akkumulatoren unter Beachtung geeigneter Sicherheitsmaßnahmen

ein erlaubtes Arbeiten an unter Spannung stehenden Teilen gemäß **Tabelle 3.5** ist!

Nennspannungen	Arbeiten	EF	EUP	L
bis AC 50 V bis DC 120 V	Alle Arbeiten, soweit eine Gefährdung, z. B. durch Lichtbogenbildung, ausgeschlossen ist	×	×	×
über AC 50 V über DC 120 V	1. Heranführen von Prüf-, Mess- und Justiereinrichtungen, z. B. Spannungsprüfern, von Werkzeugen zum Bewegen leichtgängiger Teile, von Betätigungsstangen	×	×	
	2. Heranführen von Werkzeugen und Hilfsmitteln zum Reinigen sowie das Anbringen von geeigneten Abdeckungen und Abschrankungen	×	×	
	3. Herausnehmen und Einsetzen von nicht gegen direktes Berühren geschützten Sicherungseinsätzen mit geeigneten Hilfsmitteln, wenn das gefahrlos möglich ist	×	×	
	4. Anspritzen von unter Spannung stehenden Teilen bei der Brandbekämpfung oder zum Reinigen	×	×	
	5. Arbeiten an Akkumulatoren und Fotovoltaikanlagen unter Beachtung geeigneter Vorsichtsmaßnahmen	×	×	
	6. Arbeiten in Prüfanlagen und Laboratorien unter Beachtung geeigneter Vorsichtsmaßnahmen, wenn es die Arbeitsbedingungen erfordern	×	×	
	7. Abklopfen von Raureif mit isolierenden Stangen	×	×	
	8. Fehlereingrenzung in Hilfsstromkreisen (z. B. Signalverfolgung in Stromkreisen, Überbrückung von Teilstromkreisen) sowie Funktionsprüfung von Geräten und Schaltungen	×		
	9. Sonstige Arbeiten, wenn a) zwingende Gründe durch den Betreiber festgestellt wurden und b) Weisungsbefugnis, Verantwortlichkeit, Arbeitsmethoden und Arbeitsablauf (Arbeitsanweisung) schriftlich für speziell ausgebildetes Personal festgelegt worden sind	×		
Bei allen Nennspannungen	Alle Arbeiten, wenn die Stromkreise mit ausreichender Strom- oder Energiebegrenzung versehen sind und keine besonderen Gefährdungen, z. B. wegen Explosionsgefahr, bestehen	×	×	×
	Arbeiten zum Abwenden erheblicher Gefahren, z. B. für Leben und Gesundheit von Personen oder Brand- und Explosionsgefahr	×		
	Arbeiten an Fernmeldeanlagen mit Fernspeisung, wenn Strom kleiner als AC 10 mA oder DC 30 mA	×	×	×

Tabelle 3.5 Randbedingungen für das Arbeiten an unter Spannung stehenden Teilen hinsichtlich der Auswahl des Personals in Abhängigkeit von der Nennspannung
EF Elektrofachkraft,
EUP Elektrotechnisch unterwiesene Person,
L Elektrotechnischer Laie

Grundsätzlich sind Arbeiten an unter Spannung stehenden Teilen sehr gefährlich und darum nur erlaubt, wenn:

- eine Gefährdung durch die Art der Anlage ausgeschlossen ist, d. h., keine Körperdurchströmung und kein Lichtbogen entstehen können,
- die Berührungsspannung in Anlagen weniger als 50 V Wechsel- oder 120 V Gleichspannung beträgt,
- der Kurzschlussstrom an der Arbeitsstelle höchstens 3 mA Wechselstrom (Effektivwert) oder 12 mA Gleichstrom oder die Energie nicht mehr als 350 mJ beträgt.

Erlaubt sind z. B. Arbeiten:

- wenn Gefahr für Leben und Gesundheit zu befürchten ist,
- wenn im Unternehmen erheblicher wirtschaftlicher Schaden entstehen würde,
- wenn bei Arbeiten in der öffentlichen Stromversorgung der Energiefluss unterbrochen würde,
- wenn durch Außerbetriebnahme von Fernmelde-, Informations- und Verkehrsanlagen Gefahren für Leben und Gesundheit entstehen könnten.

3.4 Die DGUV-Regel 103-011 „Arbeiten unter Spannung an elektrischen Anlagen und Betriebsmitteln“

Wirtschaftliche, technische und wettbewerbliche Zwänge haben in den letzten Jahren auch in Deutschland das Interesse am AuS weiter erhöht. Dafür sprechen nicht nur die inzwischen breitere Akzeptanz, sondern auch die positiv entwickelten Rahmenbedingungen. Nach DIN VDE 0105-100 werden drei sichere Arbeitsmethoden beschrieben. Die BG ETEM konkretisiert das Thema in der DGUV-Regel 103-011 „AuS“.

Bei Einhaltung aller Rahmenbedingungen ist AuS ein sicheres Arbeiten.

Eine zweite Person ist nicht mehr zwingend vorgeschrieben. Die Entscheidung, AuS auszuführen, obliegt dem Unternehmer auf Basis einer Gefährdungsbeurteilung, wenn Sicherheit und der Gesundheitsschutz aller beteiligten Personen sichergestellt ist. Der Unternehmer ist verantwortlich dafür, **Arbeitsanweisungen** zu erlassen, die **persönliche Schutzausrüstung** und isoliertes Werkzeug zur Verfügung zu stellen sowie **befähigte Personen/Elektrofachkräfte** für diese Arbeiten in Theorie und Praxis auszubilden und in regelmäßigen Zeitabständen zu unterweisen.

Die Spezialausbildung ist nach der DGUV-Regel 103-011 „AuS“ sowie DIN VDE 0105-100 vorgeschrieben.

Die Ausbildung in Theorie und Praxis schließt mit einer Erfolgskontrolle ab. Ein Ausbildungszertifikat mit Befähigungsnachweis dokumentiert diesen Vorgang. Das **praktische Training** auf dem AuS-Übungs-Parcours unter realen Bedingungen muss jeder Teilnehmer an verschiedenen Objekten durchführen.

Die Erteilung zum AuS im Betrieb obliegt dem Unternehmer/der autorisierten Führungskraft. Eine regelmäßige Wiederholungsschulung ist festgelegt.

Im Folgenden einige Auszüge aus der DGUV-Regel:

Inhaltsverzeichnis

Vorbemerkung

DGUV-Regeln richten sich in erster Linie an den Unternehmer und sollen ihm Hilfestellung bei der Umsetzung seiner Pflichten aus staatlichen Arbeitsschutzvorschriften oder Unfallverhütungsvorschriften geben sowie Wege aufzeigen, wie Arbeitsunfälle, Berufskrankheiten und arbeitsbedingte Gesundheitsgefahren vermieden werden können.

Der Fachausschuss „Elektrotechnik“ hat sich entschlossen, die Erarbeitung einer neuen Unfallverhütungsvorschrift „Elektrische Gefährdungen“ vorerst nicht weiter zu verfolgen. Um jedoch den Betrieben praxisnahe Regelungen zum „Arbeiten unter Spannung“ anbieten zu können, hat der Fachausschuss „Elektrotechnik“ die DGUV-Regel „Arbeiten unter Spannung“ (AuS) unter Berücksichtigung der DIN VDE 0105-100 „Betrieb von elektrischen Anlagen“ erstellt. Damit soll der Rahmen für nationale Regelungen zur Durchführung der Arbeiten beschrieben werden, die prinzipiell auf alle Spannungsebenen anwendbar sind. Auf der Basis einer Gefährdungsbeurteilung entscheidet der Unternehmer über die Anwendung der Arbeitsmethode „Arbeiten unter Spannung“. Als oberster Grundsatz gilt, dass diese Arbeiten nur dann durchgeführt werden dürfen, wenn die Sicherheit und der Gesundheitsschutz aller an den Arbeiten beteiligter Personen sichergestellt werden kann. Nur durch gut ausgebildetes und ausgerüstetes Personal kann die sichere Ausführung der Arbeiten erreicht werden. Das trägt der jahrelangen praktischen Erfahrung Rechnung, wonach Arbeiten unter Spannung genauso sicher ausführbar sind wie Arbeiten im spannungsfreien Zustand.

1 Anwendungsbereich

1.1 Diese DGUV-Regel findet Anwendung auf Arbeiten an aktiven Teilen aller Spannungsebenen, deren spannungsfreier Zustand nicht sichergestellt ist. Sie werden im Folgenden als Arbeiten unter Spannung (AuS) bezeichnet.

Arbeiten unter Spannung im Sinne dieser DGUV-Regel sind Tätigkeiten wie Verbinden, Montieren, Ein- und Ausbauen, Gängigmachen und Fetten, Abdecken oder Reinigen, z. B.

- in Niederspannungsanlagen ($U_N < 1\,000\ V$)
  - *Montieren einer Abzweigmuffe für einen Hausanschluss; auch mittels Klemmring mit Berührungsschutz,*
  - *Montage/Demontage von einzelnen Sicherungsleisten und Sicherungslastschaltleisten in Kabelverteilerschränken,*
  - *Auswechseln von Zählern und Schaltuhren und das Sperren von Kundenanlagen,*
  - *Montagearbeiten bei der Fehlereingrenzung in Hilfsstromkreisen,*
  - *Überbrücken von Teilstromkreisen,*
  - *Wartungsarbeiten in Anlagen;*
- in Hochspannungsanlagen ($U_N > 1\ kV$)
  - *Austausch von Holzmasten einer Mittelspannungsfreileitung,*
  - *Auswechseln von Isolatoren an Hochspannungsfreileitungen,*
  - *Anbringen von Kurzschlussanzeigern oder Vogelschutzeinrichtungen,*
  - *Wartungsarbeiten in Anlagen.*

1.2 Diese DGUV-Regel findet keine Anwendung auf folgende Tätigkeiten:

Arbeiten an Anlagen, wenn sowohl die Spannung zwischen den aktiven Teilen als auch die Spannung zwischen aktiven Teilen und Erde nicht höher als 50 V Wechselspannung oder 120 V Gleichspannung ist (SELV oder PELV) oder die Stromkreise nach DIN EN 60079-14 (**VDE 0165-1**) eigensicher errichtet sind oder der Kurzschlussstrom an der Arbeitsstelle höchstens 3 mA Wechselstrom (Effektivwert) oder 12 mA Gleichstrom oder die Energie nicht mehr als 350 mJ beträgt,

- Heranführen von Spannungsprüfern und Phasenvergleichern,
- Abklopfen von Raureif auf Niederspannungsfreileitungen,
- Abspritzen unter Spannung stehender Teile bei der Brandbekämpfung,
- Heranführen von Prüf-, Mess- und Justiereinrichtungen,
- Herausnehmen oder Einsetzen von nicht gegen direktes Berühren geschützten Sicherungseinsätzen,
- Arbeiten in Prüfanlagen,
- Prüfarbeiten bei der Fehlereingrenzung in Hilfsstromkreisen,
- Funktionsprüfungen an Geräten und Schaltungen, Inbetriebnahme und Erprobung.

2 Begriffsbestimmungen

Im Sinne dieser DGUV-Regel werden folgende Begriffe bestimmt:

1. **Arbeiten unter Spannung** (AuS)

   Jede Arbeit, bei der eine Person mit Körperteilen oder Gegenständen (Werkzeuge, Geräte, Ausrüstungen oder Vorrichtungen) unter Spannung stehende Teile berührt oder in die Gefahrenzone gelangt.

2. **Arbeitsanweisung**

   Ein betriebliches Dokument, das die Verhaltensmaßregeln für die Arbeit beschreibt.

3. **Gefahrenzone**

   Ein Bereich um unter Spannung stehende Teile, in dem beim Eindringen ohne Schutzmaßnahme der zur Vermeidung einer elektrischen Gefahr erforderliche Isolationspegel nicht sichergestellt ist.

4. **Anlagenverantwortlicher**

   Person, die beauftragt ist, **während der Durchführung** von Arbeiten die unmittelbare Verantwortung für den Betrieb der elektrischen Anlage bzw. der Anlagenteile zu tragen, die zur Arbeitsstelle gehören. Er kann die möglichen Auswirkungen der

Arbeiten auf die in seinem Zuständigkeitsbereich befindlichen Anlagen bzw. der Anlagenteile und die Auswirkungen von diesen auf die vorgesehene Arbeitsausführung beurteilen. Erforderlichenfalls können einige mit dieser Verantwortung einhergehende Verpflichtungen auf andere Personen übertragen werden.

5. **Arbeitsverantwortlicher**

   Eine Person, die beauftragt ist, die unmittelbare Verantwortung für die Durchführung der Arbeiten zu tragen. Erforderlichenfalls können einige mit dieser Verantwortung einhergehende Verpflichtungen auf andere Personen übertragen werden.

6. **Elektrofachkraft**

   Wer aufgrund seiner fachlichen Ausbildung, Kenntnisse und Erfahrungen sowie Kenntnis der einschlägigen Bestimmungen die ihm übertragenen Arbeiten beurteilen und mögliche Gefahren erkennen kann.

7. **Elektrotechnisch unterwiesene Person**

   Wer durch eine Elektrofachkraft über die ihr übertragenen Aufgaben und die möglichen Gefahren bei unsachgemäßem Verhalten unterrichtet und erforderlichenfalls angelernt sowie über die notwendigen Schutzeinrichtungen und Schutzmaßnahmen belehrt wurde.

8. **Ausführender für Arbeiten unter Spannung**

   Eine Person, die berechtigt ist, Arbeiten unter Spannung auszuführen.

3 Maßnahmen zur Verhütung von Gefahren für Leben und Gesundheit bei Arbeiten unter Spannung

3.1 Organisatorische Voraussetzungen

Vom Unternehmer ist zu entscheiden, ob Arbeiten unter Spannung durchgeführt werden. Sollen diese Arbeiten von eigenen Beschäftigten durchgeführt werden, muss der Unternehmer Grundsätze zum Arbeiten unter Spannung in einer Anweisung festschreiben. Dabei hat der Unternehmer sich bei Erfordernis fachlich beraten zu lassen. Er legt fest, für welche Arbeiten die Auftragserteilung im Einzelfall schriftlich erfolgen muss und zu dokumentieren ist.

3.1.1 Auswahl der Arbeiten

Der Unternehmer hat für seine Beschäftigten festzulegen, welche Arbeiten unter Spannung sie ausführen sollen. Hierbei hat er zu berücksichtigen, ob es für diese Arbeiten geeignete Verfahren gibt oder diese entwickelt werden können. Es muss sich dabei um Verfahren handeln, die aufgrund einer umfassenden Gefährdungsermittlung nach § 5 Arbeitsschutzgesetz, die nicht nur die elektrischen Gefährdungen berücksichtigt, als sicher beurteilt werden können. Bei der Gefährdungsbeurteilung ist auch Fehlverhalten der Arbeitsausführenden zu berücksichtigen, z. B. das Abrutschen mit einem Werkzeug oder das Herunterfallen von Teilen. Die Ergebnisse der Gefährdungsbeurteilung sind nach § 6 Arbeitsschutzgesetz zu dokumentieren.

3.1.2 Arbeitsanweisungen

Die Grundlagen für die Durchführung der Arbeiten unter Spannung sind in einer Arbeitsanweisung zu beschreiben. Hier sind Aussagen über die erforderlichen persönlichen Schutzausrüstungen, Schutz- und Hilfsmittel sowie Werkzeuge zu treffen. Weiter ist darauf hinzuweisen, dass die mit der Durchführung dieser Arbeiten beauftragte Person entscheiden muss, ob sie die Arbeiten sicher durchführen kann. Die hierbei zu berücksichtigenden Kriterien sind zu benennen.

Ist für die sichere Ausführung von umfangreichen und schwierigen Arbeiten unter Spannung die Einhaltung von bestimmten Arbeitsschritten oder Abläufen erforderlich, so sind diese speziell festzulegen. Hier müssen Festlegungen über die notwendige Anzahl geeigneter Personen zur sicheren Durchführung dieser Arbeiten getroffen werden. In Einzelfällen kann es auch erforderlich sein, aktuelle Umstände in einer ergänzenden Arbeitsanweisung zu berücksichtigen.

3.1.3 Auswahl der Ausführenden

Der Unternehmer hat dafür zu sorgen, dass Arbeiten unter Spannung nur Personen übertragen werden, die für diese Arbeiten befähigt worden sind. Diesen Personen ist schriftlich eine Berechtigung für die Arbeiten unter Spannung zu erteilen, die sie durchführen dürfen. Es wird empfohlen, dies in einem sog. Pass festzuhalten.

Der **Ausführende muss grundsätzlich Elektrofachkraft** sein. Für einzelne Tätigkeiten kann die Qualifikation einer elektrotechnisch unterwiesenen Person ausreichen. Der Ausführende muss die „Grundsätze für Arbeiten unter Spannung“ nach Abschnitt 3.1.2 kennen und über eine Berechtigung zur Durchführung der Arbeiten verfügen.

3.1.4 Berechtigung zur Anweisung von Arbeiten unter Spannung

Der Unternehmer hat dafür zu sorgen, dass Arbeiten unter Spannung nur von Vorgesetzten angewiesen werden, die hierzu geeignet sind, d. h., sie müssen über Kenntnisse im Arbeiten unter Spannung verfügen.

3.1.4.1 Verantwortliche Elektrofachkraft

Die verantwortliche Elektrofachkraft muss die Grundsätze für Arbeiten unter Spannung und die Befähigung der Ausführenden der Arbeiten kennen.

Vor der Übertragung von Aufgaben (§ 7 Arbeitsschutzgesetz) ist durch die zuständige verantwortliche Elektrofachkraft der Grad der Befähigung des Ausführenden für das Arbeiten unter Spannung zu prüfen.

3.1.4.2 Anlagenverantwortlicher

Der Anlagenverantwortliche muss Elektrofachkraft sein und die Grundsätze für Arbeiten unter Spannung nach Abschnitt 3.1 kennen. Des Weiteren muss er die Arbeitsverfahren so weit kennen, dass er die möglichen Auswirkungen der Arbeiten auf die in seinem Zuständigkeitsbereich befindlichen Anlagen und die Auswirkungen von diesen Anlagen auf die vorgesehene Arbeitsausführung beurteilen kann.

3.1.4.3 Arbeitsverantwortlicher

Der Arbeitsverantwortliche für Arbeiten unter Spannung muss Elektrofachkraft sein, die Grundsätze für Arbeiten unter Spannung kennen und über eine Berechtigung für die durchzuführenden Arbeiten (Spezialausbildung) verfügen. Er muss die Befähigung der von ihm eingesetzten Mitarbeiter kennen.

3.1.5 Bereitstellung der Werkzeuge, Ausrüstung, Schutz- und Hilfsmittel

Der Unternehmer hat die nach Arbeitsanweisung erforderlichen Werkzeuge, Ausrüstungen und Schutz- und Hilfsmittel bereitzustellen. Diese müssen den Anforderungen einschlägiger Normen entsprechen, soweit solche existieren. Er hat ferner dafür zu sorgen, dass deren ordnungsgemäßer Zustand erhalten bleibt.

3.2 Ausbildung

3.2.1 Voraussetzungen für die Ausbildung zum Arbeiten unter Spannung

- Elektrofachkraft, im Ausnahmefall auch elektrotechnisch unterwiesene Person,
- Mindestalter 18 Jahre,
- gesundheitliche Eignung; diese kann z. B. durch die arbeitsmedizinische Vorsorgeuntersuchung nach dem Berufsgenossenschaftlichen Grundsatz für arbeitsmedizinische Untersuchungen G 25 „Fahr-, Steuer- und Überwachungstätigkeiten“ nachgewiesen werden,
- Erste-Hilfe-Ausbildung (einschließlich Herz-Lungen-Wiederbelebung [HLW]).

Entscheidend für die Eignung ist, ob in Abhängigkeit vom beabsichtigten Grad der Befähigung zum Arbeiten unter Spannung ausreichende Grundkenntnisse und Erfahrung zum Erkennen und Vermeiden von Gefahren durch Elektrizität vorhanden sind. Hierzu gehört, dass die Person die vorgegebenen Arbeits- und Montageverfahren im spannungslosen Zustand beherrscht und mit den entsprechenden elektrischen Anlagen technisch vertraut ist. Auf eine Empfehlung für die Mindestberufserfahrung in Jahren wird deshalb bewusst verzichtet.

Geeignet kann auch die Person ohne Abschluss einer elektrotechnischen Berufsausbildung sein, die durch mehrjährige Tätigkeit im Arbeitsgebiet Kenntnisse und Erfahrungen erworben hat und damit die übertragenen Arbeiten beurteilen und mögliche Gefahren erkennen kann.

Unter Beachtung der vorstehend genannten Kriterien kann auch eine Qualifikation zur elektrotechnisch unterwiesenen Person als Ausbildungsvoraussetzung für einzelne Tätigkeiten ausreichend sein, wenn diese Person z. B. nur für das Abklemmen einzelner Leiter an bereits montierten Elektrizitätszählern ausgebildet werden soll (Sperrkassierer).

4 Ausbildungsplan für die Qualifizierung zur Schaltberechtigung an Land und auf See

4.1 Ausbildungsziel

Zur Gewährleistung der rechtssicheren Organisation, der Arbeits-, Versorgungs-, Verkehrs- und Produktionssicherheit, speziell beim Betreiben von elektrischen Anlagen mit Nennspannungen über 1 kV, ist eine entsprechende Befähigung/Qualifizierung der Mitarbeiter/Besatzungsmitglieder für die Durchführung der Schalthandlungen notwendig. Den zukünftigen Schaltberechtigten sind im Rahmen der Qualifizierung im erforderlichen Umfang theoretische Kenntnisse und praktische Fertigkeiten über die physikalischen Wirkungen der Elektrizität sowie den Aufbau, die Wirkungsweise und das Betreiben elektrischer Anlagen zu vermitteln. Ziel der Ausbildung ist es, die Personen zu befähigen, Schalthandlungen an elektrischen Betriebsmitteln selbstständig und verantwortungsbewusst unter Einhaltung der geltenden Rechtsvorschriften und Normen durchzuführen. Der hier vorgeschlagene Ausbildungsplan gilt als Richtlinie. Zeiten für die einzelnen Stoffgebiete sind an dieser Stelle nicht vorgesehen. In Abhängigkeit vom Wissensstand der Lehrgangsteilnehmer unter Berücksichtigung des konkreten Ausbildungsziels sind sowohl zeitliche Verschiebungen als auch inhaltliche Veränderungen der Themengruppe individuell festzulegen. Bei der Ausbildung ist besonderer Wert auf hohe Anschaulichkeit und Praxisnähe des dargebotenen Stoffs und auf praktische Übungen zu legen (**Bild 4.1**, **Bild 4.3** und **Bild 4.4** zeigen die Ausbildung sowie die Prüfungen).

Bild 4.1 Schulung für Schaltberechtigte mit Praxisteil im Deutschen Museum München

Bild 4.2 Praktische Schulung für Schaltberechtigte im 110-kV-Umspannwerk

Bild 4.3 Erfolgskontrolle: Fachkundefragen

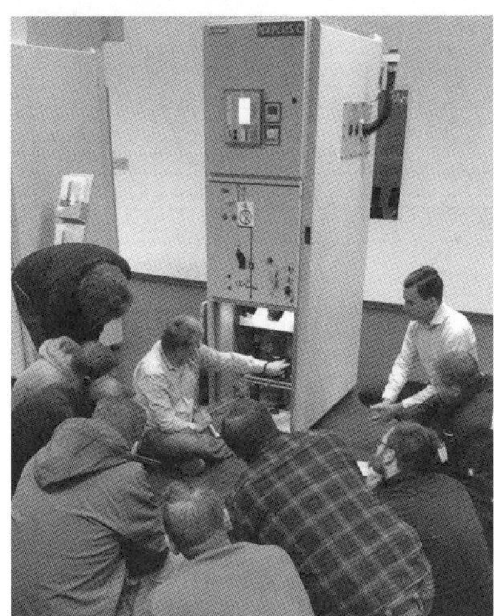

Bild 4.4 Erläuterungen zum Aufbau eines Leistungsschalterfelds

Bild 4.5 Erfolgskontrolle: Schaltung an einer 10-kV-Anlage im Kraftwerk

Die hier vorgegebenen Unterrichtsthemen können durch individuelle Zeitvorgaben zu einem vollständigen Stundenplan in **Tabelle 4.1** ergänzt werden.

4.2 Ausbildungsplan Schaltberechtigung

	Themenbereiche	MS Mittelspannung	HS Hochspannung
1	Einführung		
1.1	Ablauf der Ausbildung		
1.2	Grundlegende Rechtsvorschriften und Bestimmungen		
1.3	Betriebsanweisungen		
2	Grundlagen der Elektrotechnik		
2.1	Elektrische Grundgrößen und Maßeinheiten		
2.2	Grundgesetze		
2.3	Elektrische Felder		
3	Schaltzeichen und Schaltpläne		
4	Aufbau und Wirkungsweise elektrotechnischer Betriebsmittel		
4.1	Schaltgeräte		
4.2	Messwandler		
4.3	Transformatoren		
4.4	Spezielle elektrotechnische Betriebsmittel		
4.5	Sekundärtechnik		
5	Schaltanlagen/Freileitungsnetze und Kabelnetze		
5.1	Bauweisen und Netzarten		
5.2	Sternpunktbehandlung		
5.3	Nebenanlagen		
6	Gefahren des elektrischen Stroms und Schutzmaßnahmen		
6.1	Gefährdungsschwerpunkte		
6.2	Schutzmaßnahmen an elektrischen Anlagen		
6.3	Isolationsbemessung und Überspannungsschutz		
6.4	Störlichtbogenschutz		
6.5	Überlastschutz, Kurzschlussschutz und Schutzgeräte		
7	Betrieb von elektrischen Anlagen		
7.1	Sicherheitstechnische Forderungen		
7.2	Leitfaden für Schaltberechtigte		
7.3	Freigabeverfahren		
7.4	Begriffsbestimmungen, Schaltauftrag, Schaltgespräch		
7.5	Nachweisführung		
7.6	Verhalten bei Störungen, Unfällen, Bränden und Katastrophen		
7.7	Schalthandlungen		
8	Auswertung von Fehlschaltungen, Störungen, Unfällen und Katastrophen		
9	Brandschutz		
10	Erste Hilfe		
10.1	Wirkungen des elektrischen Stroms auf den Menschen		
10.2	Erste Hilfe bei Unfällen durch Stromeinwirkung		
10.3	Praktische Übungen		
11	Praktische Durchführung von Schalthandlungen		
12	Abschlussprüfung		

Tabelle 4.1 Ausbildungsplan Schaltberechtigung

4.3 Beschreibung der Unterrichtsthemen

Im Folgenden werden die Ausbildungsziele der verschiedenen Unterrichtsthemen beschrieben.

4.3.1 Einführung

Ausgehend von der großen Bedeutung der elektrischen Energie und den besonderen Gefahren beim nicht vorschriftsmäßigen Umgang sind den Lehrgangsteilnehmern der Inhalt und die Schwerpunkte der Ausbildung zu erläutern. Über den Ablauf der Abschlussprüfung ist zu informieren. Die Lehrgangsteilnehmer sollen die Besonderheiten ihres künftigen Arbeitsplatzes und die daraus resultierenden Verhaltensforderungen und Verantwortlichkeiten erkennen. Dazu sind auch die zutreffenden grundlegenden Rechtsvorschriften heranzuziehen. Auf die besondere Bedeutung der Gewährleistung des Arbeitsschutzes ist einzugehen.

- Voraussetzung **für die Ausbildung der Schaltbefähigung** ist die Qualifikation zur Elektrofachkraft oder eine Person, die durch mehrjährige Tätigkeit im Arbeitsgebiet Kenntnisse und Erfahrungen erworben hat und damit die übertragenen Aufgaben beurteilen und mögliche Gefahren erkennen kann, also eine elektrotechnisch unterwiesene Person für eine festgelegte/eingeschränkte Schaltbefähigung,
- Eignung und Neigung, Gesundheit,
- Erste Hilfe-Ausbildung (einschließlich Herz-Lungen-Wiederbelebung/Defibrillator).

Erlangung der Schaltbefähigung wird erreicht durch:

- theoretische Ausbildung,
- praktische Ausbildung,
- Abschluss durch Erfolgskontrolle.

Erhaltung der fachlichen Fähigkeit

Im Rahmen der Auswahl- und Aufsichtsverantwortung ist wiederholt zu prüfen, ob die erforderliche Befähigung der Person in jeder Hinsicht noch in ausreichendem Maß vorhanden ist und keine Einschränkung vorliegt.

Es wird empfohlen, dies einmal im Jahr zu überprüfen.

Als Ergebnis der fachlichen Überprüfung kann es erforderlich sein, eine Wiederholung/Auffrischung der Ausbildung zu veranlassen.

Gründe für eine Wiederholungsschulung können sein:

- seltene bzw. lange zurückliegende Schaltungen,
- Fehlschaltungen,
- Einführung neuer Arbeitsverfahren, Schaltanlagen, Netzveränderungen, …

Empfehlenswert ist eine Wiederholungsausbildung mit Erfolgskontrolle spätestens nach vier Jahren.

Die Schaltberechtigten sind mind. jährlich über die tätigkeitsbezogenen Gefährdungen und die erforderlichen Schutzmaßnahmen zu unterweisen. Der Inhalt der Unterweisung ist nach § 4 DGUV-Vorschrift 1 zu dokumentieren.

4.3.1.1 Ablauf der Ausbildung

- Lehrgangsablauf, Stundenübersicht, Prüfung,
- Hinweise zum Selbststudium und zur Fachliteratur,
- Voraussetzungen und Anforderungen,
- anlagenbezogene Unterweisung/Praxis,
- Qualifizierungsmöglichkeiten.

4.3.1.2 Grundlegende Rechtsvorschriften und Bestimmungen

Ein Überblick über die wichtigsten Rechtsvorschriften und Bestimmungen ist zu geben:

- fachliche Grundlagen,
- Arbeitsschutzgesetz, Betriebssicherheitsverordnung,
- Technische Regeln zur Betriebssicherheit (TRBS),
- Unfallverhütungsvorschriften,
- DGUV-Vorschrift 1 Grundsätze der Prävention,
- DGUV-Vorschrift 3 Elektrische Anlagen und Betriebsmittel,
- DGUV-Information 203-013 SF_6-Anlagen,
- DGUV-Information 203-077 Thermische Gefährdung durch Störlichtbögen – Hilfe bei der Auswahl der persönlichen Schutzausrüstung,
- ASR A1.3 Sicherheits- und Gesundheitsschutzkennzeichnung am Arbeitsplatz,

• DIN VDE 0100	Errichten von Niederspannungsanlagen,
• DIN EN 61936-1 (**VDE 0101-1**)	Starkstromanlagen mit Nennwechselspannungen über 1 kV – Teil 1: Allgemeine Bestimmungen,
• DIN EN 50522 (**VDE 0101-2**)	Erdung von Starkstromanlagen mit Nennwechselspannungen über 1 kV,
• DIN VDE 0105-100	Betrieb von elektrischen Anlagen,
• DIN VDE 0132	Brandbekämpfung und technische Hilfeleistung im Bereich elektrischer Anlagen,
• DIN EN 62271 (**VDE 0671**)	Hochspannungs-Schaltgeräte und -Schaltanlagen – Normen,
• DIN VDE 0680	Persönliche Schutzausrüstungen, Schutzvorrichtungen und Geräte zum Arbeiten an unter Spannung stehenden Teilen bis 1 000 V,
• DIN VDE 0681	Geräte zum Betätigen, Prüfen und Abschranken unter Spannung stehender Teile mit Nennspannungen über 1 kV,
• DIN VDE 1000-10	Anforderungen an die im Bereich der Elektrotechnik tätigen Personen,
• VDE 0682	Arbeiten unter Spannung, Isolationspegel; Handwerkzeuge; Isolierstangen, Schutzkleidung, Spannungsprüfer,
• FNN (Forum Netztechnik/ Netzbetrieb im VDE)	diverse Empfehlungen und Richtlinien für den Betrieb elektrischer Anlagen,
• BG (Berufsgenossenschaft)	Betriebsstörungen im Unternehmen und deren Vermeidung,
• Unternehmen	Werknormen, Richtlinien, Betriebs-/Arbeitsanweisungen.

Die Rechtsvorschriften und Bestimmungen sind während des Lehrgangs in dem Umfang zu erläutern, wie diese unmittelbar die Aufgaben und Pflichten der Schaltberechtigten betreffen.

4.3.1.3 Betriebsanweisungen

Die betrieblichen Bestimmungen sind zu behandeln.

4.3.2 Grundlagen der Elektrotechnik

Als Einführung in die Gesamtproblematik sollen die theoretischen Grundlagenkenntnisse vertieft und erweitert werden. Das vermittelte Grundwissen soll zum besseren Verstehen der folgenden Stoffgebiete beitragen und die Teilnehmer befähigen, Situationen fachkundig und selbstständig beurteilen zu können.

4.3.2.1 Elektrische Grundgrößen und Maßeinheiten

- Strom, Spannung und Frequenz,
- Wirk-, Schein- und Blindleistung, Leistungsfaktor,
- Nennspannungen, Isolationspegel.

4.3.2.2 Physikalische Grundgesetze

- ohmsches Gesetz,
- Kirchhoff'sche Gesetze,
- ohmsche, induktive und kapazitive Widerstände.

4.3.2.3 Elektrische und elektromagnetische Felder

- Grundgrößen der Felder,
- Teilentladungserscheinungen,
- elektromagnetische Felder, DGUV-Vorschrift 15 und DGUV-Regel 103-013,
- 26. BImSchV (26. Bundesimmissionsschutz-Verordnung).

4.3.3 Schaltzeichen und Schaltpläne

Die Lehrgangsteilnehmer müssen die selbstständige Arbeit mit Schaltplänen beherrschen. Dazu ist es erforderlich, die jeweils entsprechenden, normgerechten Schaltzeichen zu kennen. Über die verschiedenen Arten von Schaltplänen ist zu informieren. Speziell auf die Übersichtsschaltpläne ist einzugehen.

4.3.4 Aufbau und Wirkungsweise elektrotechnischer Betriebsmittel

In diesem Unterrichtsblock sollen dem Lehrgangsteilnehmer Grundlagen vermittelt werden, die ihn befähigen, elektrotechnische Betriebsmittel fehlerfrei bedienen und äußerlich sichtbare Abweichungen vom Normalzustand sicher erkennen und beurteilen zu können. Es muss stets deutlich werden, dass diese Fragen von großer Bedeutung für die Gewährleistung der Arbeitssicherheit sind. Durch die Darstellung des Aufbaus und der Wirkungsweise der wichtigsten elektrotechnischen Betriebsmittel sind Aufgaben, Einsatzmöglichkeiten und Einsatzgrenzen zu erläutern. Es ist durch anschauliche Vermittlung des Lehrstoffs zu gewährleisten, dass die Lehrgangsteilnehmer die wesentlichen Bauformen der Betriebsmittel kennen und sicher in der Lage sind, diese zu unterscheiden. Dabei sind auch solche Zusammenhänge zu behandeln wie Isolation und Netzspannung, Leiterquerschnitt und Nennstrom bzw. Baugröße und Nennleistung.

4.3.4.1 Schaltgeräte

Das Bedienen von Schaltgeräten gehört zu den wichtigsten späteren Aufgaben der Lehrgangsteilnehmer. Die Thematik ist deshalb besonders praxisnah zu gestalten. Ausgehend von den Aufgaben und dem Schaltvermögen der Schaltgeräte sind folgende Grundtypen zu behandeln:

- Leistungsschalter,
- Lasttrennschalter,
- Trennschalter,
- Erdungsschalter,
- Erdungsschalter und Kurzschließvorrichtungen, zwangsgeführt.

Auf die Kenngrößen, Löschprinzipien und Antriebsarten ist einzugehen. Die wichtigsten Schaltgerätetypen sind vorzustellen.

4.3.4.2 Messwandler

- Strom-, Spannungs- und Kombinationswandler,
- typische Isolierstoffe und Bauformen,
- Genauigkeitsanforderungen,
- Gefahren bei offenen Sekundärwicklungen bei Stromwandlern,
- en-Wicklungen von Spannungswandlern.

4.3.4.3 Transformatoren

Der Aufbau von Transformatoren ist zu behandeln. Dabei ist auf die verschiedenen Bauarten und Schaltungen einzugehen.

Weitere Gesichtspunkte sind:

- Kühlungsarten,
- hermetisch abgeschlossene Konstruktionen,
- Trockentransformatoren,
- Block- und Netztransformatoren,
- Einphasen-Spartransformatoren,
- Bankschaltungen von Netztransformatoren,
- Parallelbetrieb von Transformatoren,
- Belastbarkeit,
- Verhalten bei Störungen, bei Öl-Austritt unter Beachtung der Umweltschutzvorschriften.

4.3.4.4 Spezielle elektrotechnische Betriebsmittel

- Hochspannungssicherungen,
- Überspannungsableiter,
- Schutzfunkenstrecken,
- HF-Drosselspulen und Koppelkondensatoren,
- Strombegrenzungs- und Ladestromdrosselspulen,
- Erdschlusslöschspulen,
- Generatoren,
- Kondensatoren,
- Motoren,
- Gleichrichter/Wechselrichter.

4.3.4.5 Sekundärtechnik

- Steuerungstechnik,
- Schutzdatenerfassung und Auswertung,
- Schutzrelais/Schutzgeräte.

4.3.5 Schaltanlagen, Freileitungs- und Kabelnetze

Das komplexe Zusammenwirken der im Stoffgebiet 4 behandelten elektrischen Betriebsmittel in der Schaltanlage bzw. im Freileitungs- und Kabelnetz ist zu verdeutlichen. Diese Zusammenhänge bilden die theoretische Grundlage für das Bedienen von Anlagen. Durch Darstellung der Bedeutung der Anlagen für die Energieverteilung ist allen Lehrgangsteilnehmern die Verantwortung ihrer zukünftigen Tätigkeit klar zu machen. Bei der Behandlung dieses Stoffgebiets ist der Schwerpunkt der Ausbildung auf die Varianten von Anlagen zu legen, die später auch von der Mehrzahl der Lehrgangsteilnehmer bedient werden sollen.

4.3.5.1 Bauweisen und Netzarten

Im Rahmen der Ausbildung sind die wichtigsten Grundschaltungen zu behandeln für:

- Sammelschienen,
- Kupplungen,
- Schaltfelder,
- Netzarten.

Neben den klassischen Unterscheidungsmerkmalen, wie offene, hermetisch gekapselte und gasisolierte Anlagen sowie Außen- und Innenanlagen, sind insbesondere standardisierte Stationen, Anlagen und Umspannwerke zu behandeln.

Fabrikfertige, typgeprüfte Betriebsmittel werden in ständig wachsendem Umfang eingesetzt. Es sind deshalb die wichtigsten Varianten und Bestimmungen vorzustellen. Auf Grundanforderungen an den Baukörper und die klimatischen Umgebungsbedingungen ist einzugehen. Fernwirk- und Anlagenleittechnik sind im erforderlichen Umfang ebenfalls mit zu behandeln.

4.3.5.2 Sternpunktbehandlung

Die verschiedenen Methoden der Sternpunktbehandlung sind zu vermitteln und ihre Auswirkungen auf die Betriebsführung darzustellen. Auf den Zusammenhang zwischen Sternpunktbehandlung und Höhe der inneren Überspannung ist hinzuweisen.

4.3.5.3 Nebenanlagen

Die Bedeutung der Bereitstellung von Hilfsenergie für die Gewährleistung und Zuverlässigkeit ist klar herauszuarbeiten. Die wichtigsten gerätetechnischen Lösungen sind zu erläutern, z. B. Gleichrichter, Batterie- und Druckluftanlagen. Auf Eigenbedarfsanlagen ist im erforderlichen Umfang einzugehen.

4.3.6 Gefahren des elektrischen Stroms – Schutzmaßnahmen

Die Lehrgangsteilnehmer sollen die grundlegenden Gefahren durch den elektrischen Strom erkennen. Die daraus resultierenden prinzipiellen Maßnahmen zur Vermeidung der Gefährdungen sind aufzuzeigen. Dabei sind sowohl die technischen Maßnahmen als auch die entsprechenden Verhaltensanforderungen zu diskutieren. Alle Lehrgangsteilnehmer sollen die Bedeutung der festgelegten Maßnahmen zu ihrem Schutz erkennen und für ihre Tätigkeit die Schlussfolgerung ziehen, dass diese Maßnahmen ständig zu gewährleisten sind. Auf die spezielle Technologie des Arbeitens unter Spannung ist hinzuweisen.

4.3.6.1 Schutzmaßnahmen an elektrischen Anlagen

- Schutz gegen Berühren,
- vollständiger und teilweiser Berührungsschutz,
- Gefahrenzone,
- unzulässige Näherungen,
- Schutzabstände, Schutzzonen,
- Schutzmaßnahmen gegen zu hohe Berührungsspannungen,
- Berührungsspannung, Schrittspannung, Erdungsspannung,
- Schutz- und Betriebserdung,
- Potentialausgleich,
- Erdungsanlagen.

4.3.6.2 Isolationsbemessung und Überspannungsschutz

- Prinzipien der Isolationskoordination,
- Überspannungsschutz,
- Verschmutzung und Alterung der Isolation,
- Bedeutung der Isolation für die Zuverlässigkeit,
- Erkennen von Isolationsminderung,
- Fremdschichtprophylaxe.

4.3.6.3 Störlichtbogenschutz

- Lichtbogenwirkungen, Ionisierungsraum,
- Grundprinzipien des Lichtbogenschutzes, S-Anlagenschutz,
- Körperschutzmittel, PSAgS.

4.3.6.4 Überlast- und Kurzschlussschutz

- Folgen bei Überlastung von Betriebsmitteln,
- dynamische und thermische Wirkungen des Kurzschlussstroms,
- Arten von Kurzschlüssen,
- Kurzschlussstromfestigkeit von Betriebsmitteln und Anlagen,
- Prinzipien der Schutzgerätetechnik,
- Arten und Wirkungsweise von Schutzgeräten,
- (Überstromzeitschutz; Richtungsschutz; Distanzschutz; Leitungsvergleichsschutz; Kurzunterbrechungsschutz; Erdschlussschutz; Buchholz-Schutz; Differenzialschutz; Reserveschutz; Lastumschalterschutz; Temperaturüberwachung; Unterfrequenzauslösung; Generatorschutz).

4.3.7 Der sichere Betrieb von elektrischen Anlagen

Den Lehrgangsteilnehmern sind die Grundsätze des Betreibens elektrischer Anlagen zu vermitteln. Schwerpunkt bilden die sicherheitstechnischen Forderungen beim Bedienen. Speziell ist auf das Herstellen und Sichern des spannungsfreien Zustands einzugehen (DIN VDE 0105-100, Arbeitsmethoden unter Berücksichtigung der fünf Sicherheitsregeln).

Alle Lehrgangsteilnehmer müssen mit dem Ablauf von Schalthandlungen vertraut werden. Sie sollen erkennen, dass die Nichtbeachtung der entsprechenden Festlegungen erhebliche Konsequenzen für die Sicherheit sowohl des Bedienenden als auch für Personen haben, die an der Anlage Arbeiten ausführen sollen. Auswirkungen auf die Anlage bzw. auf den Produktionsprozess sind dabei zu berücksichtigen. Es muss deutlich werden, dass die Einhaltung der festgelegten Maßnahmen eine unabdingbare Voraussetzung für die Gewährleistung der Arbeitssicherheit ist.

4.3.7.1 Sicherheitstechnische Forderungen

- Qualifikation der Mitarbeiter,
- Festlegung der Verantwortungsbereiche,
- Herstellen und Sichern des spannungsfreien Zustands,
- sicherheitstechnische Mittel,
- Arbeiten unter Spannung,
- Wiedereinschalten der Spannung,
- Arbeiten in der Nähe von unter Spannung stehenden Teilen,
- Aufheben von Sicherheitsmaßnahmen,
- Funktionskontrolle.

4.3.7.2 Leitfaden für Schaltberechtigte (Betriebsanweisungen)

- elektrotechnischer Betriebsraum,
- abgeschlossener elektrischer Betriebsraum.

4.3.7.3 Freigabeverfahren

- Erfordernis, Arbeitsanmeldung,
- Anwendung der Formulare,
- Inhalt,
- Ausstellen und Aufbewahren.

4.3.7.4 Begriffsbestimmungen, Schaltauftrag, Schaltgespräch

- Allgemeine Forderungen, Begriffsbestimmungen,
- Bezeichnung und Benennung von Geräten und Anlagenteilen,
- Schaltauftrag,
- Schaltgespräch.

4.3.7.5 Nachweisführung

- Betriebsführung, Protokollführung, Checklisten,
- Kontrolle von Geräten und Einrichtungen,
- Arbeits- und Brandschutz,
- Betriebstagebuch,
- Stationsbuch.

4.3.7.6 Verhalten bei Störungen, Unfällen, Bränden und Katastrophen

- Erfassung der Störungsmerkmale,
- Registrierung und Auswertung von Meldungen,
- Verhalten bei Dauer-Erdschluss,
- Schalterauslösungen,
- Wiederinbetriebnahme ausgelöster Schalter,
- Buchholz-Warnung und Buchholz-Auslösung, Trafoschutz,
- Meldung von Störungen, Unfällen und Katastrophen.

4.3.7.7 Schalthandlungen

An konkreten Beispielen ist die Thematik des Stoffgebiets zu üben. Auf spezielle Probleme ist einzugehen, z. B. auf die Schaltfolge bei Transformatoren.

Es muss ein praxisbezogener Unterricht in einer typischen Schaltanlage zum Thema „Herstellen und Sicherstellen des spannungsfreien Zustands vor Arbeitsbeginn" durchgeführt werden. Die Auswahl der Beispiele ist den späteren Aufgabengebieten der Lehrgangsteilnehmer anzupassen. Außerdem ist auf folgende Sachverhalte hinzuweisen:

- Schaltfehlerschutz, Verriegelungen,
- Schalthandlungen vor Ort,
- Schalthandlungen an Abgängen,
- Schalthandlungen mit Lasttrennschaltern,
- Schalthandlungen mit Kupplungen,
- Sammelschienenwechsel,
- Synchronisieren,
- Schalthandlungen an Motoren,
- Schalthandlungen an Generatoren.

4.3.8 Auswertung von Fehlschaltungen, Störungen und Unfällen

Ziel: Auf der Grundlage der vorliegenden Erfahrungen und den aus Statistiken gewonnenen Erkenntnissen sind den Lehrgangsteilnehmern die Schwerpunkte der Unfall- und Fehlschaltungsverhütung zu vermitteln.

Insbesondere sind Aussagen über Fehlbedienungen und deren Folgen darzustellen. Dazu sind konkrete Ereignisse anschaulich zu erläutern. Speziell ist auf die Ursachen einzugehen. Die Lehrgangsteilnehmer sollen erkennen, dass Unachtsamkeit, Leichtfertigkeit und besonders Unkonzentriertheit bei Schalthandlungen schwerwiegende Folgen haben können.

4.3.9 Brandschutz

Das Ziel der Ausbildung ist die Entwicklung eines brandschutzgerechten Verhaltens in elektrischen Anlagen. Die Lehrgangsteilnehmer sollen erkennen, dass der Brandschutz komplexen Charakter hat und sowohl aus Maßnahmen zur Verhütung und Begrenzung von Bränden als auch der Brandbekämpfung besteht. Ausgehend von den

Gefahren, die für Personen und materielle Werte durch Brände entstehen können, ist die Bedeutung der Bereitstellung, Funktionstüchtigkeit und sicheren Handhabung der Feuerlöschgeräte und Feuerlöschanlagen jedem Lehrgangsteilnehmer klar zu machen:

- DIN VDE 0132,
- Verhalten bei Bränden, Sicherheitsabstände/Annäherungszonen,
- Arten und Handhabung von Handfeuerlöschern für elektrotechnische Anlagen,
- Feuerlöschmittel und Löschverfahren,
- Brandbekämpfung,
- Maßnahmen nach einem Brand.

4.3.10 Erste Hilfe

Die Lehrgangsteilnehmer sind so auszubilden, dass sie wirksame Hilfe bei Unfällen durch elektrischen Strom leisten können. Die erforderlichen theoretischen und praktischen Kenntnisse sind zu vermitteln.

4.3.10.1 Wirkungen des elektrischen Stroms auf den Menschen

- kritische Stromwerte,
- Einfluss von Stromart und Frequenz,
- Reizwirkungen auf das Herz,
- Verbrennungen.

4.3.10.2 Erste Hilfe bei Unfällen durch Stromeinwirkung

- Rettung/Bergung der Verletzten,
- Methoden der Wiederbelebung,
- Behandlung von Verbrennungen,
- Transport.

4.3.10.3 Praktische Übungen

Schwerpunkt sind praktische Übungen am Phantom;
Mund-zu-Mund-Beatmung; Herz-Lungen-Wiederbelebung; Defibrillator-Bedienung.

4.3.11 Praktische Durchführung von Schalthandlungen

Das theoretisch erworbene Wissen soll durch die praktischen Übungen vertieft und gefestigt werden. Gleichzeitig sollen die Lehrgangsteilnehmer die erforderlichen Fertigkeiten und selbstständiges Handeln für das Bedienen elektrischer Anlagen erwerben.

Die praktische Ausbildung ist – wenn möglich – an einer realen Anlage in Gruppen von nicht mehr als sechs Personen durchzuführen. Die Ausbildung an Hochspannungsanlagen darf auch an geeigneten Modellen erfolgen (Simulator). Bei der Auswahl der praktischen Übungen sind die späteren Aufgaben der überwiegenden Anzahl der Lehrgangsteilnehmer zu berücksichtigen.

Für Lehrgangsteilnehmer, die vor Lehrgangsbeginn keine oder nur wenige Schalthandlungen unter Aufsicht durchgeführt haben, ist der Umfang der praktischen Ausbildung zu erhöhen. Die Stundenzahl ist in Abhängigkeit von den praktischen Fertigkeiten der Lehrgangsteilnehmer individuell festzulegen.

4.3.12 Erfolgskontrolle durch Abschlussprüfung

Der Lehrgangsteilnehmer muss durch schriftliche Beantwortung von Testfragen nachweisen, dass er die Theorie als Grundlage für die Schaltbefähigung beherrscht.

Die praktischen Schalthandlungen sind nach dem Leitfaden durchzuführen. Das Schaltgespräch muss korrekt geführt werden.

4.3.13 Erteilung der Schaltberechtigung

Die Ernennung/Bestellung zum Schaltberechtigten führt der Unternehmer/der beauftragten Führungskraft/VEFK.

Anmerkung

Neben der fachlichen Qualifikation sind die persönlichen Eigenschaften (psychisch, physisch, gesundheitlich), Eignung und Neigung zu berücksichtigen.

Ziel dieser Qualifikation ist es, Unfälle und Fehlschaltungen zu verhüten, zur Gesunderhaltung sowie das Unternehmen rechtssicher zu organisieren.

Bild 4.6 Gruppenbild nach dem erfolgreichen Training zum Erhalt und Erwerb der Schaltberechtigung in Theorie und Praxis

4.4 Besonderheiten für den sicheren elektrischen Betrieb von Windenergieanlagen (WEA) nach DGUV-Information 203-007 (vormals BGI 657)

Elektrische Gefährdung

Der Betrieb elektrischer Anlagen wird in DGUV-Vorschrift 3 und DIN VDE 0105-100 behandelt.

Die Besonderheiten für den Betrieb von WEA werden in den Abschnitten der DGUV-Information 203-007 beschrieben.

Die Gefährdungen durch die elektrischen Anlagen in Betriebsräumen von WEA sind abhängig vom Grad des Berührungs- und Lichtbogenschutzes sowie der Bedienungssicherheit. Sowohl die gesamte WEA als auch zugehörige Nebengebäude mit den enthaltenen elektrischen Anlagen sind deshalb als **abgeschlossene elektrische Betriebsstätten** zu betreiben. Die **Zugangsberechtigung** darf nur Elektrofachkräften (EFK) oder elektrotechnisch unterwiesenen Personen (EUP) erteilt werden. Andere Personen sind durch Elektrofachkräfte oder elektrotechnisch unterwiesene Personen zu beaufsichtigen.

Eine besondere Gefährdung geht von Hochspannungs- bzw. Mittelspannungsanlagen, Transformatoren und Niederspannungsverteileranlagen aus. Der Zutritt darf daher nur solchen EFK oder EUP erteilt werden, denen spezielle Fachkenntnisse vermittelt wurden.

Bedienvorgänge und betriebliche Schalthandlungen dürfen nur von mind. elektrotechnisch unterwiesenen Personen ausgeführt werden, z. B. Starten oder Stoppen der WEA unter Verwendung der Steuerung.

Das direkte Betätigen von Schaltgeräten in Nieder- und Hochspannungs-Hauptstromkreisen darf nur von Elektrofachkräften ausgeführt werden.

Bild 4.7, **Bild 4.8** und **Bild 4.9** zeigen das praktische Training für Schaltberechtigte.

Die Schaltberechtigung für Mittelspannungsanlagen darf nur speziell ausgebildeten Elektrofachkräften erteilt werden. Die Schaltberechtigung ist schriftlich zu dokumentieren.

Zur Durchführung von Schalthandlungen sind **betriebliche Anweisungen** erforderlich, in denen insbesondere festgelegt sind:

- Vorgehensweise, Schaltungsablauf,
- Verantwortlichkeit, Zuständigkeit und Entscheidungsbefugnis,
- Koordination, Meldung und Dokumentation,
- mögliche Abstimmung mit dem VNB – Versorgungsnetzbetreiber.

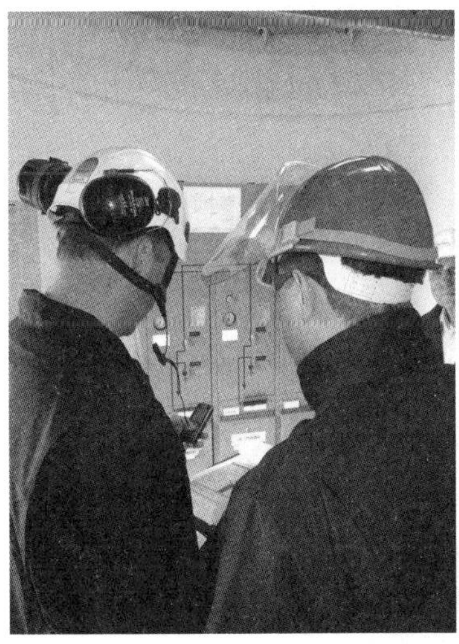

Bild 4.7 Anmeldung einer praktischen Schaltung beim Windparkbetreiber

Bild 4.8 Praktisches Training für Schaltberechtigte im Windpark bei Husum

Bild 4.9 Praktisches Training für Schaltberechtigte im Windpark

Bild 4.10 Praktisches Training im Solarpark Klanxbüll

Bild 4.11 Übergabeschaltanlage im Solarpark Klanxbüll

Bild 4.12 Niederspannungs- und SF_6-MS-Schaltanlage im Solarpark Klanxbüll

Eine Notwendigkeit, Montagearbeiten unter Spannung durchzuführen, existiert grundsätzlich nicht. Es muss daher eine sichere Arbeitsstelle nach den fünf Sicherheitsregeln eingerichtet werden:

- **Freischalten,**
- **gegen Wiedereinschalten sichern,**
- **Spannungsfreiheit feststellen,**
- **Erden und Kurzschließen,**
- **benachbarte, unter Spannung stehende Teile abdecken oder abschranken.**

Teile der Anlage, die nach dem Freischalten noch unter Spannung stehen, z. B. Kondensatoren und Kabel, müssen mit geeigneten Betriebsmitteln entladen werden. Ausgenommen hiervon sind Arbeiten an Notversorgungen mit Akkumulatoren, z. B. für Rotorblattverstellungen oder Hindernisbefeuerungen, unter Beachtung geeigneter Schutzmaßnahmen, die in Montage- oder Arbeitsanweisungen festgelegt sein müssen.

Störlichtbogenbildung

Zur Verhütung von Lichtbogengefährdungen sind schon bei der Errichtung und auch beim Betrieb elektrischer Anlagen Maßnahmen zu treffen, die eine Lichtbogenzündung ausschließen (z. B. Isolierungen) oder die Auswirkungen eines gezündeten Lichtbogens verringern (z. B. Lichtbogenstrom- und/oder Lichtbogenzeitbegrenzungen oder lichtbogenfeste Abdeckungen).

Persönliche Schutzausrüstung gegen Störlichtbögen (PSAgS)

Mit persönlicher Schutzausrüstung kann kein umfassender Schutz für alle infrage kommenden Tätigkeiten an elektrischen Anlagen erreicht werden. Jedoch können die Auswirkungen von Störlichtbögen auf Menschen verringert werden, wenn flammhemmende Arbeitskleidung, Kopfschutz mit Gesichtsschutzschirm, Hand- und Schutzschuhe getragen werden. Empfehlenswert ist die Störlichtbogen-Schutzklasse 2. Weitere Informationen hierzu finden sich in Kapitel 5.11.2. Bei Windenergieanlagen mit Nennleistungen über 1 MW können in bestimmten transformator- oder generatornahen Leistungsstromkreisen personengefährdende Lichtbögen auftreten, die nur durch das Freischalten des Arbeitsbereichs vermieden werden können.

- **Freileitungen**

  Beim Erreichen der Gefahrenzone von Hochspannungsfreileitungen mit Baumaschinen und anderen Fahrzeugen kann es zur Zündung eines Lichtbogens gegen Erde kommen (Sicherheitsabstände siehe § 7 DGUV-Vorschrift 3).

- **Schaltanlagen**

  An älteren Schaltanlagen können anwesende Personen auch bei geschlossenen Türen bei einem inneren Störlichtbogen gefährdet werden, wenn heiße Lichtbogengase austreten können, z. B. durch aufspringende Türen.

  Diese Gefährdung wird verhindert, wenn nur **störlichtbogenklassifizierte Schaltanlagen nach DIN EN 62271-200 (VDE 0671-200)** zum Einsatz kommen (siehe Abschnitt 5.11). Die Prüfparameter müssen den tatsächlichen Aufstellungs- und Kurzschlussverhältnissen am Einbauort Rechnung tragen. Wenn Schaltanlagentüren geöffnet sind, ist dieser Schutz unwirksam.

  Personengefährdung beim Bedienen wird verhindert, wenn die Schaltanlagen so konzipiert sind, dass alle Bedienhandlungen bei geschlossenen Türen durchgeführt werden können und die Spannungsfreiheit durch Verwendung kapazitiver Anzeigesysteme festgestellt werden kann.

  Durch einschaltfeste Erdungsschalter oder verriegelte Erdungstrennschalter werden Gefährdungen vermieden, die bei Verwendung frei geführter Erdungs- und Kurzschließvorrichtungen möglich sind. Alle Wartungs- und Montagearbeiten in den Schaltanlagen sind im freigeschalteten, geerdeten und gesicherten Zustand auszuführen.

- **Transformatoren** (siehe **Bild 4.13**).

Bild 4.13 Die Lichtbogengefährdung an Transformatoren kann verhindert werden, wenn die Anschlussdurchführungen isoliert bzw. gekapselt ausgeführt sind

4.5 Besonderheiten für den sicheren Betrieb elektrischer HS-Anlagen auf Seeschiffen nach Richtlinie der BG Verkehr

Bei bestimmten Schiffstypen wird von Dieselgeneratoren elektrische Energie erzeugt, die mittels Elektromotoren für den Antrieb und somit die gute Manövrierfähigkeit des Schiffs sorgt. MS-Schaltanlagen werden eingebaut und müssen fachgerecht betrieben werden. Entsprechend der „Richtlinie über Anforderungen an Mittelspannungsanlagen" der BG Verkehr ist für **Besatzungsmitglieder auf Seeschiffen** die Qualifikation zur Schaltberechtigung geregelt geworden.

Auszüge aus der Richtlinie der BG Verkehr Hamburg in Anlehnung an Band 79 der VDE-Schriftenreihe „Schaltberechtigung":

Allgemeines

Die Mittelspannungsanlagen müssen den Unfallverhütungsvorschriften für Unternehmen der Seeschifffahrt (DGUV-Vorschrift 84) und den Vorschriften einer anerkannten Klassifikationsgesellschaft entsprechen.

Soweit die Vorschriften dieser Klassifikationsgesellschaft keine besonderen Regelungen enthalten, ergeben sich die zu beachtenden sicherheitstechnischen Regeln für die elektrischen Betriebsmittel aus den entsprechenden Publikationen der IEC (International Electrotechnical Commission).

Ferner sind die nachfolgenden Anforderungen zu beachten für:

- Mittelspannungsschalttafeln,
- Aufstellung, Bedienungs- und Wartungsgänge.

Nicht frei stehend aufgestellte Schalttafeln müssen so ausgeführt sein, dass alle Instandhaltungsarbeiten von der Vorderseite ohne Gefährdung der dort tätigen Personen vorgenommen werden können.

Bedienung von Schaltfeldern

Die Bedienung und Prüfung der Mittelspannungsanlage haben bei geschlossenen Fronttüren zu erfolgen. Durch entsprechende mechanische oder elektrische Verriegelungen sind Bedienungsfehler wirksam zu verhindern. Es ist eine ausreichende Anzahl von Trennstellen, Erdungs- und Kurzschließvorrichtungen vorzusehen, die gefahrlose Wartungsarbeiten an Teilanlagen zulassen, wenn die gesamte Mittelspannungsschalttafel aus betrieblichen Gründen nicht vollständig spannungsfrei geschaltet werden kann.

Prüfung von Mittelspannungs-Anlagenkomponenten

Die Funktionsprüfung und Wartung von Schaltgeräten müssen gefahrlos möglich sein, auch wenn die Sammelschiene Spannung führt. Sind Schaltgeräte, wie Leistungs-, Generator- und Lasttrennschalter, ausziehbar ausgeführt, so ist durch automatische mechanische Blenden sicherzustellen, dass nach dem Herausnehmen des Einschubs spannungsführende Teile berührungssicher abgedeckt sind.

Die ausfahrbaren Schaltgeräte müssen in der Betriebsstellung festzusetzen sein. Durch eine mechanische Verblockung ist sicherzustellen, dass das Herausnehmen eines Einschubs erst möglich ist, wenn das Schaltgerät spannungsfrei geschaltet und der Abgang geerdet ist.

Die mechanischen Verriegelungen müssen sowohl in der Betriebs- wie auch in der Trennposition wirksam sein. Für Wartungszwecke ist eine Schlüsselverriegelung zulässig.

Sicherheitseinrichtungen gegen Überströme und Störlichtbogen

Überströme sind durch geeignete Sicherheitseinrichtungen zu überwachen, um so zu verhindern, dass Schäden an der Mittelspannungsanlage entstehen. Ein Druckanstieg im Schaltfeld – im Fall eines Störlichtbogens – ist durch geeignete **Druckentlastungsklappen** abzubauen bzw. in einen ungefährdeten Bereich abzuführen. Hierbei ist auch der Mindestraumbedarf für diesen aufnehmenden Bereich nach Vorgaben des Herstellers zu berücksichtigen.

Dies gilt insbesondere für SF_6-isolierte Schalttafeln und Anlagenkomponenten, da hier das Löschgas im Fall eines Störlichtbogens reagiert und infolgedessen reizend, ätzend oder auch toxisch werden kann. Diese Gase sind so abzuführen, dass eine Personengefährdung auszuschließen ist.

Ausbildung der Besatzung

Besatzungsmitglieder mit ausreichender Fachkunde gemäß § 10 der DGUV-Vorschrift 84 sind Besatzungsmitglieder mit ausreichender Fachkenntnis: Schiffselektrotechniker, Schiffselektriker und Schiffsoffiziere mit dem technischen Befähigungszeugnis „Leiter der Maschinenanlage" oder technischer Offizier. Diese Personen sind für den Betrieb und die Wartung von elektrischen Schaltanlagen ausgebildet.

Bei Einsatz von Mittelspannungsanlagen an Bord müssen diese Personen jedoch nachweisen, dass sie mit der besonderen technischen Bauart einer Mittelspannungsanlage, ihrer Wartung und Bedienung sowie den daraus resultierenden Gefährdungen durch die Betriebsspannungen von über 1 000 V vertraut sind.

Hierzu gehört neben der Einweisung in die Mittelspannungsanlage an Bord auch die erfolgreiche Teilnahme an einem Seminar zum Erwerb einer Schaltbefähigung für elektrische Anlagen.

Einweisung in die Mittelspannungsanlage an Bord

Die Einweisung in die Mittelspannungsanlage kann durch den Hersteller der Anlage oder ein erfahrenes Mitglied der Besatzung, das mit der Mittelspannungstechnik auf dem Schiff vertraut ist und über eine nachfolgend beschriebene Schaltberechtigung verfügt, erfolgen. Die entsprechenden Betriebsanleitungen sowie Wartungsunterlagen des Herstellers sind hierzu an Bord zu benutzen und zu beachten.

Erwerb einer Schaltbefähigung für Mittelspannungsanlagen

Mindestens eines der oben aufgeführten Mitglieder der Besatzung an Bord eines Schiffes mit einer Mittelspannungsanlage hat erfolgreich an einem Seminar von mind. 16 Unterrichtsstunden zum Erwerb der Fachkunde für die Schaltbefähigung teilzunehmen. Dies sind Kurse, die von den VDE-Bezirksvereinen und anderen elektrotechnischen Ausbildungsstätten veranstaltet werden.

Entsprechende Seminare oder Schulungen durch Ausbildungsstätten der Seefahrt oder durch die Hersteller der Mittelspannungsanlagen sind gleichwertig. Das Ziel dieses Lehrgangs ist es, die erforderlichen theoretischen und praktischen Kenntnisse zu trainieren und zu festigen, um die Mittelspannungsanlagen an Bord sicher bedienen und warten zu können.

Es sollen in dem Lehrgang die folgenden Inhalte vermittelt werden:

Theoretische Ausbildung

- Rechtliche Grundlagen,
- Vorgehensweise zur Erteilung und Gültigkeit der Schaltberechtigung,
- Unfallverhütungsvorschrift DGUV-Vorschrift 1, DGUV-Vorschrift 3 mit der Durchführungsanweisung und entsprechenden Richtlinien,
- ASR A1.3, IEC, EN, VDE-Bestimmungen u. a.,
- Grundlagen der Energieverteilung, Netzformen, Fehlerarten,
- Schaltgeräte, Schaltanlagenbauarten, Personenschutz für Bediener,
- Luft- und SF_6-gasisolierte Schaltanlagentechnik,
- Leitfaden für Schalthandlungen,
- die DIN VDE 0105-100 „Betrieb elektrischer Anlagen“ mit dem Schwerpunkt: „Arbeitsmethoden“ (u. a. die fünf Sicherheitsregeln),

- persönliche Schutzausrüstung, Gefahren und Auswirkungen des elektrischen Stroms,
- Begriffserklärungen,
- Durchführung von Schaltfolgen, Schaltgespräche,
- Fehlschaltungsanalyse und Verhütung.

Praktische Ausbildung

- Ausarbeitung diverser Freischaltungsaufgaben für Arbeiten an Transformatoren, Kabeln und im Schaltfeld,
- Kennenlernen und praktisches Training an verschiedenen Luft- und SF_6-gasisolierten Last- sowie Leistungsschalteranlagen unter Anwendung der fünf Sicherheitsregeln.

Bild 4.14 Luxusliner AIDAdiva, gebaut auf der Meyer Werft Papenburg

Bild 4.15 zeigt ein Musterformblatt der Teilnahmebescheinigung als Empfehlung der BG Verkehr Hamburg.

Bescheinigung

Nach DGUV-Vorschrift 84 § 10

Certificate

According to national Accident Prevention Regulation 84 § 10

Herr/Frau ______________________________
Mr./Mrs.
geboren am ______________ in/at ______________
born on
hat vom ______________ bis/to ______________
has from

an der Ausbildungsstätte/at the training centre/school

____
in
____

an einem von der BG Verkehr anerkannten Lehrgang zum Erwerb der Schaltberechtigung für Mittelspannungsanlagen bis 36 kV erfolgreich teilgenommen.

successfully attended on a training course approved by the BV Verkehr for the safe operation of medium voltage systems of up to 36 kV.

______________________________	______________________________
Ort, Datum Place, date	Stempel und Unterschrift Seal and signature

Bild 4.15 Musterformblatt der Teilnahmebestätigung als Empfehlung der BG Verkehr Hamburg

5 Grundlagen der Elektrotechnik für Schaltberechtigte

Dieses Kapitel soll und kann kein Fachbuch in Sachen Elektrotechnik ersetzen. Es dient als Anregung, um entsprechend ausführliche Fachliteratur zu besorgen (siehe z. B. Werke des VDE VERLAGs und andere) sowie als fachpraktische Ergänzung zu vorhandenen Büchern und Berichten in Fachzeitschriften, speziell für den Schaltbetrieb.

5.1 Grundlagen der Elektrotechnik

Hier geht es um die Zusammenhänge zwischen der elektrischen Spannung, dem elektrischen Strom und dem elektrischen Widerstand, also dem ohmschen Gesetz und dem kirchhoffschen Gesetz sowie den physikalischen Größen und den zugehörigen Einheiten.

Aufbau der Materie

Materie ist nicht unbegrenzt teilbar.

Das kleinstmögliche Teilchen einer chemischen Verbindung ist das *Molekül*. Dieses besteht aus *Atomen*. Das Atom ist ein unteilbarer Materiebaustein. Seine Hauptbestandteile sind die Elektronen und der Kern (Protonen und Neutronen) (**Bild 5.1**.)

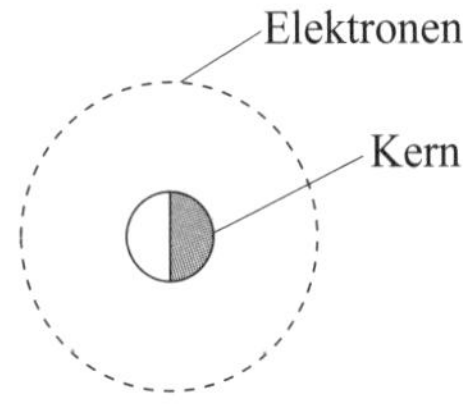

Bild 5.1 Atom

Elektronen	elektrisch negativ geladen, fast masselos
Protonen	elektrisch positiv geladen
Neutronen	elektrisch nicht geladen, also neutral

Die Ladung eines Elektrons ist die kleinstmögliche elektrische Ladung, die *Elementar-Ladung*.

Das Proton hat eine gleich große, aber positive Ladung wie das Elektron. **Bild 5.2** zeigt ein Wasserstoffatom. Dieses besteht aus einem Proton, einem Neutron und einem Elektron.

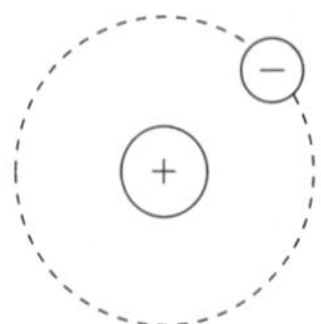

Bild 5.2 Wasserstoffatom

Leiter und Nichtleiter

In Metallen können sich die Elektronen der äußeren Schale verhältnismäßig leicht vom Atomverband lösen. Sie treten als *freie Elektronen* auf. Freie Elektronen bewegen sich regellos zwischen den verbleibenden Atomen.

Bei einem elektrisch neutralen Atom ist die Anzahl der Protonen gleich der Anzahl der Elektronen. Fehlt ein Elektron, so überwiegt bei dem betroffenen Atom die Anzahl der positiven Ladungsträger (Protonen). Ein solches Atom ist dann ein positives *Ion*. Entsprechend ist bei einem negativen Ion ein Elektron zu viel vorhanden.

Elektronen und Ionen sind Ladungsträger. Stehen sich zwei unterschiedliche Ladungen gegenüber, so entsteht eine elektrische Spannung.

Elektrische Spannung

Darunter versteht man den Unterschied elektrischer Potentiale zweier elektrischer Ladungen! Die Einheit der Spannung ist das Volt, abgekürzt V.

Die Driftbewegung der Ladungsträger wird dadurch hervorgerufen, dass auf alle Ladungsträger eine bestimmte Kraft ausgeübt wird. Die Ursache dieser Kraft ist die elektrische Spannung. Diese wird erzeugt durch:

- Induktion (magnetische Wirkung),
- chemische Wirkung,
- Wärme (Thermoelement),
- Licht (Foto-Element),
- Kristallverformung (Piezoelektrizität).

Elektrischer Strom

Der Ausgleich der elektrischen Ladung bzw. die Bewegung der Ladungsträger ist der *elektrische Strom*. Seine Einheit ist das Ampere, abgekürzt A.

Die Ladungsträger bewegen sich unter dem Einfluss der elektrischen Spannung innerhalb des Leiters wie in einem reibenden Stoff. Durch diese Reibung erwärmt sich der Strom führende Leiter. Es entstehen Wärmeverluste.

Ohm'sches Gesetz

Einen einfachen Stromkreis zeigt **Bild 5.3**.

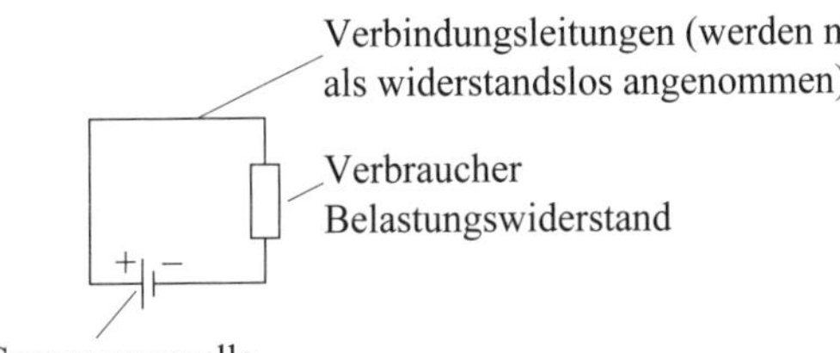

Bild 5.3 Einfacher Stromkreis

In einem Experiment (**Bild 5.4**) kann nachgewiesen werden, dass Spannung und Strom einander proportional sind:

$U \sim I$ Proportionalität.

Oder:

$U = R \cdot I$ mit der Proportionalitätskonstanten „R“, dem elektrischen Widerstand.

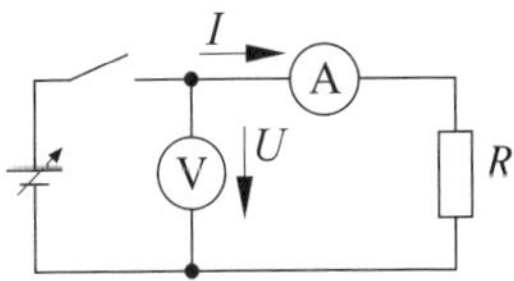

Bild 5.4 Versuchsaufbau

Daraus kann das ohmsche Gesetz abgeleitet werden:

$$R = \frac{U}{I}.$$

Die Einheit für R ist $V/A = \Omega$ = Ohm.

Elektrische Leistung, elektrische Arbeit und Wirkungsgrad

Das Grundgesetz von der Erhaltung der Energie lautet:

Energie kann nicht geschaffen oder vernichtet werden!

Im Heizgerät wird elektrische Energie in Wärmeenergie umgewandelt. Im Motor wird elektrische Energie u. a. in mechanische Energie umgewandelt.

Elektrische Leistung ist das Produkt aus Spannung und Strom.

$$P = U \cdot I = I^2 \cdot R = \frac{U^2}{R}.$$

Die Einheit der elektrischen Leistung ist das Watt, abgekürzt W.

Für das Drehstromnetz gilt:

$$P = \sqrt{3} \cdot U \cdot I \cdot \cos\varphi$$

Elektrische Arbeit ist das Produkt aus Leistung und Zeit:

$$\begin{aligned} W &= P \cdot t, \\ &= U \cdot I \cdot t. \end{aligned}$$

Die Einheit der elektrischen Arbeit ist die Wattstunde Wh oder Wattsekunde Ws.

Der Wirkungsgrad η ist das Verhältnis von abgegebener Leistung (P_2) und zugeführter Leistung (P_1) (**Bild 5.5**):

$$\eta = \frac{P_2}{P_1}.$$

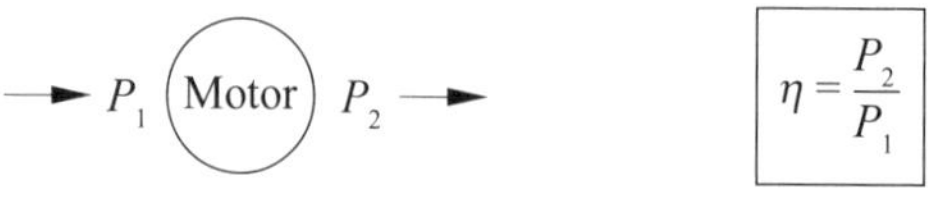

$\rightarrow P_1$ (Motor) $P_2 \rightarrow$ $\qquad \eta = \frac{P_2}{P_1}$

Bild 5.5 Wirkungsgrad

Ausgewählte physikalische Größen und Vorsätze zur Bezeichnung von Vielfachen von Einheiten zeigen **Tabelle 5.1** und **Tabelle 5.2**.

Vielfaches	Vorsatz	Vorsatzzeichen
$1\,000 = 10^3$	Kilo	k
$1\,000\,000 = 10^6$	Mega	M
$1\,000\,000\,000 = 10^9$	Giga	G
$1/1\,000 = 10^{-3}$	Milli	m

Tabelle 5.1 Vorsätze zur Berechnung von Vielfachen von Einheiten: Vielfaches, Vorsatz, Vorsatzzeichen

Physikalische Größe	Einheit	
	Name	Zeichen
Wirkleistung	Watt	W
Scheinleistung	Voltampere	VA
Blindleistung	Voltampere reaktiv	var
Blindarbeit	Varstunde	varh
Spannung	Volt	V
Stromstärke	Ampere	A
Frequenz	Hertz	Hz
Widerstand	Ohm	Ω

Tabelle 5.2 Ausgewählte physikalische Größen mit den zugehörigen Einheiten und Kurzzeichen

Die Kirchhoff'schen Gesetze

Das Prinzip ist aus **Bild 5.6** ersichtlich.

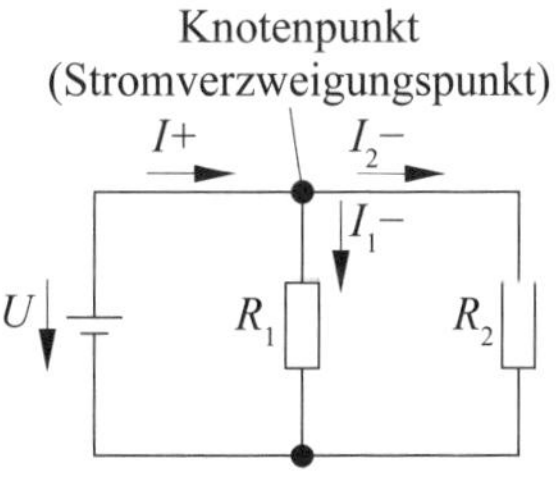

Es gilt: $I = I_1 + I_2$

Bild 5.6 Kirchhoff'sches Gesetz – Prinzipdarstellung

Erster Kirchhoff'scher Satz

Allgemein gilt: In einem Knotenpunkt ist die Summe der zufließenden Ströme gleich der Summe der abfließenden Ströme oder:

$I - I_1 - I_2 = 0.$

Erhalten die auf den Knotenpunkt zufließenden Ströme ein positives Vorzeichen, die vom Knotenpunkt wegfließenden Ströme ein negatives Vorzeichen, so gilt allgemein: In einem Knotenpunkt ist die Summe aller Ströme gleich null.

$\sum I = 0.$

In der Praxis bedeutet das für den Schaltberechtigten, z. B. bei der Energieflussablesung in einer Station nach **Bild 5.7**, dass die Summe der Ströme, die in eine Anlage hineinfließen, gleich der Summe aller wegfließenden Ströme ist.

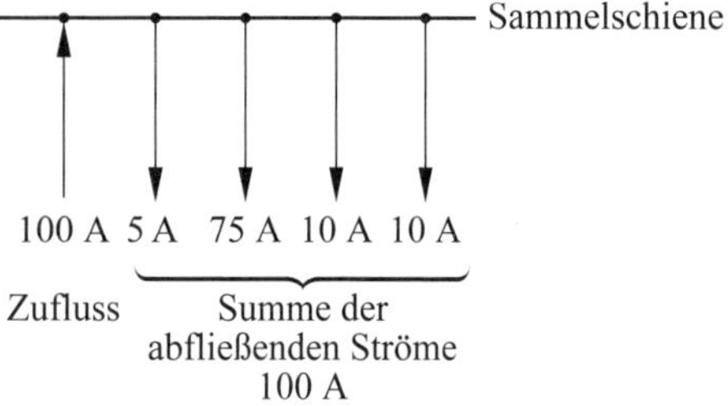

Bild 5.7 Im Knotenpunkt: Die Summe der zufließenden Ströme ist gleich der Summe der abfließenden Ströme

5.2 Genormte Nennwerte

5.2.1 Netzspannungen

Die Serienfertigung der elektrischen Betriebsmittel erfordert, dass elektrische Netze nur mit bestimmten genormten Spannungswerten betrieben werden. Je nach Höhe der Nennspannung wird im Sprachgebrauch unterschieden nach **Netzspannungswerten**, also zwischen Niederspannungs-, Mittelspannungs-, Hochspannungs- und Höchstspannungsnetzen. Die Norm unterscheidet lediglich zwischen Niederspannung bis 1 000 V und Hochspannung über 1 000 V.

Die Spannungsebenen sind im übertragenen Sinne mit unserem Straßennetz vergleichbar.

Die **Bemessungsspannung** (U_r = rated voltage) entspricht der oberen Grenze der höchsten Spannung der Netze und Betriebsmittel, für die das Schaltgerät/die Anlage vorgesehen ist. Gebräuchliche **Normwerte** der Spannungen sind in **Tabelle 5.3** angegeben.

Spannungsgruppen	Netzspannung	Bemessungsspannung	Vergleich zu Straßenarten
Höchstspannung	380 kV 220 kV	420 kV, 245 kV	Autobahn
Hochspannung	110 kV 60 kV	123 kV, 100 kV, 72,5 kV, 52 kV	Bundesstraße
Mittelspannung	45 kV	52 kV	Landstraße
	30 kV	36 kV	
	20 kV	24 kV	
	15 kV	17,5 kV	
	10 kV	12 kV	
	6 kV	7,2 kV	
	3 kV	3,6 kV	
Niederspannung	1 000 V	1 000 V	Wohnstraßen
	400/690 V	400/690 V	
	230/400 V	230/400 V	

Tabelle 5.3 Genormte Spannungsgrößen

5.2.2 Genormte Bemessungsbetriebsströme (rated normal current)

200 A; 400 A; 630 A; 800 A; 1 250 A; 1 600 A; 2 000 A; 2 500 A; 3 150 A; 4 000 A; 5 000 A; 6 300 A

5.2.3 Genormte Bemessungskurzzeitströme (rated short-time withstand current)

8 kA, 10 kA; 12,5 kA; 16 kA; 20 kA; 31,5 kA; 40 kA; 50 kA; 63 kA; 80 kA; 100 kA

5.3 Wie kommt der Strom ins Haus?

Die Quelle/Wurzel der Energie ist die Sonne.

Energie kann weder geschaffen noch vernichtet werden. Energie lässt sich aber umwandeln. Um Energie an die Industrie, an das Gewerbe, an die Landwirtschaft und den Haushaltskunden direkt liefern und transportieren zu können (siehe hierzu **Bild 5.8**), ist es erforderlich, die **Primärenergie**:

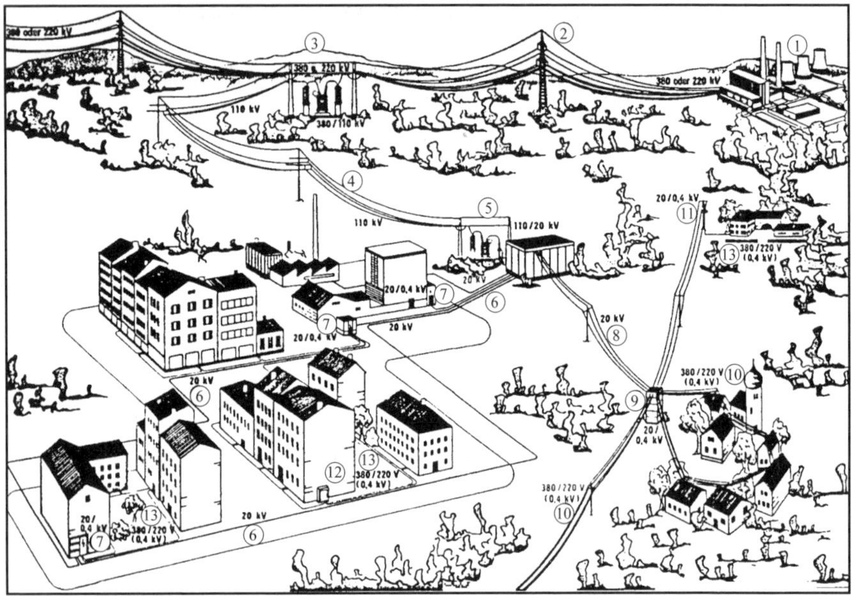

Bild 5.8 Wie kommt der Strom ins Haus?

1 Wärmekraftwerk,
2 Höchstspannungs-Freileitung 380 kV oder 220 kV,
3 Umspannwerk auf 110 kV,
4 Hochspannungs-Freileitung 110 kV,
5 Umspannwerk z. B. auf 20 kV mit Schalthaus,
6 Mittelspannungskabel 20 kV,
7 Transformatorenstation (Kabelstation) zur Umspannung auf 0,4 kV (400 V/230 V),
8 Mittelspannungs-Freileitung 20 kV,
9 Transformatorenstation (Turmstation) zur Umspannung auf 0,4 kV (400 V/230 V),
10 Niederspannungs-Freileitung 0,4 kV (400 V/230 V),
11 Transformatorenstation (Maststation) zur Umspannung auf 0,4 kV (400 V/230 V),
12 Kabelverteilerschrank,
13 Niederspannungskabel 0,4 kV (400 V/230 V)

- Steinkohle,
- Braunkohle.
- Gas,
- Schweröl,
- Kernkraft,
- Wasserkraft,
- Sonnenenergie/Licht,
- Windenergie,
- Biogas

mittels Energieumwandler (Kraftwerk) in die **Sekundärenergie**, **Elektrizität**, zu „transformieren". Bei diesem Umwandlungsprozess treten u. a. auch zwangsläufig Wärmeenergiemengen auf, die als Verlustenergie bezeichnet werden und dadurch den Wirkungsgrad erheblich reduzieren:

$$\eta = \frac{\text{abgegebene Energie (elektrische Energie)}}{\text{zugeführte Energie (primäre Energie)}}.$$

Wirkungsgradbeispiele:

Kraftwerk	etwa 40 %,
Blockheizkraftwerk	etwa 80 %,
im Vergleich dazu Kraftfahrzeug	etwa 18 %.

Die Energieumwandlung geschieht durch die Verbrennung von Primärenergieträgern. Durch die Wärmeenergie wird Wasser zu Dampf erhitzt und auf Turbinenschaufeln geschickt. Dadurch entsteht Rotations-/kinetische Energie. Über eine Welle wird ein Generator angetrieben, der das Endprodukt elektrische Energie abgibt.

Großkraftwerke haben eine Leistung von etwa 500 MW bis 1 300 MW, bei einer Generatorspannung von z. B. 20 kV. Hier erkennt jeder, dass der zu transportierende Strom zu groß ist, um mit wirtschaftlichen und technisch machbaren Leitungsquerschnitten über lange Wege transportiert werden zu können.

Die Spannung wird in eine höhere Ebene transformiert, dadurch reduziert sich die Stromstärke bei gleichem Leistungswert. Die Übertragung kann beginnen.

Die **Höchstspannungsnetze** werden in Deutschland mit Spannungen von 220 kV oder 380 kV betrieben. Sie übertragen die elektrische Energie von den Großkraftwerken zu den Abnahmeschwerpunkten in ganz Europa. Sie überbrücken große Entfernungen und übernehmen die überregionale Elektrizitätsversorgung (**europäisches Verbundnetz**).

Die Übertragungsspannung (siehe hierzu **Bild 5.9**) der **Hochspannungsnetze** beträgt normalerweise 110 kV. Hochspannungsnetze werden über Umspannwerke aus einem Höchstspannungsnetz und/oder aus mittleren Kraftwerken gespeist. Sie übertragen die elektrische Energie zu Verbrauchsschwerpunkten von 10 MW bis 100 MW. Damit versorgen sie die Großindustrie, Städte und größere Versorgungsgebiete. Hochspannungsnetze übernehmen damit die regionale Elektrizitätsversorgung.

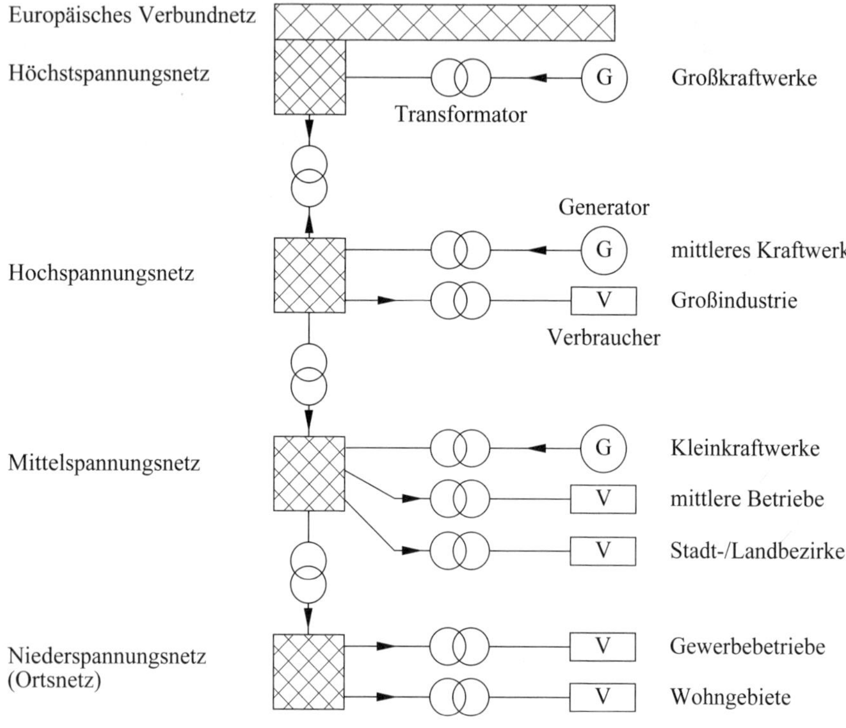

Bild 5.9 Überblick der verschiedenen Netzspannungsebenen

Für die **Mittelspannungsnetze** wird Hochspannung auf 10 kV oder 20 kV herunter transformiert. Mit diesen Netzen werden Industriebetriebe, Großgewerbe, öffentliche Einrichtungen sowie Stadt- und Landbezirke versorgt.

Die Versorgung von Wohngebieten und Gewerbebetrieben bis zu einer Gesamtleistung von etwa 1 000 kW übernehmen **Niederspannungsnetze** (Ortsnetze). Sie beziehen die elektrische Energie über Ortsnetzstationen, welche die Mittelspannung auf 230/400 V transformieren.

Wie kommt der „neue" Strom ins Netz?

Der bisherige unidirektionale Energiefluss (in einer Richtung) vom Kraftwerk über das Hochspannungs- in das Mittelspannungs- und weiter in das Niederspannungsnetz bis zum Endkunden wurde bereits beschrieben.

Wind-, Wasser-, Photovoltaik-, Biomasse- und konventionelle Kraftwerke speisen aktuell in alle Spannungsebenen ein. Der Begriff „**Smart Grid**" ist entstanden, für ein Energienetzwerk das Verbrauchs- und Einspeiseverhalten aller Beteiligten, die miteinander verbunden sind, integriert.

Nun ändert sich die feste Stromflussrichtung immer mehr zu einer Energieübertragung in beiden Richtungen also bidirektional (**Bild 5.10** und **Bild 5.11**). Durch die vielen Einspeisestellen bedingt entsteht ein stark schwankender Energiefluss und dadurch mögliche Spannungsschwankungen im Netz bis hin zu Spannungsbandverletzungen.

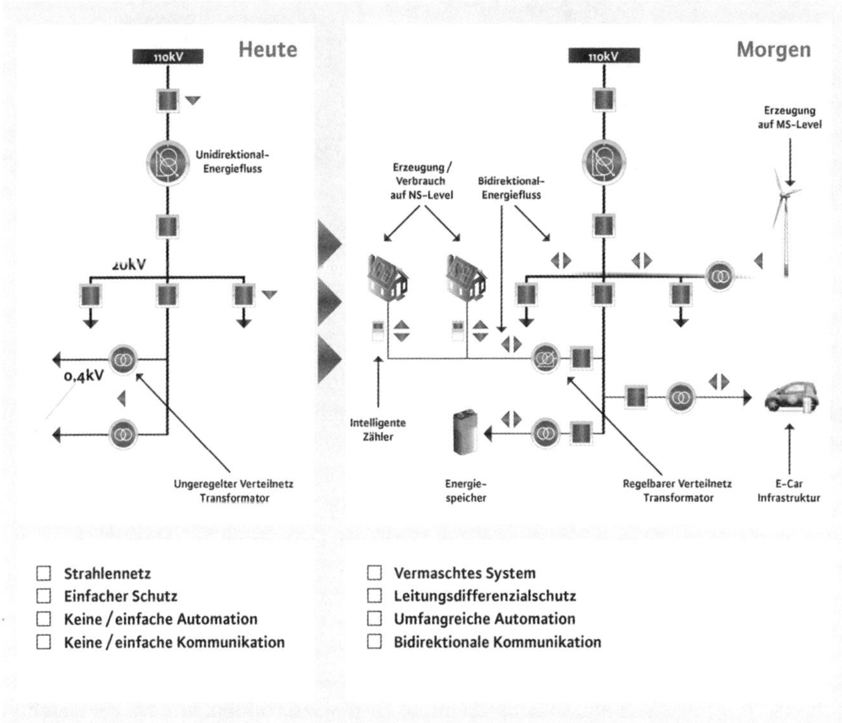

Bild 5.10 Stetige Veränderung: vom unidirektionalen zu einem bidirektionalen Energiefluss (Quelle: BDEW und ZVEI)

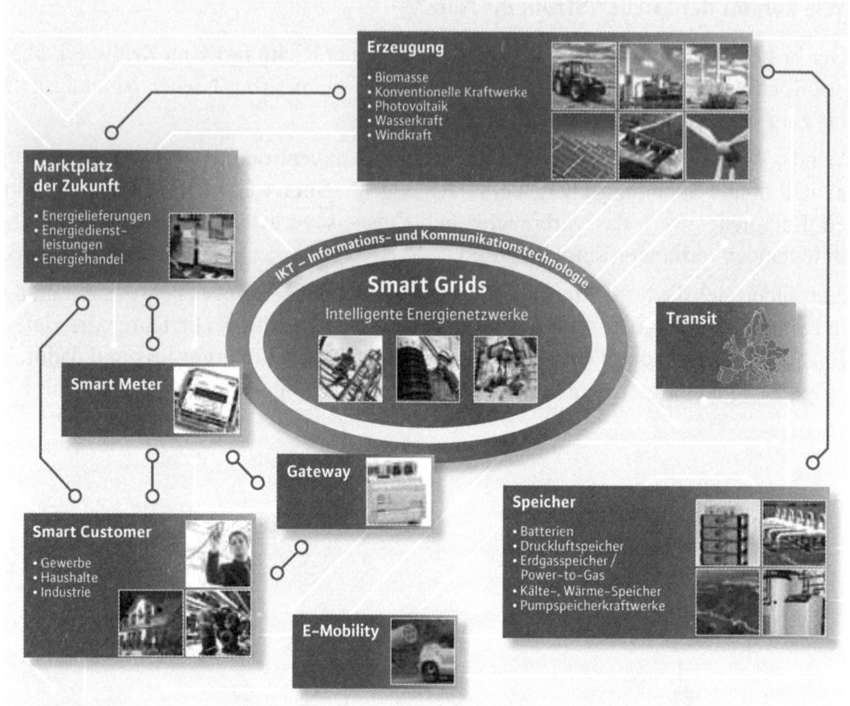

Bild 5.11 „Smart Grid" – ein Energienetzwerk, das Verbrauchs- und Einspeiseverhalten aller Beteiligten, die miteinander verbunden sind, integriert
(Quelle: BDEW und ZVEI)

Der Versorgungsnetzbetreiber (VNB) muss eine Qualitätsspannung in der festgelegten Bandbreite liefern. Netze müssen zusätzlich errichtet und gesteuert werden. In einigen Netzstationen hilft bereits der Austausch eines konventionellen Ortsnetztransformators gegen einen regelbaren Ortsnetztransformator (RONT) um die Spannungsqualität zu gewährleisten. Zusätzlich nimmt der Automatisierungsgrad zu. Für die schnelle Fehlererkennung, Ortung und Freischaltung werden die Daten zur Netzleitstelle übertragen, um den Fehlerort noch schneller eingrenzen zu können.

Die Energieflüsse und Techniken ändern sich, aus Statik wird Dynamik – weitere Herausforderungen für die Qualifizierungen der Menschen, die den Prozess sicher führen. Hier muss sich die schaltberechtigte EFK weiterbilden, um das Ziel auch in Zukunft zu erreichen:

Null Unfälle, Null Fehlschaltungen durch sicheres Schalten.

5.4 Netzstrukturen

Aus wirtschaftlichen und versorgungstechnischen Gründen muss die Struktur eines Netzes auf die jeweilige Versorgungsaufgabe abgestimmt sein. Das führt dazu, dass für Versorgungsgebiete mit unterschiedlicher Leistungsdichte (MW/km^2) entsprechend differenzierte Netzstrukturen aufgebaut werden müssen.

Speisepunkte sind Stellen eines Netzes, an denen die zugeführte elektrische Energie umgespannt, umgeformt oder unverändert auf eine oder mehrere abgehende Leitungen verzweigt wird.

Je nach der geforderten Versorgungssicherheit erfolgt die Speisung über mehrere Leitungen, die entweder aus einer gemeinsamen Energiequelle oder aus verschiedenen, unabhängigen Energiequellen (Bild 5.9) versorgt werden.

Unter den vielfältigen Strukturen elektrischer Netze lassen sich zwei Grundstrukturen mit unterschiedlichen Merkmalen unterscheiden: unvermaschte Netze und vermaschte Netze. Merkmale einer Netzstruktur sind:

- die Anzahl der Speisepunkte,
- die Art der Speisung,
- der Grad der Vermaschung.

Leitungssysteme zur Versorgung von Abnehmern elektrischer Energie können in drei Grundformen eingeteilt werden:

- Strahlennetz,
- Ringnetz,
- Maschennetz.

Strahlennetze (**Bild 5.12**) sind dadurch gekennzeichnet, dass einzelne Leitungsstränge von einem Einspeisepunkt strahlenförmig ausgehen. An jedem einzelnen Leitungsstück befinden sich der Reihe nach mehrere Stromkunden.

Bei Mittelspannungs- und Niederspannungsnetzen wird diese Netzart verwendet, wenn die Kunden beispielsweise in einem strukturschwachen Gebiet oder lang gestreckten Tal zu versorgen sind.

Strahlennetze können kostengünstig errichtet werden. Nachteilig ist hierbei allerdings der relativ hohe Spannungsfall für die am Leitungsende angeschlossenen Verbraucher und die geringere Versorgungssicherheit. Außerdem kann es zu größeren Spannungsschwankungen kommen, je nachdem, welche Verbrauchergruppen am Anfang oder in der Mitte der Leitung ein- oder ausgeschaltet werden.

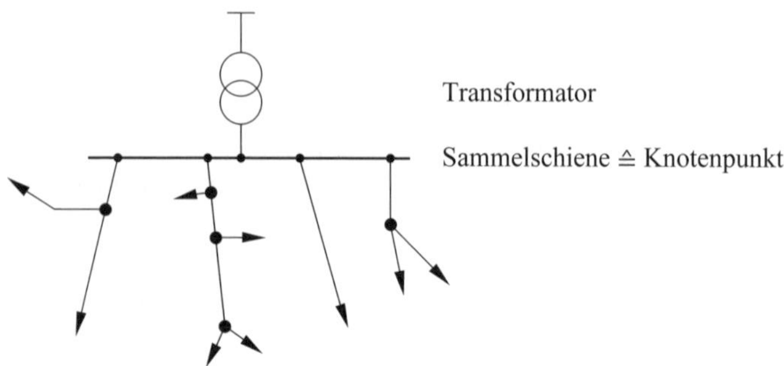

Bild 5.12 Strahlennetz

Bei Industriebetrieben können Strahlennetze vorteilhaft sein. Fällt nämlich durch Störung ein Strahl aus, wird nicht der ganze Betrieb in Mitleidenschaft gezogen.

Merkmale eines Strahlennetzes sind:

- einfache Netzüberwachung,
- minimaler Aufwand für Schutztechnik,
- kostengünstig,
- großer Spannungsfall am Leitungsende,
- große Leitungsverluste,
- kleiner Kurzschlussstrom,
- geringere Versorgungssicherheit.

Ringnetze (**Bild 5.13**) sind dadurch gekennzeichnet, dass die Kunden im Leitungszug liegen, wie Perlen an einer Schnur, d. h., die Leitung wird am Ende wieder an den Einspeisepunkt zurückgeführt.

Diese Netzart bietet sich an, wenn es wirtschaftlich und/oder erforderlich ist.

Bei Ringnetzen ist die Stromverteilung vorteilhaft, was zu relativ kleinen Spannungsfällen auch bei einem ungünstig gelegenen Verbraucher führt.

Ringnetze sind teurer als Strahlennetze, weil der Aufwand für Schaltanlagen (Schutzgeräte) am Einspeisepunkt größer ist. Die Versorgungssicherheit ist hoch, weil durch Störungen an einer Netzstelle jeder Verbraucher einseitig am Netz bleibt.

Häufig werden Ringnetze bei Normalbetrieb in der Mitte geöffnet, sodass zwei Strahlen entstehen. Im Störungsfall wird der Fehler freigeschaltet, die Trennstelle geschlossen. So können nach kurzer Unterbrechung die Kunden wieder versorgt werden.

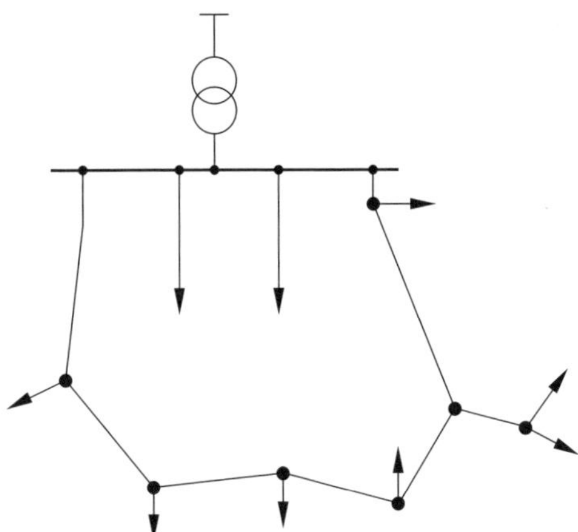

Bild 5.13 Ringnetz; auch bei Störung in einem Abschnitt können alle Abnehmer versorgt bleiben

Ein ***Maschennetz*** (**Bild 5.14**) entsteht, wenn ein Ringnetz durch Querverbindungen so verknüpft wird, dass sich mehrere Maschen bilden. Je enger die Vermaschung ist, desto geringer sind die Spannungsfälle und Leitungsverluste und desto größer wird die Versorgungssicherheit. Andererseits vergrößern sich die Kurzschlussströme und die Schwierigkeiten bei der Überwachung der elektrischen Verhältnisse im Netz. Die Kosten für solche Netze sind wegen des Aufwands für die Schaltanlagen (hohe Kurzschlussströme) und Distanzschutzgeräte hoch.

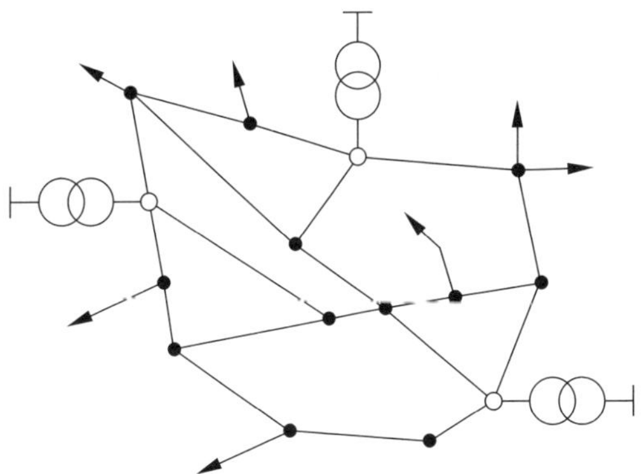

Bild 5.14 Maschennetz

Merkmale eines vermaschten Netzes sind:

- geringer Spannungsfall,
- geringe Leitungsverluste,
- hohe Versorgungssicherheit,
- großer Kurzschlussstrom,
- aufwendige Schaltanlage,
- großer Aufwand für Schutztechnik,
- hohe Investitionskosten.

Die Merkmale zeigen, dass jede Netzstruktur neben Vorteilen auch Nachteile aufweist. Für die **Netzplanung** bedeutet das, dass eine sorgfältige Analyse des Netzbetriebs erfolgen muss, bevor die am besten geeignete Netzstruktur festgelegt wird. Dabei ist grundsätzlich zunächst von folgenden Forderungen auszugehen:

- einfacher, übersichtlicher Netzaufbau,
- standardisierte Betriebsmittel,
- große Versorgungssicherheit,
- kleine Verluste,
- günstige Erweiterungsmöglichkeit,
- geringe Instandhaltungskosten (Wirtschaftlichkeit).

Da keine der beschriebenen Grundstrukturen alle Forderungen erfüllen kann, wird häufig eine flexible Lösung bevorzugt. Das Netz wird als vermaschtes Netz (Ringnetz, Maschennetz) erstellt, im Betrieb aber so aufgetrennt, dass mehrere unvermaschte Zweige oder Ringe entstehen. Damit werden im ungestörten Betrieb die Vorteile des Strahlennetzes genutzt. Tritt eine Störung auf, dann können – über Fernsteuerung oder vor Ort – durch entsprechende Schaltmaßnahmen automatisch das fehlerbehaftete Netzelement herausgetrennt und die nachgeschalteten Stromkunden durch Zuschaltung an einen anderen Maschenzweig weiter versorgt werden. Ferner bietet der Aufbau des Maschennetzes die Möglichkeit, spätere Erweiterungen so durchzuführen, dass eine möglichst günstige Lastverteilung erhalten bleibt.

5.5 Netzformen nach DIN VDE 0100-100

Unter Netzform versteht man den Aufbau eines Netzes hinsichtlich:

- der verwendeten Stromart,
- der Anzahl der aktiven Leiter der Einspeisung,
- der Art der Erdverbindungen im Netz.

Für die verschiedenen, in der Praxis vorkommenden Netzformen (siehe Bild 5.15 bis Bild 5.19) und die Erdung der Stromquelle sowie die Erdung der zu schützenden Körper wurde auf internationaler Basis eine **einheitliche Kennzeichnung** (durch Buchstaben) erarbeitet. In dieses System können alle im Niederspannungsbereich vorkommenden Netzarten eingeordnet werden. Die Anwendung des Systems ist auch für Einphasenwechselstromsysteme und Gleichstromsysteme möglich.

Das Kurzzeichen besteht in der Regel aus zwei Buchstaben, die die Erdungsbedingungen der speisenden Stromquelle und die Erdungsbedingungen der Körper beschreiben. Durch einen Bindestrich wird ein dritter oder ggf. ein vierter Buchstabe angefügt. Der dritte bzw. vierte Buchstabe macht Aussagen über die Anordnung des Neutral- und Schutzleiters.

Der **erste Buchstabe** kennzeichnet die Erdungsverhältnisse des Spannungserzeugers (Transformator, Generator).

Der **zweite Buchstabe** kennzeichnet die Erdungsverhältnisse leitfähiger Körper in einer elektrischen Anlage (Gehäuse, Konstruktionsteile).

Weitere Buchstaben kennzeichnen die Anordnung des Neutralleiters N und des Schutzleiters PE im TN-System.

Erklärung der verwendeten Buchstaben und Systeme:

T von terre (franz. = Erde),

I von isolated (engl. = isoliert),

N von neutral,

PE von protection earth (engl. = Schutzerde),

S von separated (engl. = getrennt),

C von combinated (engl. = kombiniert),

T Spannungserzeuger direkt geerdet,

I Isolierung aller aktiven Teile von Erde oder Verbindung über eine Impedanz,

T Körper direkt geerdet,

N Körper direkt mit dem Betriebserder verbunden,

S Neutralleiter und Schutzleiter sind als getrennte Leiter verlegt,

C Neutralleiter und Schutzleiter sind im PEN-Leiter kombiniert.

TN-Systeme

In TN-Systemen ist ein Punkt direkt geerdet (Betriebserdung). Die Körper der elektrischen Anlage sind entweder über Schutzleiter und/oder über PEN-Leiter mit diesem Punkt verbunden. Entsprechend der Anordnung der Neutralleiter und der Schutzleiter sind drei TN-Systeme zu unterscheiden:

Im **TN-S-System (Bild 5.15)** sind Neutralleiter und Schutzleiter im gesamten Netz getrennt geführt. Beim Einsatz von Überstrom-Schutzeinrichtungen entspricht dieses Netz der Nullung mit separatem Schutzleiter – **moderne Nullung**.

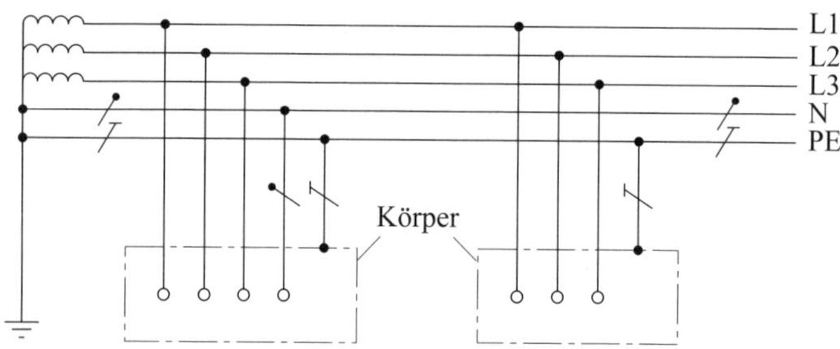

Bild 5.15 TN-S-System

Im **TN-C-System (Bild 5.16)** sind Neutralleiter und Schutzleiter im gesamten Netz in einem einzigen Leiter zusammengefasst, dem PEN-Leiter. Beim Einsatz von Überstrom-Schutzeinrichtungen entspricht dieses Netz der **klassischen Nullung**.

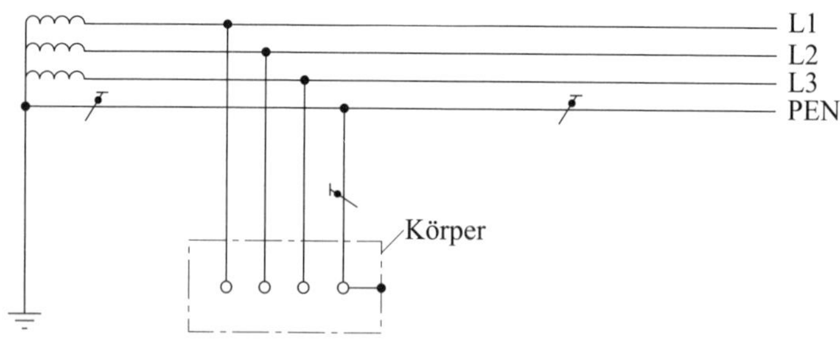

Bild 5.16 TN-C-System

Im **TN-C-S-System (Bild 5.17)** sind in einem Teil des Netzes die Funktionen des Neutralleiters und des Schutzleiters in einem einzigen Leiter, dem PEN-Leiter, zusammengefasst. In einem anderen Teil des Netzes sind Neutralleiter und Schutzleiter getrennt geführt. Beim Einsatz von Überstrom-Schutzeinrichtungen entspricht dieses Netz einer **Kombination aus klassischer und moderner Nullung**.

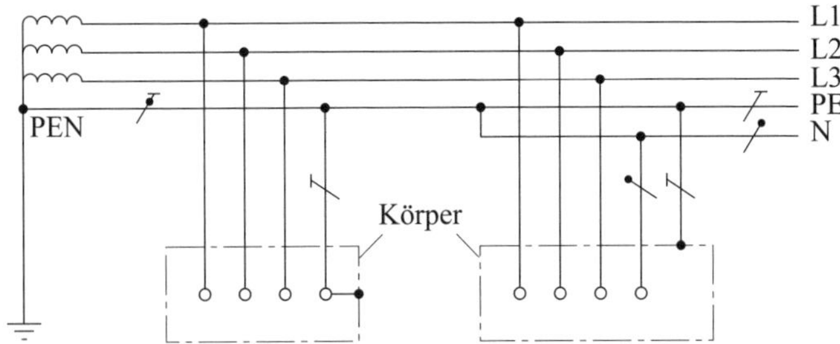

Bild 5.17 TN-C-S-System

Im **TT-System (Bild 5.18)** ist ein Punkt direkt geerdet (Betriebserdung). Die Körper der elektrischen Anlage sind mit Erdern verbunden, die von der Betriebserdung getrennt sind.

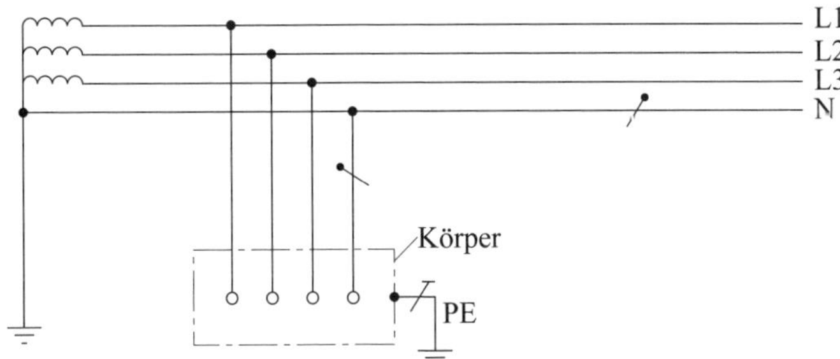

Bild 5.18 TT-System

Beim Einsatz von Überstrom-Schutzeinrichtungen entspricht dieses Netz der Schutzerdung, bei der Verwendung einer Fehlerstrom-Schutzeinrichtung der **Fehlerstrom-Schutzschaltung**.

Das **IT-System (Bild 5.19)** hat keine direkte Verbindung zwischen aktiven Leitern und geerdeten Teilen; die Körper der elektrischen Anlage sind geerdet.

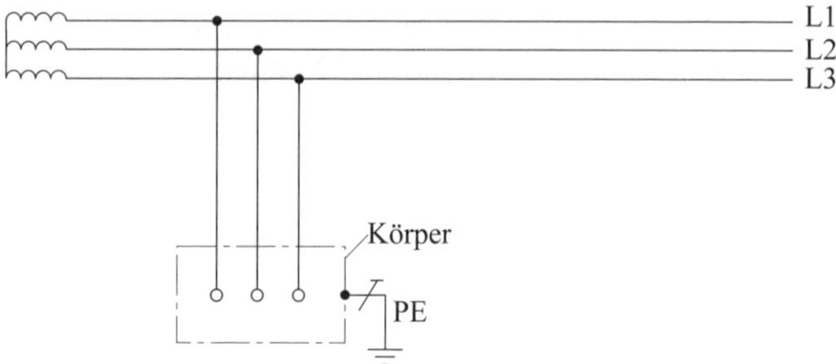

Bild 5.19 IT-System

Beim Einsatz einer Isolationsüberwachungseinrichtung entspricht dieses Netz dem Schutzleitungssystem.

5.6 Sternpunktbehandlung im Mittel- und Hochspannungsnetz

Nach DIN EN 60071-1 (**VDE 0111-1**) werden vier Arten unterschieden:

- Systeme mit isoliertem Sternpunkt,
- Systeme mit Erdschlusskompensation, E-Spule,
- Systeme mit niederohmiger Sternpunkterdung (NOSPE),
- Systeme mit kurzzeitiger niederohmiger Sternpunkterdung (KNOSPE).

Die Sternpunktbehandlung regelt die Isolationsanforderungen für die verschiedenen Betriebsmittel.

Die Wirkung der Fehlerströme ist Gegenstand weiterer VDE-Bestimmungen. Die Erdung in Wechselstromanlagen für Nennspannungen über 1 kV muss so bemessen werden, dass ein über Erde fließender Fehlerstrom keine Gefährdung von Personen und Sachen verursachen kann.

Unsymmetrische Fehlerströme können in parallel geführten Fernleitungen oder Rohrleitungen Spannungen induzieren. Diese Beeinflussungsspannungen müssen entsprechend den einschlägigen technischen Normen, z. B. **DIN VDE 0228**, auf ungefährliche Werte begrenzt werden.

Neben der Beherrschung von Spannungsbeanspruchungen der Isolation, von Berührungsspannungen, von Strombeanspruchungen der Erdungsanlage und Beeinflussungen von benachbarten Anlagen müssen Fehlerortung und Fehlerabschaltung sicher gewährleistet sein.

Die Suche nach dem technisch-wirtschaftlichen Optimum führt zwangsläufig zu unterschiedlichen Arten der Sternpunktbehandlung in den einzelnen Netzen. Spannungsebene, Netzaufbau, Netzbetriebsweise und Netzgröße, Zuverlässigkeit der Versorgung, Aufwand für Erdungsanlagen und Netzschutz sowie das Störungsgeschehen sind wichtige Bedingungen für die richtige Wahl der Sternpunktbehandlung.

Auswirkung des Erdschlusses – neue Begriffsbestimmung nach DIN EN 50522 (VDE 0101) für Erdschluss; zukünftig Erdfehler

Im fehlerfreien Betrieb hat die Behandlung des Sternpunkts auf die Übertragung der Energie keinen Einfluss. Nur in Bezug auf die Störanfälligkeit und die Zahl der Auslösungen eines Netzes bekommt die Sternpunkterdung eine wichtige Bedeutung. Als häufigster Fehler (mit 70 % bis 90 %) in Verteilungsnetzen tritt der einpolige Erdschluss auf, d. h. ein Durchschlag der Isolation eines Leiters gegen Erde. Aus den dadurch entstehenden Lichtbögen an der Fehlerstelle entwickelt sich eine fortschreitende Zerstörung der Isolation, was häufig zu zwei- oder dreipoligen Kurzschlüssen führt. Maßgebend für Geschwindigkeit und Ausmaß der Isolationszerstörung ist der Strom an der Fehlerstelle während des Erdschlusses.

In einem hochohmig geerdeten Netz (Kompensation/isolierter Sternpunkt) setzt sich der Erdschlussstrom zusammen aus dem durch die Widerstände zwischen Sternpunkt und Erde entstehenden Wirkstrom und den aus der Leiter-Erd-Kapazität der gesunden Leiter resultierenden Blindströmen.

Im fehlerfreien Netz haben alle drei Leiter annähernd die gleiche Kapazität gegen Erde (Symmetrie). Der Sternpunkt des Systems liegt somit in der Mitte des Spannungsdreiecks (**Bild 5.20**). Tritt ein Erdschluss auf, so wird die Kapazität dieses Leiters kurzgeschlossen. Die Erde wandert aus der Mitte des Spannungsdreiecks auf den fehlerbehafteten Leiter. Die fehlerfreien Leiter erhöhen ihre Spannung gegen Erde von der Sternspannung auf die Dreieckspannung. Aus **Bild 5.21** ist ersichtlich, dass der Sternpunkt des Transformators die Sternspannung gegen Erde annimmt.

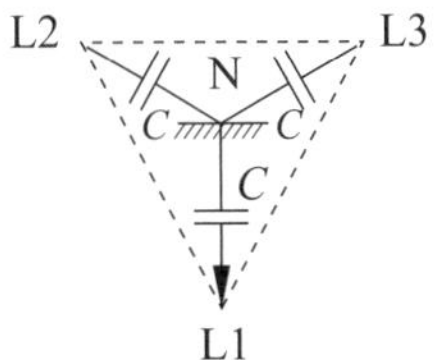

Bild 5.20 Fehlerfreies Netz

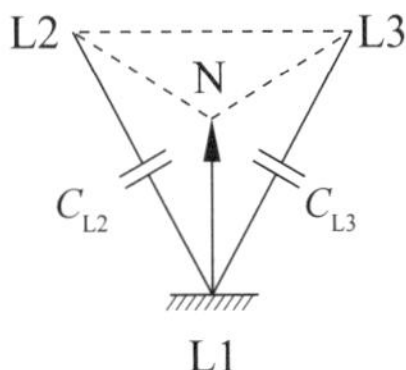

Bild 5.21 Erdschluss an Leiter L1

Netz mit isoliertem Sternpunkt

Ein Netz mit isoliertem Sternpunkt (**Bild 5.22**) liegt vor, wenn die Sternpunkte der Transformatoren betriebsmäßig nicht an eine Erdungsanlage angeschlossen sind. Das gilt auch dann noch, wenn über Mess- oder Schutzeinrichtungen oder über eine Überspannungsschutzeinrichtung eine hochohmige Erdverbindung vorliegt.

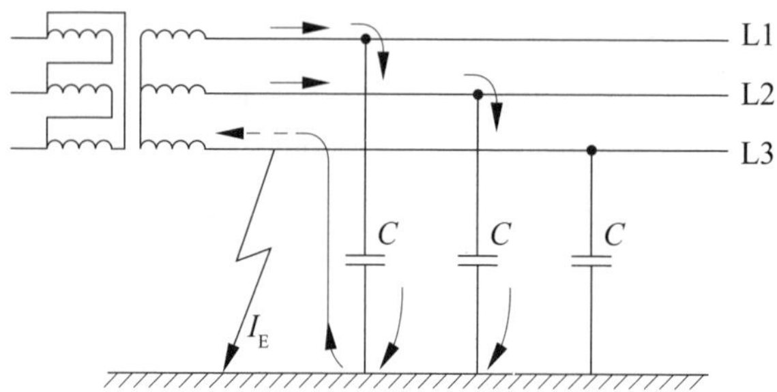

Bild 5.22 Netz mit isoliertem Sternpunkt

Mit isoliertem Sternpunkt werden im Allgemeinen Netze geringer Ausdehnung (kleine Erdkapazität) und verhältnismäßig niedriger Spannung bis 10 kV betrieben. Bei einem Erdschluss in Netzen hoher Spannung und großer Erdkapazität ergeben sich erhebliche kapazitive Erdschlussströme, die bei schlechten Erdungsverhältnissen zu unzulässig hohen Berührungsspannungen an der Fehlerstelle führen können und das Löschen eines Erdschlussstroms erschweren.

Beim Erdschluss eines Leiters steigt die betriebsfrequente Leiter-Erde-Spannung der gesunden Leiter auf die Spannung zwischen den Außenleitern (verkettete Spannung) an. Bei großer Erdkapazität können die gesunden Leiter sogar eine höhere als die Spannung der Außenleiter gegen Erde annehmen.

Vorteile:

- Fortführung des Netzbetriebs bei Erdschluss möglich,
- Netzschutz nur zweipolig erforderlich,
- geringe Zerstörung durch kleinen Fehlerstrom,
- Fehlersuche kann ohne Ausschaltung erfolgen.

Nachteile:

- Spannungsüberhöhung in den gesunden Leitern,
- Gefahr von Doppelerdschlüssen,

- schwierige Ortung der Fehlerstelle,
- Gefahr von intermittierenden Lichtbögen,
- bei Kabelnetzen nur begrenzte Ausweitung.

Netz mit niederohmiger Erdung (NOSPE)

Ein Netz mit niederohmiger Sternpunkterdung (**Bild 5.23**) liegt vor, wenn der Sternpunkt eines oder mehrerer Transformatoren oder Sternpunktbildner unmittelbar oder über strombegrenzende Wirk- oder Blindwiderstände geerdet ist. Der Netzschutz ist so ausgebildet, dass es bei Erdschluss zu einer selbsttätigen Ausschaltung kommt.

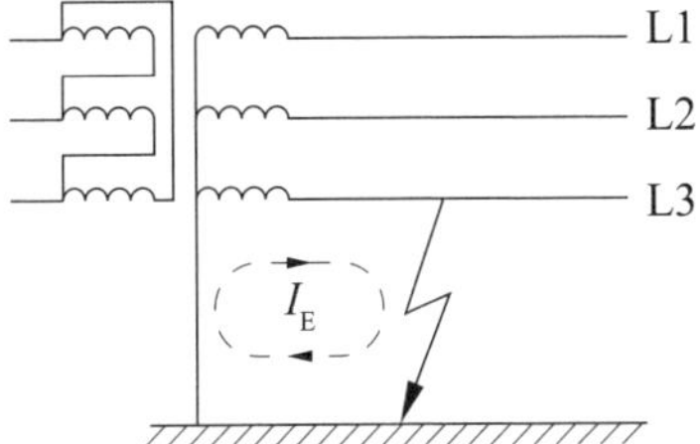

Bild 5.23 Starr geerdeter Sternpunkt; großer Fehlerstrom an der Fehlerstelle

Die betriebsfrequente Leiter-Erde-Spannung der gesunden Leiter ist abhängig von der Größe der Erdungsimpedanz. Sie ist größer als die Leiterspannung und kleiner als die Spannung zwischen den Außenleitern.

Während in 380-kV-, 220-kV- und in Niederspannungsnetzen die unmittelbare Sternpunkterdung üblich ist, wird in Mittelspannungsnetzen die niederohmige Erdung über eine Impedanz (**Bild 5.24**) zur Begrenzung der Fehlerströme angewendet. Dabei darf der Erdkurzschlussstrom in Anlagen je Netz 2 000 A bei einer Ausschaltzeit bis zu 3 s nicht überschreiten. Bei dieser Begrenzung sind in der Regel keinerlei zusätzliche Maßnahmen gegen Beeinflussung von parallel zu den Hochspannungsleitungen verlaufenden Fernmeldeleitungen nötig.

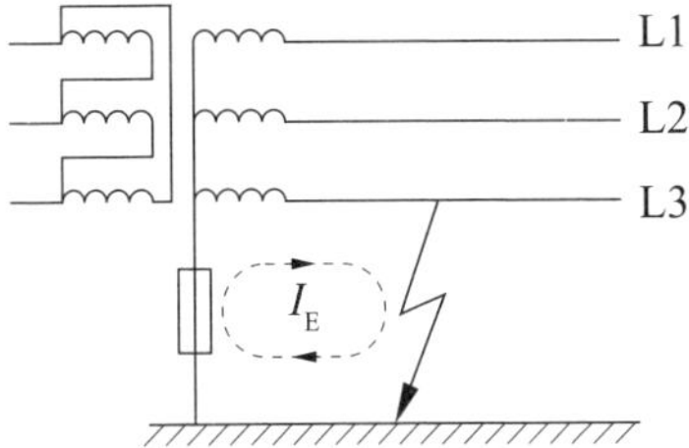

Bild 5.24 Erdung über Widerstand; ohmscher Strom je nach Größe des Widerstands

Vorteile:

- keine Doppelerdschlussgefahr,
- Reduzierung transienter Überspannungen,
- begrenzter Fehlerstrom (bei Erdung über Widerstand),
- fehlerhafte Strecke sofort bekannt, durch Schutzauslösung.

Nachteile:

- Erdschlüsse führen immer zur Ausschaltung des Netzes (Versorgungsausfall),
- dreipoliger Netzschutz erforderlich,
- Investition für Widerstände,
- Reserveschutz erforderlich.

Netz mit Erdschlusskompensation

Ein Netz mit Erdschlusskompensation (**Bild 5.25**) liegt vor, wenn der Sternpunkt eines oder mehrerer Transformatoren oder Sternpunktbildner über Erdschlussspulen so geerdet ist, dass die Induktivität dieser Anordnungen weitgehend auf die Erdkapazität des Netzes abgestimmt ist.

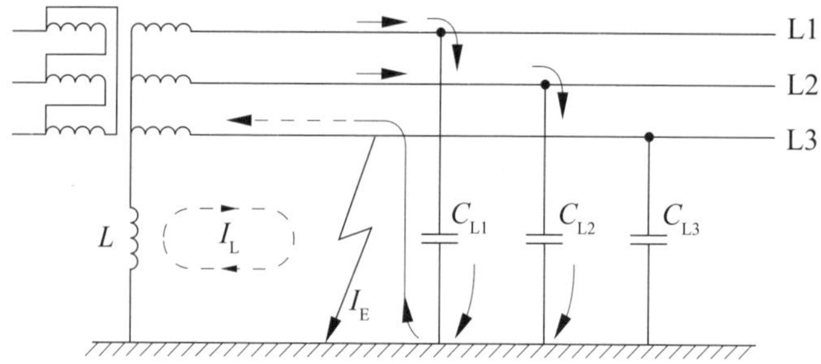

Bild 5.25 Netz mit Erdschlusskompensation – gelöschtes Netz: kleiner Reststrom an der Fehlerstelle; der kapazitive Strom wird an der Fehlerstelle durch den entgegengesetzten induktiven Strom der Erdschlusslöschspule aufgehoben

L Erdschlusslöschspule (Petersen-Spule),
I_L induktiver Strom,
I_E Erdschlussstrom

Bild 5.26 Erste Erdschlusslöschspule nach dem Erfinder auch Petersen-Spule genannt; dieses Exemplar aus dem Jahre 1917 steht im Deutschen-Museum München

Bei exakter Abstimmung fließt über die Erdschlussstelle theoretisch nur der Erdschluss-Reststrom I_R, ein reiner Wirkstrom. Seine Höhe hängt von den Ableitungswiderständen R und dem Wirkwiderstand der Erdverbindung zwischen Fehlerstelle und Erdschluss-Löschspule ab. Der Erdschluss-Reststrom ist wesentlich geringer als der kapazitive Erdschlussstrom im selben Netz mit isoliertem Sternpunkt.

Durch Überkompensation und Oberschwingungsanteile ist der auftretende Erdschluss-Reststrom größer als der errechnete Wert.

Das Verhalten eines Netzes mit Erdschlusskompensation weicht beim Erdschluss hinsichtlich der Leiter-Erd-Spannung nicht vom Verhalten eines Netzes mit isoliertem Sternpunkt ab; der Unterschied liegt in der Größe und Verteilung des Erdfehlerstroms.

Vorteile:

- Fortführung des Netzbetriebs bei Erdschluss möglich, wenn keine Gefahr für Personen, Betriebsmittel und andere Gegenstände besteht,
- Netzschutz nur zweipolig erforderlich,
- geringe Zerstörung durch kleinen Erdschluss-Reststrom,
- Fehlersuche kann ohne Ausschaltung erfolgen,
- von Erdschlusswischern wird keine Notiz genommen,
- selbstständiges Löschen des Lichtbogens.

Nachteile:

- Spannungsüberhöhung in den gesunden Leitern,
- Gefahr von Doppelerdfehlern,
- schwierige Ortung der Fehlerstelle,
- Investitionen für Erdschlussspulen und Regelung,
- Löschgrenze: max. 60 A Reststrom, Sternpunktbelastung mit Transformator-Nennstrom beachten.

5.7 Netzstörungen

Störungen der elektrischen Stromversorgung machen sich u. a. bemerkbar durch:

- einen Stromausfall,
- zu niedrige oder zu hohe Spannung,
- unsymmetrische Spannungen (Nullleiterunterbrechung, Erdschluss),
- Spannungsschwankungen (schlechte Klemmenverbindung, ungleichförmiger Motorlauf),
- Erwärmung durch Überlastung,
- Rauchentwicklung, Feuerschein in einer Transformatorstation usw.

Die häufigsten Fehlerarten (**Bild 5.27**) sind:

- Kurzschluss, zweipolig oder dreipolig sowie mit oder ohne Erdberührung,
- Erdfehler, Verbindung eines Außenleiters mit Erde,
- Doppelerdfehler, aus einem Speisepunkt (Umspannwerk) ist eine Strecke erdfehlerbehaftet und zusätzlich eine zweite Strecke eines Ring- oder Maschennetzes in einem anderen Außenleiter erdfehlerbehaftet (**Bild 5.28**).

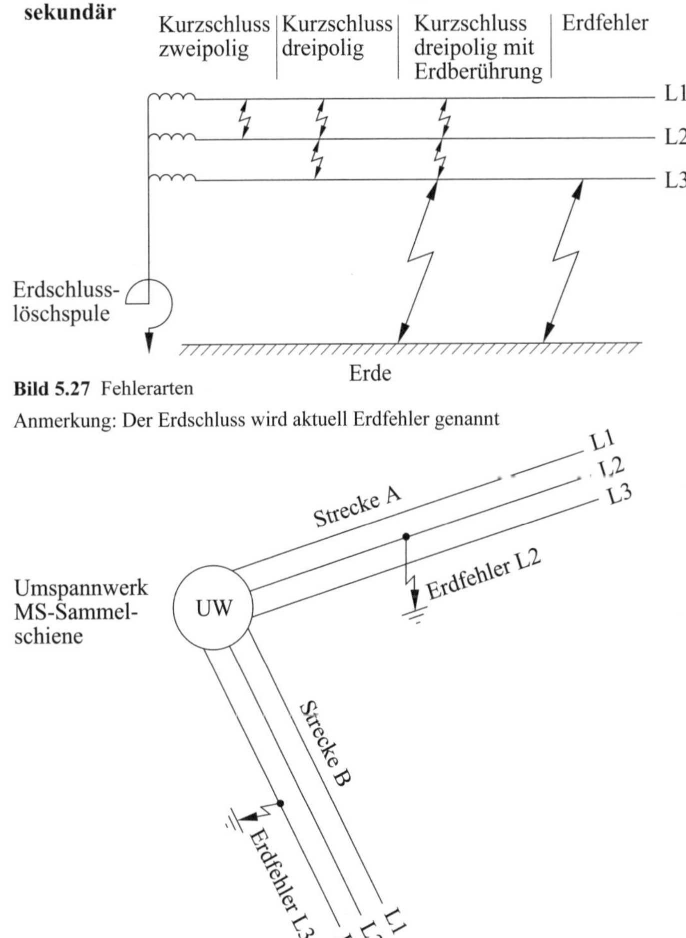

Bild 5.27 Fehlerarten

Anmerkung: Der Erdschluss wird aktuell Erdfehler genannt

Bild 5.28 Doppelerdfehler in einem Ring- oder Maschennetz

Beispiel: Doppelerdfehler

Der Fehlerstrom in einem erdfehlerkompensierten Netz ist bei einem Doppelerdfehler so hoch, dass das Schutzgerät einen Auslösebefehl an den Leistungsschalter gibt. Als Auslösereihenfolge kann L1 vor L3 vor L2 eingestellt sein.

In unserem Beispiel würde die Strecke B zur Auslösung gebracht werden und die Strecke A mit dem kompensierten Erdfehlerstrom weiterbetrieben werden können. Der Netzbetreiber muss Maßnahmen ergreifen und Einrichtungen in seinen Anlagen einbauen, damit:

- Störungsmöglichkeiten auf ein Mindestmaß beschränkt werden,
- Störungen nur einen möglichst kleinen Teil des Versorgungsnetzes erfassen,
- die Ursache einer Störung so schnell wie möglich gefunden und behoben werden kann.

Das ist durch den Einsatz von Netz-Schutzeinrichtungen zu verwirklichen.

Der Schaltberechtigte sollte die in seinem Betrieb eingesetzten Schutzgeräte kennen und ablesen können. An dieser Stelle wird lediglich eine Übersicht der verschiedenen Netz- und Transformator-Schutzeinrichtungen gegeben.

5.7.1 Schutzeinrichtungen

- **Primärschutz** (Einbau der Schutzeinrichtung direkt in die Strom führende Leitung der NS- und MS-Anlage):
  - Überstromzeitschutz in alten MS-Anlagen,
  - Sicherungen,
  - Leitungsschutzschalter (LS-Schalter),
  - Motorschutzschalter,
  - Fehlerstrom-Schutzschalter (RCD).
- **Sekundärschutz** (Auskopplung der Fehlerströme über Wandler, die in MS- und HS-Anlagen in die Strom führende Leitung eingebaut werden):
  - Überstromzeitschutz,
  - Distanzschutz,
  - Leitungsvergleichsschutz (kurze Leitungen),
  - automatische Wiedereinschaltung (Kurzunterbrechungsschutz),
  - Erdschlussrichtungsanzeige.

- **Überspannungsschutz:**
  Überspannungsableiter,
  elektronische Schutzgeräte.
- **Umspannerschutz:**
  - Buchholz-Schutz (Warnung, Auslösung),
  - Differenzialschutz,
  - Reserveschutz,
  - Temperaturüberwachung,
  - Überspannungsableiter,
  - Sicherungen bei kleineren Transformatoreinheiten,
  - I_k-Begrenzer,
  - Überstromzeitschutz,
  - Lastumschalterschutz.
- **Unterfrequenzauslösung**
- **Generatorschutz**

Die größte Beanspruchung der Betriebsmittel tritt bei einem Kurzschluss auf. Darum muss diese Fehlerauswirkung in möglichst kurzer Zeit „ausgeschaltet" werden durch:

- Schmelzsicherungen oder
- Leistungsschalter in Kombination mit Schutzgeräten und Wandlern.

5.8 Schaltgeräte

Schaltgeräte werden eingesetzt, um die elektrische Energie in Stromkreisen bedarfsweise zu steuern, bei Störungen schnellstens das fehlerbehaftete Betriebsmittel auszuschalten sowie für Wartungs- und Instandhaltungsaufgaben eine sichere Arbeitsstelle frei- und sicherzustellen.

Schaltgeräte müssen:

- mechanischen Beanspruchungen standhalten (Stoß- und Schlagfestigkeit, Erschütterungssicherheit),
- im eingeschalteten Zustand den Bemessungsstrom bei den gegebenen Betriebsbedingungen führen können,

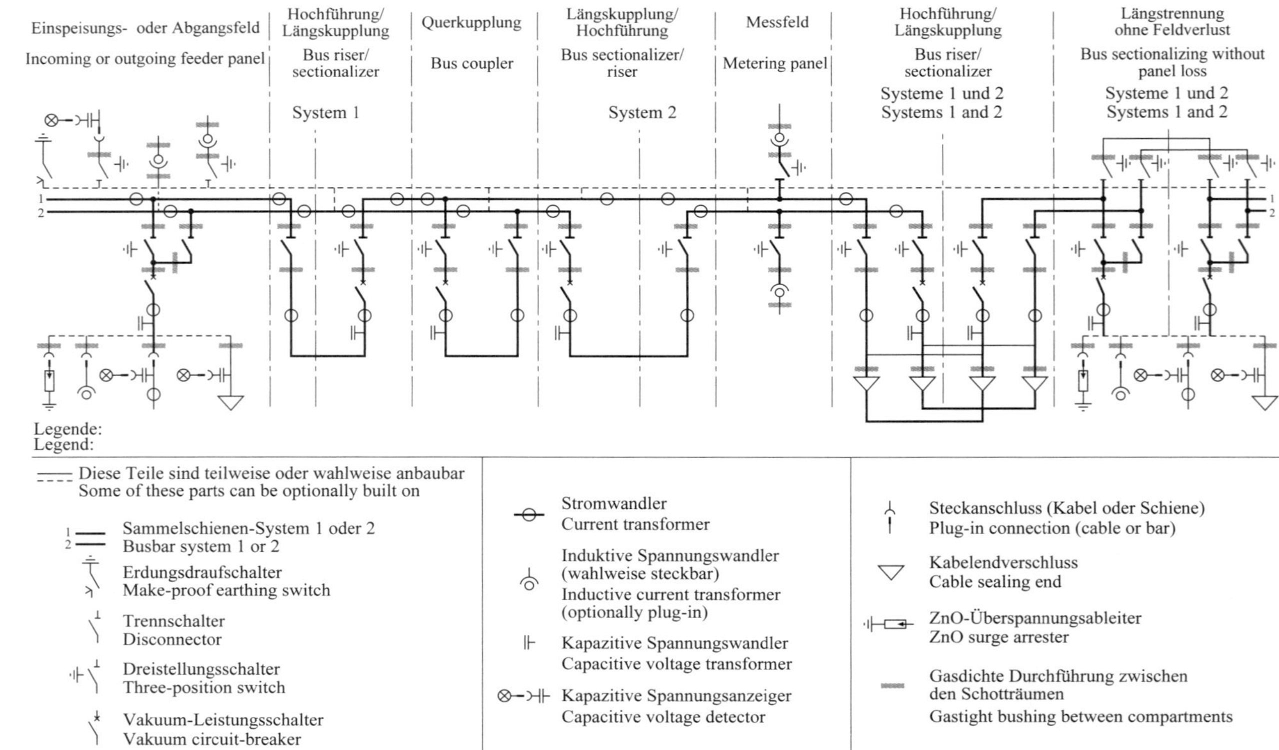

Bild 5.29 Übersichtsbild verschiedener Schaltgeräte, Betriebsmittel und Schaltfelder

- Blitzüberspannungen (Wanderwellen) in Grenzen standhalten,
- im ausgeschalteten Zustand eine ausreichende Isolierstrecke bilden, sodass ein sicherer Schutz des Bedienungs- und Wartungspersonals gewährleistet ist,
- die auftretenden Kurzschlussströme thermisch und dynamisch beherrschen,
- bei Fehlern im Netz in kurzer Zeit aus- und eingeschaltet werden können; dabei muss ihr Schaltvermögen den Beanspruchungen an der Einbaustelle genügen,
- bei selbsttätigen Schutzeinrichtungen in ihrer Abschaltzeit veränderbar sein (Selektivität),
- einfach zu montieren, wartungsarm/wartungsfrei und raumsparend sein,
- so gebaut sein, dass sie beim Ein- und Ausschalten keine zu hohen Schaltüberspannungen hervorrufen, die die Isolation gefährden oder am Netz angeschlossene Verbraucher in ihrer Funktion beeinflussen,
- einfach und sicher zu bedienen/schalten sein.

Merkmale und Kenngrößen

Nach DIN EN 62271 (**VDE 0671**) in verschiedenen Teilen sind die unterschiedlichen Schaltertypen für Nennspannungen > 1 kV und in DIN EN 60947 (**VDE 0660**) Schaltgeräte bis 1 kV von Bedeutung.

Zur Einstufung der verschiedenen Schaltgeräte einschließlich der Betätigungs- und Hilfseinrichtungen sind folgende **Merkmale und Kenngrößen** definiert.

Bemessungsspannung (U_r = rated voltage)

Die Bemessungsspannung entspricht der oberen Grenze der höchsten Spannung der Netze, für die das Schaltgerät vorgesehen ist. Normwerte der Bemessungsspannung werden nachstehend angegeben.

Werte der Bemessungsspannung in Kilovolt (kV) sind: 3,6; 7,2; 12; 17,5; 24; 36; 52; 72,5; 100; 123; 145; 170; 245; 300; 362; 420; 525; 550; 765.

Bemessungsisolationspegel (= rated insulation level)

Der Bemessungsisolationspegel eines Schaltgeräts ist aus der **Tabelle 5.4** auszuwählen.

Die Spannungswerte in dieser Tabelle gelten bei atmosphärischen Normalbedingungen (Temperatur, Luftdruck und Luftfeuchte). Die Bemessungsspannungswerte für Blitzstoßspannung (U_p), für die Schaltstoßspannung (U_s) (soweit anwendbar) sowie für die Wechselspannung (U_d) sind jeweils aus ein und derselben Zeile der genannten Tabelle auszuwählen. Der Bemessungsisolationspegel ist durch die Bemessungs-Blitzstoßspannung Leiter gegen Erde bestimmt.

Bemessungs-spannung	Bemessungs-Kurzzeit-Stehwechselspannung U_d in kV (Effektivwert)		Bemessungs-Stehblitzstoßspannung U_p in kV (Scheitelwert)	
U_r in kV (Effektivwert)	Leiter gegen Erde zwischen den Leitern über der offenen Schaltstrecke	über der Trennstrecke	Leiter gegen Erde zwischen den Leitern über der offenen Schaltstrecke	über der Trennstrecke
3,6	10	12	20/40	23/46
7,2	20	23	40/60	46/70
12	28	32	60/75	70/85
17,5	38	45	75/95	85/110
24	50	60	95/125	110/145
36	70	80	145/170	165/195
52	95	110	250	290
72,5	140	160	325	375

Tabelle 5.4 Bemessungsisolationspegel für Bemessungsspannungen des Bereichs 1, Reihe 1 entsprechend DIN EN 62271-1 (**VDE 0671-1**):2018-05, Tabelle 1 (auszugsweise)

Für die meisten Bemessungsspannungen stehen mehrere Bemessungsisolationspegel zur Verfügung, um unterschiedlichen Eigenschaften oder Anforderungen entsprechen zu können. Bei der Wahl der Bemessungsisolationspegel soll berücksichtigt werden, wie weit das Schaltgerät steil und flach ansteigenden Überspannungen ausgesetzt ist; ferner sind die Art der Sternpunkterdung und der Typ der Überspannungs-Begrenzungselemente zu berücksichtigen.

Die „allgemeinen Werte" sind festgelegt für Leiter gegen Erde, zwischen den Leitern sowie der offenen Schaltstrecke. Die Spannungswerte „über die Trennstrecke" gelten nur für Schaltgeräte, bei denen der Abstand zwischen den offenen Kontakten so bemessen ist, dass er den Sicherheitsanforderungen für Trennschalter entspricht.

Bemessungsfrequenz (f_r = rated frequency)

Werte der Bemessungsfrequenz in Hertz sind: 16 $^2/_3$; 25; 50; 60.

Bemessungsbetriebsstrom (I_r = rated normal current)

Der Bemessungsbetriebsstrom eines Schaltgeräts ist der Effektivwert des Stroms, den das Schaltgerät unter den festgelegten Bedingungen dauernd führen kann.

Die Werte des Bemessungsbetriebsstroms in Ampere sind: 200; 400; 630; 800; 1 250; 1 600; 2 000; 2 500; 3 150; 4 000; 5 000; 6 300.

Bemessungskurzzeitstrom (I_k = rated short-time withstand current)

Effektivwert des Stroms, den ein Schaltgerät in Einschaltstellung während einer festgelegten kurzen Zeit unter vorgeschriebenen Bedingungen führen kann.

Die Werte des Bemessungskurzzeitstroms in Kiloampere sind: 8; 10; 12,5; 16; 20; 25; 31,5; 40; 50; 63; 80; 100.

Bemessungsstoßstrom (I_p = rated peak withstand current)

Der durch eine erste große Teilschwingung des Bemessungskurzzeitstroms entstehende Stoßstrom, den ein Schaltgerät in Einschaltstellung unter festgelegten Bedingungen führen kann. Der Bemessungsstoßstrom muss der Bemessungsfrequenz entsprechen. Für eine Bemessungsfrequenz von 50 Hz oder darunter ist er gleich dem **2,5-fachen Wert**, für eine Bemessungsfrequenz von 60 Hz gleich dem 2,6-fachen Wert **des Bemessungskurzzeitstroms**.

Bemessungskurzschlussdauer (t_k) (= rated duration of short circuit)

Die Dauer, für die ein Schaltgerät in Einschaltstellung einen Strom gleich dem Bemessungskurzzeitstrom führen kann. Erforderlichenfalls kann ein von 1 s abweichender Wert gewählt werden.

Hierfür werden 0,5 s, 2 s und 3 s empfohlen.

Bemessungsversorgungsspannung der Antriebe und Hilfsstromkreise (U_a)

Die Versorgungsspannung der Antriebe sowie Hilfsstromkreise ist die Spannung, die an den Anschlussklemmen der Vorrichtung während der Betätigung gemessen wird. Einbezogen sind, falls erforderlich, Zusatzwiderstände oder andere Teile, die vom Hersteller geliefert oder verlangt werden und die in Reihe mit der Vorrichtung zu schalten sind. Nicht dazu gehören die Zuleitungen zur Spannungsquelle. Die Bemessungsversorgungsspannung soll einem der folgenden Normwerte entsprechen.

Gleichspannung in Volt: 24; 48; 60; 110 oder 125; 220 oder 250.

Wechselspannung in Volt:

- Drehstrom, Drei- oder Vierleitersystem: 220/380; 230/400; 240/45; 277/480,
- Einphasen-Dreileitersystem: 120/240,
- Einphasen-Zweileitersystem: 120; 220; 230; 240; 277.

Der Antrieb muss das Schaltgerät bei jedem Wert der Versorgungsspannung zwischen 85 % und 110 % der Bemessungsspannung schließen und öffnen können.

Bemessungsfrequenz der Antriebe und Hilfsstromkreise

Die Normwerte der Bemessungsfrequenz der Versorgungsspannung sind Gleichspannung, 50 Hz und 60 Hz.

Elektromagnetische Verträglichkeit (EMV)

Die Sekundäreinrichtungen müssen elektromagnetischen Störungen ohne Beschädigung oder Fehlfunktion widerstehen können.

Dies gilt für übliche Betriebsbedingungen wie auch für Schaltbedingungen einschließlich der Unterbrechung von Fehlerströmen in der Hauptstrombahn.

Bemessungsdruck der Druckgasversorgung für Isolation und/oder Betätigung

Die Werte des Bemessungsdrucks in Milli-Pascal sind, soweit vom Hersteller nicht anderweitig angegeben: 0,5; 1; 1,6; 2; 3; 4 (1 bar = 10^5 Pa; 1 MPa ≈ 10 bar).

Typprüfungen

Zweck der Typprüfungen ist der Nachweis der Kenndaten eines Schaltgeräts, seines Antriebs und seiner Hilfseinrichtungen.

Leistungsschilder/Typschilder

Schaltgeräte und ihre Antriebe müssen mit Leistungsschildern versehen sein, die die notwendigen Informationen, wie Name oder Marke des Herstellers, Fertigungsjahr, die Typbezeichnung des Herstellers, die Seriennummer, die Bemessungswerte usw., enthalten, entsprechend den Vorgaben in den einschlägigen Normen.

Die Leistungsschilder von Freiluft-Schaltgeräten und ihre Befestigung müssen witterungs- und korrosionsbeständig sein.

Falls das Schaltgerät aus mehreren Polen mit Einzel-Antrieb besteht, muss jeder Pol mit einem Leistungsschild versehen werden.

Ist ein Antrieb mit einem Schaltgerät verbunden, kann die Verwendung eines gemeinsamen Leistungsschilds ausreichend sein.

Technische Größen auf Leistungsschildern und/oder in Dokumenten, die gleichermaßen für verschiedene Arten von Hochspannungs-Schaltgeräten verwendet werden, müssen durch dieselben Symbole dargestellt werden. Solche Größen und die zugeordneten Symbole sind:

Bemessungsspannung	U_r
Bemessungsfrequenz	f_r

Bemessungsbetriebsstrom	I_r	
Bemessungsstoßstrom	I_p	
Bemessungskurzzeitstrom	I_k	
Bemessungskurzschlussdauer	t_k	
Bemessungsisolationspegel		
Bemessungs-Stehblitzstoßspannung	U_p	
Bemessungs-Schaltstoßspannung	U_s	
Bemessungs-Kurzzeit-Stehwechselspannung	U_d	
Bemessungshilfsspannung	U_a	
Bemessungsfülldruck (Dichte) für Isolation	p_{re}	(P_{re})
Bemessungsfülldruck (Dichte) für Betätigung	p_{rm}	(P_{rm})
Pegel für Warnmeldung des Drucks (Dichte) für Isolation	p_{ae}	(P_{ae})
Pegel für Warnmeldung des Drucks (Dichte) für Betätigung	p_{am}	(P_{am})
Mindestbetriebsdruck (Dichte) für Isolation	p_{me}	(P_{me})
Mindestbetriebsdruck (Dichte) für Betätigung	p_{mm}	(P_{mm})

Nach der Funktion werden Schaltgeräte in folgende Gruppen eingeteilt:

	Frei-schalten Trennen	Last-ströme schalten	Ströme begren-zen	Kurzschluss-ströme Ein	Kurzschluss-ströme Aus	Erden + Kurz-schließen
Trennschalter						
Lastschalter						
Lasttrennschalter						
Ltr-Sicherungs-kombination						
Schütze						
Leistungsschalter						
Erdungsschalter						

Bild 5.30 Hauptfunktionen von Schaltgeräten

Trennschalter (**Bild 5.31** und **Bild 5.32**) sind mechanische Schaltgeräte, die beim Betätigen eine Trennstrecke herstellen. Sie sind fähig, einen Stromkreis zu öffnen oder zu schließen, wenn entweder ein vernachlässigbarer Strom geschaltet wird oder wenn keine wesentliche Änderung der Spannung zwischen den Anschlüssen der Pole eintritt. Unter normalen und abnormalen Bedingungen (z. B. Kurzschluss) können Ströme für festgelegte Zeiten geführt werden. Vernachlässigbare Ströme haben Werte < 0,5 A; dies sind z. B. kapazitive Ladeströme von Durchführungen, Sammelschienen, Verbindungen, sehr kurze Kabellängen und Ströme von Spannungswandlern.

Bild 5.31 Dreipoliger Trennschalter

Bild 5.32 Dreipoliger Trennschalter mit angebautem Erdungsschalter

Trennteil (Bild 5.33)

Betriebsmittel, z. B. Leistungsschalter auf Fahrwagen oder in Einschubtechnik, der herausgenommen werden kann, um eine Trennstrecke oder Trennschottung zwischen den offenen Kontakten herzustellen.

(Ein: Betriebsstellung; Aus: Trenn-Teststellung)

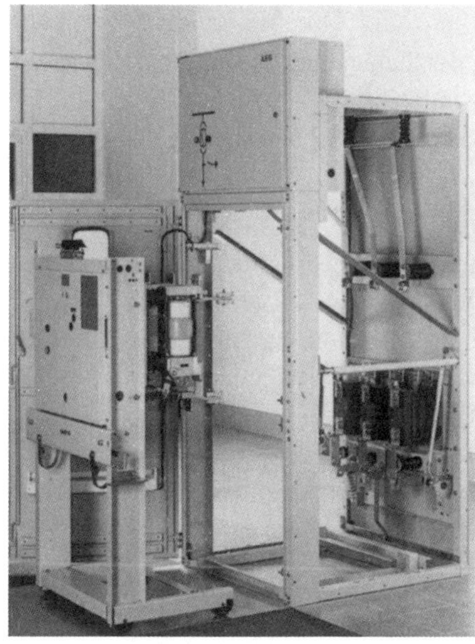

Bild 5.33 Leistungsschalter auf Fahrwagen mit Trennteil

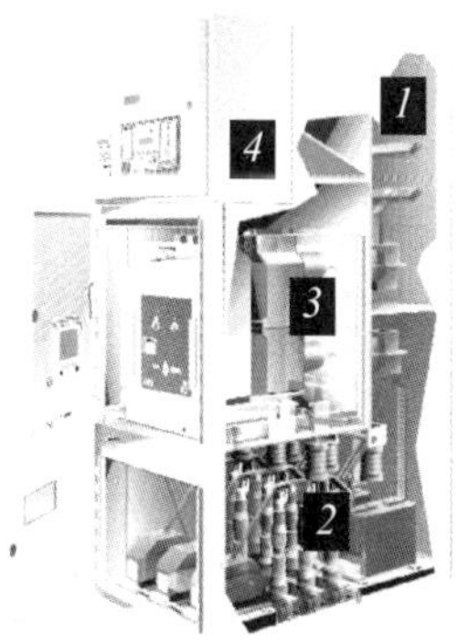

1 Sammelschienen

2 Kabel und Wandler

3 Leistungsschalter

4 Schutz und Steuerung

Bild 5.34 Luftisoliertes Schaltfeld (AIS) modularer Aufbau mit Leistungsschalter, Einschubtechnik

Trennstrecken sind Strecken bestimmten Isoliervermögens in Gasen oder Flüssigkeiten im Zuge der geöffneten Strombahnen von Schaltern, die zum Schutz des Arbeitspersonals und der Anlage besondere Sicherheitsanforderungen erfüllen müssen und deren Vorhandensein bei ausgeschaltetem Schalter zuverlässig erkennbar sein muss.

Die Anforderungen sind erfüllt:

- bei sichtbarer Trennstrecke (luftisolierte Schaltanlagen, z. B. nach DIN EN 61936-1 (**VDE 0101-1**)),
- bei eindeutiger/sichtbarer Erkennung der Stellung des Trennteils (Fahrwagen-/Schaltwagenanlagen oder Einschubtechnik),
- bei eindeutiger und zuverlässiger Wiedergabe der Schalterstellung (Trennstrecke nicht sichtbar).

Lastschalter sind Schalter mit einem Schaltvermögen (siehe entsprechendes Typenschild), das den beim Ein- und Ausschalten von Betriebsmitteln und Anlagenteilen in ungestörtem Zustand auftretenden Beanspruchungen entspricht.

Außergewöhnliche Beanspruchungen, z. B. Kurzschlussströme, müssen für festgelegte Zeiten im eingeschalteten Zustand geführt werden können.

Lasttrennschalter (**Bild 5.35** und **Bild 5.36**) sind Lastschalter, die in der Aus-Stellung die Trennstreckenanforderung erfüllen.

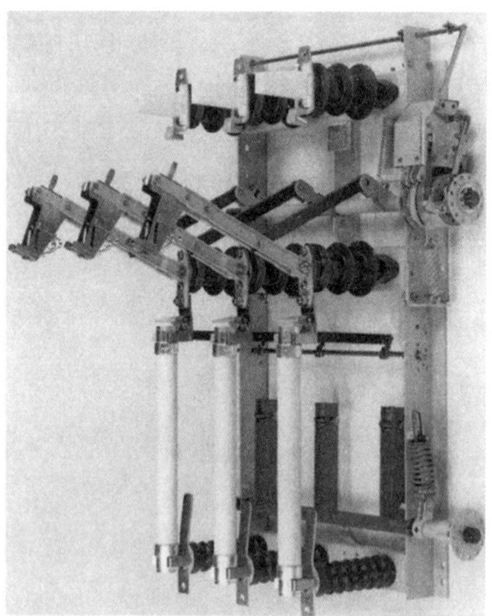

Bild 5.35 Lasttrennschalter mit HH-Sicherungen und Erdungsschalter

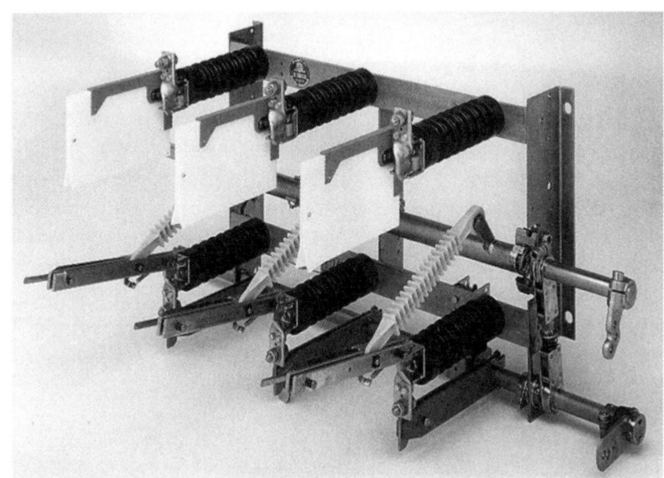

Bild 5.36 MS-Lasttrennschalter

Erdungsschalter (**Bild 5.37**) sind mechanische Schaltgeräte zum Erden und Kurzschließen von Stromkreisen, die fähig sind, während einer festgelegten Zeit Ströme unter abnormalen Bedingungen (Kurzschluss) zu führen. Spezielle Schalter verfügen über ein Kurzschlusseinschaltvermögen, im Sprachgebrauch auch „Draufschalter" genannt.

Bild 5.37 Erdungsschalter mit Sprungantrieb

Leistungsschalter (**Bild 5.38** und **Bild 5.39**) sind Schaltgeräte, die Betriebsströme schalten können und fähig sind, die unter festgelegten normalen und abnormalen Bedingungen (z. B. Kurzschluss) im Stromkreis auftretenden Ströme einzuschalten, über eine festgelegte Zeit zu führen und auszuschalten.

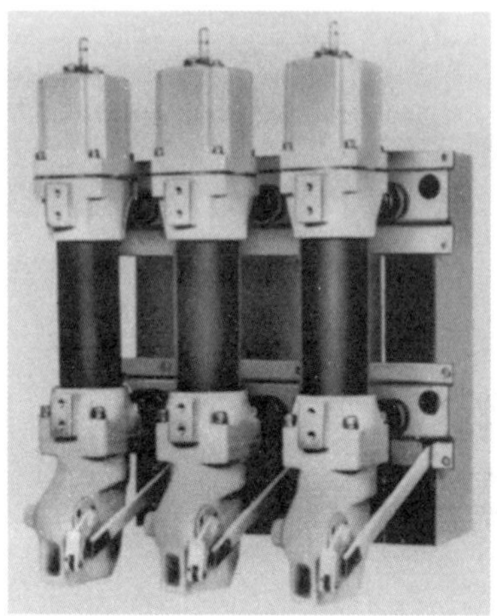

Bild 5.38 Ölarmer Leistungsschalter

Bild 5.39 Vakuum-Leistungsschalter

Die Schaltzeiten der Leistungsschalter sind wie folgt definiert:

Ausschaltzeit	Beginn bis Ende der Lichtbogenbrenndauer,
Einschalteigenzeit	Einleiten der Schaltbewegung bis zur Kontaktberührung,
Einschaltzeit	Einleiten der Schaltbewegung bis zum Stromfluss in den Hauptkontakten,

Lichtbogenzeit Beginn des Lichtbogens bis zum Erlöschen des Lichtbogens,

Pausenzeit endgültiges Erlöschen des Lichtbogens bis zum Wiedereinsetzen des Stromflusses in den Hauptkontakten.

Schaltfolgen:

Es gibt zwei alternative Schaltfolgen:

1) O – t – CO – t' – CO

   Falls die Zeitintervalle nicht festgelegt sind, gilt:

   t = 3 min für Leistungsschalter, die nicht für automatische Wiedereinschaltung bestimmt sind,

   t = 0,3 s für Leistungsschalter, die für automatische Wiedereinschaltung bestimmt sind (Pausenzeit),

   t = 3 min;

2) CO – t'' = 15 s, für Leistungsschalter, die nicht für automatische Wiedereinschaltung bestimmt sind. Es bedeuten:

   O Einschalten,,

   CO Ausschalten unmittelbar (d. h. ohne beabsichtigte Verzögerung) gefolgt von einem Öffnen des Schalters,

   t, t', t'' Zeitintervalle zwischen aufeinander folgenden Schaltungen,

   t, t' sollten immer in Minuten oder Sekunden angegeben werden,

   t'' sollte immer in Sekunden angegeben werden.

Wenn die Pausenzeit einstellbar ist, müssen die Einstellgrenzen angegeben werden.

Im Kapitel Lichtbogenlöscheinrichtungen sind verschiedene Leistungsschaltertypen beschrieben.

Motorschalter sind Schalter, die ihren sechs- bis achtfachen Bemessungsstrom schalten können, z. B. den Anlaufstrom eines Motors oder den Strom eines festgebremsten Motors. Auch dreipolige NH-Sicherungen mit dem Schaltvermögen eines Motorschalters können gebaut werden. Die in DIN EN 60204 (**VDE 0113**) (Sicherheit von Maschinen – Elektrische Ausrüstung von Maschinen) vorgeschriebenen Hauptschalter müssen hinsichtlich ihres Schaltvermögens mind. den Ansprüchen eines Motorschalters genügen und die Trennerbedingungen erfüllen.

Sicherungen sind Betriebsmittel, bei denen die Strombahnen durch Abschmelzen bestimmter Teile unter der Wirkung eigener Stromwärme unterbrochen werden, wenn der Strom während bestimmter Zeiten bestimmte Werte überschreitet.

Schutzschalter: Schutz gegen unzulässige Werte des Stroms, der Erwärmung, der Fehlerspannung oder Unterspannung (die selbsttätig öffnen oder schließen).

Steuerschalter zum häufigen Ein-, Aus- oder Umschalten von Stromkreisen, z. B. Steuerwalzen, Anlasser, Kontrollschalter usw., z. B. bei Hebezeugen.

Antriebe für Schaltgeräte

Antriebe von Schaltgeräten sind Einrichtungen, die die angetriebenen Schaltstücke in die Schaltstellungen Ein bzw. Aus bewegen. Nach ihrem Wirkungsprinzip werden folgende Arten unterschieden:

- **Unabhängige Handbetätigung**, die durch menschliche Kraft wirkt, z. B. mittels Schaltkurbel, Schalthebel, Schaltstange oder „Steigbügel".
- **Abhängige Kraftbetätigung**, die durch technische, z. B. elektrische oder pneumatische Energie wirkt (z. B. Druckluftantriebe, Motorantriebe, Hydraulikantriebe, Magnetspule).

  Beispielsweise Kraftspeicherung mit Feder (Bild 5.40)

  Der Federspeicherantrieb ist ein mechanischer Antrieb mit einer kräftigen Feder als Energiespeicher. Die Feder wird mittels Elektromotor aufgeladen und über ein Klinkensystem gespannt gehalten. Durch einen Magnet wird bei einer Schaltung die Klinke ausgelöst, und die Federenergie kann sich zur Kontakt-Bewegung entladen.

Bild 5.40 Leistungsschalter mit Federkraftspeicherantrieb

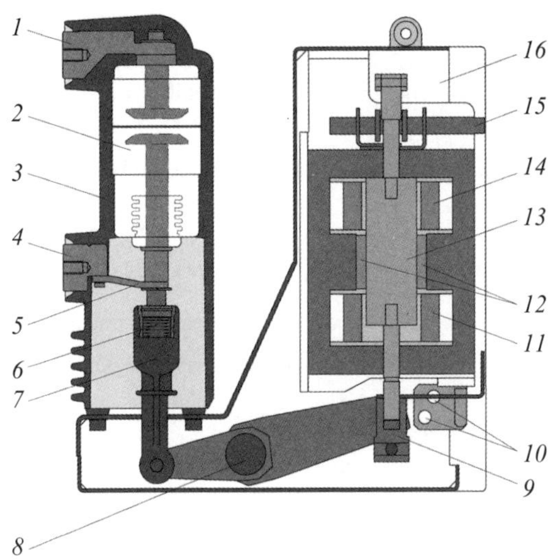

12 kV

1 oberer Anschluss,
2 Vakuum-Schaltkammer,
3 Gießharz-Umguss,
4 unterer Anschluss,
5 Stromband,
6 Kontaktkraftleder,
7 Isolierkoppelstange,
8 Hebelwelle,
9 Hubeinstellung,
10 Sensoren zur Schaltstellungserfassung,
11 EIN-Spule,
12 Permanentmagnete,
13 Magnetanker,
14 AUS-Spule,
15 Hand-Not-Ausschaltung,
16 Antriebsgehäuse mit Magnetantrieb

Bild 5.41 Vakuum-Leistungsschalter mit Magnetspulenantrieb

Beispielsweise hydraulische Federkraftspeicherung

Der hydraulische Federspeicherantrieb ist eine Kombination von Hydraulik- und Federspeicherantrieb. Er verwendet ein inkompressibles Medium, meist Öl, für den Energietransport und eine Feder als Energiespeicher. Mittels Pumpe wird das Öl in ein Hochdruckvolumen gepumpt, ein Speicherkolben spannt dabei eine starke Feder. Über Vorsteuer-Magnetventile wird dem Öl der Weg in das Hauptventil und von diesem in den Arbeitszylinder zum Einschalten oder in den Niederdrucktank zum Ausschalten freigegeben.

- **Sprungantriebe**

  Durch Aufladen des Energiespeichers (z. B. Feder) folgt die Schalterstellungsänderung zwangsläufig.

- **Speicherantrieb**

  Nach dem Aufladen des Energiespeichers (z. B. Feder) folgt **nicht** zwangsläufig die Schalterstellungsänderung, sondern z. B. von Hand, über Hilfsauslöser oder durch HH-Sicherungen.

Betätigung der Schaltgeräte

Die Bewegungsrichtung der Handantriebe von Schaltgeräten muss eindeutig erkennbar sein. Sie soll für Schaltgeräte gleicher Funktion innerhalb einer Anlage gleichsinnig sein.

Die Schaltstellung der Schaltgeräte muss am Einbauort erkennbar sein (**Bild 5.42**).

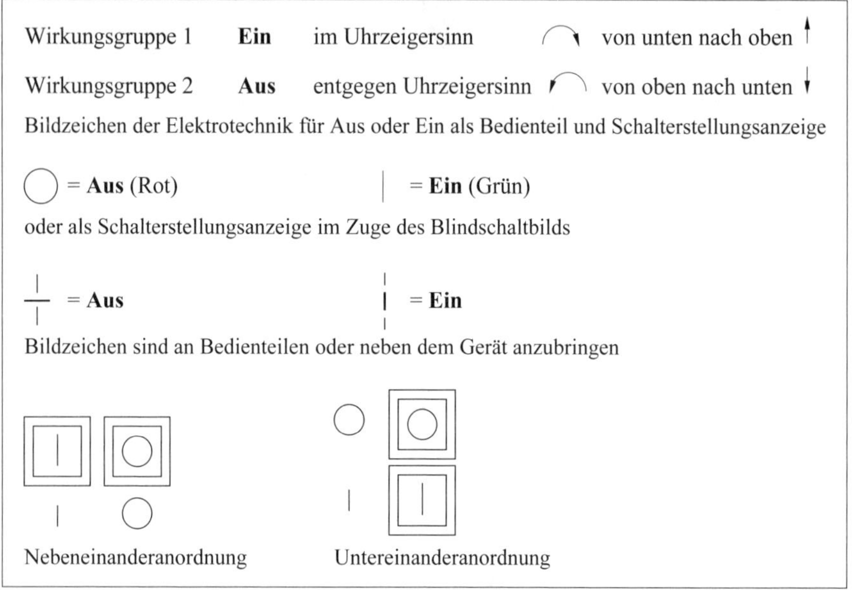

Bild 5.42 Schaltstellung der Schaltgeräte

Kennfarben: für Druckknöpfe und Leuchtmelder analog Sichtmelder (Schaltstellungsanzeige).

Aus = Rot: Halt-, **Aus**- und Not-Druckknöpfe müssen Rot sein. Rot ist der Funktion Stopp oder dem Ausschalten eines Hauptstromkreises vorbehalten.

Ein = Grün: Für Start- oder **Ein**-Druckknöpfe ist vorzugsweise **Grün** anzuwenden, zulässig sind auch die neutralen Farben Schwarz, Weiß oder Grau.

Verriegelungen

Zur Vermeidung von Fehlschaltungen werden die Antriebe der Trenn- und Erdungsschalter gegeneinander verriegelt: Motorantriebe elektrisch, Druckluftantriebe elektropneumatisch und Handantriebe mechanisch (**Bild 5.43**). Beim Hand- und Motorantrieb kann außerdem zusätzlich ein Sperrmagnet eingebaut werden, der im spannungslosen Zustand eine manuelle Betätigung verhindert. In diesem Fall ist eine Vor-Ort-Schaltung nur ausführbar, wenn die Verriegelungsspannung ansteht und die vorgegebenen Verriegelungsbedingungen eingehalten sind. Beispielsweise kann der Trennschalter nur geschlossen oder geöffnet werden, wenn der zugehörige Leistungsschalter ausgeschaltet ist. Auch der Einbau von Schlossverriegelungen, Schaltfehlerschutzgeräten und Leittechnikgeräten ist möglich.

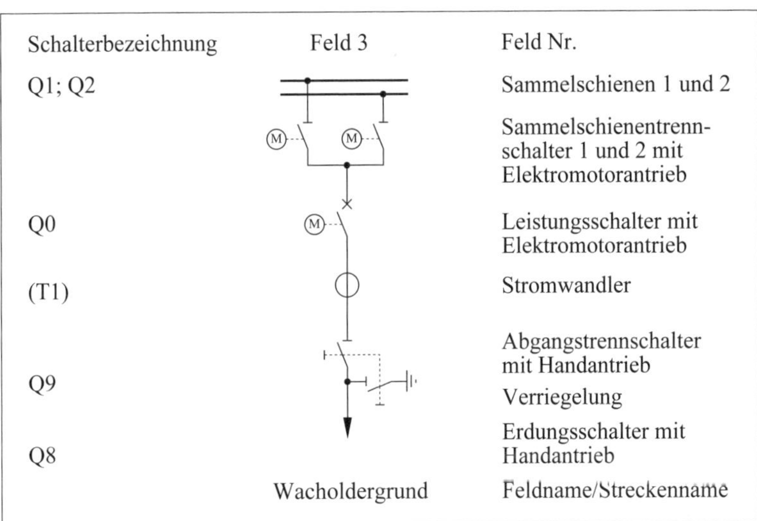

Bild 5.43 Darstellung der Schaltersymbole eines Schaltfelds als Beispiel

5.9 Lichtbogen-Löscheinrichtungen

5.9.1 Leistungsschalter (LS)

Lichtbogen-Löscheinrichtungen haben verschiedene Aufgaben zu erfüllen:

- Aufnahme der Lichtbogenenergie,
- Verhindern des Überschlags zu benachbarten Anlagenteilen,
- Erzeugen einer ausreichend hohen Lichtbogenspannung,
- Erhöhen der Zündspannung eines Lichtbogens (Entionisierung der Schaltstrecke nach dem Stromnulldurchgang).

Zur Erhöhung der Lichtbogenspannung ergeben sich nach den bisherigen Überlegungen folgende Möglichkeiten:

- Verlängerung der Lichtbogensäule,
- Kühlung des Lichtbogens,
- Aufteilung des Lichtbogens,
- Druck auf den Lichtbogen.

Meistens werden mehrere der genannten Maßnahmen in einem Schaltgerät angewendet. Die physikalischen Prinzipien lassen jedoch verschiedene konstruktive Ausführungen zu, sodass im Laufe der Entwicklung von Schaltgeräten unterschiedliche Lösungsmöglichkeiten verwirklicht wurden.

Die verschiedenen Leistungsschalterarten werden nach dem Lichtbogen-Löschmedium unterschieden:

- Öl -Leistungsschalter
- ölarm -Leistungsschalter
- Druckluft -Leistungsschalter
- Expansion (Wasser und Glykol) -Leistungsschalter
- SF_6 -Leistungsschalter
- Vakuum -Leistungsschalter

Beispiel:
Löschprinzip eines ölarmen Leistungsschalters

Die Erhöhung des Drucks bei gleichzeitiger Kühlung der Schaltstrecke spielt insbesondere bei Mittel- und Hochspannungsschaltern eine Rolle.

Bild 5.44 zeigt den Ausschaltvorgang in der druckfesten Lichtbogenkammer eines solchen Schalters. Bei der dargestellten Konstruktion erfolgt die Löschmitteleinwirkung auf den Lichtbogen in einer Kombination aus einer stromabhängig und einer stromunabhängig geführten Ölströmung.

Die Löschung des Lichtbogens geschieht dabei folgendermaßen:

Beim **Ausschalten großer Ströme** (Kurzschluss) wird durch die hohen Temperaturen das Öl in der Schaltkammer zersetzt, und es entstehen Gasblasen. Durch das Gas wird der Lichtbogen zum einen gut gekühlt, zum anderen hat das Gas einen größeren Raumbedarf als das Öl vorher, sodass der Druck in der Schaltkammer steigt und die Brennspannung des Bogens zunimmt. Die besondere Formgebung der Schaltkammer (Ringkanaldüse) bewirkt, dass die durch den Druck hervorgerufene Ölströmung quer auf die Lichtbogensäule gelenkt (Querströmung) und die Lichtbogenlöschung eingeleitet wird.

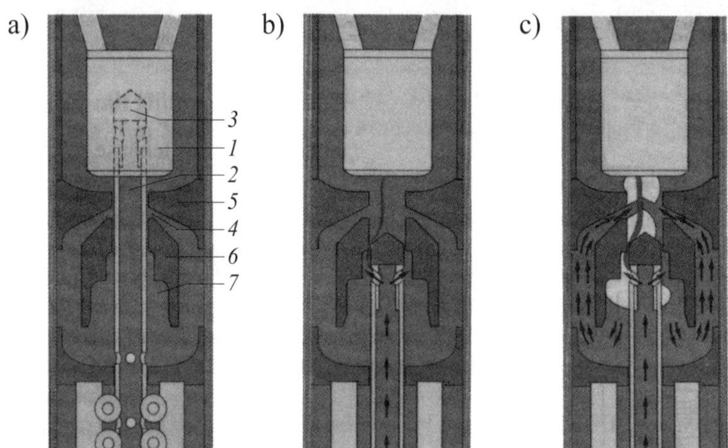

Bild 5.44 Lichtbogenlöschung bei einem ölarmen Mittelspannungsleistungsschalter
a) Schalter in Stellung „Ein",
b) Ausschalten kleiner Ströme,
c) Ausschalten großer Ströme,

1 festes Schaltstück,
2 beweglicher Schaltstift,
3 Isolierspitze,
4 Ringkanaldüse,
5 Kammerdeckel,
6 unterer Kammereinsatz,
7 unterer Kammerraum

Der Überdruck, der innerhalb weniger Millisekunden entsteht, und die Ölströmung führen dazu, dass die Schaltstrecke nach dem Nulldurchgang des Stroms entionisiert und die Zündspannung so weit erhöht wird, dass der Lichtbogen nicht mehr neu zünden

kann. Der Vorgang wird noch dadurch unterstützt, dass der Abstand zwischen den Schaltkontakten zunimmt. Durch das im Schalterkopf vorhandene Luftvolumen wird der Überdruck aufgefangen und nach dem Löschen des Bogens über Entlüftungsöffnungen wieder langsam abgebaut. Ein Ölverlust entsteht dabei kaum, da sich der größte Teil der Schaltgase und Öldämpfe nach der Lichtbogenlöschung wieder zu Öl zurückbildet. Der Lichtbogenstrom erzeugt die Ölströmung selbst. Es ist eine stromabhängige Lichtbogenlöschung.

Das **Ausschalten kleiner Ströme** wird durch eine stromunabhängige Ölströmung erreicht, die zwangsläufig durch die Abwärtsbewegung des Schaltstifts beim Ausschalten ausgelöst wird. Das Öl wird dabei aus dem Gehäuse unterhalb der Löschkammer verdrängt und strömt durch den hohl ausgeführten Schaltstift nach oben (Längsströmung).

Die Lichtbogenlöschung erfolgt durch stromabhängige Querströmung und/oder durch stromunabhängige Längsströmung des Löschmittels.

Beispiel 2: Löschprinzip eines Vakuumleistungsschalters

Die Schaltkammer (**Bild 5.45** und **Bild 5.46**) besteht aus einem hochevakuierten Gehäuse mit Keramikzylindern. In dem Gehäuse stehen sich zwei Elektroden gegenüber, von denen die eine mithilfe eines außerhalb der Kammer befindlichen Antriebs bewegt werden kann. Ein Metallfaltenbalg, einerseits fest mit dem Stempel des beweglichen Kontakts und andererseits fest mit dem Keramikzylinder verbunden, bildet den hermetischen Abschluss zwischen Außenluft und dem Innern der Kammer. Ein isoliert angebrachter metallischer Zylinder bildet den Kondensationsschirm.

Eine große Bedeutung für die Funktion der Schaltkammer hat die Reinheit der Metalle in Bezug auf die in ihnen vorhandenen Gase oder Gasverbindungen. Bei der Metallverdampfung, während der Lichtbogeneinwirkung, werden diese Gase freigesetzt und erhöhen den Restgasdruck in der Kammer.

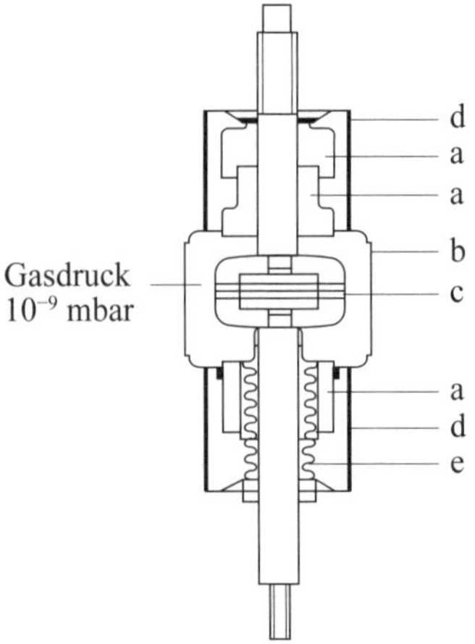

Bild 5.45 Querschnitt

a metallische Abschirmung
b Metallzylinder
c Kontaktmaterial CuCr
d Keramikzylinder
e Metallfaltenbalg

Bild 5.46 Blick in eine aufgeschnittene Vakuumröhre

Zur Funktion der Kammer ist ein Druck von weniger als 10^{-4} mbar (**Bild 5.47**) erforderlich.

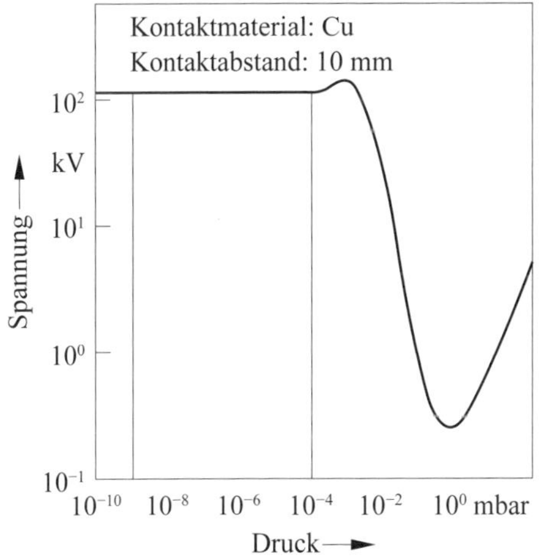

Bild 5.47 Vakuum in der Schaltkammer Vakuumleistungsschalterpol

Bei Herstellung der Kammer wird ein Anfangsdruck von 10^{-9} mbar erzeugt. Bei einer angenommenen Leckrate von $3 \cdot 10^{-13}$ mbar mal Liter pro Sekunde würde bei einer Schaltgefäßgröße von 1 l in etwa 20 Jahren der Druck von 10^{-4} mbar erreicht sein, der zur Funktion der Kammer unbedingt notwendig ist. Die Leckraten von Schaltkammern liegen bei 10^{-15} mbar mal Liter pro Sekunde.

Bild 5.48, **Bild 5.49**, **Bild 5.50** und **Bild 5.51** zeigen die Phasen der Löschung.

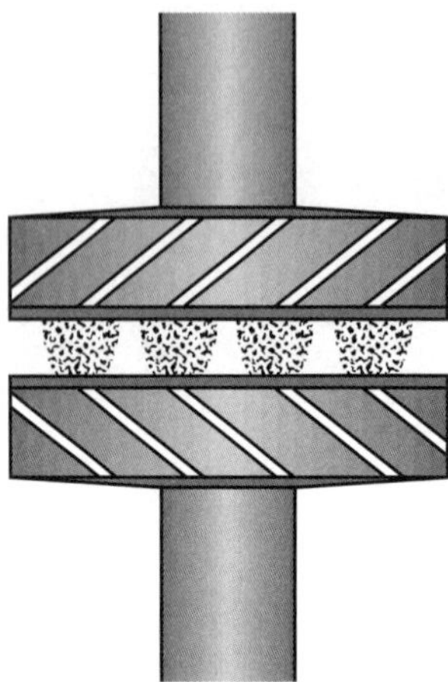

Bild 5.48 Vakuumschalter

Schon bei wenigen Millimetern Kontaktabstand wird der Lichtbogen in der Vakuumschaltkammer unterbrochen

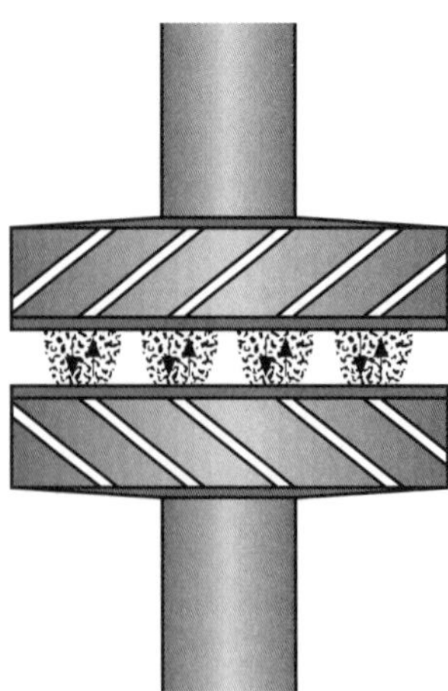

Bild 5.49 Vakuumschalter

Der Lichtbogen wird in der Vakuumschaltkammer durch den Metalldampf gebildet; dieser kondensiert wieder zum größten Teil auf den Elektroden

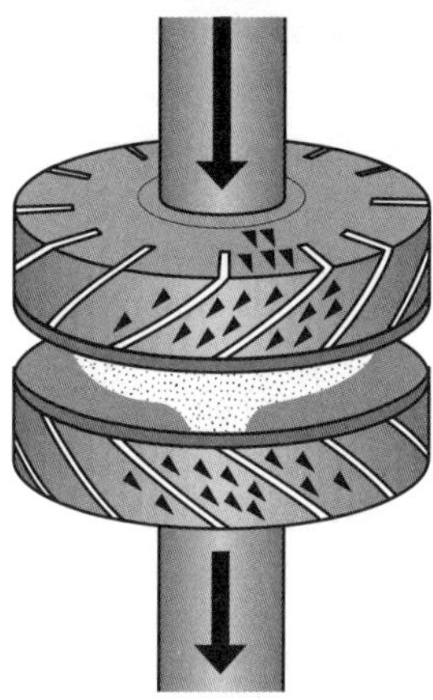

Bild 5.50 Vakuumschalter

Bei Strömen über 10 kA wird der Lichtbogen durch den Druck des eigenen Magnetfelds stark eingeschnürt. Der kontrahiert brennende Lichtbogen bringt größere Mengen des Kontaktmaterials an der Stromeintrittstelle wegen der hohen Stromdichte sehr schnell zum Verdampfen. Damit wäre das Löschen des Lichtbogens nach dem Stromnulldurchgang infrage gestellt

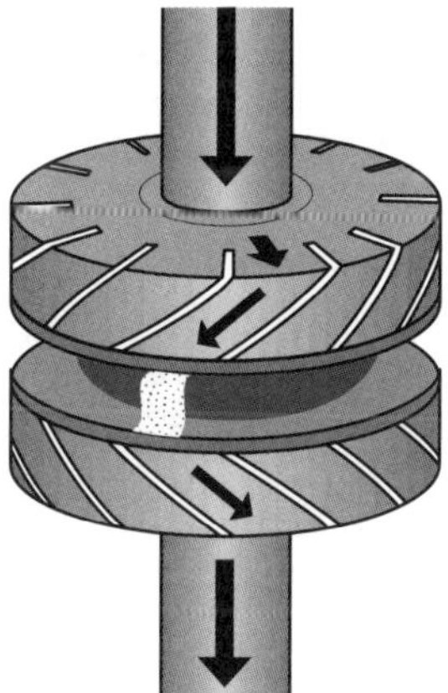

Bild 5.51 Vakuumschalter

Um eine Überhitzung der Kontakte im Bereich der Lichtbogenfußpunkte zu verhindern, wird eine Kontaktgeometrie gewählt, die den Bogenstrom so führt, dass magnetische Felder aufgebaut werden, die den Lichtbogen zum Rotieren bringen. Bei abnehmendem Bogenstrom, kurz vor dem natürlichen Stromnulldurchgang, geht der kontrahierte, rotierende Lichtbogen wieder in eine diffuse Entladung über. Auf diese Weise kann das Ausschaltvermögen der Schaltkammern auf die Werte erhöht werden, die von Leistungsschaltern beherrscht werden müssen, bei geringem Kontaktabbrand und bei schneller Wiederverfestigung der Schaltstrecke

Der Schaltlichtbogen im Vakuum wird aus dem verdampfenden Kontaktmaterial der Schaltstücke gebildet.

Die hohe dielektrische Festigkeit des Vakuums erlaubt kleine Kontaktabstände von etwa 10 mm. Wegen der geringen Länge und des niedrigen Widerstands des Metalldampflichtbogens ist die umgesetzte Energie sehr klein. Bei Erlöschen des Lichtbogens, in der Nähe des Stromnulldurchgangs, kondensiert der Metalldampf zum größten Teil wieder auf den Elektroden, aus denen er entstanden ist. Dadurch wird er als hochreine, vollwertige Kontaktoberfläche im Vakuum zurückgewonnen, sodass der resultierende Schaltstückabbrand außerordentlich gering ist. Die schweren Partikel des Metalldampfs bewegen sich auf gut definierten Bahnen und werden durch geeignete metallische Abschirmungen, auf denen sie zu festem Metall kondensieren, von den Isolierteilen ferngehalten. Deshalb wird das Isoliervermögen nicht beeinflusst. Eine Wartung der Schaltkammer ist somit auch aus diesen Gründen nicht notwendig.

Wegen der schnellen elektrischen Wiederverfestigung der Schaltstrecke im gesamten Strombereich hat der Vakuumleistungsschalter ein hohes Schaltvermögen bei kapazitiven Strömen.

5.9.2 Löschprinzip Lasttrennschalter

Den mechanischen Verlauf des Ausschaltvorgangs zeigt **Bild 5.52**. Zunächst öffnet – angetrieben über Schalterwelle (1) und Isoliergestänge (2) – das Trennmesser den Hauptkontakt. Gleichzeitig kommutiert der Strom auf das noch durch den Haltekon-

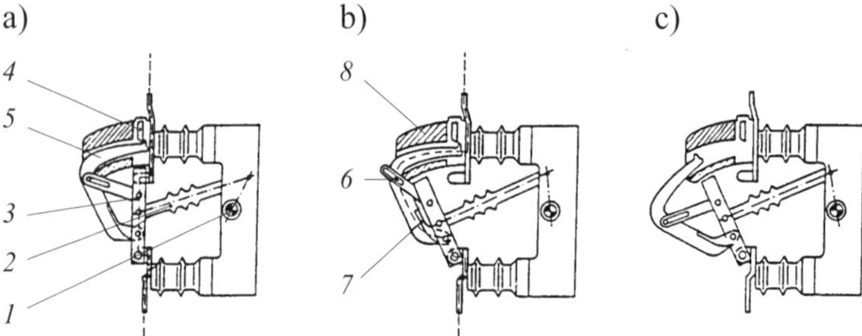

Bild 5.52 Ausschaltvorgang
a) Schalter geschlossen
b) Beginn der Ausschaltbewegung
c) Schalter in Löschdistanz

1 Schalterwelle,
2 Isoliergestänge,
3 Trennmesser,
4 Haltekontakt,
5 Nacheilmesser,
6 Mitnahmebolzen,
7 Feder,
8 Löschkammer

takt (4) in der Einschaltstellung verbleibende Nacheilmesser (5). Der Mitnahmebolzen (6) am Trennmesser beschleunigt das Nacheilmesser (5), es wird durch die inzwischen gespannte Feder (7) fast unabhängig von der Messerbewegung in die Aus-Stellung gebracht. Der dabei entstehende Lichtbogen zwischen Haltekontakt und Abreißspitze des Nacheilmessers wird in der Löschkammer (8) gelöscht.

Bei der Unterbrechung großer Ströme wird das Gasströmungsverfahren angewendet, d. h., die Lichtbogenenergie wird durch Konvektion entzogen. Kleine Ströme dagegen werden unter Ausnutzung der Wandkühlungswirkung großflächiger Kunststoffwandungen unterbrochen. Die Lichtbogenenergie wird durch Zersetzung und Wärmeaufnahme der obersten Schichten des Kunststoffs gebunden. **Bild 5.53** zeigt einen Lasttrennschalter. Lasttrennschalter sind erst um 1950 entwickelt und eingesetzt worden.

Bild 5.53 Lasttrennschalter, Hartgas 12 kV, 400 A/630 A

Ausschaltung von rein induktiven und kapazitiven Strömen

Das zuvor beschriebene Löschsystem ist besonders geeignet zum Schalten induktiver und kapazitiver Ströme. Umfangreiche Prüfungen über Schaltungen mit leerlaufenden Umspannern bis einschließlich 1 250 kVA sowie Ausschaltungen von Erdschlussströmen mit 300 A bei 12 kV sowie 200 A bei 24 kV ergaben Löschzeiten von nur einer Halbschwingung. Durch die optimale Schaltgeschwindigkeit beim Einschalten mit der Schnelleinschaltvorrichtung und durch die massive Hauptstrombahn – die Hauptkontakte schließen sich, bevor der Nacheilstift den Haltekontakt erreicht – lassen sich hohe Kurzschlussströme ohne Gefährdung des Bedienenden einschalten.

5.9.3 Löschprinzip Sicherungen

Schmelzsicherungen (**Bild 5.54** zeigt eine HH-Sicherung) sind die ältesten und preiswertesten Schutzeinrichtungen überhaupt. Grundgedanke ihrer Entwicklung war es, in einem Stromkreis (primär) eine leicht zugängliche und austauschbare „Sollbruchstelle“ zu schaffen. Aus der Verwendung eines einfachen Drahts mit geringerem Querschnitt als die zu schützende Leitung, der zwischen zwei Klemmen gespannt wurde, entwickelten sich die heutigen Formen der Schmelzsicherungen. Der ungeschützte Draht stellte im Kurzschlussfall wegen des sich bildenden Lichtbogens, der auf andere Anlagen- und Gebäudeteile überschlagen konnte, eine Brandgefahr dar. Es wurde schließlich von einem Porzellan- bzw. Steatitgehäuse mit Quarzsandfüllung umgeben. Im Prinzip ist dies auch noch die heutige Form der Sicherungen. Dabei kommt dem Quarzsand die Aufgabe der Lichtbogenlöschung und Wärmeableitung zu.

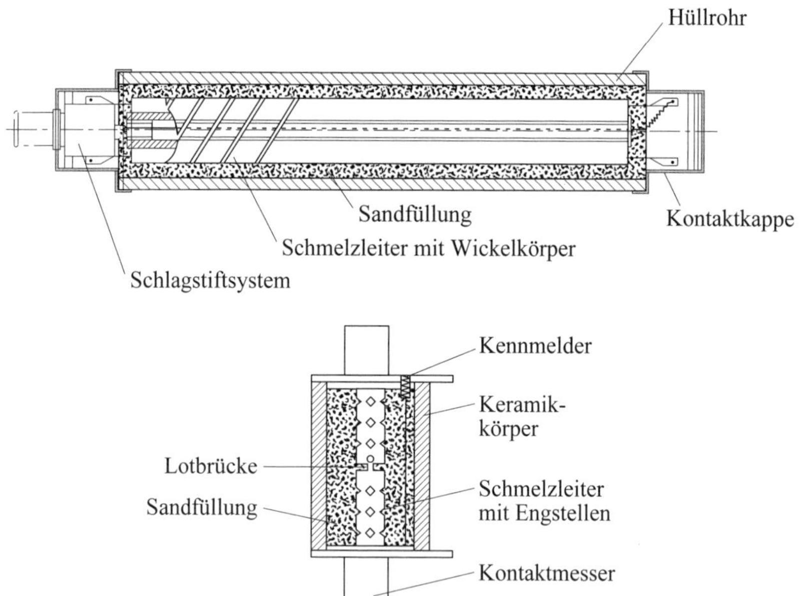

Bild 5.54 Schnitt durch HH-Teilbereichssicherung (oben) und NH-Sicherung (unten)

Eine Schmelzsicherung hat genau festgelegte Abschmelzstellen (**Bild 5.55**) eines oder mehrerer paralleler Schmelzleiter für Überlast- und Kurzschlussströme. Bei Überlastströmen schmelzen temperaturempfindliche Lotbrücken zeitverzögert ab.

Den Schutz bei Kurzschluss übernehmen mehrere Engstellen, die praktisch gleichzeitig abschmelzen und verdampfen. Der entstehende Lichtbogen wird dabei in mehrere Teillichtbögen zerlegt, sodass eine möglichst große Lichtbogenspannung entsteht. Der verdampfende Schmelzleiter sintert mit dem Quarzsand zu einem Leiter mit sehr hohem Widerstand, wodurch der Strom begrenzt wird. Werden die Engstellen entsprechend ausgebildet, kann die Schmelzzeit sehr klein gehalten und dadurch verhindert werden, dass der Strom seinen Scheitelwert erreicht.

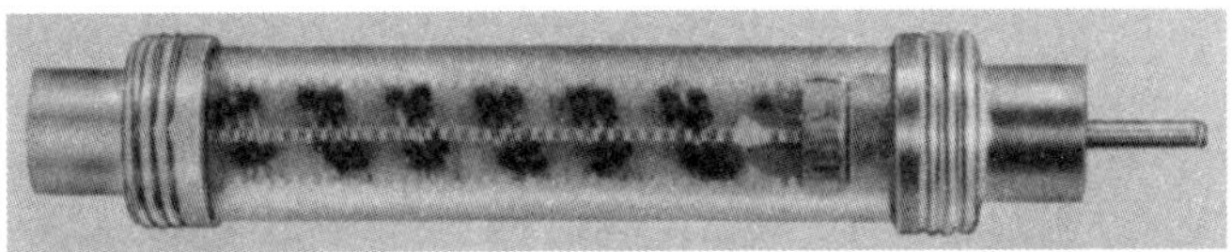

Bild 5.55 Sichtmodell einer angesprochenen HH-Sicherung mit Schmelzraupen

5.10 Schaltanlagen

5.10.1 Allgemein

Eine Schaltanlage ist eine elektrotechnische Anlage, deren Schaltgeräte es ermöglichen, Abgänge und Sammelschienen gleicher Nennspannung elektrisch zu verbinden oder zu trennen.

Eine **Schaltanlage muss**:

- den Normalbetrieb und Störfall im Netz beherrschen,
- eine größtmögliche Betriebssicherheit hinsichtlich Feuchtigkeit, Schmutz und Kleintiere bieten,
- ein gefahrloses Schalten, Bedienen und Betreiben garantieren,
- wartungsarm/wartungsfrei und kompakt sein.

Schaltanlagen bestehen grundsätzlich aus folgenden Hauptteilen:

- Sammelschiene,
- Schaltfelder,
- Steuer-, Mess- und Schutzeinrichtungen,
- Erdungsanlage,
- Nebenanlagen.

Die **Sammelschiene** stellt den Netzknotenpunkt dar. Sie ist das verbindende Element aller Einspeise- und Abgangsfelder einer Schaltanlage. Im Normalbetrieb hat die Sammelschiene einer Schaltanlage ein bestimmtes Potential. Sammelschienen werden in verschiedenen Schaltungen ausgeführt und können verschieden isoliert werden. Es werden luftisolierte, feststoff-luftisolierte, feststoffisolierte und gasisolierte Schaltanlagen unterschieden.

Nach der Anzahl der Sammelschienen können die Schaltanlagen in Anlagen mit Einfach-, Zweifach-, Dreifachsammelschiene und Schaltanlagen mit Umgehungsschiene – entsprechend den Grundschaltungen für Sammelschienen – eingeteilt werden. Sammelschienensysteme sind dadurch gekennzeichnet, dass sie über alle Felder der Schaltanlage verlaufen und dass die überwiegende Anzahl der Schaltfelder gleichzeitig an jede Sammelschiene angeschlossen ist oder angeschlossen werden kann. Sammelschienenabschnitte sind Unterteilungen von Einfach- oder Mehrfachsammelschienen oder auch von einzelnen Abschnitten dieser Systeme, wobei jeder Abschnitt der Sammelschiene über einen nicht mehr auftrennbaren Teil der Schaltfelder verläuft.

Jede Schaltanlage, gleich welcher Bauweise, besteht aus einer bestimmten Anzahl bausteinartig aneinandergereihter Schaltfelder.

Abhängig von der Funktion gibt es unterschiedliche **Schaltfelder**, z. B. Einspeisefeld, Transformatorfeld, Abgangsfeld, Messfeld, Übergabefeld, Querkupplung und Längskupplung.

Die Schaltanlagenfelder enthalten entsprechend ihrer Funktion Schaltgeräte, Wandler, Kabelanschlussraum, Messinstrumente, Vorrichtungen zum Erden und Kurzschließen, Steuergeräte, Schutz- und Überwachungseinrichtungen zur Messung und Zählung der elektrischen Energie.

Als weitere Komponente für die Schaltanlagen-Technik ist der **Kabelanschluss** zu nennen. Die Entwicklung und Praxisbewährung der Geräteanschlussteile (Kabelsteckteile) ermöglichen heute eine kompakte und berührungssichere Anschlusstechnik für PE- und VPE-Kabel. Metallgekapselte Kabelendverschlüsse zum Anschluss von Massekabeln sind ebenfalls serienreif, sodass sich ein Anschluss der fabrikfertigen Schaltanlagen ohne Übergangsmuffe bewerkstelligen lässt.

Aus Sicherheitsgründen für den Betrieb der Anlagen ist eine **Erdungsanlage** erforderlich, die alle leitenden Teile, die nicht zum Betriebsstromkreis gehören, miteinander verbindet und durch Steuererder mögliche Berührungs- und Schrittspannungen reduziert. Erdungsanlagen müssen so beschaffen sein, dass keine Gefährdungsspannungen für den Menschen, den Schaltberechtigten, auftreten können.

Nebenanlagen sind erforderlich, um Schaltanlagen betreiben zu können. Es sind Druckluftanlagen, Wechsel- und Gleichspannungsversorgungsanlagen für den Eigenbedarf sowie Fernwirkanlagen für die Fernsteuerung und Fernüberwachung nötig.

5.10.2 Geschichtliche Übersicht der Schaltanlagenbauweisen

Ein Rückblick auf die Entwicklung der Mittelspannungs-Schaltanlagen der letzten 40 Jahre zeigt dem Schaltberechtigten die verschiedenen Bauweisen auf, die in der Praxis betrieben und geschaltet werden.

1950

Die luftisolierten Schaltfelder (**Bild 5.56**) wurden in offener Bauweise nach VDE 0101, meist vor Ort, mit erheblichem Montageaufwand aufgebaut. Das Traggerüst aus Stahl mit den dazwischen liegenden Gipswänden ist eine sog. „Zelle" mit einer Breite von z. B. 1 400 mm. Als Isolierstoffe wurden Luft und Porzellan verwendet. Anforderungen an den Personenschutz in Störfällen wurden nicht gestellt. Die thermischen und dynamischen Auswirkungen von Störlichtbogen hatten unübersehbare Folgen. Damals waren die Kurzschlussströme im Vergleich zu heute erheblich kleiner. Als Leistungsschalter wurden auch Ölkesselschalter (**Bild 5.57** und **Bild 5.58**) eingesetzt.

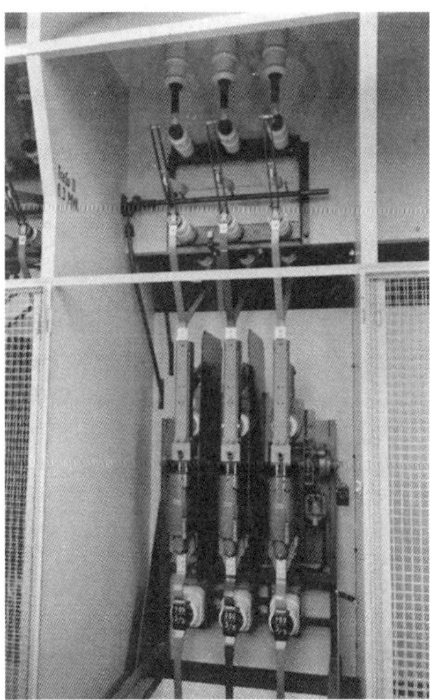

Bild 5.56 Luftisoliertes Schaltfeld für 24 kV mit Gittertüren, Porzellanisolatoren, Druckluftleistungsschalter

Bild 5.57 Ölkesselschalter

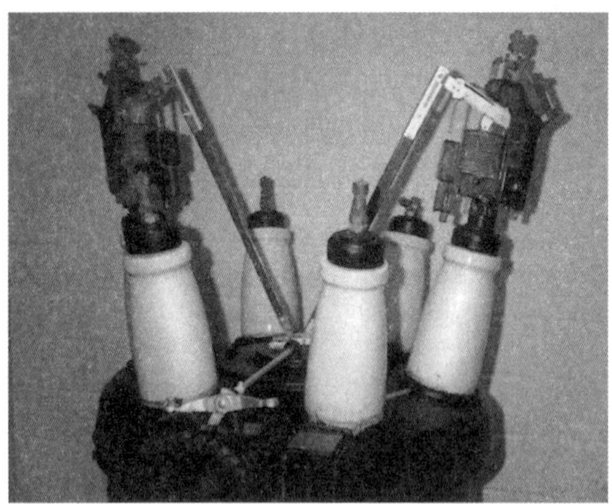

Bild 5.58 Ölkesselschalter mit Primärauslöser (Überstromschutz)

Bild 5.59 Expansions-Leistungsschalter, mit destilliertem Wasser gefüllt

1960

Die nächste Generation wurde durch die Forderung nach erhöhter Betriebssicherheit, größerem Personenschutz und verringertem Raumbedarf geprägt. Geeignete Kunststoffe, gießbare Epoxidharze, spritzbare Thermoplaste und verpressbare Duroplaste in Verbindung mit Schottsystemen aus Metall führten zu teilisolierten Anlagen mit Schaltfeldbreiten von 800 mm und kleiner, ja sogar 400 mm wurden für Lastschaltanlagen erreicht. Es entstanden die ersten typgeprüften Schaltanlagen mit Leistungsschalter auf Fahrwagen. Wegen der vorhandenen Massekabel mit Endverschlüssen mussten die Kellergeschosse noch in herkömmlicher Bauweise gestaltet werden.

Die Vorteile der feststoff-luftisolierten Anlage wurden im Laufe der Zeit durch die Nachteile der verwendeten Kunststoffe reduziert. Durch Kondensatbildung und Verschmutzung der Kunststoffoberflächen traten Leckströme auf, die Kriechwege hinterließen. Der erfahrene Schaltberechtigte kann sich daran erinnern, dass solche Anlagen durch Erdschlüsse und anschließende Kurzschlüsse zerstört wurden.

1970

Trotz Teilisolierung wurden die Schaltfelder stahlblechverkleidet (metallgeschottet), um ein Maximum an Berührungs- und Lichtbogenschutz für das Bedienpersonal zu erreichen. Die fabrikfertige Lieferung von vormontierten und vorgeprüften Schaltfeldern ermöglichte eine Reduzierung der Montagezeiten am Aufstellungsort.

In der Sekundärtechnik wurden der elektronische Schutz sowie elektronische Baugruppen für Meldung, Messung, Verriegelung, Steuerung und Fernübertragung eingesetzt.

1980/2000

Durch den Einsatz von Kunststoffkabeln und Steckendverschlüssen konnte der Raumbedarf weiter reduziert werden. Um den Wartungs- und Pflegeaufwand einer Anlage zu verringern und eine maximale Versorgungssicherheit, Zuverlässigkeit sowie einen erhöhten Personenschutz zu erhalten, wurden die Schaltgeräte und Stromschienen in einem Kessel gasdicht gekapselt und von den meisten Anlagenherstellern mit dem „Isoliergas" Schwefelhexafluorid SF_6 (**Bild 5.60**) gefüllt.

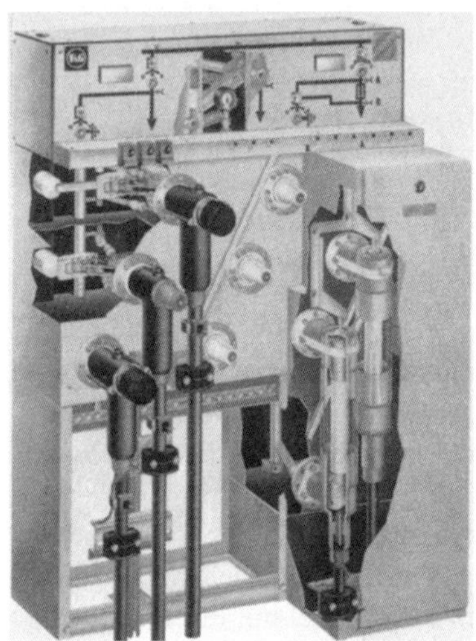

Bild 5.60 SF_6-gasisolierte Lastschaltanlage im Schnitt

Empfehlenswert für Betreiber dieser Anlagen in diesem Zusammenhang ist das Merkblatt für die Unfallverhütung mit dem Titel „SF_6-Anlagen" der Berufsgenossenschaft Feinmechanik und Elektrotechnik. Das Herzstück der gasisolierten, metallgekapselten Schaltanlagen ist in Lastschaltanlagen der Lastschalter in hermetisch abgeschlossener Kapselung. In Mittelspannungs-Leistungsschalteranlagen wird der Vakuumschalter eingesetzt. Das Drucksystem ist geschlossen. In der Sekundärtechnik wurden, neben der Elektronik, digitale Baugruppen eingesetzt. Der Begriff digitale, integrierte Leittechnik für Schaltanlagen entstand.

ab 2000

Die bereits aufgeführten Techniken werden weiter verbessert, die Software für die Leittechnik wird erweitert. Die sog. Module (schwarzer Kasten) setzen sich nicht nur in der Sekundärtechnik durch, sondern auch in der Primärtechnik (**Bild 5.61**).

Bild 5.61 SF_6-gasisolierte Leistungsschalteranlage mit digitaler Leittechnik für Schaltanlagen

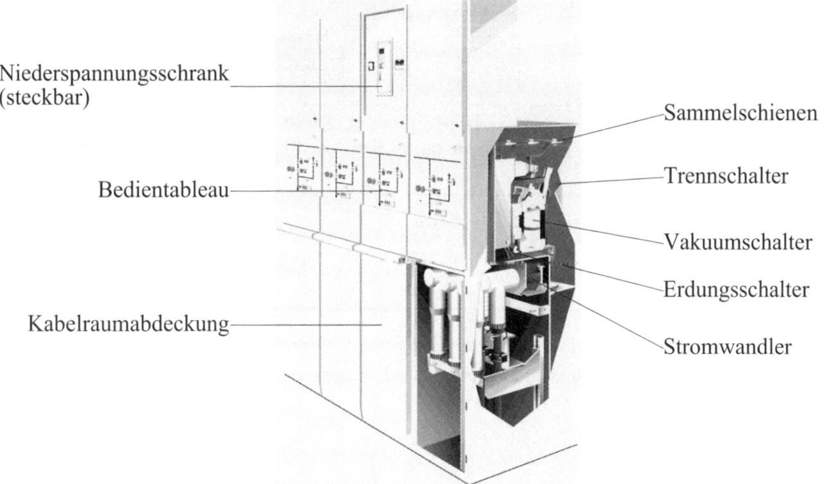

Bild 5.62 Funktionseinheiten einer SF_6-gasisolierten Schalteranlage (GIS) mit Leistungsschalter, Dreistellungsschalter, einer Sammelschiene und Kabelanschlussbereich

Die Leistungsschalterfeldbreite wird weiter reduziert (z. B. 500 mm für ein 24-kV-Feld), die Schalter und Anlagen werden wartungsfrei. Immer mehr werden zurzeit und zukünftig modulare Schaltanlagen mit digitaler Leittechnik im Fertigstationsgebäude ferngesteuert und fernüberwacht, wartungsfrei betrieben. Lastschaltanlagen verfügen über eine Schaltfeldbreite von nur 300 mm und werden über z. B. Dreistellungs-Lasttrennschalter betätigt (Bild 5.60). Zukünftig werden gasisolierte Schaltanlagen mit SF_6 durch Schaltanlagen mit ökoeffizientem Isoliergas ersetzt.

Zusammenfassung

In den Energieversorgungsunternehmen und Industriebetrieben sind 30 Jahre und oft ältere sowie ganz neue, z. B. gasisolierte metallgekapselte Schaltanlagen der diversen Hersteller in Betrieb. **Bild 5.63** zeigt die Entwicklung der Gebäudegrößen für Lastschaltanlagen und **Bild 5.64** den Wartungsaufwand der verschiedenen Leistungsschalterentwicklungstypen.

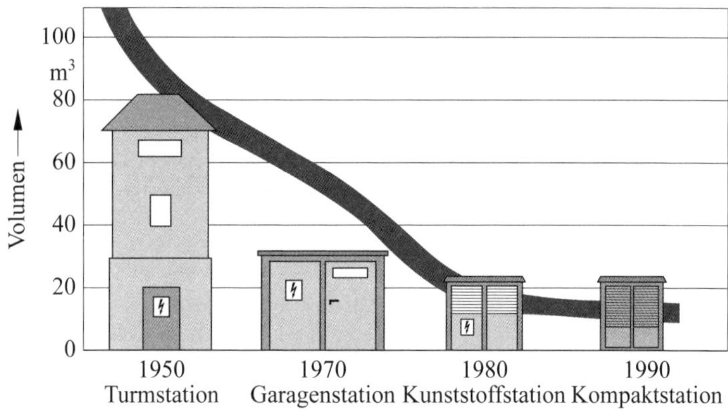

Gebäudevolumen	82 m³	50 m³	14 m³	12 m³
Volumen pro Schaltfeld	3 m³	2 m³	1 m³	1 m³
Schaltfeld	4	5	5	5

Bild 5.63 Entwicklung der Gebäudegröße für Lastschaltanlagen und Schaltfeldvolumen

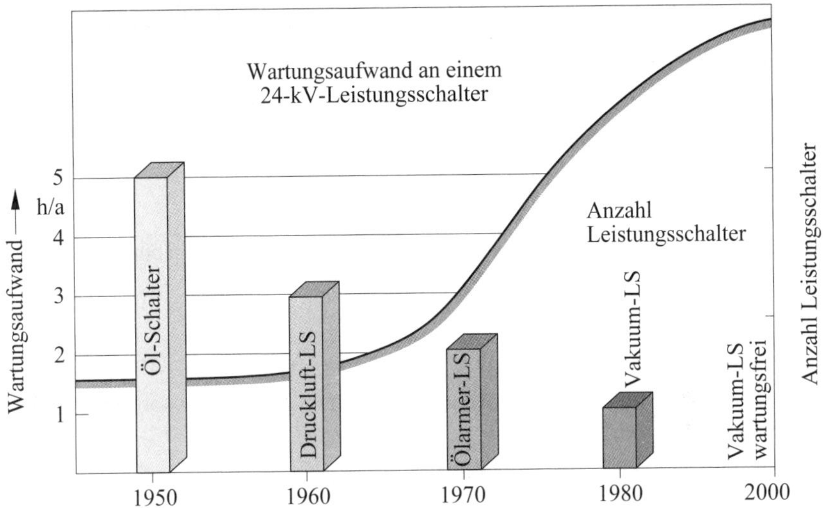

Bild 5.64 Wartungsaufwand der verschiedenen Leistungsschalterentwicklungstypen

5.10.3 Leistungsmerkmale einer gasisolierten Schaltanlage (GIS)

Personensicherheit durch

- Primärkapselung (berührsicher und hermetisch geschlossenes System),
- alle unter Hochspannung stehenden Teile, einschließlich der Kabelendverschlüsse, Sammelschienen und Spannungswandler, sind mit geerdeten Belägen umgeben oder mit Metall gekapselt – somit Erdpotential,
- kapazitives oder selbstüberwachendes Spannungsprüfsystem zum Feststellen der Spannungsfreiheit an der Bedienfront,
- Antriebe und Hilfsschalter außerhalb der Primärkapselung (Anlagenbehälter) sind gefahrlos zugänglich,
- Bedienung systembedingt nur bei geschlossener Anlagenkapselung sicher möglich,
- Standard-Schutzart IP65 für alle Hochspannungsteile der Primärstrombahn, IP3XD für die Anlagenkapselung nach IEC 60529 bzw. DIN EN 60529 (**VDE 0470-1**),
- hoher Störlichtbogenschutz durch Abfrageverriegelungen und geprüfte Anlagenkapselung,
- störlichtbogengeprüfte Schaltfelder nach IEC 62271-200 bzw. DIN EN 62271-200 (**VDE 0671-200**),

- Sollbruchstelle, Berstscheibe in sicherer Entfernung vom Bediener,
- Störlichtbogenabsorber, Lichtbogenkanäle,
- mechanische Abfrageverriegelungen verhindern Bedienfehler,
- einschaltfester Erdungsschalter.

Betriebssicherheit durch

- hermetisch geschlossene Primärkapselung, unabhängig von Umgebungseinflüssen (Schmutz, Salz, Feuchtigkeit und Kleintiere),
- wartungsarm bei Innenraumklima,
- Schalterantriebe außerhalb der Primärkapselung (Anlagenbehälter) zugänglich,
- induktive Spannungswandler metallgekapselt und steckbar, Anordnung außerhalb der Gasräume,
- Stromwandler als Ringkernwandler außerhalb der Gasräume,
- lückenloser Schaltfehlerschutz mit Abfrageverriegelungen,
- verschweißte Anlagenbehälter dicht auf Lebenszeit,
- minimale Brandlast,
- typ- und stückgeprüft,
- standardisierte, NC-gesteuerte Fertigungsverfahren,
- Qualitätssicherung nach DIN EN ISO 9001,
- erdbebensicher, falls gewünscht,
- dreipolige Kapselung,
- Dreistellungsschalter als Sammelschienen-Trennschalter und Abzweig-Erdungsschalter,
- kompakte Abmessungen durch Gasisolierung,
- dichtungsfreier, hermetisch verschweißter Anlagenbehälter,
- einpolig feststoffisolierte, abgesteuerte Sammelschienen in Stecktechnik,
- Kabelanschluss mit Außenkonus-Stecksystem oder für feststoffisolierte Schienen,
- Wand- oder Freiaufstellung,
- Zugang zum Kabelanschluss von vorn oder von hinten,
- Montage und Erweiterbarkeit einer bestehenden Anlage nach beiden Seiten ohne Gasarbeiten und ohne Modifikation der vorhandenen Schaltfelder.

Verriegelungen

- mechanische Abfrageverriegelungen verhindern Bedienfehler,
- Leistungsschalter bzw. Schütz nur schaltbar, wenn Dreistellungsschalter in Endstellung und Bedienhebel abgezogen,
- Dreistellungs-Lasttrennschalter im Leistungsschalterfeld 630 A, Lasttrennschalter-, Schütz-, Ringkabel- und Messfeld aufgrund des eigenen Schaltvermögens unverriegelt,
- Dreistellungs-Trennschalter im Leistungsschalterfeld > 630 A und in der Längskupplung in einer Feldteilung gegen den Leistungsschalter verriegelt,
- Kabelraumabdeckung (Zugang zu HH-Sicherungen) in Schaltfeldern mit HH-Sicherungen (Lasttrennschalter-, Mess- und Schützfeld) immer mit Dreistellungs-Lasttrennnschalter verriegelt,
- Kabelraumabdeckung verriegelt,
- elektromagnetische Verriegelungen,
- Betätigungsöffnungen mit Vorhängeschlössern abschließbar.

Modularer Aufbau

- schnelle Vor-Ort-Montage,
- Tausch eines Felds ohne SF_6-Gasarbeiten möglich,
- Niederspannungsschrank demontierbar, steckbare Ringleitungen.

Wandler

- Stromwandler dielektrisch nicht beansprucht,
- Stromwandler als Ringkern-Stromwandler problemlos tauschbar,
- Spannungswandler metallgekapselt, steck- und trennbar.

Vakuum-Leistungsschalter

- wartungsfrei unter normalen Umgebungsbedingungen,
- kein Nachschmieren oder Nachjustieren,
- mindestens 10 000 Schaltspiele,
- vakuumdicht auf Lebenszeit.

Sekundärtechnik

- handelsübliche Schutz-, Mess- und Steuergeräte einsetzbar
- oder: digitaler Multifunktionsschutz mit integrierter Schutz-, Steuer-, Kommunikations-, Bedien- und Überwachungsfunktion,
- in Prozesssteuerungen integrierbar.

Umweltunabhängigkeit durch

- dichtungslos verschweißte Anlagenbehälter, die die Schaltanlage unempfindlich gegen aggressive Umgebungsbedingungen wie Salzwasser, Luftfeuchtigkeit, Staub, Temperatur machen,
- hermetische Dichtheit gegen Eindringen von Fremdkörpern, z. B. Staub, Schmutz,
- Unabhängigkeit von der Aufstellungshöhe.

Kompaktheit

Durch den Einsatz der Gasisolierung ergeben sich kompakte Abmessungen, damit werden vorhandene Schalträume effektiv nutzbar:

- Neubauten sind kostengünstig, da weniger Raumvolumen erforderlich ist,
- Flächen werden im Stadtbereich wirtschaftlich genutzt,
- weniger Masse, da leichter.

Wartungsfreiheit

Anlagenbehälter als hermetisch abgeschlossenes Drucksystem (sealed pressure system), wartungsfreie Schaltgeräte und gekapselte Kabelstecker sorgen für:

- höchste Versorgungssicherheit,
- Sicherheit des Personals,
- Dichtigkeit auf Lebensdauer nach IEC 62271 bzw. DIN EN 62271 (**VDE 0671**) (hermetisch abgeschlossenes Drucksystem),
- reduzierte Betriebskosten.
- Wirtschaftlichkeit der Investition.
- keine Wartungszyklen.

Innovation

Der Einsatz von digitaler Sekundärtechnik und kombinierten Schutz- und Steuergeräten führen zu:

- klarer Integration in Prozesssteuerungen,
- flexiblen, einfachsten Anpassungen an neue Anlagenzustände und damit zu wirtschaftlichem Betrieb.

Typische Leistungswerte einer GIS-Schaltanlage Normenübersicht

Bemessungsspannung (Effektivwert)	kV	7,2	12	15	17,5	24
Bemessungs-Kurzzeit-Stehwechselspannung (Effektivwert) über Trennstrecken	kV	23	32	39	45	60
zwischen Leitern und gegen Erde	kV	20	28	36	38	50
Bemessungs-Stehblitzstoßspannung (Scheitelwert) über Trennstrecken	kV	70	85	105	110	145
zwischen Leitern und gegen Erde	kV	60	75	95	95	125

Tabelle 5.5 Isoliervermögen

5.11 Störlichtbogen und Personenschutz

5.11.1 Störlichtbogen

Die Hauptursache für die Entstehung von Störlichtbogen ist **menschliches Fehlverhalten** (siehe Kapitel 9). Außerdem können Störlichtbogen ausgelöst werden durch:

- Verschmutzung und Betauung,
- atmosphärische Überspannung,
- Isolationsfehler,
- Kleintiere,
- Montage-/Herstellungsschwachstellen.

Auswirkungen des Störlichtbogens

Die größte Gefahr für Schaltberechtigte geht von einem im Schaltfeld entstehenden Lichtbogenkurzschluss bei Fehlfunktion oder einer Fehlhandlung/Fehlschaltung aus, die zwar weitgehend verhindert wird, aber nicht auszuschließen ist (**Bild 5.65**).

Ziel:	Personenschutz, Begrenzung des Störlichtbogens, Konstruktion nach DIN-VDE-Normen sowie Unfallverhütungsvorschriften			
Anlagen-beanspruchung:	mechanisch, thermisch			
Auswirkung:	Druck steigt	Druckauswirkung nach außen	Heiße Gase strömen aus dem Feld	Material schmilzt und tritt aus
Phase:	Kompression 1	Expansion 2	Emission 3	Thermik 4
Zeitablauf nach Eintritt Störlichtbogen:	0 … 10	… 20	… 150	ms … 1 000

Zeit →

Bild 5.65 Störlichtbogen in einem luftisolierten Schaltfeld. Phasen-Auswirkungen und Schutzziele

Der Störlichtbogen – z. B. Stromleiter gegen Erde – leitet oft einen dreipoligen Kurzschluss ein. Es entsteht eine Temperatur von etwa 9 000 °C. In einem luftisolierten Schaltfeld wird die Luft sehr schnell erhitzt und führt zu einer explosionsartigen Druckerhöhung. Das ist die **Kompressionsphase**. Bei völlig geschlossenen Anlagen könnte rein theoretisch der Druck innerhalb einer Sekunde bis 50 bar ansteigen, das sind 500 t/m^2 bzw. $5 \cdot 10^6$ N/m^2 (1 bar = 10 t/m^2 unter der Annahme, dass 1 at = 1 kp/cm^2 ≈ 1 bar = 0,1 N/mm^2; 1 bar = 10^5 Pa oder 1 MPa ≈ 10 bar).

Darum ist es wichtig, Störlichtbogenfehler schnellstens auszuschalten oder die Energie gegen Erde abzuleiten und, falls erforderlich, nach etwa 3 ms bis 10 ms für eine Druckentlastung der Schaltanlage (Entlastungsklappen oder Berstscheibe) zu sorgen, um die Auswirkungen zu begrenzen.

Nach der Kompressionsphase strömen blitzschnell heiße Gase aus dem fehlerbehafteten Schaltfeld über Druckentlastungskanäle heraus. Die Luft wird mitgerissen. In dieser **Expansionsphase** entsteht kurzzeitig ein Unterdruck im Schaltfeld.

Die **Emissionsphase** schließt sich an. Der Druck im Feld ist nur wenig höher als im Schaltanlagengebäude, in dem bereits ein Druckanstieg erfolgt ist. Kann das Gebäudevolumen des Schaltanlagenraums den Überdruck nicht mehr aufnehmen, sind entsprechende Druckentlastungskanäle bzw. -klappen nach außen einzubauen, um vor Gebäudeschäden zu schützen. Wände halten nur einen geringen Überdruck aus (siehe **Tabelle 5.6**).

Material der Wand/Stärke	zulässiger Druck
Ziegelwand, 24 cm (Massiv-, Lochziegel, Gasbeton)	bis 10 mbar = 100 kp/m² = 1 000 N/m² 1 mbar = 100 Pa
Ortbeton, 24 cm	bis 70 mbar = 700 kp/m² = 7 000 N/m²
Fertigbeton, Betongüte B 50, 14 cm … 20 cm	bis 160 mbar = 1 600 kp/m² = 16 000 N/m²

Tabelle 5.6 Zulässiger Druck von Wänden

Bild 5.66 zeigt einen **Störlichtbogenabsorber**. Er kann eingesetzt werden, wenn das Volumen des Schaltanlagenraums zu klein ist und der mögliche Überdruck nicht aufgenommen werden kann.

Bild 5.66 Störlichtbogenabsorber

Außerdem kann mittels **Störlichtbogenbegrenzer** (ein automatisierter, einschaltfester Erdungsschalter) die Auswirkung des Störlichtbogens reduziert werden.

Die Schaltanlagenhersteller bieten Ihnen entsprechende Beratungen und Druckberechnungen an.

In der **thermischen Phase** wird das bereits verdampfte Stromschienenmaterial mit den verbrannten Isoliermaterialien aus dem Feld geworfen. Mögliche Folgen der Druckwelle sind für Schaltberechtigte und Passanten außerhalb des Gebäudes fortfliegende Teile sowie der Austritt von heißen Gasen. Diese müssen verhindert werden.

Zur Verringerung der Gefahren gibt es spezielle VDE-Bestimmungen und Vorgaben der Berufsgenossenschaften.

5.11.2 Personenschutz – PSAgS – DGUV-Information 203-077

Das Arbeitsschutzgesetz fordert im § 4 den Schutz an der Quelle, siehe Kapitel 2 (T-O-P-Maßnahmen).

Bezogen auf unser Thema ist die Quelle die Schaltanlage, die entsprechend für den Schutz des Bedieners – Schaltberechtigten – bis zum Jahr 2000 nachgerüstet werden musste.

Schaltanlagen entsprechend der Produktnorm DIN EN 62271-200 (**VDE 0671-200**) sind „störlichtbogenqualifiziert“ und für den Bediener sicher. Das bedeutet, dass alle alten und neuen Schaltanlagen für den Bediener sicher sind.

Wenn jedoch der Bedienerschutz nicht mehr wirken kann, weil z. B. der Schaltberechtigte die Anlagentür geöffnet hat, um spezielle Tätigkeiten vorzunehmen, so ist spätestens vor dem Öffnen der Tür die **PSAgS – persönliche Schutzausrüstung** – anzulegen. Der Zusatz „gS“ hinter PSA steht für: Schutz gegen thermische Auswirkungen eines Störlichtbogens.

Mit der PSAgS können die Auswirkungen von Störlichtbögen auf den Menschen verringert werden.

Die schaltberechtigte Elektrofachkraft führt eine Gefährdungsbeurteilung durch und geht wie folgt vor:

Sie ermittelt für die entsprechende Tätigkeit das Restrisiko eines möglichen Störlichtbogens. Es ist sicherlich vergleichsweise sehr klein, jedoch nicht ganz auszuschließen.

Häufig wird diskutiert, welche PSAgS einen optimalen Schutz bietet bei möglichst geringer Beeinträchtigung beim Tragen für den Benutzer. Ist Verlass auf die PSAgS für die auftretende thermische Energie? Damit verbunden eine Druckwelle mit heißen Zersetzungsprodukten, ein Lichtblitz, elektromagnetische Strahlungen, ein lauter Knall und mögliche giftige Gase für Bruchteile einer Sekunde die folgenschwer sein können für die Gesundheit und das Leben sowie die Umwelt.

Zur Planungssicherheit für Unternehmer und Mitarbeiter hat sich die BG ETEM mit diesem Thema beschäftigt und die **DGUV-Information 203-077 „Thermische Gefährdung durch Störlichtbögen – Hilfe bei der Auswahl der persönlichen Schutzausrüstung“** herausgegeben. Obwohl sich diese DGUV-Information schwerpunktmäßig auf das Arbeiten unter Spannung und in der Nähe von spannungsführenden Teilen in Niederspannungsanlagen bezieht, können Analogieschlüsse und Handlungsanleitungen auch auf die Mittel- und Hochspannungsebene übertragen werden.

Für die Auswahl der **Schutzkleidung, Schutzhandschuhe** und **Elektriker-Kopf- und -Gesichtsschutzschirm** bieten die Hersteller verschiedene Störlichtbogenschutzklassen an mit Angabe der elektrischen Lichtbogenenergie in Kilojoule (kJ):

- Klasse 1 für eine Lichtbogenenergie von mindestens 168 kJ,
- Klasse 2 für eine Lichtbogenenergie von mindestens 320 kJ.

Diese Werte wurden mittels Box-Test-Methode nach DIN EN 61482-1-2 (**VDE 0682-306-1-2**) ermittelt. Nun ist ein Umdenken der EFK erforderlich, die Kurzschlussströme in Kiloampere (kA) besser versteht. Jedoch ist der **Kurzschlussstrom** nur eine Größe für die Bewertung der möglichen Lichtbogenenergie, die durch die PSAgS den Schutz der Person bieten soll. Der **Schutzpegel** am konkreten Arbeitsplatz ist zu ermitteln. Es sind weitere Daten erforderlich:

- Spannungsebene,
- Brenndauer des Lichtbogens (Abschaltzeiten durch Schutzgeräte),
- Impedanz des Lichtbogens begrenzt den Kurzschlussstrom,
- Netzkonfiguration,
- Geometrie der elektrischen Schaltanlage,
- Abstand der PSAgS vom Fehlerort.

Diese Daten werden in eine Formel/ein Rechenprogramm übernommen um die thermische Lichtbogenenergie, die auf die PSAgS einwirken kann, ermittelt (Schutzpegel) und mit der Angabe des Prüfpegels Kl. 1 oder Kl. 2 der PSAgS verglichen, mit dem Ziel, dass keine Verbrennungen zweiten Grades beim Nutzer der PSAgS auftreten.

Sollte die Schutzwirkung nicht ausreichen, können folgende Maßnahmen ergriffen werden:

- Abschaltzeiten reduzieren, durch einen schnellen Schutz und/oder Kurzschlussstrombegrenzer,
- Kurzschlussleistungen im Netz reduzieren,
- Arbeitsabstand vergrößern,
- Anlage aus sicherer Entfernung freischalten,
- eine noch bessere PSAgS mit höheren Anforderungen als Schutzklasse 2 einsetzen,
- mehrere Lagen von Kleidungsstücken (Zwiebelprinzip).

Wenn das Restrisiko immer noch zu groß ist, darf die Arbeit nicht beginnen bzw. muss die Arbeit abgebrochen werden.

Verschiedene Beispiele der persönlichen Schutzausrüstung gegen thermische Auswirkungen eines Störlichtbogens (PSAgS) zeigen die **Bilder 5.67** bis **5.71**.

Bild 5.67 PSAgS, bestehend aus Kopfschutz, Gesichtsschutzschirm (nicht mehr Stand der Technik), geeigneter Arbeitsanzug, Schutzhandschuhe und Schutzschuhe

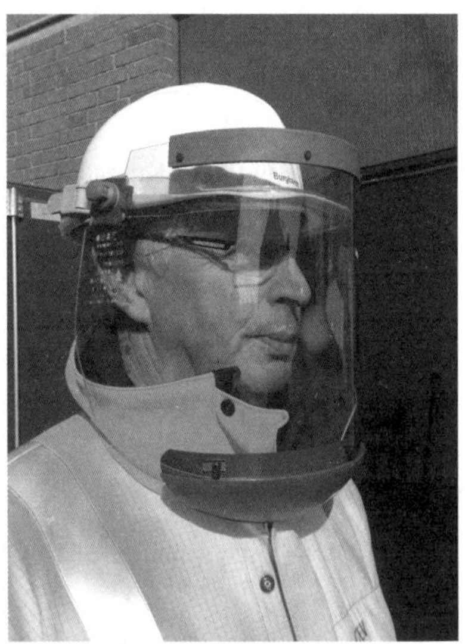

Bild 5.68 PSAgS, bestehend aus Kopfschutz, **verbessertem Gesichtsschutzschirm**, mit zusätzlichem Abschluss zum Oberkörper (Kinnschutz)

Bild 5.69 PSAgS, bestehend aus Gesichtsschutzhaube, Schutzhandschuhe, Schaltmantel.
In der Praxis gebräuchlich als „Elektriker-Schutzbekleidung". Durch die hohe Schutzwirkung und Beständigkeit gegen die thermischen Gefahren eines Störlichtbogens kann die PSAgS in Anlagen mit erhöhter Kurzschlussleistung (Klasse 2 gemäß Gefährdungsbeurteilung) verwendet werden. Klasse 2 (7 kA/0,5 s) nach DIN EN 61482-1-2 (**VDE 0682-306-1-2**) (Boxtest)

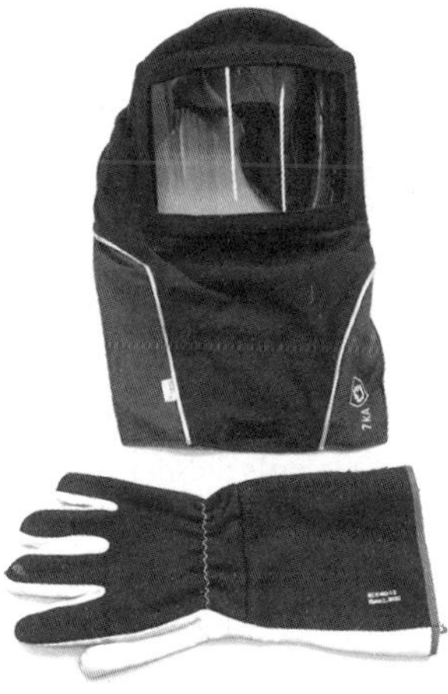

Bild 5.70 Gesichtsschutzhaube sowie die geeigneten Schutzhandschuhe – die Gesichtsschutzhaube mit dem langen Latz bietet einen zusätzlichen Schutz für den Hals- und Kinnbereich gegen Störlichtbögen

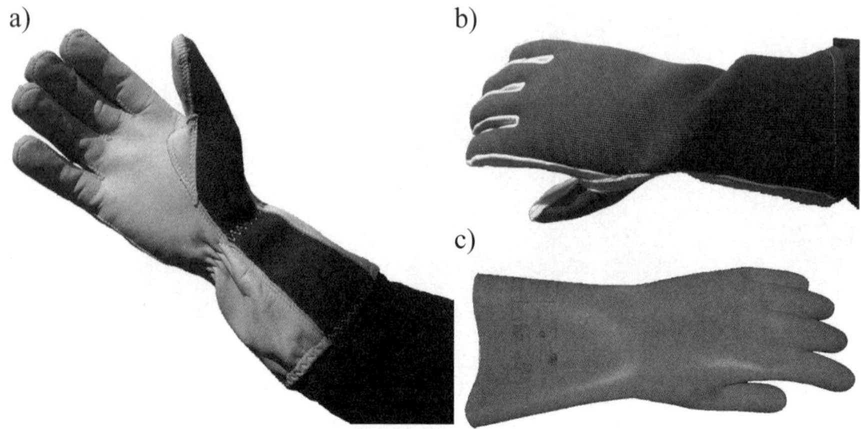

Bild 5.71 Verschiedene Schutzhandschuhe gegen Störlichtbögen der Klasse 2 (7 kA/0,5 s)

Nachrüstpflicht der alten Schaltanlagen bezüglich Bedienerschutz

In der bisherigen DIN VDE 0101:1989-05 „Errichten von Starkstromanlagen mit Nennspannungen über 1 kV" wurde in Abschnitt 4.4 festgelegt, dass **Personen beim Bedienen** (Schaltberechtigte) durch die Konstruktion der Schaltanlage zu **schützen** sind. Mögliche Maßnahmen für Altanlagen sind:

- Einsatz von Lasttrennschaltern statt Trennschaltern,
- Verriegelung und Einsatz von Schaltfehlerschutzgeräten,
- Anlagensteuerung aus sicherer Entfernung,
- Schutzeinrichtungen vor Störlichtbögen durch z. B. Leitbleche, Türen und Fenster,
- Austausch gegen eine neue typgeprüfte, fabrikfertige Schaltanlage nach DIN EN 62271 (**VDE 0671**).

Nach der Harmonisierung der Norm ist seit der DIN VDE 0101:2000-01 für die europäischen Mitgliedstaaten die Nachrüstpflicht nicht übernommen worden.

Für Deutschland forderte die damalige BGV A3 im aktuellen Anhang 1 die Nachrüstung bezüglich des Personenschutzes bis zum Oktober 2000. Falls dieser Zeitpunkt für Anlagenbetreiber in den neuen Bundesländern unrealistisch war, konnte mit der Berufsgenossenschaft ein individueller Zeit-Maßnahme-Plan vereinbart werden.

Außerdem ist festgelegt, dass gekapselte Anlagen außerhalb abgeschlossener elektrischer Betriebsstätten so beschaffen sein müssen, dass eine Gefährdung von Personen in der Nähe nicht eintreten kann. Bei ständigem Aufenthalt von Personen an der Anlage ist mind. eine der folgenden Maßnahmen zu treffen:

- Anlagenisolation verbessern,
- Betriebsmittelschalter durch öllose ersetzen,
- schneller Schutz,
- Druckentlastungsvorrichtungen, ggf. Druckabsorber,
- Störlichtbogenbegrenzer (schneller Erdungsschalter).

Die bisherige DIN EN 60298 (VDE 0670-6) Anhang AA (PEHLA-Richtlinie Nr. 2) wurde im Oktober 2004 ersetzt durch DIN EN 62271-200 (VDE 0671-200)

1969 wurde von der Gesellschaft für elektrische Hochleistungsprüfungen in Frankfurt am Main die PEHLA-Richtlinie Nr. 2 zum Nachweis des Verhaltens von Mittelspannungsschaltanlagen bei inneren Fehlern herausgegeben.

PEHLA steht für **P**rüfung für **e**lektrische **H**och**l**eistungs**a**pparate. Die PEHLA-Richtlinie Nr. 2, „Richtlinie für die Prüfung von metall- oder isolierstoffgekapselten Hochspannungsschaltanlagen bei inneren Lichtbogen", legt einen Prüfablauf fest und nennt die Kriterien für die Beurteilung der Prüfung.

Die PEHLA-Richtlinie Nr. 2 wurde im Wesentlichen von DIN EN 60298 (**VDE 0670-6**), Anhang AA und aktuell in DIN EN 62271-200 (**VDE 0671-200**), übernommen. Eine Störlichtbogenprüfung zeigen **Bild 5.72**, **Bild 5.73**, **Bild 5.74** und **Bild 5.75**.

Bild 5.72 Vorbereitung einer Kompaktstation mit SF_6-gasisolierter Lastschaltanlage, Transformator und Niederspannungsverteilung im Prüffeld

Bild 5.73 Störlichtbogenzündung mit 16 kA, eine Sekunde lang

Bild 5.74 Die Stoffindikatoren sind unbeschädigt

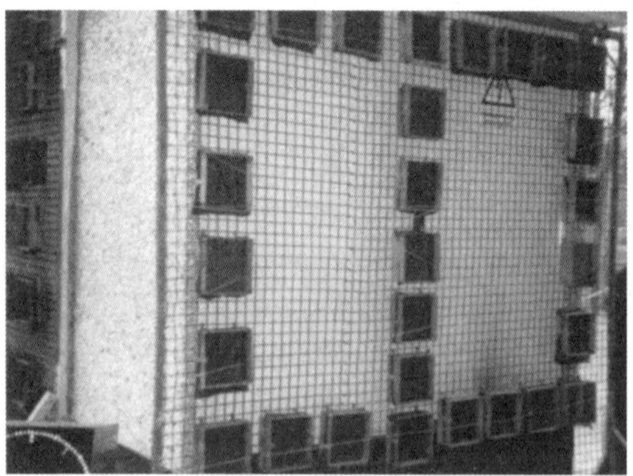

Bild 5.75 Die Störlichtbogenprüfung nach der bisherigen DIN EN 60298 (**VDE 0670-6**) wurde bestanden, der Personenschutz ist gewährleistet

Einige Auszüge aus der bisherigen DIN EN 60298 (VDE 0670-6), Anhang AA

Grad der Zugänglichkeit

Es wird zwischen zwei Graden der Zugänglichkeit unterschieden, denen unterschiedliche Prüfbedingungen zugeordnet sind. Eine Kapselung kann unterschiedliche Grade der Zugänglichkeit auf verschiedenen Seiten haben.

Typ A: metallgekapselte Schaltanlagen, die nur Elektrofachleuten und auf elektrotechnischem Gebiet unterwiesenen Personen zugänglich sind (**Bedienerschutz**),

Typ B: metallgekapselte Schaltanlagen, die uneingeschränkt zugänglich sind, auch der allgemeinen Öffentlichkeit (**Passantenschutz**).

Die Prüfanordnung wird vorher mit den Beteiligten besprochen.

Die folgenden Kriterien berücksichtigen die erwähnten Lichtbogenauswirkungen. Der Auftraggeber der Prüfung hat zu entscheiden, anhand welcher dieser Kriterien die Prüfergebnisse beurteilt werden sollen.

Es ist festzuhalten:

Kriterium Nr. 1
Ordnungsgemäß gesicherte Türen, Abdeckungen usw. dürfen sich nicht öffnen lassen.

Kriterium Nr. 2
Teile der metallgekapselten Schaltanlage, die eine Gefährdung verursachen können, dürfen nicht wegfliegen. Hierzu gehören Teile mit scharfen Kanten, z. B. Sichtfenster, Druckentlastungsklappen, Abdeckplatten usw. aus Metall oder Kunststoff.

Kriterium Nr. 3
Durch Lichtbogeneinwirkung dürfen keine Löcher in den frei zugänglichen äußeren Teilen der Kapselung infolge Durchbrennens oder aufgrund anderer Effekte entstehen.

Kriterium Nr. 4
Indikatoren (Stücke aus Baumwollstoff), die senkrecht angebracht sind, dürfen sich nicht entzünden. Indikatoren, die durch brennende Farbanstriche oder brennende Aufkleber entzündet werden, werden nicht zur Beurteilung herangezogen.

Kriterium Nr. 5
Indikatoren, die waagrecht angebracht sind, dürfen sich nicht entzünden. Sollten sie während der Prüfung zu brennen beginnen, ist das Beurteilungskriterium dennoch als erfüllt anzusehen, falls nachweisbar sichergestellt ist, dass die Zündung durch glühende Partikel und nicht durch heiße Gase erfolgte. Durch Aufnahmen mit einer Hochgeschwindigkeitskamera kann der Nachweis erbracht werden.

Kriterium Nr. 6
Alle Erdverbindungen müssen noch wirksam sein.

Bei allen Schaltfeldern ist eine Störlichtbogenfestigkeit nach DIN EN 60298 (**VDE 0670-6**) zu erreichen.

Mit geringen Zusatzmaßnahmen können die Kriterien erfüllt werden, wenn erforderliche Lichtbogenleitbleche (vordere, ggf. auch seitliche und rückseitige Aufbauabdeckungen) montiert werden.

5.11.3 IEC 62271-200 entsprechend DIN EN 62271-200 (VDE 0671-200): Neue Klassen in der Mittelspannungs-Schaltanlagennormung für den Bedienerschutz und die Störlichtbogenqualifikation

Da sich die Schaltanlagen in den letzten Jahrzehnten durch die Vakuum-LS und Gasisolation sehr stark verändert haben, musste die bisherige internationale Norm DIN IEC 60298 (**VDE 0670-6**) mit dem Titel „Metallgekapselte Wechselstrom-Schaltanlagen für Bemessungsspannungen über 1 kV bis einschließlich 52 kV" hinsichtlich der Punkte Sicherheit, Verfügbarkeit und Instandhaltungsfähigkeit überarbeitet werden. Die Störlichtbogenqualifikation sowie die Bewertungskriterien sind aufgewertet, präzisiert worden und damit besser vergleichbar.

Die revidierte IEC 60298:1990-12 ist nach der Überarbeitung unter der neuen Nummer als **IEC 62271-200** erschienen. In die Gruppe IEC 62271 kommen zukünftig alle Normen für Hochspannungs-Schaltgeräte und -anlagen des IEC-Komitees 17A und 17C. Nach einer Übergangsfrist von drei Jahren ist seit Februar 2007 die DIN EN 62271-200 (**VDE 0671-200**) gültig.

Moderne Festeinbau- oder gasisolierte Schaltanlagen (GIS) mit SF_6, die inzwischen einen großen Marktanteil haben, waren unterrepräsentiert. Es standen noch immer luftisolierte „ausfahr-/ausziehbare" Anlagen mit Schaltgeräten auf Wagen oder Einschub im Vordergrund.

Der Störlichtbogenschutz ist nun ein fast weltweit etabliertes Merkmal geworden. Jedoch war die Sicherheit kaum klassifizierbar, da die Prüfung und die Bewertungskriterien in weitem Rahmen frei vereinbar waren.

Bei der Überarbeitung sind diese Punkte berücksichtigt worden. So beziehen sich jetzt normative Festlegungen stärker auf den Anwendungszweck, weniger auf konstruktive Merkmale. Das fördert die Gestaltungsfreiheit. So wurden Definitionen und Klassifizierungen so formuliert, dass sie auf die Bedürfnisse des Betriebs zielen, nämlich **Verfügbarkeit, Instandhaltungsfähigkeit und Sicherheit**. Einige Kernpunkte sind nachfolgend erläutert.

Isoliermedien – Fluid für Flüssigkeit (Öl) und Gas

An den Begriff „**Fluid**“ muss man sich erst gewöhnen. Er wurde für andere Medien als Luft gewählt, um **Flüssigkeit** und **Gas** neutral zu beschreiben. In der Praxis steht Fluid für Öl und SF_6.

So ist beispielsweise nicht mehr von Fülldruck die Rede, sondern von **Füllniveau** (**level**).

Störlichtbogenqualifikation – IAC = Internal Arc Classification

Der Störlichtbogenschutz bekommt einen deutlich höheren Stellenwert. Die Qualifikation „IAC“ gilt nur für Schaltanlagen, die definierte Bewertungsmerkmale für den Schutz von Personen im Fall eines internen Lichtbogens erfüllen. Die **Prüfbedingungen** sind nun **festgelegt** und nicht mehr einer Vereinbarung zwischen Hersteller und Betreiber oder Prüflabor unterworfen. Auch ist es nicht mehr möglich, die Bewertungskriterien auszuwählen.

Zu den festgelegten Prüfbedingungen gehört u. a., dass der **Prüfling** aus **mind. zwei Schaltfeldern** besteht, **komplett bestückt** sein muss und Tests in jedem Schottraum auszuführen sind, **mind. im Endfeld. SF_6 muss durch Luft ersetzt** werden; während alle anderen Fluide nicht zur Prüfung ausgetauscht werden dürfen. Ein **zusätzlich** eingeführter **Zugänglichkeitsgrad C** gilt für Geräte und Anlagen, die auf einem **Mast** montiert sind. Der Betreiber muss für die Prüfung die Masthöhe angeben.

Zugänglichkeitsgrad A: nur für befugtes Personal, z. B. schaltberechtigte EFK, Aufstellung in abgeschlossenen elektrischen Betriebsstätten, Abstand der Indikatoren 300 mm.

Zugänglichkeitsgrad B: uneingeschränkt zugänglich, auch für die allgemeine Öffentlichkeit und für elektrotechnische Laien, Abstand der Indikatoren 100 mm.

Zündort und Energieflussrichtung sind so bestimmt, dass der Lichtbogen im geprüften Schottraum möglichst lange am weitest entfernten Ort von der Einspeisung brennt, ohne dass die Brenndauer durch die Laufzeit an diesem Ort verkürzt wird. Stillschweigende Voraussetzung ist, dass der Lichtbogen sich daran hält und tatsächlich an dieser Stelle läuft, falls er in der Realität näher bei der Einspeisung entsteht. Der Hersteller legt die **Prüfdauer** fest, mit **1,0 s/0,5 s/0,1 s** als empfohlene Vorzugswerte.

Für den Aufbau der **Raumnachbildung** (**Bild 5.76**) gelten künftig folgende Abstände: 80 cm, wenn die Rückwand zugänglich ist; sonst 10 cm. Zur Decke beträgt der Abstand 60 cm. Die Deckenhöhe muss mind. 2 m betragen, wenn der Prüfling kleiner als 1,5 m hoch ist. Zur Seite sind 10 cm Abstand einzuhalten.

- Maße gelten für Standardanordnung

Andere Anforderungen sind zulässig

- Deckenhöhe ≥ 2 m, falls Prüfling unter 1,5 m hoch ist

- Schachbrettmuster mit 40 % bis 50 % Flächenbedeckung

- komplett bestückter Prüfling (Nachbildungen erlaubt)
- mind. zwei Schaltfelder
- Test in jedem Schottraum, im Endfeld
- Zugänglichkeitsgrade A, B oder C
- Dauer 1 s/0,5 s/0,1 s
- SF_6 darf durch Luft ersetzt werden
- Zündorte und Richtung des Energieflusses

Bild 5.76 Störlichtbogenprüfung – Raumnachbildung

Die bisherigen **Bewertungskriterien** (neu 5 statt 6) sind nur leicht geändert und ergänzt, wobei die Neuerungen im Text *kursiv* hervorgehoben sind:

Kriterium 1: *Türen und Abdeckungen bleiben geschlossen. Verformungen sind annehmbar, wenn kein Teil die Indikatoren oder Wände erreicht (je nachdem, was näher liegt). Zusatzbedingungen, wenn die Anlage dichter an der Wand aufgestellt wird als bei der Prüfung: Die bleibende Verformung ist kleiner als der vorgesehene Abstand zur Wand, und ausgestoßene Gase sind nicht auf die Wand gerichtet.*

Kriterium 2: Innerhalb der Prüfdauer tritt kein Bruch der Kapselung auf. *Kleine Teile bis zu einer Einzelmasse von 60 g dürfen abfallen.*

Kriterium 3: Bis in 2 m Höhe dürfen sich keine Löcher in die frei zugänglichen äußeren Teile der Kapselung brennen.

Kriterium 4: Indikatoren dürfen sich nicht durch heiße Gase entzünden. Erlaubte Ausnahme: Entzündung durch brennende Farbanstriche, Aufkleber oder glühende Partikel (senkrechte und waagrechte Indikatoren in ein Kriterium gefasst).

Kriterium 5: Erdverbindungen bleiben wirksam. Nachweis durch Sichtprüfung, im Zweifelsfall durch Messung.

Nach **bestandener Störlichtbogenprüfung** schmückt die Bezeichnung **IAC** (Internal Arc Classification) das Leistungsschild mit folgenden Zusatzangaben: Zugänglichkeitsgrad A, B oder C, die Angabe der zugänglichen Seiten „F, L oder R“ (Front, Lateral oder Rear) sowie die Prüfstromstärke in Kiloampere und die Dauer in Sekunden.

Beispiel: Qualifikation IAC A FLR 31,5 kA 1 s steht für eine Schaltanlage, geprüft mit 31,5 kA (Effektivwert) für 1,0 s. Zugänglichkeit nur für Fachpersonal. Indikatoren 300 mm Abstand vor Front, Seite und Rückseite. Die Angaben sind auf dem Leistungsschild ablesbar. Festzuhalten ist aber, dass die Prüfung des Störlichtbogens infolge der normativen Festlegungen vergleichbarer geworden ist und somit der Anwender die Sicherheit leichter bewerten kann.

Zugänglichkeit der Schotträume

An die Stelle der konstruktiven Definition der Schottung tritt die Klassifizierung nach der Zugänglichkeit eines Schottraums mit Hochspannungsteilen. Drei von vier Klassen unterscheiden sich in der **Steuerung des Zugangs**. Was das Öffnen des Schottraums im normalen Betrieb oder zur Instandhaltung erforderlich macht, muss der Hersteller festlegen; z. B. ein Wechsel von HH-Sicherungen. Alle Arten von Reparaturen oder Installationsarbeiten zählen nicht zu Betrieb oder Instandhaltung. Schotträume, die nur mit Werkzeug zugänglich sind, werden nicht im normalen Betrieb geöffnet; beispielsweise der Kabelanschlussraum. Die vierte Klasse umfasst **nicht zugängliche Schotträume** – diese sind typisch für gasisolierte Anlagen (GIS). Sie dürfen nicht geöffnet werden, denn das Öffnen kann den Raum unbrauchbar machen. Ein entsprechender **Hinweis** für den Betreiber ist auf dem Schottraum oder in der Nähe anzubringen.

Verlust der Betriebsverfügbarkeit

„Loss of Service Continuity Category“ könnte sinngemäß auf Deutsch „Verlust der Betriebsverfügbarkeit“ heißen. Die LSC-Kategorien sind ein Maß dafür, welche Teile der Schaltanlage beim Öffnen eines zugänglichen Schottraums außer Betrieb zu nehmen sind. Im Blickpunkt der Zugänglichkeit steht meist der Schalter. Die Definitionen erklären sich am besten anhand von Einfachsammelschienenanlagen.

Beispiele:

LSC 2B gilt für eine Schaltanlage, die außer dem Sammelschienen-Schottraum noch andere zugängliche Räume hat (der Sammelschienenraum bildet eine Ausnahme, da sein Öffnen einen Anlagenbetrieb verhindert).

„**2B**" bedeutet, dass außer dem Schaltfeld mit geöffnetem Schottraum alle anderen Nachbarfelder und sogar der eigene Kabelanschlussraum unter Spannung und in Betrieb bleiben. Die Anlage bleibt also weiter verfügbar.

Die **Klasse 2B bietet die höchste Verfügbarkeit** und erfordert **Zwischenwände** zu den Nachbarfeldern sowie **mind. drei Schotträume und zwei Trennstrecken im Schaltfeld**.

LSC 2A gilt für eine Schaltanlage der Kategorie LSC 2, die nicht LSC 2B entspricht; das Schaltfeld mit geöffnetem Schottraum wird komplett außer Betrieb genommen.

Klasse 2A erfordert Zwischenwände zu den Nachbarfeldern sowie mind. zwei Schotträume und eine Trennstrecke im Schaltfeld.

LSC 1 gilt für eine Schaltanlage, die nicht LSC 2 entspricht. Die „**1**" steht für die **niedrigste Betriebsverfügbarkeit** und bedeutet, dass außer dem geöffneten Schaltfeld mind. ein weiteres abgeschaltet werden muss. Wird die Sammelschiene geöffnet, müssen alle Felder dieses Abschnitts freigeschaltet sein.

Gasisolierte Anlagen: Die LSC-Kategorien betreffen zugängliche Schotträume, bei denen der Schalter zugänglich ist. Da bei GIS ein Öffnen der Schotträume nicht nötig und deshalb nicht möglich ist, wird für gasisolierte Anlagen **in der Regel keine LSC-Kategorie angegeben**.

Zwischenwände und Blenden schützen vor Berührung

Während des Arbeitens in der geöffneten Schaltanlage schützen Zwischenwände und Blenden zum Nachbar-Schottraum oder Nachbarfeld vor der Hochspannung. Die **Zwischenwandklasse (Partition Class)** gibt an, ob eine Abschottung zu Hochspannungsteilen rundum metallisch ist oder ob ein Teil oder mehrere aus Isolierstoff bestehen. Beides erreicht zwar denselben Berührungsschutzgrad für den Arbeitenden, jedoch schirmt eine Metallschottung darüber hinaus noch das elektrische Feld des Primärteils ab. **PM** und **PI** bezeichnen die tatsächlichen elektrischen Verhältnisse um die Arbeitsstelle eindeutig.

Beispiele

Beispiel 1: Luftisolierte Schaltanlage (AIS) metallgeschottet (**Bild 5.77**)

Zugänglichkeit der Schotträume
- SS: werkzeugabhängig
- LS: verriegelungsgesteuert oder verfahrensabhängig
- Kabel: werkzeugabhängig

Verlust der Betriebsverfügbarkeit
- Kategorie LSC 2B

Schottung (Zwischenwände, Blenden)
- Klasse PM (metallisch)

Störlichtbogenqualifikation
- Kategorie IAC

Bild 5.77 Luftisolierte Schaltanlage (AIS) metallgeschottet

Beispiel 2: Luftisolierte Schaltanlage AIS teilgeschottet (**Bild 5.78**)

Zugänglichkeit der Schotträume
- SS werkzeug-/verfahrensabhängig
- LS verriegelungsabhängig
- Kabel verriegelungsabhängig

Verlust der Betriebsverfügbarkeit
- Kategorie LSC 2A

Schottung (Zwischenwände, Blenden)
- Klasse PM (metallisch)

Störlichtbogenqualifikation
Kategorie IAC

Bild 5.78 Luftisolierte Schaltanlage AIS teilgeschottet

Beispiel 3: Gasisolierte Schaltanlage (GIS) metallgeschottet (**Bild 5.79**)

Zugänglichkeit der Schotträume
- SS werkzeugabhängig
- LS **nicht** zugänglich
- Kabel werkzeug-/verriegelungsabhängig

Verlust der Betriebsverfügbarkeit
- LSC 2A

Schottung (Zwischenwände)
- Klasse PM (metallisch)

Störlichtbogenqualifikation
Kategorie IAC

Bild 5.79 Gasisolierte Schaltanlage (GIS) metallgeschottet

Fazit

Vier zentrale Merkmale kennzeichnen die neue Schaltanlagennorm IEC 62271-200 entsprechend DIN EN 62271-200 (**VDE 0671-200**) mit dem Titel:

Hochspannungs-Schaltgeräte und -Schaltanlagen – Metallgekapselte Wechselstrom-Schaltanlagen für Bemessungsspannungen über 1 kV bis einschließlich 52 kV

DIN EN 62271 (**VDE 0671**) legt Anforderungen an fabrikgefertigte, metallgekapselte Schaltanlagen für Wechselstrom bei Bemessungsspannungen über 1 kV bis einschließlich 52 kV für Innenraum- und Freiluftaufstellung und für Betriebsfrequenzen bis einschließlich 60 Hz fest. Die Kapselungen können fest eingebaute oder herausnehmbare Bauteile enthalten und zur Isolation mit Fluiden (Flüssigkeit oder Gas) gefüllt sein.

1. Geänderte dielektrische Anforderungen

Nach der vorherigen DIN IEC 60298 (**VDE 0670-6**) waren bei Prüfungen mit Bemessungs-Stehblitz-Stoßspannung in einer Serie von 15 Spannungsstößen zwei Durchschläge zulässig. Nach der neuen Norm muss dagegen die Prüfserie um fünf

Spannungsstöße erweitert werden, wenn am Ende der 15 Stöße ein Durchschlag auftritt. Dies kann zu einem Höchstwert von 25 Spannungsstößen führen, wobei weiterhin höchstens zwei Durchschläge zulässig sind.

2. Erhöhte Anforderungen an den Leistungs- und Erdungsschalter

Es ist nicht mehr wie bisher eine reine, getrennte Geräteprüfung durchzuführen, sondern eine Prüfung im Schaltfeld. Aufgrund von jeweils unterschiedlichem Einbau/Anordnung des Schaltgeräts mit speziellen Kontakten, Stromschienen usw. kann das Schaltleistungsvermögen evtl. negativ beeinflusst werden.

3. Neue Schottraumklassifikation

Hinsichtlich des Berührungsschutzes bei Zugang zu einzelnen Bauteilen gelten nun die bereits beschriebenen Schottraumklassen **PM oder PI**. Die Zuordnung erfolgt nicht mehr über konstruktive Beschreibung (Metallschottung, Schottung oder Teilschottung), sondern über die betreiberbezogenen Kriterien (siehe **Tabelle 5.7** und **Tabelle 5.8**).

Kategorie LSC der Betriebsverfügbarkeit		**Wenn ein zugänglicher Schottraum (z. B. Schalter) in einem Schaltfeld geöffnet ist …**	**Konstruktion**
LSC 1		• müssen andere Schaltfelder ausgeschaltet sein, zumindest ein weiteres oder ein SS-Abschnitt	keine Feldtrennwände
LSC 2	LC 2A	• bleiben alle anderen Schaltfelder unter Spannung	Feldtrennwände und Trennstrecke mit Schottung zur SS
	LSC 2B	• bleiben alle anderen Schaltfelder und auch der Kabelanschlussraum des offenen Schaltfelds unter Spannung	Feldtrennwände und Trennstrecke mit Schottung zur SS sowie zum Kabel

Tabelle 5.7 Verlust der Betriebsverfügbarkeit im Überblick

Schottungsklasse	**Eigenschaften**
Klasse PM (**P**artitions **m**etallic)	• metallische Zwischenwände und Blenden zwischen offenem Schottraum und unter Spannung stehenden Teilen • dielektrische Bedingungen wie Metallkapselung
Klasse PI (**P**artitions non-metallic; **i** = insulating material)	• **nicht metallische** Zwischenwände und Blenden zwischen offenem Schottraum und unter Spannung stehenden Teilen

Tabelle 5.8 Dielektrische Klassifikation der Schottung im Überblick

4. Einheitliche Störlichtbogenqualifikation

Neu festgelegt wurden die Energierichtung der Lichtbogenspeisung, die Anzahl der max. zulässigen Felder mit der Prüfung im Endfeld, die Abhängigkeit der Deckenhöhe von der jeweiligen Feldhöhe sowie die bereits ausführlich beschriebenen fünf überarbeiteten Kriterien, die stets vollständig erfüllt sein müssen – ohne Ausnahmen.

Für die Störlichtbogenqualifikation von begehbaren und nicht begehbaren Stationen wird in der neuen Norm IEC 62271-202 (DIN EN 62271-202 (**VDE 0671-202**)) die Prüfung des Stationsgebäudes mit eingebauter Schaltanlage beschrieben.

Durch diese IEC ist speziell für die Bedien- und Betriebssicherheit sowie die Bewert- und Vergleichbarkeit der Kriterien weltweit eine einheitliche Vorgabe erfolgt, zum Vorteil für alle Schaltberechtigten durch einen zeitgemäßen Personenschutz.

Ausblick in die Zukunft

Die Anwendung der IEC 62271-200 (DIN EN 62271-200 (**VDE 0671-200**)) verlangt keine Konstruktionsänderungen, daher können Schaltanlagen der laufenden Lieferspektren auch der neuen Norm entsprechen. Prüfungsnachweise nach „alter“ Norm bleiben weiterhin gültig. Ob eine Anlage die neue Norm in allen Punkten erfüllt, bleibt jedoch immer eine Einzelfallentscheidung. Im internationalen Konsens sind manche Festlegungen nur mit Kompromissen zu erzielen. Ob sich die neue Norm bewährt, muss die Praxis zeigen. Wegen der erheblichen Änderungen ist ausnahmsweise eine kurze Zykluszeit von nur fünf Jahren vereinbart (sonst acht bis zwölf Jahre), nach der die zuständige Arbeitsgruppe die Reaktionen auf die Norm aufnehmen und verarbeiten wird.

5.11.4 Schutzgrade für Schaltanlagen

DIN EN 62271 (**VDE 0671**) fordert für Schaltanlagen ausschließlich einen Personenschutz; ein Schutz gegen das Eindringen von Fremdkörpern und von Wasser wird nicht gefordert. Der Schutzgrad bei den metallgekapselten Schaltanlagen muss allseitig, bei teilgekapselten Schaltanlagen auf den zugänglichen Seiten bis zu einer Höhe von 1 800 mm mind. IP2X betragen. Bei geschotteten Anlagen muss der Schutzgrad der Schottung mind. IP2X entsprechen, er ist gesondert anzugeben.

Sollten die örtlichen Gegebenheiten auch einen Staub- und Wasserschutz erfordern, kommen die Schutzgrade nach DIN EN 60529 (**VDE 0470-1**) zur Anwendung (**Tabelle 5.9**).

Schutzgrade nach DIN EN 60529 (VDE 0470-1)					
Berührungsschutz		**Berührungsschutz und Schutz gegen feste Fremdkörper**		**Schutz gegen das Eindringen von Wasser**	
erste Kenn-ziffer	**Kurzbeschreibung**	**erste Kenn-ziffer**	**Kurzbeschreibung**	**erste Kenn-ziffer**	**Kurzbeschreibung**
	Schutzgrade gegen den Zugang zu gefährlichen Teilen, bezeichnet durch die erste Kennziffer		Schutzgrade gegen feste Fremdkörper, bezeichnet durch die erste Kennziffer		Schutzgrade gegen Wasser, bezeichnet durch die zweite Kennziffer
2	geschützt gegen den Zugang zu gefährlichen Teilen mit einem Finger	**2**	geschützt gegen feste Fremdkörper 12,5 mm Durchmesser und größer	**0**	nicht geschützt
				1	geschützt gegen Tropfwasser
3	geschützt gegen den Zugang zu gefährlichen Teilen mit einem Werkzeug	**3**	geschützt gegen feste Fremdkörper 2,5 mm Durchmesser und größer	**2**	geschützt gegen Tropfwasser, wenn das Gehäuse bis zu 15° geneigt ist
4	geschützt gegen den Zugang zu gefährlichen Teilen mit einem Draht	**4**	geschützt gegen feste Fremdkörper 1 mm Durchmesser und größer	**3**	geschützt gegen Sprühwasser
5	geschützt gegen den Zugang zu gefährlichen Teilen mit einem Draht	**5**	staubgeschützt	**4**	geschützt gegen Spritzwasser
6	geschützt gegen den Zugang zu gefährlichen Teilen mit einem Draht	**6**	staubdicht	**5**	geschützt gegen Strahlwasser
				6	geschützt gegen starkes Strahlwasser
				7	geschützt gegen die Wirkungen beim zeitweiligen Untertauchen in Wasser
				8	geschützt gegen die Wirkungen beim dauernden Untertauchen in Wasser
				9	geschützt gegen Hochdruck und hohe Strahlwassertemperaturen

Tabelle 5.9 Schutzarten werden mit Kennbuchstaben IP und zwei Ziffern beschrieben. Erste Ziffer: Schutz gegen feste Körper, zweite Ziffer: Schutz gegen Wasser

DIN EN	VDE	Bezeichnung (z. T. gekürzt)
	0101	Starkstromanlagen mit Nennwechselspannungen über 1 kV (Teil 1) und Erdungsanlagen (Teil 2)
60909-0	0102	Berechnung von Kurzschlussströmen in Drehstromnetzen
60865-1	0103	Berechnung und Wirkung der Kurzschlussströme
50191	0104	Errichten und Betreiben elektrischer Prüfanlagen
	0105-100	Betrieb von elektrischen Anlagen
	0110-1	Isolationskoordination für Betriebsmittel in NS-Anlagen
60071-1	0111-1	Isolationskoordination – Begriffe, Grundsätze
60071-2	0111-2	Isolationskoordination – Anwendungsrichtlinie
	0141	Erdungen für Starkstromanlagen mit Nennspannungen über 1 kV (Restnorm)
62271-1	0671-1	Hochspannungs-Schaltgeräte und -Schaltanlagen – Teil 1: Gemeinsame Bestimmungen
62271-100	0671-100	Hochspannungs-Wechselstrom-Leistungsschalter
62271-101	0671-101	Synthetische Prüfung
62271-102	0671-102	Wechselstrom-Trenn- und Erdungsschalter
62271-104	0671-104	Wechselstrom-Lastschalter > 52 kV
62271-105	0671-105	Lastschalter-Sicherungs-Kombinationen
62271-107	0671-107	Leistungsschalter-Sicherungs-Konbinationen
62271-108	0671-108	Leistungsschalter mit Trennfunktionen
62271-200	0671-200	Metallgekapselte Hochspannungsschaltanlagen > 1 kV bis 52 kV
62271-202	0671-202	Fabrikfertige Stationen für NS und HS > 1 kV bis einschließlich 52 kV
62271-203	0671-203	Gasisolierte metallgekapselte HS-Schaltanlagen > 52 kV
	0671-213	Spannungsprüf- und Anzeigesysteme
60168	0674-1	Prüfungen an Stützisolatoren über 1 kV
60099	0675	Überspannungsableiter
	0681	Geräte zum Betätigen, Prüfen und Abschranken unter Spannung stehender Teile > 1 kV
	0681-1	Allgemein
	0681-2	Schaltstangen
	0681-3	Sicherungszangen
	0682-552	Isolierende Schutzplatten, Arbeiten unter Spannung
	0683	Erdungs- und Kurzschließgeräte, Arbeiten unter Spannung
61230	0683-100	Ortsveränderliche Geräte zum Erden oder Erden und Kurzschließen
61219	0683-200	Erdungs- oder Erdungs- und Kurzschließvorrichtung, Staberdung

Tabelle 5.10 IEC und EN sind internationale Normungen, VDE und DIN sind nationale/regionale Normungen

5.11.5 Für die Mittelspannungs-Schaltanlagentechnik wichtige VDE-Bestimmungen und IEC-Publikationen

Die für Mittelspannungs-Schaltgeräte und -Schaltanlagen über 1 kV geltenden VDE-Bestimmungen und Richtlinien mit Angabe der entsprechenden IEC-Publikation (Harmonisierung) zeigt übersichtsweise **Tabelle 5.10** und **Tabelle 5.11**.

	IEC-Norm		**VDE-Bestimmung**		**DIN-EN-Norm**
	bisher	**aktuell**	**bisher**	**aktuell**	**aktuell**
Hochspannungsschaltgeräte und Schaltanlagen	IEC 60694 IEC 60298	IEC 62271-1 IEC 62271-200	VDE 0670-1000 VDE 0670-6	VDE 0671-001 VDE 0671-200	EN 60694 EN 60298 (zurückgezogen)
Geräte					
Leistungsschalter	IEC 60056	IEC 62271-100	VDE 0670-101...106	VDE 0671-100	EN 62271-100
Trenn- und Erdungsschalter	IEC 60129	IEC 62271-102	VDE 0670-2	VDE 0671-102	EN 62271-102
Lasttrennschalter	IEC 60265-1	IEC 62271-104	VDE 0670-301	VDE 0671-104	
Lasttrennschalter-/ Sicherungskombination	IEC 60420	IEC 62271-105	VDE 0670-303	VDE 0671-105	EN 62271-105
Spannungsprüf- und Anzeigesysteme	IEC 61243-5	IEC 62771-213	VDE 0682-415	VDE 0671-213	EN 62271-213
Schutzart	IEC 60529	IEC 60529	VDE 0470-1	VDE 0470-1	EN 60529
Isolation	IEC 60071	IEC 60071-1	VDE 0111	VDE 0111-1	EN 60071-1
Wandler					
Stromwandler	IEC 60044-1	IEC 60044-1	VDE 0414-1	VDE 0414-44-8	EN 60044-8
Spannungswandler	IEC 60044-2	IEC 60044-2	VDE 0414-2	VDE 0414-44-7	EN 60044-7

Tabelle 5.11 Gegenüberstellung von IEC-Normen und DIN-EN-Normen mit VDE-Klassifikation

5.12 Gasisolierte, metallgekapselte Schaltanlagen (GIS) – der sichere Umgang mit GIS und dem Isoliergas Schwefelhexafluorid (SF_6)

5.12.1 Allgemeines zu Schwefelhexafluorid (SF_6)

In den Unternehmen sind verstärkt gasisolierte, metallgekapselte Schaltanlagen (GIS) mit Schwefelhexafluorid (SF_6) als Isoliergas im Einsatz. Nach der neuen internationalen HS-Schaltanlagennorm IEC 62271-200 bzw. DIN EN 62271-200 (**VDE 0671-200**) wird für andere Isoliermedien als Luft, wie Öl und SF_6, der Begriff „**Fluid**“ benutzt. Fülldruck wird durch den Begriff „**Füllniveau**“ (level) ersetzt. Durch das hohe Isolier- und Ausschaltvermögen sind die Anlagen bedeutend kleiner, sie sind hermetisch verschlossen, klimaunabhängig, wartungsarm/-frei bei einer hohen Versorgungs- und Bediensicherheit sowie langer Nutzungsdauer.

Jedoch muss sich der Schaltberechtigte mit den Besonderheiten der Anlagentechnik vertraut machen und sich im höchst unwahrscheinlichen Störfall richtig verhalten, wenn sich die geschlossene Anlage über die Druckentlastung/Berstscheibe öffnet und SF_6-Zersetzungsprodukte ausgetreten sind. In diesem Kapitel erfahren Sie mehr über die Stoffeigenschaften, Einsatzgebiete, Entscheidungskriterien für den Einsatz von SF_6-Schaltanlagen und Maßnahmen zum sicheren Umgang.

Schwefelhexafluorid (**Bild 5.80**) ist ein Molekül, das aus einem Atom Schwefel und sechs Atomen Fluor besteht. Es wird industriell hergestellt.

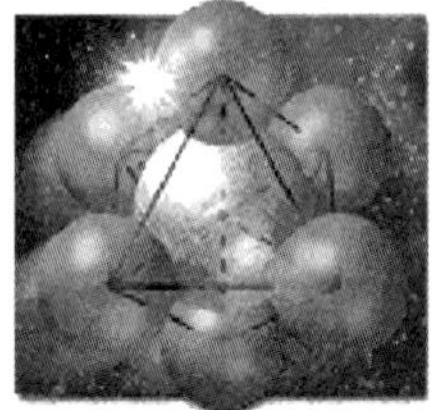

Bild 5.80 Molekülstruktur

Schwefelhexafluorid (SF_6) hat folgende Eigenschaften:

- Es ist ein farb- und geruchloses Gas.
- Seine Dichte beträgt 6,08 g/l bei 20 °C und 1 013 hPa.
- Es ist somit etwa fünfmal dichter/schwerer als Luft.
- Es lässt sich durch Verdichten leicht verflüssigen und kann dann als Gas in flüssigem Zustand in Druckgasbehältern gelagert und transportiert werden.

- Durch die große Molekülstruktur ist SF_6 schalldämmend.
- Reines SF_6 ist bei Umgebungstemperatur chemisch beständig, inaktiv – der Chemiker spricht von inert –, nahezu wasserunlöslich und nicht brennbar.

Vorteile

SF_6 hat eine hohe dielektrische Festigkeit (**Bild 5.81**) und ausgezeichnete lichtbogenlöschende Eigenschaften, weshalb es sich hervorragend als Isolier- und Löschmittel in elektrischen Schaltern und Schaltanlagen eignet. Mit Schwefelhexafluorid unter Druck lassen sich gleiche dielektrische Festigkeiten wie mit flüssigen Isolierstoffen erzielen. Der auf die Volumeneinheit des Dielektrikums bezogene Preis beträgt bei SF_6 jedoch nur einen Bruchteil von dem flüssiger Isoliermedien.

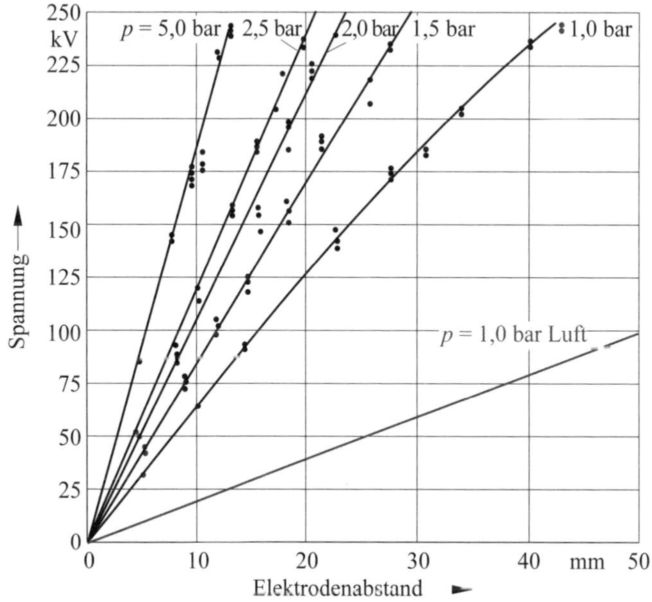

Bild 5.81 Durchschlagfestigkeit von SF_6 im Vergleich zu Luft; SF_6 isoliert bei 1 bar dreimal besser; wird SF_6 komprimiert, so steigt der Isolationspegel auf das Fünf- bis Achtfache an

Nach einem Durchschlag regeneriert sich Schwefelhexafluorid. Seine ursprüngliche Festigkeit stellt sich spontan wieder ein. Meistens liegt diese danach sogar noch etwas darüber.

Der Druckanstieg infolge thermischer Ausdehnung des Gases bei elektrischen Durchschlägen ist wegen des sehr kleinen Adiabatenexponenten des Schwefelhexafluorids geringer als bei anderen Gasen und ganz erheblich niedriger als bei flüssigen Isolierstoffen.

Nachteile

Strömt SF_6 aus einer SF_6-Anlage, einem Wartungsgerät oder einem SF_6-Druckgasbehälter aus, ohne dass es zu einer turbulenten Vermischung mit der Raumluft kommt, kann sich das Gas aufgrund seiner hohen Dichte am Boden ansammeln und in tiefer liegende Räume eindringen. Hat sich SF_6 aufgrund der Ausströmbedingungen oder der Raumlüftung mit der Raumluft vermischt, entmischt es sich nicht mehr. SF_6 verdrängt die Atemluft. Es überschreitet nicht die MAK-Werte.

Im Folgenden eine Berechnung für den Betriebspraktiker:

Frage: Welches Raumvolumen Atemluft wird verdrängt, wenn die gesamte SF_6-Menge von 2,4 kg entweicht?

Annahme:

Lastschaltanlage mit drei Feldern und mit 2,4 kg SF_6 gefüllt.

Berechnung:

Dichte von SF_6 bei 20 °C und 1,013 bar = 6,144 kg/m³,

$$\text{Volumen SF}_6 = \frac{\text{Masse SF}_6}{\text{Dichte SF}_6} = \frac{2{,}4\ \text{kg m}^3}{6{,}144\ \text{kg}} = 0{,}390\ \text{m}^3 = 390\ \text{l}.$$

Antwort:

390 Liter Raumvolumen Atemluft würden durch die 2,4 kg SF_6 verdrängt werden.

Bei Energieeintrag (z. B. durch Einwirkung von Wärme, elektrische Entladungen oder Lichtbögen) zerfällt SF_6 ab einer Temperatur von etwa 500 °C. Bei anschließender Abkühlung tritt größtenteils Rekombination ein. Es können aber auch Reaktionen mit Luft und Wasserdampf sowie mit den Konstruktionswerkstoffen (z. B. mit verdampfendem Abbrandmaterial der Kontakte) stattfinden. Dabei entstehen gasförmige niedere Schwefelfluoride und -oxyfluoride, vor allem Thionylfluorid (SOF_2) und Tetrafluormethan (CF_4), feste Metallfluoride, -sulfide und -oxide sowie bei Anwesenheit von Feuchtigkeit auch Fluorwasserstoff und Schwefeldioxid. Solche Reaktionen können z. B. bei normalen Betriebsschaltungen oder Fehlerabschaltungen in Schaltkammern von SF_6-Leistungsschaltern oder bei Störlichtbögen infolge innerer Fehler in beliebigen SF_6-Gasräumen ablaufen.

Zersetzungsprodukte

Gasförmige Zersetzungsprodukte haben einen unangenehmen, stechenden Geruch (wie faule Eier). Feste Zersetzungsprodukte bilden in SF_6-Gasräumen Staubablagerungen (z. B. sog. Schaltstaub) oder Anbackungen.

Klimagas

Auf der Klimakonferenz in Kyoto ist SF_6 in die Liste der Klimagase aufgenommen worden. Wenn sich SF_6 mit der Atemluft vermischt hat, entmischt es sich nicht mehr und kann durch thermische Vorgänge in die Erdatmosphäre gelangen.

1 kg Schwefelhexafluorid trägt genauso viel zur Klimaerwärmung bei wie 23 900 kg CO_2 (GWP: Global Warming Potential). Aufgrund der hermetischen Kapselung von GIS gelangt SF_6 nicht in die Atmosphäre, siehe Kapitel 5.12.3 „Sicherer Umgang mit SF_6“.

Zukünftiger Einsatz von ökoeffizienten gasisolierten Schaltanlagen

Zum Beispiel mit AirPlus, Clean Air bzw. g3 (green gas for grid) bezeichnet wird trockene Luft oder ein Fluorketon-basiertes Gasgemisch, das als Alternative zu Schwefelhexafluorid (SF_6), von Siemens, ABB bzw. Alstom als Isoliermedium mit Vakuumschaltröhre für die Anwendung in Schaltanlagen entwickelt wurde. Im direkten Vergleich zu SF_6 weist das neuartige Gasgemisch mit einem GWP (Global Warming Potential) < 1 ein um fast 100 % niedrigeres Treibhauspotenzial aus. Das Global Warming Potential (GWP) beschreibt das relative Treibhauspotenzial oder CO_2-Äquivalent einer chemischen Verbindung und ist eine Maßzahl für den relativen Effekt des Beitrags zum Treibhauseffekt. Im Vergleich zu CO_2 gibt sie an, wie viel ein Treibhausgas zur globalen Erwärmung beiträgt.

Ökoeffiziente gasisolierte Schaltanlagen für die Primärverteilung bis 36 kV, 2 000 A und 31,5 kA Kurzschlussstrom kommen zukünftig auf den Markt. Zusätzlich ist die neue Block-Schaltanlage für die Sekundärverteilung bis 24 kV, 630 A und 16 kA Kurzschlussstrom mit dem Isoliergas verfügbar. Die elektrischen Eigenschaften von AirPlus ermöglichen Anlagen in bekannt kompakter Bauweise.

Vorteile der AirPlus-Schaltanlagen (**Bild 5.82**) im Überblick:

- Ökoeffizient mit einem GWP < 1,
- kompakt,
- mit allen Vorteilen etablierter GIS-Technologie,
- eingesetzt in zuverlässigen und bewährten Schaltanlagenprodukten.

Bild 5.82 SafeRing AirPlus 24 kV – kompakte Schaltanlage von ABB ohne SF_6

Sicherer Umgang durch Anweisungen des Unternehmers

Da kurz- und mittelfristig die SF_6-Anlagen weiterbetrieben werden, müssen Hersteller, Errichter und Betreiber von SF_6-gasisolierten elektrischen Betriebsmitteln umweltgerecht und sicher mit diesen Anlagen umgehen.

Hier ist der Unternehmer mit seinem Führungsteam verpflichtet, den Personenkreis, der damit direkt und indirekt umgeht, regelmäßig u. a. nach einer Betriebsanweisung (vgl. Kapitel 5.12.3) für verunreinigtes SF_6 zu unterweisen.

Allgemeine SF_6-Einsatzgebiete

- Magnesiumherstellung; SF_6 als Schutzgas über der Schmelze zur Verhinderung der Oxidation, Entzündung und Nitridbildung,
- Aluminiumherstellung; SF_6 zur Reinigung der Schmelze,
- Autoreifen-, Tennisballfüllung; SF_6 hat eine hohe Druckkonstanz,[1]
- Schallschutzfenster; SF_6 absorbiert hochfrequenten Schall bis zu 8 dB,*)
- sonstige Anwendungen von SF_6 als Tracer-Gas, in Flugzeugradargeräten, in Teilchenbeschleunigern und in Elektronenmikroskopen.

Die europäische Fluor-Gas-Verordnung regelt die erlaubten Anwendungsgebiete (siehe Kapitel 5.12.3).

---

1 Ein nicht kontrollierter Anwendungsbereich von SF_6 ist verboten.

SF_6-Einsatzgebiete in der Elektrotechnik

Hochspannungsschaltgeräte und -schaltanlagen (Bild 5.83)

Die überragenden Lösch- und Isoliereigenschaften des Schwefelhexafluorids haben die Konstruktion völlig neuartiger Hochspannungsschalter und -schaltanlagen ermöglicht. Deren hervorstechende Merkmale sind kompakte, raumsparende Bauweise, Geräuscharmut, Berührungssicherheit und Schutz vor Verschmutzung durch Metallkapselung sowie Feuersicherheit.

Bild 5.83 Siemens-Schaltanlage 8DN8 für eine Bemessungsspannung bis 123 kV

Mit Schwefelhexafluorid isolierte Schaltanlagen setzen sich vor allem dort mit großem Erfolg durch, wo aus Platzgründen eine kompakte Bauweise erforderlich ist: Es werden nur 10 % bis 15 % des Raumbedarfs von Anlagen in bisheriger Bauweise mit Luftisolation benötigt. So können dank der SF_6-Technik Neuanlagen an Verbrauchsschwerpunkten in dicht bewohnten Gebieten errichtet werden, wo hohe Grundstückspreise andere Lösungen verbieten.

Wegen ihrer Unempfindlichkeit gegen Luftverschmutzung werden gekapselte SF_6-Anlagen auch in Freiluftausführung in der chemischen Industrie, in Wüstengebieten und an Küstenstandorten errichtet.

SF_6 wird als Löschmittel sowohl in Leistungsschaltern vornehmlich ab 110 kV, für gekapselte Anlagen, aber auch in Schaltern für offene Freiluftanlagen verwendet.

Sie ersetzen herkömmliche ölarme- sowie Druckluft-Leistungsschalter und sind auch höheren Anforderungen, z. B. häufigeren Last- und Kurzschlussabschaltungen, gewachsen. Wie die Hochspannungsschalter sind sie wartungsarm. Besonders geeignet sind sie für Standorte, an denen ölgefüllte Geräte nicht erwünscht sind und die Druckluft Probleme bereitet, somit unwirtschaftlich geworden sind.

Mittelspannungsschaltanlagen

Durch die kleine und kompakte Bauweise werden Mittelspannungs-Lastschaltanlagen in großen Stückzahlen in der öffentlichen Stromversorgung als Netzkompaktstationen, in Windparks, auf Seeschiffen und in der Industrie in Lastschwerpunkten nahe der Produktionsanlagen eingesetzt.

Gasisolierte Übertragungsleitungen

Zur Übertragung von hohen Leistungen eignen sich besonders gasisolierte Übertragungsleitungen (**Bild 5.84**). Diese Leitungen werden traditionell mit reinem SF_6 gefüllt und sind seit über 20 Jahren weltweit sicher und zuverlässig in Betrieb. Vorteil der GIL ist die höhere Übertragungsleistung im Vergleich zu Kabeln.

Bild 5.84 Gasisolierte Übertragungsleitung (GIL)

GIL werden direkt in der Erde oder in Tunnel verlegt. Sie sind eine Alternative zur Energieübertragung, wenn Freileitungen nicht gebaut werden können oder wenn die Übertragungsleistung von Kabeln nicht ausreicht. Aus ökonomischen Gründen wurde für den Einsatz von GIL für große Entfernungen die Anwendung von SF_6/N_2-Gemischen zur Isolation untersucht, da die Löscheigenschaften des SF_6 bei GIL nicht notwendig sind. Es ist eine Gesamtoptimierung von Gasgemisch, Gasdruck und Abmessungen für die GIL erreicht worden, die es ermöglicht, GIL als wettbewerbsfähiges Übertragungsmedium in vielfältigen Anwendungen einsetzen zu können.

Hochspannungskabel und Rohrleiter

Schwefelhexafluorid gewinnt in jüngerer Zeit zunehmend an Interesse für die Herstellung gasisolierter Hochspannungskabel und Rohrleiter (**Bild 5.85**) zum Übertragen großer Leistungen in Ballungsgebieten. Weiterhin dienen Rohrleiter als Verbindung zwischen Kraftwerken und Transformatoren- bzw. Schaltanlagen, z. B. bei Kavernen-Kraftwerken. Bei entsprechenden Abmessungen lassen Rohrleiter, mit SF_6 unter Druck gefüllt, ungewöhnlich hohe Stromstärken zu. Im Vergleich zu herkömmlichen Kabeln bleiben Ladestrom und dielektrische Verluste gering. Um etwa eine Zehnerpotenz lässt sich in der Hochfrequenztechnik mit SF_6-gefüllten Rohrleitern die Leistung steigern.

Bild 5.85 Hochspannungskabel/Rohrleiter

Transformatoren

SF_6-Gastransformatoren setzt man wegen ihrer hohen Betriebssicherheit im Bergbau und in Warenhäusern ein. Dagegen spricht der höhere Preis aus Sicht eines Öltransformators (**Bild 5.86**).

Bild 5.86 Hochspannungstransformator

Das gute Wärmeübertragungsvermögen, seine Unbrennbarkeit und seine Ungiftigkeit machten Schwefelhexafluorid auch für den Spezial-Transformatorenbau (**Bild 5.87**) interessant.

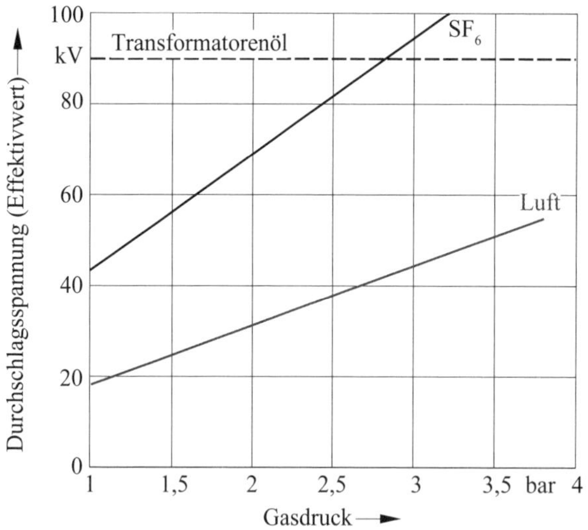

Bild 5.87 Zur Erreichung der Durchschlagsfestigkeit von Transformatorenöl wird SF_6 komprimiert

Andere Anwendungen in der Hochspannungstechnik

Auch zur Isolation von Höchstspannungsgeneratoren in Teilchenbeschleunigungsmaschinen, z. B. Van-de-Graaff-Akzeleratoren, Betatronen, Neutronengeneratoren und anderen, die in wissenschaftlichen Instituten, in der Medizin und in der Industrie für Bestrahlungen verwendet werden, hat sich Schwefelhexafluorid durchgesetzt.

Wegen der hohen dielektrischen Festigkeit des Gases lassen sich wesentlich leichtere Druckbehälter bauen. Bei älteren Geräten, die mit Luft/Kohlendioxid-Gemischen isoliert waren, wurden mit SF_6 beachtliche Leistungssteigerungen erzielt. Analoge Aufgaben erfüllt SF_6 bei Spannungsstabilisatoren für Elektronenmikroskope sowie in Röntgengeräten, die zur Werkstoff- und Fertigungskontrolle verwendet werden.

Parallel mit der Entwicklung der SF_6-Anlagentechnik auf dem Hochspannungssektor wurden SF_6-isolierte Hochspannungsmessgeräte und Spannungsnormale gebaut; auch Messwandler, Pressgaskondensatoren und Überspannungsableiter für höchste Spannungen stellt man mit SF_6-Füllung her.

In Straßburg ist der weltweit größte elektrostatische Beschleuniger in Betrieb genommen worden. Der Tandem-Van-de-Graaff-Beschleuniger Vivitron ist durch seine neue Technologie für eine Beschleunigungsspannung von 35 Millionen Volt ausgelegt.

Im Folgenden erfahren die Unternehmer und Betriebspraktiker Vor- und Nachteile gasisolierter Schaltanlagen – kurz GIS –, um die erforderlichen Entscheidungen und Maßnahmen richtig treffen zu können.

5.12.2 GIS-Aufbau der Spannungsebene 1 kV bis 52 kV und Betrieb

Einführung

Gasisolierte, metallgekapselte Mittelspannungsschaltanlagen kommen seit etwa 30 Jahren zum Einsatz – 1978 die ersten hermetisch metallgekapselten Lasttrennschalteranlagen mit SF_6 als Isolier- und Löschgas und 1981 die erste Leistungsschalteranlage mit SF_6 als Isoliergas sowie mit Vakuum-Leistungsschalter.

In den nachfolgenden Ausführungen über Technik und Betriebserfahrungen mit gasisolierten, metallgekapselten Mittelspannungsschaltanlagen wird auf den Einsatz von SF_6 eingegangen sowie die Konstruktion der gasgefüllten Schotträume und deren hohes Maß an Dichtheit aufgezeigt, um dem Betriebspraktiker Entscheidungskriterien für den Einsatz von GIS zu vermitteln.

Grundsätzlich kann festgehalten werden, dass die bisherigen Betriebserfahrungen mit den SF_6-Mittelspannungsschaltanlagen positiv zu bewerten sind. Dies gilt auch für die ökologischen Erwartungen.

Vorteile:

Die gasisolierten, metallgekapselten Mittelspannungsschaltanlagen bieten gegenüber den mit atmosphärischer Luft isolierten Anlagen folgende Vorteile:

- Immissionsbeständigkeit und damit klima- und umweltunabhängige Aufstellung in Bereichen erhöhter Beanspruchung durch Feuchtigkeit, salzhaltige Luft, Verschmutzung und Kleintiere,
- hohe Verfügbarkeit aufgrund der Wartungsfreiheit der gasgefüllten Schotträume, die außerhalb liegenden Komponenten (Antriebe, Spannungsprüfsysteme) sind hingegen wartungsarm,
- lange Nutzungsdauer,
- erhöhter Schutz gegen innere Fehler durch hermetisch abgeschlossenes bzw. geschlossenes Drucksystem und dadurch minimierte Wahrscheinlichkeit von Schadstoffemissionen nach außen,
- hohes Maß an Personenschutz, störlichtbogenqualifiziert nach DIN EN 62271-200 (**VDE 0671-200**),
- geringer Raumbedarf durch kleine, kompakte Bauweise,
- geringere Masse pro Schaltfeld zu luftisolierten Anlagen,
- weniger Material- und Energieeinsatz während der Produktlebensdauer und infolge dessen ökonomische sowie wichtige ökologische Vorteile für den Betreiber,
- optimales Preis-Leistungs-Verhältnis, auf das gesamte Projekt bezogen,
- übersichtliche und dadurch sichere Bedienung für den Schaltberechtigten,
- schnelle Montage vor Ort durch Modulbauweise.

Siehe auch Kapitel 5.10.3 für einen sicheren Betrieb.

Schaltanlagenausführungen

Die gasisolierten, metallgekapselten Mittelspannungsschaltanlagen werden unterschieden in:

- Lasttrennschalteranlagen für die Energieverteilung in Netzstationen, Schaltpunkten, Übergabestationen, Windparks und Industrieanlagen,
- Leistungsschalteranlagen, eingesetzt für Erzeugung und Verteilung in Schaltstationen und Umspannanlagen.

Bei den Schaltanlagenausführungen liegt die Norm IEC 62271-200 bzw. DIN EN 62271-200 (**VDE 0671-200**) „Metallgekapselte Wechselstrom-Schaltanlagen für Bemessungsspannungen über 1 kV bis einschließlich 52 kV“ zugrunde.

Lasttrennschalteranlagen

Je nach Konstruktion wird zwischen Block- und Feldbauweise unterschieden.

Blockbauweise

Die Blockbauweise besteht aus einem selbsttragenden, verschweißten, gasgefüllten Schottraum, welcher fabrikfertig ausgeführt und aufgrund der vorgenannten Norm als „hermetisch abgeschlossenes Drucksystem“ eingestuft wird.

Von der Blockbauweise sind ein- bis fünffeldrige Ausführungen am Markt. Der Bedarfsschwerpunkt liegt bei drei- und vierfeldrigen Anlagen.

Lasttrennschaltanlagen in Blockbauweise verschiedener Hersteller (**Bild 5.88**, **Bild 5.89**, **Bild 5.90**):

Bild 5.88 Schneider Electric; Typ: FBX

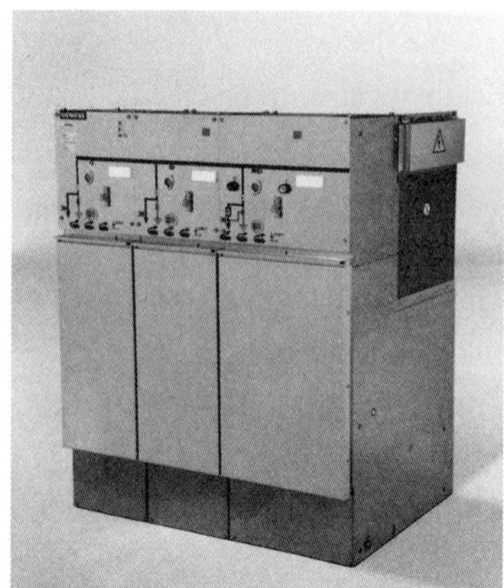

Bild 5.89 Siemens; Typ: 8DJ20

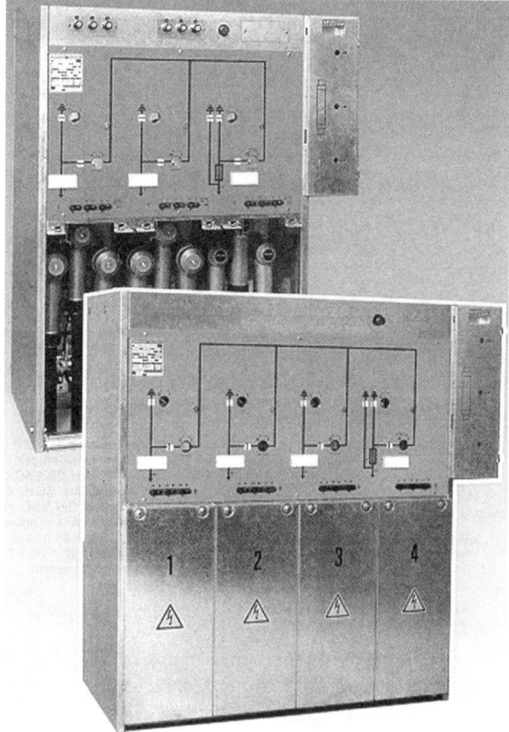

Bild 5.90 Driescher-Wegberg; Typ: Gisela

Im Folgenden sind zwei Ausführungsbeispiele in Form von Übersichtsschaltbildern zu sehen (**Bild 5.91**). Andere Ausführungen sind jedoch möglich.

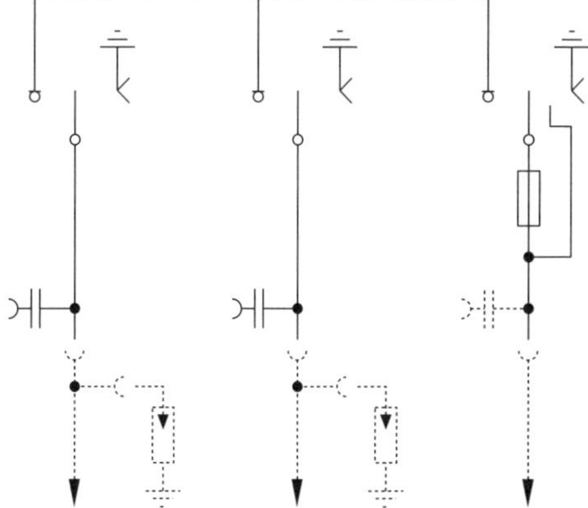

Bild 5.91 Lasttrennschalteranlage mit zwei Kabelfeldern und einem Transformatorschaltfeld

Feldbauweise

Die Feldbauweise mit aneinandergereihten Einzelschaltfeldern und gemeinsamem gasgefüllten Schottraum hat für den großen Anwendungsbereich in Kompaktstationen keine Bedeutung. Sie finden Anwendung in Umspannwerken und Schaltstationen. Zur Einstufung als „hermetisch verschlossen" müssten diese Anlagen fabrikfertig montiert, mit Isoliergas verfüllt und geprüft sein.

Die Lasttrennschalteranlagen sind in der Regel mit folgenden Schaltgeräten bestückt:

- Lasttrennschalter in Kombination mit der Erdungsschalterfunktion als Dreistellungsschalter,
- Lastschalter-HH-Sicherungskombination,
- einschaltfester Erdungsschalter,
- Erdungsschalter auf der Lasttrennschalterseite und Erdungsschalter auf der Transformatorseite der HH-Sicherungen mit gekoppelter Betätigung.

Leistungsschalteranlagen (Bild 5.92 bis Bild 5.95)

Leistungsschalteranlagen werden in Einfach- bzw. Doppelsammelschienen-Bauweise mit ein- oder dreipoliger sowie als Misch-Kapselung der gasgefüllten Schotträume ausgeführt und vor Ort aus Einzelschaltfeldern oder aus Transporteinheiten dieser zusammengestellt und montiert. Ein Schaltfeld kann aus mehreren gasgefüllten Schotträumen bestehen.

Bild 5.92 Schneider Electric; Typ: WS

Bild 5.93 ABB; Typ: ZV2

Bild 5.94 Schneider Electric; Typ: GM6

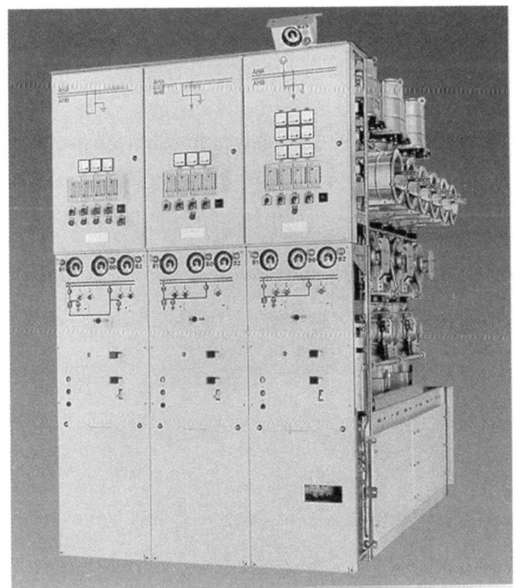

Bild 5.95 Siemens; Typ: 8DB10

Nach der Norm sind die Leistungsschalteranlagen als „geschlossenes Drucksystem“ einzustufen, obwohl die Anforderungen an „hermetisch abgeschlossene Drucksysteme“ wie

- Dichtheit über die erwartete Lebensdauer von mehr als 40 Jahren,
- kein Nachfüllen in regelmäßigen Zeitabständen

erfüllt werden; lediglich die Anforderung „fabrikfertig montiert und geprüft“ wird nur teilweise erfüllt.

Schaltfeldtypen

Gasisolierte, metallgekapselte Leistungsschalteranlagen können aus folgenden Schaltfeldern zusammengestellt sein:

- Einspeisefeld,
- Abgangsfeld,
- Übergabefeld,
- Sammelschienenmessung,
- Längskupplung (**Bild 5.96**),
- Querkupplung (**Bild 5.97**),
- Längstrennung,
- Sammelschienenerdung.

Abhängig von ihrer Aufgabe sind die Schaltfelder mit nachstehenden Betriebsmitteln bestückt:

- Leistungsschalter, in der Regel mit Vakuumschaltröhren,
- Trenn- und Erdungsschalter, in der Regel als Dreistellungsschalter ausgeführt,
- Strom- und Spannungswandler, in das berührungssichere Konzept der Schaltanlage einbezogen.

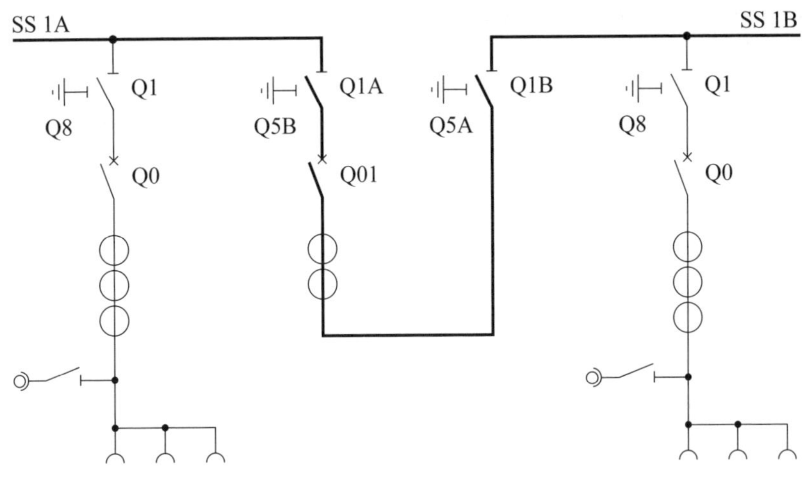

Einspeise- bzw. Abgangsfeld Längskupplung Einspeise- bzw. Abgangsfeld

Bild 5.96 Einfachsammelschiene mit Längskupplung

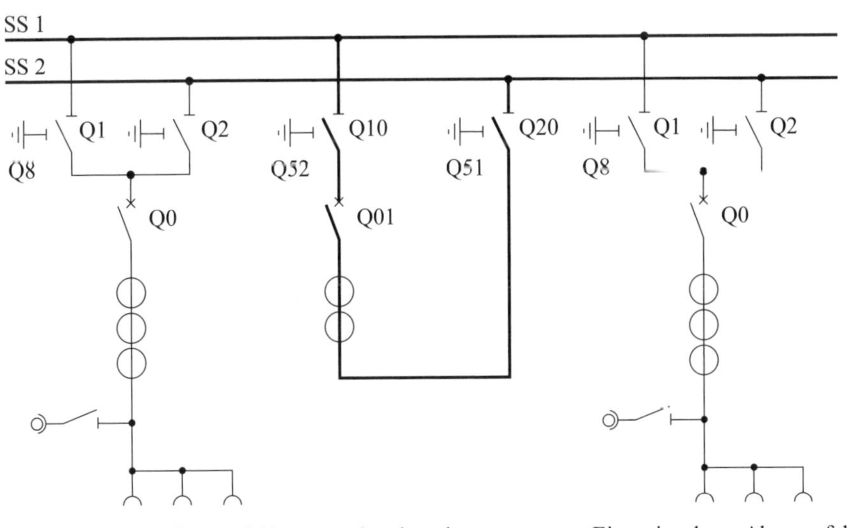

Einspeise- bzw. Abgangsfeld Querkupplung Einspeise- bzw. Abgangsfeld

Bild 5.97 Doppelsammelschiene mit Querkupplung

Gasgefüllte Schotträume/Kapselung

Begriffe

Der gasgefüllte Schottraum und die Kapselung einer gasisolierten metallgekapselten Schaltanlage sind die bestimmenden Bauteile für die Betriebssicherheit und den Personenschutz.

Entsprechend der bisherigen Norm DIN EN 60298 (**VDE 0670-6**) (zurückgezogen) sind die Begriffe „gasgefüllter Schottraum" und „Kapselung" wie folgt bestimmt:

Gasgefüllter Schottraum

Schottraum einer metallgekapselten Schaltanlage, in dem der Gasdruck durch eines der nachfolgenden Systeme gehalten wird:

Drucksysteme

- gesteuertes Drucksystem (selbsttätiges Nachfüllen ist nicht mehr erlaubt, durch die freiwillige Selbstverpflichtung),
- geschlossenes Drucksystem (Nachfüllen möglich),
- hermetisch abgeschlossenes Drucksystem (fabrikfertig montiert und geprüft, kein Nachfüllen durch Betreiber erforderlich/möglich).

Mehrere gasgefüllte Schotträume können zu einem gemeinsamen Gassystem verbunden sein.

Kapselung

Teil einer Schaltanlage, der einen festgelegten Schutzgrad gegen äußere Einwirkungen, gegen Annähern oder Berühren aktiver Teile und gegen Berühren sich bewegender Teile bietet. Eine Abdeckung ist Teil der äußeren Kapselung.

Anmerkung:

Ein gasgefüllter Schottraum kann Teil der äußeren Kapselung der Schaltanlage sein. Innerhalb der Kapselung können noch andere Funktionsräume (Kabelanschluss, Antriebe, Sekundäreinrichtungen) angeordnet sein.

Konstruktive Details von gasgefüllten Schotträumen

An die Dichtheit der gasgefüllten Schotträume werden hohe Anforderungen gestellt, um die anspruchsvollen ökologischen Erwartungen beim Einsatz von SF_6 zu erfüllen.

Nachstehend werden die konstruktiven Details, welche für die Dichtheit der gasgefüllten Schotträume relevant sind, besonders betrachtet, bisher typische Fehler aufgezeigt und die Abhilfemaßnahmen erläutert, gleichfalls für Lasttrennschalter- und Leistungsschalteranlagen:

Korrosionsschutz

Der äußere Korrosionsschutz der Kapselung von gasgefüllten Schotträumen ist im Zusammenwirken mit anderen Details von Bedeutung für die Gewähr der Dichtheit.

Zwar sind die aktiven Teile im Innern der gasgefüllten Schotträume gegen Einwirkungen aus der atmosphärischen Luft (Feuchtigkeit, Verschmutzung) geschützt, an der Kapselung kann jedoch von außen bei bestimmten klimatischen Verhältnissen Betauung entstehen.

So ist es anfänglich vorgekommen, dass durch eine solche Betauung an Lasttrennschalteranlagen Dichtungen von elektrischen Durchführungen durch Korrosion unterwandert wurden, was eine Undichtheit des gasgefüllten Schottraums zur Folge hatte.

Durch den Einsatz von nicht rostendem Stahl für die Kapselung von gasgefüllten Schotträumen oder hochwertigerem Korrosionsschutz sind solche Fehler zwischenzeitlich ausgeschlossen.

Schweißnähte

Schweißnähte an der Kapselung von gasgefüllten Schotträumen haben anfangs zu Undichtheiten geführt.

Heute ist dies durch das Automatenschweißen und umfangreichere Qualitätssicherungsmaßnahmen kein Thema mehr.

Dichtungen

In der Regel bestehen Dichtungen aus Dichtflächen und Rundschnurringen.

Bei den Lasttrennschalteranlagen, welche fabrikfertig ausgeführt und hermetisch verschlossen sind, stellt dieses Detail keine Fehlerquelle dar. Auch sind Anlagen am Markt, die gänzlich auf Rundschnur-Ringdichtungen verzichten.

Selbst bei vor Ort montierten Leistungsschalteranlagen sind Fehler an Dichtungen ein sehr seltenes Ereignis.

Dynamische Durchführungen

Dynamische Durchführungen sind Antriebsdurchführungen zur Betätigung von Schaltgeräten, welche in den gasgefüllten Schotträumen eingebaut sind.

In der Regel kommen fast ausschließlich Drehantriebe zur Anwendung. Zur Vermeidung von Korrosion im Bereich der Antriebsdurchführungen werden hauptsächlich bei Lasttrennschalteranlagen Wellen aus nicht rostendem Stahl eingesetzt.

Antriebsdurchführungen mit Schubbewegungen zeigten vereinzelt Dichtheitsprobleme bei Verschmutzen der Schubstangen. Dieses Konstruktionsprinzip wurde nur zu Beginn der gasisolierten Technik angewandt.

Bei Schwenkantrieben haben sich Metallfaltenbälge als Dichtsystem bewährt.

Statische Durchführungen

Statische Durchführungen sind insbesondere elektrische Durchführungen (Geräteanschlussteile) für den Kabelanschluss mittels Kabelsteckteilen.

Durch Verformungen an den Kapselungen der gasgefüllten Schotträume sind anfangs Risse in den Gießharzflanschen der Geräteanschlussteile vorgekommen mit der Folge einer Undichtheit.

Dies ist heute ebenfalls kein Thema mehr, da die Kapselungen mit der Anforderung der Evakuierbarkeit zum Entzug von Restfeuchte und zur Vermeidung von Befüllungsemission entsprechend versteift ausgeführt werden.

Statische Durchführungen stellen auch die Sekundärklemmen von Wandlern dar, wenn ein Wandler direkt oder ein angenabeltes Gießharz-Klemmenbrett in die Kapselung eingefügt ist.

Es kam schon vor, dass sich Klemmenschrauben durch das Anzugsmoment im Gießharz gelockert haben und so eine Undichtheit entstand.

Als Abhilfemaßnahme wurden die Gießharzplatten verstärkt.

Druckentlastungseinrichtungen (Bild 5.98 und Bild 5.99)

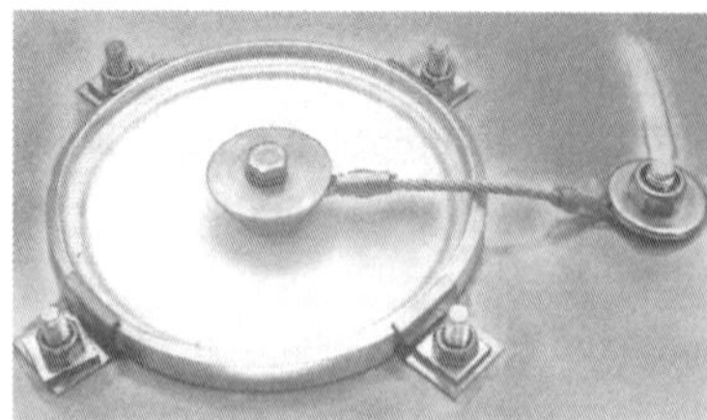

Bild 5.98 Druckentlastungseinrichtung (Berstscheibe) gegen Wegfliegen gesichert

Bild 5.99 Druckentlastungseinrichtung (Berstscheibe); durch den Überdruck wird die Blechplatte nach außen auf die scharfen Zähne gedrückt und aufgeschnitten

Druckentlastungseinrichtungen haben die Aufgabe, bei Störlichtbögen durch innere Fehler den erhöhten Druck gezielt über die Berstscheibe nach außen zu entlasten. Fehler an Berstscheiben sind als Ursache für Undichtheit nicht bekannt geworden.

Aufnahmebehälter für HH-Sicherungen

Es ist zu unterscheiden in Aufnahmebehälter, außerhalb des gasgefüllten Schottraums angeordnet, und Aufnahmebehälter, eingelassen in den gasisolierten Schottraum.

In den Aufnahmebehältern herrscht atmosphärische Luft, ein Eingriff in den gasgefüllten Schottraum ist zum Einsetzen bzw. Wechseln der HH-Sicherungen nicht erforderlich.

Bei den außerhalb angeordneten Aufnahmebehältern erfolgt die elektrische Verbindung zu den aktiven Teilen im gasgefüllten Schottraum über Durchführungen (in der Regel Geräteanschlussteile).

Die eingelassenen Aufnahmebehälter sind innerhalb des gasgefüllten Schottraums mit den aktiven Teilen verbunden. Sie müssen thermisch so beständig sein, dass bei starker Erhitzung oder Bersten des HH-Sicherungseinsatzes die Dichtheit des hermetisch abgeschlossenen Drucksystems nicht beeinträchtigt wird.

Thermische Überbeanspruchungen können durch entsprechende Auslegung des Gesamtabsicherungskonzepts oder durch HH-Sicherungseinsätze, die bei Überhitzung auf die Freiauslösung des Transformatorschaltfelds wirken, vermieden werden.

Undichtheiten an gasgefüllten Schotträumen durch thermische Fehler in Aufnahmebehältern für HH-Sicherungen sind bisher nicht bekannt geworden.

Beim Einsetzen der HH-Sicherungen (**Bild 5.100**) ist darauf zu achten, dass der Schlagbolzen auf die Schalterfreiauslösung wirken kann. Auf dem Sicherungskörper befindet sich ein Pfeil in Richtung Schlagbolzen.

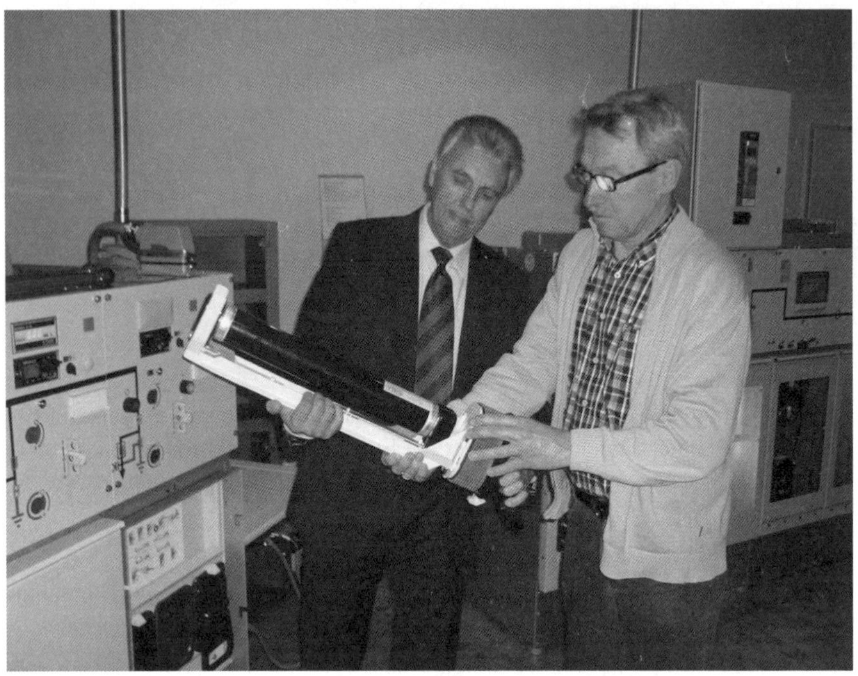

Bild 5.100 Training: Beim HH-Sicherungstausch ist auf die richtige Einbaurichtung zu achten – nach einer Auslösung sollte der komplette Satz getauscht werden

Schottraum-Überwachungseinrichtungen (Bild 5.101 bis Bild 5.103)

Füllventile und Schottraum-Überwachungseinrichtungen (z. B. Manometer, Sensoren) bedeuten – wie auch die vorgenannten konstruktiven Details – einen Eingriff in die Kapselung der gasgefüllten Schotträume.

Bei Lasttrennschalteranlagen, die im Gegensatz zu Leistungsschalteranlagen stärker äußeren klimatischen Beanspruchungen ausgesetzt sind, gab es gerade an den Übergangsstellen Kapselung/Ventil bzw. Manometer älterer Anlagen Probleme, wenn ein wirksamer Korrosionsschutz nicht vorhanden war.

Heute sind diese Einzelheiten keine Ursachen mehr für Undichtheiten, da zuverlässige Systeme und hochwertiger Korrosionsschutz eingesetzt werden.

Der Schaltberechtigte muss beachten, dass der Gasinnendruck von der Temperatur abhängig ist und dadurch unterschiedliche Zeigerstellungen abzulesen sind. Abhilfe schaffen die Hersteller durch verschiedene Temperaturskalen, temperaturkompensierte Manometer oder durch das folgende System.

Vorteilhaft sind Systeme zur Schottraumüberwachung, die ohne Eingriff in die Kapselung arbeiten. Ein Hersteller realisiert die Anzeige der Druckverhältnisse einer Vergleichsdruckdose im Innern des Gasbehälters über ein magnetisches Feld nach außen.

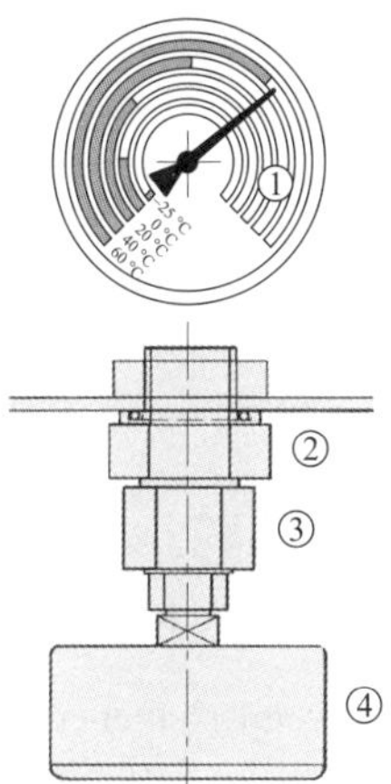

① Grünes Feld (Betriebsbereich)

② Füllventil

③ Manometeranschlusskupplung (Manometerverschraubung)

④ Manometer

Bild 5.101 Manometer für die Betriebsbereitschaftsanzeige

Bild 5.102 Überwachungseinrichtungen – Kurzschlussrichtungsanzeiger; Spannungsanzeigegerät; SF_6-Gasdruckmanometer mit Temperaturskalen (v. l. n. r.)

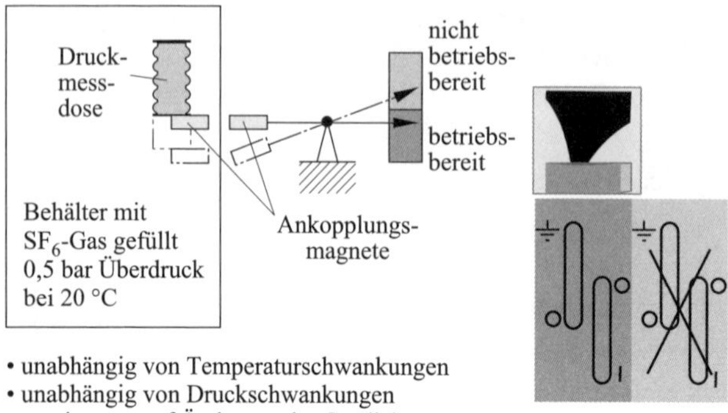

Bild 5.103 Betriebsbereitschaftanzeige mit gasdicht verschlossener Druckmessdose

Befüllen der gasgefüllten Schotträume im Herstellerwerk

Es ist Stand der Technik, die gasgefüllten Schotträume von Lasttrennschalter- und von Leistungsschalteranlagen vor dem Befüllen mit SF_6 in der Fabrik zu evakuieren und zu trocknen. Befüllungsemissionen sind praktisch ausgeschlossen. Da die gasgefüllten Schotträume von Mittelspannungsschaltanlagen wartungsfrei sind, können keine SF_6-Wartungsverluste vorkommen.

Beim SF_6-Handling an älteren, nicht evakuierbaren Anlagen werden für das Befüllen mit SF_6 unter Luftverdrängung Verfahren angewandt, die Befüllemissionen ebenfalls vermeiden.

Kabelanschlussbereich

Der mittelspannungsseitige Anschluss von gasisolierten, metallgekapselten Schaltanlagen erfolgt mit genormten Kabelstecksystemen. Die Norm unterscheidet in:

- Innenkonussystem,
- Außenkonussystem.

Ein Kabelstecksystem besteht aus den Bauteilen:

- Geräteanschlussteil,
- Kabelsteckteil.

Die Kabelstecksysteme haben sich mit den gasisolierten, metallgekapselten Mittelspannungsschaltanlagen bewährt.

Probleme mit Außenkonus-Stecksystemen:

- Montagefehler Kabelsteckteil/Kabel,
- Montagefehler Transformatoranschlusskabel, mit der Folge von mechanischer Überbeanspruchung des Geräteanschlussteils und Rissbildung im Flanschbereich,
- nicht sachgemäß geerdete äußere Leitschicht von Kabelsteckteilen ohne Metallkapselung mit der Folge von Teilentladungen am Stecksystem und evtl. Minderung des Berührungsschutzes.

Anmerkung:

Es ist zu beobachten, dass Außenkonus-Kabelsteckteile ohne Metallkapselung der günstigeren Kosten wegen zunehmend eingesetzt werden, da es heute technischer Stand ist, den Kabelanschlussraum metallgekapselt auszuführen.

Je nach Fabrikat des Kabelsteckteils ist die äußere Leitschicht verschieden ausgeführt; vor Einsatz sollten das Gesamtsystem Stecker/Durchführung beurteilt und vom Hersteller Prüfnachweise verlangt werden.

Die Nahtstelle zwischen der Schaltanlage und den Netz- bzw. Transformatoranschlusskabeln (**Bild 5.104**) bedarf einer besonderen Beachtung, da sie vor Ort als Montagearbeit hergestellt wird. So kann sich ein Montagefehler als mechanischer Fehler am Geräteanschlussteil auswirken und ursächlich eine Undichtheit des gasgefüllten Schottraums hervorrufen. Auch können Fehler im Stecksystem thermische Auswirkungen auf die Kapselung des gasgefüllten Schottraums hervorrufen mit der Folge des Entstehens eines inneren Fehlers.

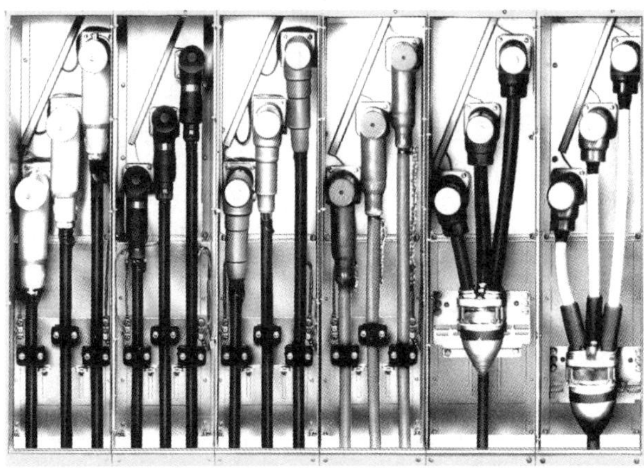

Bild 5.104 Kabelanschlussbereich mit verschiedenen Kunststoff- und Massekabeltypen

Überwachung und Bedienung

Wichtige Anzeigen und Betätigungen im Bedienbereich einer Lasttrennschalteranlage:

- Anzeige der Dichtheit des gasgefüllten Schottraums. Bewährt hat sich bei den geringen Betriebsüberdrücken eine Rot/Grün-Anzeige, die den Temperaturbereich der Betriebsbedingungsklasse berücksichtigt,
- übersichtliches, feldorientiertes Blindschaltbild (**Bild 5.105**) mit integrierten Stellungsanzeigen der Schaltgeräte,
- bei Bedarf Anzeigeeinheit von Kurzschlussanzeigern,
- steckbares oder mit integrierter permanenter Wiederholungsprüfung versehenes Spannungsprüfsystem zum Feststellen der Spannungsfreiheit und zum Phasenvergleich.

Bei Leistungsschalteranlagen wird die Bedienung und Überwachung in der Regel in einer (zentralen) Leittechnik realisiert.

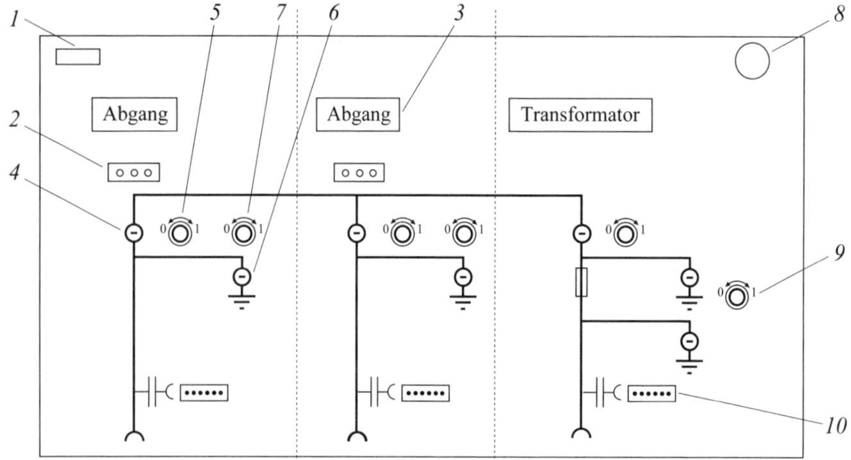

Bild 5.105 Bedienbereich mit Blindschaltbild einer Lasttrennschalteranlage für zwei Kabelfelder und einem Transformatorfeld

1 Leistungsschild,
2 Anzeigeeinheit der Kurzschlussanzeiger,
3 Freifläche für Abgangsbezeichnung,
4 Lasttrennschalter-Stellungsanzeige,
5 Lasttrennschalter-Betätigung, ggf. mit Abschließvorrichtung,
6 Erdungsschalter-Stellungsanzeige,
7 Erdungsschalter-Betätigung, ggf. mit Abschließvorrichtung,
8 Überwachung der Dichtheit,
9 gemeinsame Erdungsschalter-Betätigung im Transformatorschaltfeld,
10 Buchsen der Schnittstelle zur Spannungsprüfung und zum Phasenvergleich, einschließlich Beschriftung

Im Bedienbereich am Schaltfeld sind noch nachstehende wichtige Funktionen vorgesehen:

- übersichtliches Blindschaltbild (**Bild 5.106**) mit integrierten mechanischen Stellungsanzeigen und mechanischen Betätigungen der Schaltgeräte zur unverriegelten Bedienung bei Ausfall der Leittechnik,
- steckbares oder mit integrierter permanenter Wiederholungsprüfung versehenes Spannungsprüfsystem zum Feststellen der Spannungsfreiheit und zum Phasenvergleich.

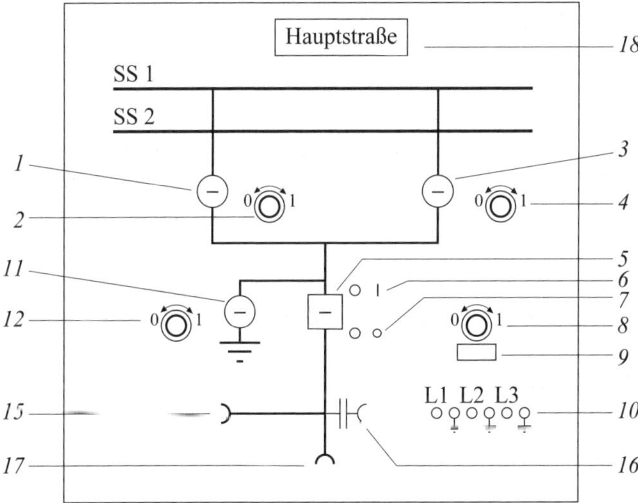

Bild 5.106 Bedienbereich und Blindschaltbild eines Einspeise- oder Abgangfelds mit Doppelsammelschiene einer Leistungsschalteranlage.

Hier muss der Schaltberechtigte umdenken und sich auf die Besonderheit der Erdungsfunktion einstellen.

Mit dem Erdungstrennschalter wird der Weg vorgewählt und mit dem Leistungsschaltgerät die Erdungsverbindung zur Kabelstrecke hergestellt.

1 Schalterstellungsanzeige Trennschalter SS 1,
2 Trennschalterbetätigung SS 1,
3 Schalterstellungsanzeige Trennschalter SS 2,
4 Trennschalterbetätigung SS 2,
5 Schalterstellungsanzeige Leistungsschalter,
6 Leistungsschalter EIN mechanisch,
7 Leistungsschalter AUS mechanisch,
8 Energiespeicher Handaufzug,
9 Zustandsanzeige Energiespeicher (gespannt/nicht gespannt),
10 kapazitive Messpunkte,
11 Schalterstellungsanzeige Erdungsschalter,
12 Erdungsschalterbetätigung,
15 Darstellung des galvanischen Zugriffs,
16 Darstellung des kapazitiven Koppelteils,
17 Darstellung des Geräteanschlussteils,
18 Schaltfeldbezeichnung

Spannungsprüfsysteme

Die IEC 61244-5 wird in IEC 62771-213 überführt. Im Teil 213 gehören jetzt Spannungsprüf- und -anzeigesysteme zur Norm der Hochspannungs-Schaltgeräte und -Schaltanlagen VDE 0671-213. Die Betriebsspannung wird sicher kapazitiv oder ohmsch ausgekoppelt und an der Bedienfront zuverlässig angezeigt, zwecks Anwendung der 3. Sicherheitsregel, siehe Kapitel 5.12.2 und Kapitel 10.3.3.

Überwacht sich das Spannungsanzeigegerät selbst, so ist keine Wiederholungsprüfung innerhalb von sechs Jahren erforderlich. Ältere Systeme verfügen darüber nicht und müssen wie Stabspannungsprüfer innerhalb der Frist einer Prüfung unterzogen werden. HR-Systemen sind in der neuen Norm nicht mehr enthalten. Phasenvergleicher werden in einer gesonderten Norm IEC 62771-215 beschrieben.

In den gasisolierten, metallgekapselten Mittelspannungsschaltanlagen werden seit Anbeginn steckbare Spannungsprüfsysteme eingesetzt. Diese wurden in der Zeit vor 1991 ohne die Vorgaben einer Norm ausgeführt. Es kann vorkommen, dass die älteren Systeme durch klimatische Einwirkungen ihre Funktionstüchtigkeit nicht mehr gewährleisten. Darum wurden diese Systeme nur in Verbindung mit einem einschaltfesten Erdungsschalter zugelassen.

Hier ist zu erwähnen, dass in den Durchführungsanweisungen zur Unfallverhütungsvorschrift DGUV-Vorschrift 3 „Elektrische Anlagen und Betriebsmittel“ eine Prüffrist von sechs Jahren geregelt ist. Aufgrund dieser Prüffrist dürften fehlerhafte, steckbare Spannungsprüfsysteme an älteren Anlagen zwischenzeitlich festgestellt und ausgetauscht worden sein.

Für Ertüchtigungsmaßnahmen werden von den Herstellern entsprechende Bausteine angeboten.

Zu den integrierten Spannungsprüfsystemen (**Bild 5.107** bis **Bild 5.109**) ist zu bemerken, dass für diese erst seit Vorliegen der DIN EN 61243-5 (**VDE 0682-415**):2002-01 Festlegungen bestehen.

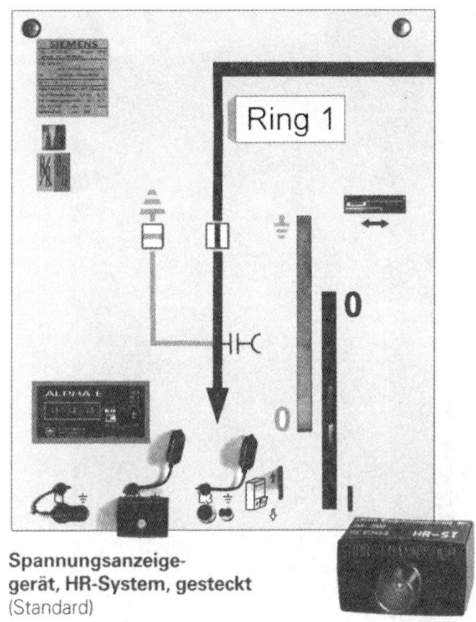

Bild 5.107 Spannungsanzeigegerät wird für L1, L2, L3 gesteckt, regelmäßige Prüfungen erforderlich

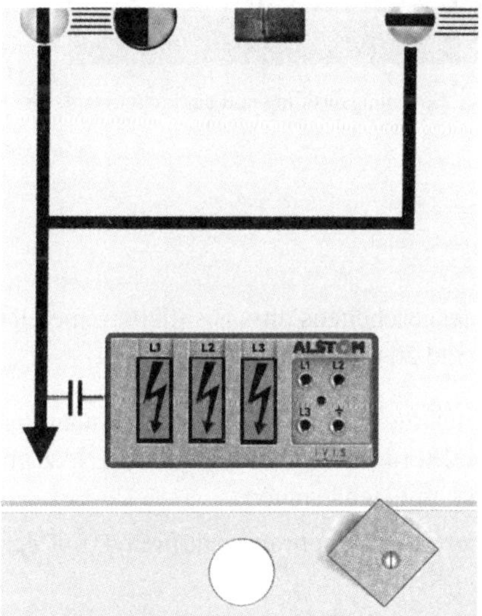

Bild 5.108 Durch integrierte permanente Wiederholungsprüfung und wartungsfreies Spannungsprüfsystem keine weiteren Wiederholungsprüfungen erforderlich, nachrüstbar

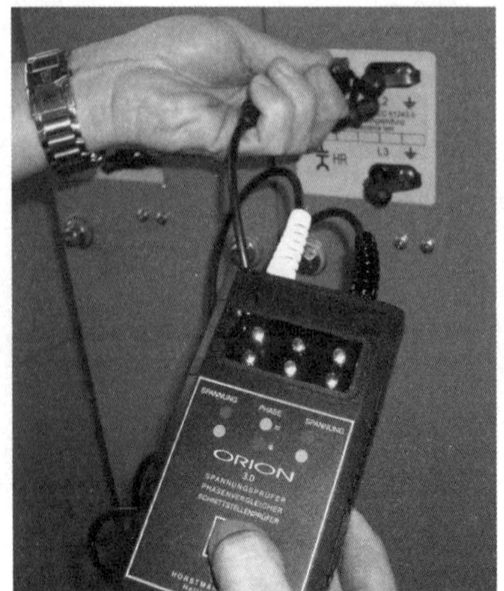

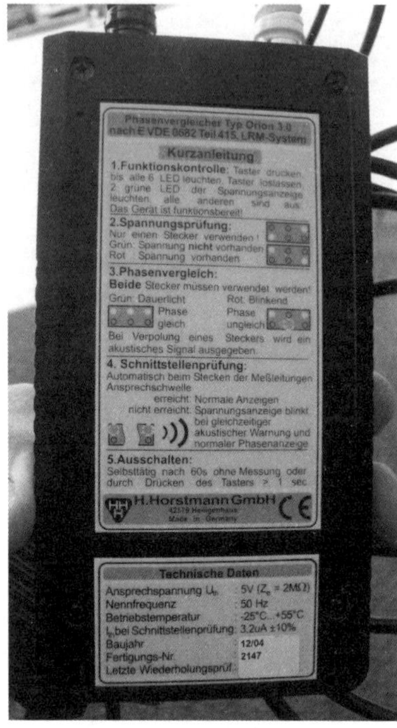

Bild 5.109 Mit diesem Gerät können eine Schnittstellen-Spannungsprüfung und ein Phasenvergleich vorgenommen werden

Störungs- und Fehlergeschehen

Begriffe

Bei der Betrachtung des Fehler- und Störungsgeschehens an gasisolierten, metallgekapselten Mittelspannungsschaltanlagen sind zu unterscheiden:

- **Fehler**, die z. B. durch eine Undichtheit im Drucksystem zwar zu einer Änderung des intakten Zustands führen, aber keine Störungsauswirkung auf das Netz, in welches die Schaltanlage eingebunden ist, mit sich bringen.
- **Innere Fehler**, die innerhalb eines gasgefüllten Schottraums auftreten, mit der Folge von Störungsauswirkungen auf das Netz.
- **Störungen**, wobei diese den gesamten Vorgang bezeichnen, die mit einem Fehler beginnen und mit der Wiederherstellung des normalen Zustands enden. Eine Störung wird durch Fehlerart, Fehlerursache, Störungsanlass und Störungsauswirkung gekennzeichnet.

- **Schaden**, als Folge von Fehler/Störung, kann entstehen durch einen Schaden an der Schaltanlage.

Anmerkung:

*In der Norm DIN EN 62271 **(VDE 0671)** wird beschrieben, dass die Wahrscheinlichkeit des Entstehens von inneren Fehlern selbst bei Luft-Feststoff-isolierten metallgekapselten Schaltanlagen, die der Norm entsprechen, gering ist.*

Bei den Ursachen für innere Fehler – Verschmutzung, Feuchtigkeit, Kleintiere usw. – nennt die Norm als mögliche Maßnahmen zur Minderung der Wahrscheinlichkeit innerer Fehler den Einsatz von Schaltanlagen mit gasgefüllten, metallgekapselten Schotträumen.

5.12.3 Sicherer Umgang mit SF_6-gasisolierten Schaltanlagen

Zu den luftisolierten Schaltanlagen haben sich gasisolierte, metallgekapselte Schaltanlagen seit ihrer Markteinführung mit hoher Akzeptanz etabliert.

Die Betreiber haben die freie Technologiewahl zwischen der luftisolierten und der gasisolierten Schaltanlagenausführung anhand der Auswahlkriterien Technik, Ökologie und Wirtschaftlichkeit. Das Isolier- und Schaltgas Schwefelhexafluorid (SF_6) ist für einen sicheren und wirtschaftlichen Einsatz von elektrischen Betriebsmitteln in der Stromversorgung im Einsatz.

Durch die hermetische Kapselung werden die folgenden Ziele erreicht:

- **Personenschutz,**
- **Anlagenschutz,**
- **Umweltschutz.**

In **Kompaktstationen** (**Bild 5.110** und **Bild 5.111**) werden SF_6-gasisolierte Schaltanlagen häufig eingesetzt.

Jedoch ist SF_6 kein natürliches Gas und gehört u. a. zu den im Kyoto-Protokoll genannten **Treibhausgasen**. Dadurch geriet es 1997 in eine sehr intensive umweltpolitische Diskussion.

Wichtig für Schaltanlagenbetreiber:

SF_6-Emissionen müssen vermieden werden!

Nach der **europäischen Fluor-Gas-Verordnung** gibt es Planungssicherheit für Hersteller und Betreiber von Schaltanlagen, die mit dem Isoliergas Schwefelhexafluorid (SF_6) gefüllt sind.

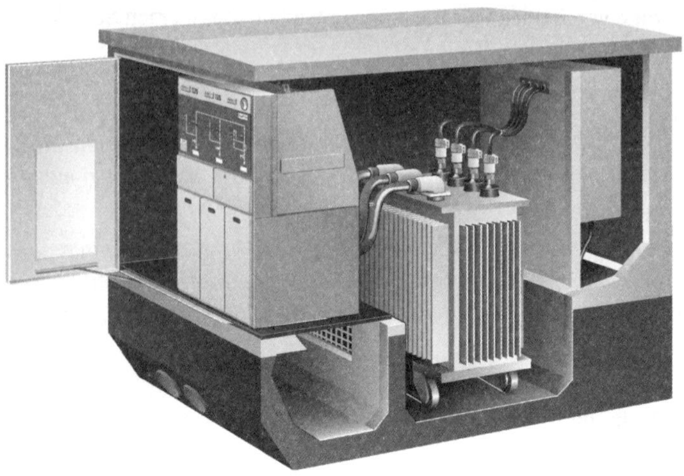

Bild 5.110 Kompaktstation mit SF_6-gasisolierter Schaltanlage

Bild 5.111 Kompaktstation mit 24-kV-SF_6-Lastschaltanlage, NS-Verteilung und 630-kVA-Transformator

Erste freiwillige Selbstverpflichtung von 1997

Maßnahmen der deutschen Schaltanlagenhersteller und -betreiber zur Emissionsbegrenzung

Im Wissen um die Tatsache, dass SF_6 in der Atmosphäre ein sehr wirksames Treibhausgas ist, arbeiten die Schaltanlagenhersteller und -betreiber nach dem Prinzip, SF_6-Emissionen sollen – wo immer möglich – vermieden werden.

Daher werden bei Bau, Installation sowie Betrieb und Instandhaltung von SF_6-Schaltgeräten und -anlagen dem Stand der Technik entsprechende Maßnahmen ergriffen, um SF_6-Emissionen zu vermeiden. Dies gilt ebenso für alle Maßnahmen in Zusammenhang mit der Wiederverwendung, Wiederaufarbeitung oder Entsorgung:

- Gasräume werden überwacht, um Leckagen mit SF_6-Emissionen frühzeitig erkennen und beheben zu können.
- Die Hersteller garantieren eine Leckrate von < 1 % p. a., Erfahrungswert etwa 0,1 % p. a.
- Grundsätzlich wird gebrauchtes SF_6 entweder direkt wieder eingesetzt oder im Normalfall vor Ort gereinigt und im geschlossenen System wiederverwendet.
- SF_6-Hersteller (z. B. Solvay) verpflichteten sich, gebrauchtes SF_6 zurückzunehmen. SF_6, welches nicht wiederverwendet werden kann, wird der umweltgerechten Entsorgung zugeführt. SF_6-Hersteller stellen hierfür im Bedarfsfall einschlägige Informationen zur Verfügung.
- Alle Mitarbeiter, die Umgang mit SF_6 haben, werden regelmäßig informiert und geschult.
- Instandhaltungsarbeiten dürfen nur von qualifiziertem Personal durchgeführt werden (Fachkundenachweis erforderlich).
- Produzierte und gelieferte Mengen werden von den Herstellern von SF_6-Gas statistisch erfasst, Verbräuche und Bestände von den Herstellern und Anwendern der Schaltgeräte und Schaltanlagen. Die SF_6-Produzenten und die Verbände der Hersteller und Anwender von Schaltgeräten und Schaltanlagen (ZVEI und BDEW/FNN) stellen dem Bundesministerium für Umwelt, Naturschutz und Reaktorsicherheit und dem Umweltbundesamt die für ihre Arbeit erforderlichen statistischen Daten auf Anfrage zur Verfügung. Aus den Daten wird jährlich ein SF_6-Monitoring erstellt, das Auskunft über die Verwendung von SF_6 im Bereich elektrischer Schaltgeräte und Anlagen in Deutschland gibt.

Keine Verbotsverordnung für die elektrische Energieversorgung!

Zur Erläuterung:

Die Anteile der im „Kyoto-Protokoll" gelisteten Treibhausgase, die für die Erwärmung der Atmosphäre relevant sind, sind im Folgenden aufgeführt:

- Kohlendioxid CO_2 (86,6 %),
- Methan CH_4 (6,15 %),
- Distickstoffoxide N_2O (6,05 %),
- teilhalogenisierte Kohlenwasserstoffe H-FKW/HFC (0,85 %),
- perfluorierte Kohlenwasserstoffe FKW/PFC (0,16 %),
- Schwefelhexafluorid SF_6 (0,34 %).

Der Treibhauseffekt, was ist das?

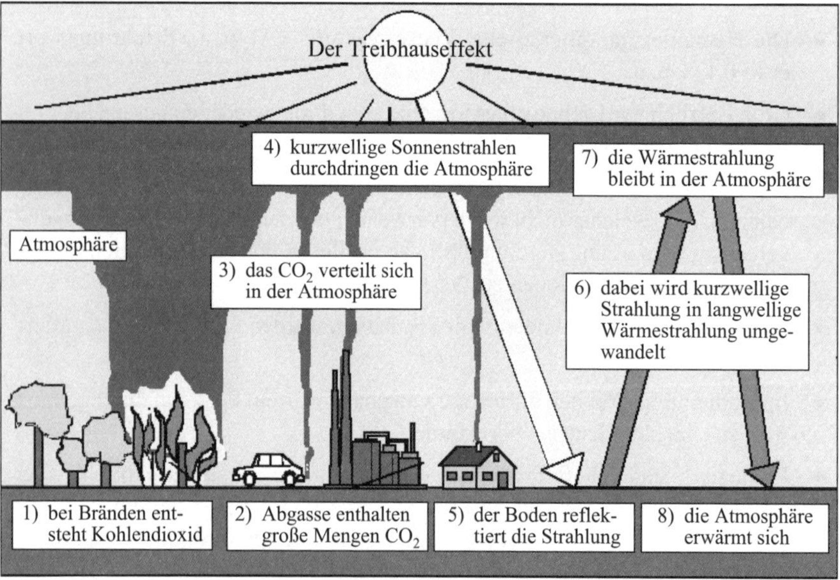

Sogenannte Spurengase wie Kohlenstoffdioxid, Wasserdampf, Methan, Distickoxide und Ozon usw. lassen kurzwellige Sonnenstrahlen passieren, absorbieren aber die langwelligen Wärmestrahlen der Erdoberfläche. Diese Gase in der Atmosphäre haben somit eine ähnliche Wirkung wie das Glas eines Treibhauses. Man spricht daher von Treibhausgasen (Greenhouse Gases).

Ohne diesen natürlichen Treibhauseffekt wäre das heutige Leben auf der Erde gar nicht möglich.

Wenn heute über den Treibhauseffekt geredet wird, meint man fast immer den künstlichen Treibhauseffekt durch die oben aufgeführten Stoffe. Das Schwefelhexafluorid SF_6 ist eines der zu überwachenden Treibhausgase des Kyoto-Protokolls. Die anteilige Wirksamkeit des SF_6 zum gesamten Treibhauspotenzial wird aktuell mit nur etwa 0,34 % in Deutschland angegeben.

SF_6 wird aber besonders kritisch betrachtet, da 1 kg frei gesetztes SF_6 bezüglich des Treibhauspotenzials die Wirkung von 23 900 kg Kohlenstoffdioxid, also CO_2, hat.

Das Treibhauspotenzial wird auch mit GWP ausgedrückt (GWP steht für: Global Warming Potential).

Dieser Umrechnungsfaktor ist in den folgenden Anteilen bereits berücksichtigt.

Ziele des Kyoto-Protokolls aus dem Jahre 1997 sind die Reduzierung der Treibhausgasemissionen.

SF_6-Anwendungen in Schaltanlagen und -geräten > 1 kV werden nur in bestimmten Artikeln der europäischen **F-Gas-Verordnung** aufgeführt.

Die Anteile SF_6 an der Gesamtemission in Deutschland aus Schaltanlagen und -geräten > 1 kV durch Produktion, Prüfungen, Betrieb, Instandhaltungen, Entsorgungen für Mittel- und Hochspannung betragen nur 0,04 %.

Hierbei sind die Hochspannungsanlagentechnik > 36 kV mit 0,036 % und die Mittelspannungstechnik > 1 kV bis 36 kV mit 0,004 % beteiligt.

Keine Verbotsverordnung für obige Einsatzgebiete!

Das BMU (Bundesministerium für Umwelt, Naturschutz und Reaktorsicherheit) begrüßt die freiwillige Selbstverpflichtung zu SF_6. Dies ist ein wichtiges positives Signal zur Wiederherstellung der **Planungssicherheit bei den Schaltanlagenanwendern**.

Das Grundprinzip der Selbstverpflichtung lautet:

Emissionen von SF_6 werden – wo immer möglich – vermieden!

TÜV-zertifizierte Ökobilanzen weisen nach, dass sogar eine Entlastung der Treibhausgasbilanz erreicht werden kann.

Die Verbesserungen der neuen Selbstverpflichtung betreffen den gesamten Lebenszyklus von der **Herstellung** bis zum **Recycling** bzw. bis zur **Entsorgung** des eingesetzten SF_6-Gases. Ergänzt wird die Selbstverpflichtung durch ein freiwilliges Monitoring aller erforderlichen Daten für eine SF_6-Bilanzierung, die bereits seit 1997 in einer Vorversion praktiziert und nun erweitert wird.

Auszug aus der europäischen Verordnung über bestimmte fluorierte Treibhausgase (F-Gas-V)

Ergebnis der Beratungen im Vermittlungsausschuss des Europäischen Parlaments, des Europäischen Rates und der Europäischen Kommission:

Damit sind nun die Energietechnik und ihre SF_6-Anwendungen von folgenden Maßnahmen betroffen, die im Wesentlichen bereits in den freiwilligen Selbstverpflichtungen der Branche der letzten Jahre praktiziert wurden:

- **Rückgewinnung** von SF_6 am Lebensende einer Schaltanlage und – soweit technisch und wirtschaftlich darstellbar – auch in anderen Applikationen zum Zwecke des Recyclings oder der Zerstörung (Art. 4);
- **Ausbildung und Zertifizierung von Personal**, das mit der Gasrückgewinnung befasst ist (Art. 5);
- **Berichterstattung** bei Import und Export von größeren Mengen von SF_6 (> 1 t/Jahr) (Art. 6); dieser Punkt wird in der Regel aber nur die Gas-Produzenten und Gashändler betreffen;
- **Kennzeichnung:** Die Produkte werden mit einer Kennzeichnung und einem Hinweis auf das enthaltende SF_6 (Art. 7) versehen (**Bild 5.112**);
- **SF_6 ist in der Energietechnik von keinen Anwendungsverboten betroffen (Art. 8 und 9).**

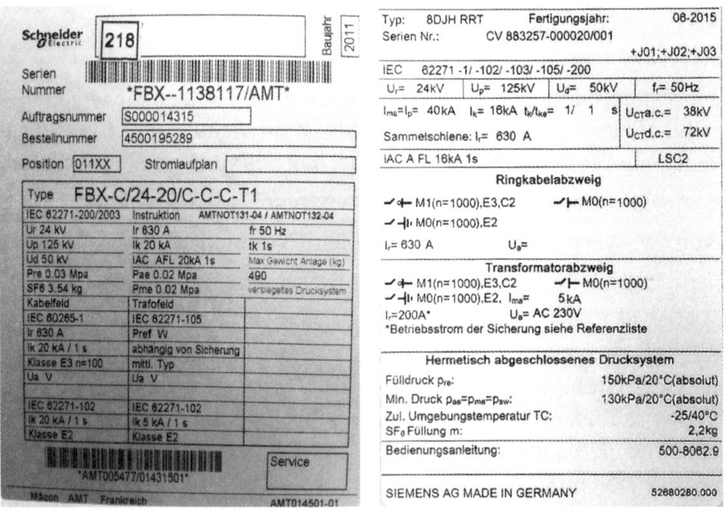

Bild 5.112 Kennzeichnung zeigt zwei Typenschilder einer Lastschaltanlage mit der SF_6-Mengenangabe in Kilogramm

Wird im Unternehmen eine GIS betrieben, so werden sich die schaltberechtigten Personen gemäß Leitfaden (siehe Kapitel 10) mit den Besonderheiten dieser Anlagentechnik vertraut machen. Sie müssen sich auf die Anzeigen verlassen können, da die Anlage keinen „Einblick" zu spannungsführenden Teilen sowie Schalterstellungen direkt ermöglicht.

Vor der Schaltung hat sich die befähigte Person mittels Betriebsbereitschaftsanzeige von der Dichtheit zu überzeugen.

Gasisolierte, metallgekapselte Schaltanlagen (GIS) mit Schwefelhexafluorid (SF_6) als Isoliergas verfügen über eine sehr gute Betriebssicherheit.

Doch für den Fall aller Fälle müssen die Mitarbeiterinnen und Mitarbeiter vom Unternehmer mittels Betriebsanweisung geschult werden, wie sie sich verhalten müssen, wenn reines SF_6 ausströmt oder nach einem Störlichtbogen die Schaltanlage über die Druckentlastung geöffnet hat und verunreinigtes SF_6 ausgetreten ist. Diese Zersetzungsprodukte können – vergleichbar mit einem Kunststoffkabelbrand – reizend, ätzend und giftig sein. Die zerstörte Anlage ist ordnungsgemäß zu entsorgen.

Reines SF_6 ist mit einem Gas-Lecksuchgerät (**Bild 5.113**) nachzuweisen.

Bild 5.113 Gas-Lecksuchgerät

Im Folgenden finden Sie ein Flussbild „Sicherer Umgang mit SF_6" (**Bild 5.114**) sowie im Kapitel 14 ein Muster einer Betriebsanweisung für Ihren Gebrauch und eine Aufstellung von Vorschriften und Bestimmungen zum Thema.

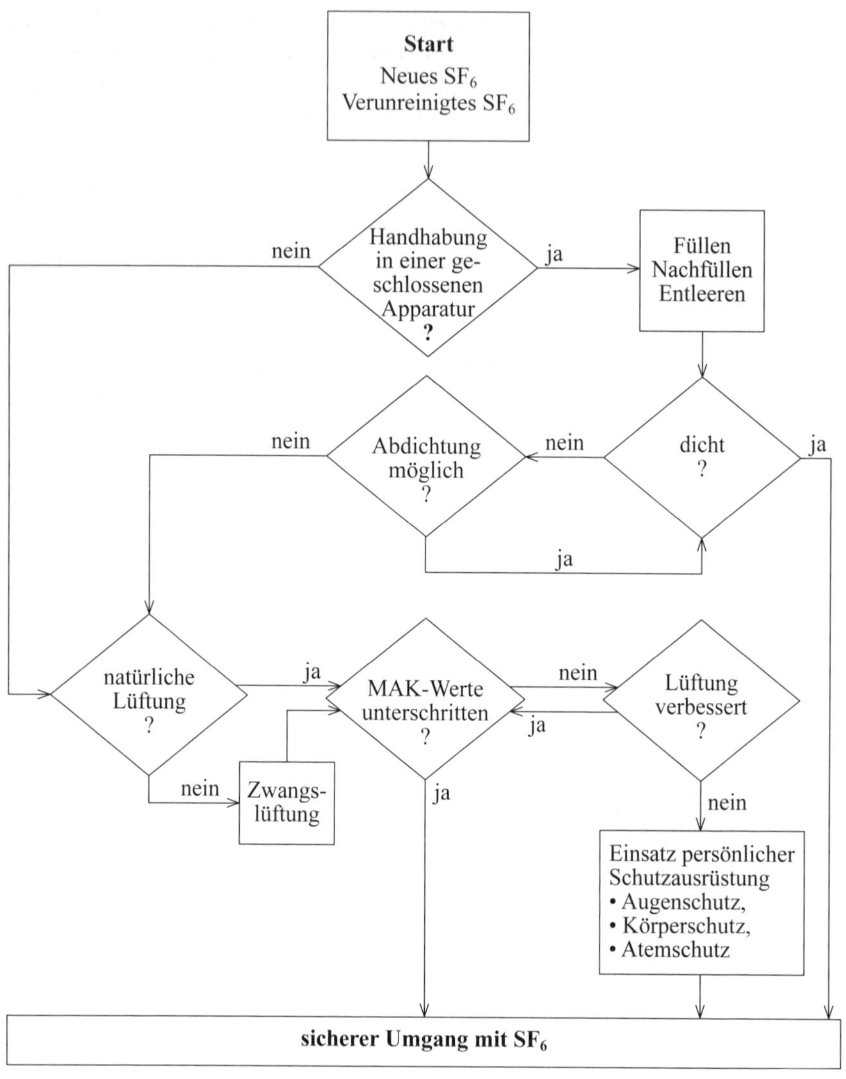

Bild 5.114 Sicherer Umgang mit SF_6

5.13 Vorschriften und Regeln

Die nachstehend zusammengestellten Vorschriften und Regeln sind entsprechend der Anlagengröße, Anlagenart und Spannungshöhe zu beachten.

Empfehlenswert ist die **DGUV-Information 213-013** „SF_6-Anlagen und -Betriebsmittel“ (**Bild 5.115** und **Bild 5.116**).

DIN-VDE-Normen:

- DIN EN 61936-1 (**VDE 0101-1**) Starkstromanlagen mit Nennwechselspannung über 1 kV – Teil 1: Allgemeine Bestimmungen,
- DIN EN 50522 (**VDE 0101-2**) Erdung von Starkstromanlagen mit Nennwechselspannungen über 1 kV,
- DIN VDE 0105-100 Betrieb von elektrischen Anlagen,
- DIN EN 60376 (**VDE 0373-1**) Bestimmung der Reinheit der technisch einsetzbaren Qualität von Schwefelhexafluorid (SF_6) sowie Gasen für den Gebrauch in SF_6-Mischungen zur Verwendung in elektrischen Betriebsmitteln,
- DIN EN 60480 (**VDE 0373-2**) Richtlinie für die Prüfung von Schwefelhexafluorid (SF_6) nach Entnahme aus elektrischen Betriebsmitteln und Spezifikation für dessen Wiederverwendung,
- DIN EN 62271-203 (**VDE 0671-203**) Hochspannungs-Schaltgeräte und -Schaltanlagen – Teil 203: Gasisolierte metallgekapselte Schaltanlagen für Bemessungsspannungen über 52 kV,
- DIN EN 62271-200 (**VDE 0671-200**) Hochspannungs-Schaltgeräte und -Schaltanlagen – Teil 200: Metallgekapselte Wechselstrom-Schaltanlagen für Bemessungsspannungen über 1 kV bis einschließlich 52 kV.

Firma: ____________________

Arbeitsbereich: ____________________

Verantwortlich: ____________________
Unterschrift

BETRIEBSANWEISUNG
GEM. § 14 GEFSTOFFV
Arbeitsplatz:
Tätigkeit: Arbeiten mit nicht verunreinigtem Schwefelhexafluorid SF_6

BG
Elektro Textil Feinmechanik

Stand: ________
B 44

Gefahrstoffbezeichnung

Schwefelhexafluorid (SF_6) ohne Zersetzungsprodukte

Gefahren für Mensch und Umwelt

Nicht verunreinigtes SF_6 ist geruchlos, geschmacklos, farblos und nicht toxisch. Es enthält keine gesundheitsschädlichen Verunreinigungen. Bei Kontakt mit flüssigem SF_6 Gefahr von Erfrierungen.
SF_6 ist ungefähr fünfmal schwerer als Luft und kann sich in tiefer gelegenen Räumen anreichern. Falls es in großer Menge in die Arbeitsumgebung entweicht, so führt SF_6 zur Sauerstoffverdrängung in der Atemluft (Erstickungsgefahr).
SF_6 ist ein Treibhausgas, deshalb sind SF_6-Emissionen zu vermeiden.

Schutzmaßnahmen und Verhaltensregeln

- SF_6 nicht in die Atmosphäre ablassen
- SF_6-Gas-Wartungsgerät mit Füllvorrichtung ______ benutzen
- Verbindungen auf Dichtigkeit prüfen
- Arbeiten mit starker Wärmeentwicklung, z.B. Schweißarbeiten sind verboten.
- Im Anlagenraum nicht rauchen, essen und trinken, keine Lagerung von Nahrungsmitteln
- Handschutz:
  Schutzhandschuhe ______________
  gegen mechanische Gefahren und bei Kontakt mit flüssigem SF_6

Verhalten im Gefahrfall

Leckage: Gaszufuhr sperren, Dichtigkeit sicherstellen, für gute Belüftung sorgen – Frischluftzufuhr.
SF_6 brennt nicht, allerdings entstehen bei Bränden Zersetzungsprodukte, Brandbekämpfung nur mit bereitgestelltem Feuerlöscher und mit persönlicher Schutzausrüstung. Behälter/Betriebsmittel aus der Gefahrenzone bringen bzw. kühlen.

Erste Hilfe

Bei jeder Erste-Hilfe-Maßnahme: Selbstschutz beachten
Nach Einatmen: sofort Frischluftzufuhr, Person mit dem Kopf nach unten in „Schräglage" bringen, bei anhaltenden Beschwerden (z. B. Atembeschwerden) für ärztliche Behandlung sorgen

- Ersthelfer ________________ **Notruf** ______________

Sachgerechte Entsorgung

SF_6-Druckgasflaschen ggf. an Hersteller zurückgeben.

Bild 5.115 Musterbetriebsanweisung aus DGUV-Information 213-013 für den sicheren Umgang mit Schwefelhexafluorid ohne Zersetzungsprodukte

Firma: ______________

Arbeitsbereich: ______________

Verantwortlich: ______________
Unterschrift

Betriebsanweisung
GEM. § 14 GEFSTOFFV

Arbeitsplatz: ______________

Tätigkeit: Arbeiten mit verunreinigtem Schwefelhexafluorid (SF_6)

BG
Elektro Textil
Feinmechanik

Stand: ________
B 34

GEFAHRSTOFFBEZEICHNUNG

Schwefelhexafluorid (SF_6) mit Zersetzungsprodukten (verunreinigtes SF_6)
SF_6 in elektrischen Anlagen kann durch Lichtbogeneinwirkung Zersetzungsprodukte enthalten: gasförmige Schwefelfluoride und Schwefeloxyfluoride, feste (staubförmige) Metallfluoride, -sulfide und -oxide, Fluorwasserstoff, Schwefeldioxid.

GEFAHREN FÜR MENSCH UND UMWELT

- Zersetzungsprodukte können giftig /gesundheitsschädlich bei Einatmen, Verschlucken oder Berührung mit der Haut sein oder Augen, Atmungsorgane oder Haut reizen oder Verätzungen verursachen. Beim Einatmen größerer Mengen Gefahr einer Lungenschädigung (Lungenödem), die sich erst nach längerer Zeit bemerkbar machen kann.
- Bei Gasaustritt Erstickungsgefahr infolge Sauerstoffverdrängung, insbesondere am Boden und in tiefer gelegenen Räumen. SF_6 ist ein Treibhausgas, deshalb sind SF_6-Emissionen zu vermeiden.

SCHUTZMASSNAHMEN UND VERHALTENSREGELN

Füllen, Entleeren oder Evakuieren von SF_6-Anlagen:
- SF_6-Zustand prüfen (z.B. Feuchte, Luftanteil, Zersetzungsprodukte).
- SF_6 nicht in die Atmosphäre ablassen, SF_6-Gas-Wartungsgerät ______ benutzen; nach dem Anschließen Verbindungen auf Dichtigkeit prüfen.
- Verunreinigtes SF_6 nur in gekennzeichnete SF_6-Druckgasbehälter füllen.
- Im Anlagenraum sind Arbeiten mit starker Wärmeentwicklung (z.B. Schweißarbeiten) verboten.

Öffnen von und Arbeiten an oder in geöffneten SF_6-Gasräumen (zusätzliche Maßnahmen; bitte ausfüllen, Unzutreffendes bitte streichen)
- SF_6-Gasräume erst nach vollständigem Entleeren und Druckausgleich mit der Atmosphäre öffnen.
- Für gute Lüftung sorgen.
- Persönliche Schutzausrüstungen benutzen:

  Schutzhandschuhe, säurebeständig ______ Einweg-Schutzbrille ______
  Einweg-Schutzanzug mit Kapuze ______ Überschuhe ______
  Atemschutzgerät (Filter oder Isoliergerät) ______ Hautschutz ______
  Sicherheitsschuhe ______ Schutzhelm ______
- Staub mit Industriestaubsauger ______ anhaftende Zersetzungsprodukte mit ______ entfernen
- Vor Pausen und nach der Arbeit Gesicht, Hals, Arme und Hände gründlich reinigen.
- Im Anlagenraum keine Nahrungsmittel aufbewahren und nicht rauchen, essen oder trinken.

VERHALTEN IM GEFAHRFALL

Bei Gasaustritt oder Wahrnehmung eines auf SF_6-Zersetzungsprodukte hinweisenden unangenehmen, stechenden Geruchs (nach faulen Eiern) den Anlagenraum oder unter ihm liegende Räume nicht betreten bzw. unverzüglich verlassen; Betreten/Wiederbetreten erst nach gründlicher Lüftung oder mit Atemschutzgerät (Isoliergerät ______).

ERSTE HILFE

- Bei auf die Haut oder in die Augen gelangten Zersetzungsprodukten sofort
  - Haut mit viel Wasser spülen,
  - Auge unter Schutz des unverletzten Auges ausgiebig mit Wasser spülen.
- Bei Atembeschwerden den Verletzten aus dem Gefahrenbereich in frische Luft bringen, für Körperruhe sorgen, vor Wärmeverlust schützen, für unmittelbare ärztliche Behandlung sorgen (Gefahr eines toxischen Lungenödems).
- Ersthelfer ______ **Notruf**: ______

SACHGERECHTE ENTSORGUNG

- Zersetzungsprodukte, Reinigungsflüssigkeiten und -material, Einweganzüge und Filter (z.B. aus SF_6-Anlagen, Wartungsgeräten, Industriestaubsaugern oder Atemschutzgeräten) nur in Abfallbehälter ______ geben.

Bild 5.116 Musterbetriebsanweisung aus DGUV-Information 213-013 für den sicheren Umgang mit verunreinigtem Schwefelhexafluorid

6 Besondere Situationen

6.1 Verhalten bei Störungen

Begriffserklärung Störung

Eine Störung ist eine ungewollte Änderung des normalen Betriebszustands.
Der „**normale Betriebszustand**“ ist gekennzeichnet durch:

- eine ausreichende Spannung und Frequenz,
- einen intakten Isolationszustand,
- einen vom Anlagenverantwortlichen oder von der Netzführung gewollten Schaltzustand,
- die intakten Betriebsmittel.

Als **Störung** in einem elektrischen Netz wird der gesamte Vorgang bezeichnet, der mit einem Fehler beginnt und mit der Wiederherstellung normaler Betriebs- bzw. Versorgungsverhältnisse endet.
Das Störungsgeschehen ist sehr vielgestaltig. Es gibt unterschiedliche **Störungsarten**, z. B.:

- selbstlöschende Erdschlüsse,
- stehende Erdschlüsse,
- erfolglose automatische Wiedereinschaltungen (Kurzunterbrechungen),
- Auslösungen,
- Sammelschienenfehler,
- Schaltfeldfehler,
- Transformatorfehler,
- Fehler in der Sekundäranlage (Steuerung, Schutz, …),
- Ausschaltungen zur Abwendung von Gefährdungen.

Diese werden z. B. verursacht durch:

- Witterungseinflüsse,
- Isolationsfehler,
- Fremdeinwirkung (Tiere, Bäume, Fahrzeuge, Brand),
- Fehlschaltungen (Menschen),
- Gerätefehler.

Für die Behebung von Störungen lassen sich daher nur grobe Richtlinien vorgeben, da jede Störung unterschiedlich ist. Wichtig für den Schaltberechtigten ist die solide theoretische und praktische Ausbildung, um im Störungsfall analysieren und die richtigen Handlungen einleiten zu können, zur schnellen Eingrenzung und Beseitigung des Fehlers. Hier zeichnet sich der professionelle Schaltberechtigte aus.

Die zur **Behebung** einer Störung oder zur Begrenzung des Störungsumfangs erforderlichen Maßnahmen haben **sofort** zu erfolgen.

Dabei gilt als **Grundregel**, ein Netz nach seinem Zusammenbruch möglichst von der hohen Spannungsebene her wieder aufzubauen. Es ist darauf zu achten, dass Kraftwerke, deren Eigenbedarf ausgefallen ist, bevorzugt wieder versorgt werden.

Bei Versagen eines Unterfrequenzrelais ist die vorgesehene Ausschaltung bei Spannungslosigkeit nachzuvollziehen.

Hält sich ein Schaltberechtigter in einer größeren Schaltanlage/Umspannwerk bei Störungsbeginn außerhalb der Warte/Leitstelle auf, hat er sich unverzüglich dorthin zu begeben und sich einen Überblick über das Störungsgeschehen zu verschaffen.

Bei Störungen sind **Anlagenkontrollen** vorzunehmen. Es gelten bei Störungen im Netz oder an Anlagenteilen von Kunden bzw. Energielieferanten sowie Produktionsanlagen die jeweiligen Anweisungen.

Probeschaltung

Probeschaltungen sind zur schnellen Wiederaufnahme des Betriebs grundsätzlich zulässig. Falls Arbeiten am bzw. in der Nähe der gestörten Betriebsmittel durchgeführt werden, ist unbedingt vor der Probeschaltung Kontakt zum Arbeitsverantwortlichen aufzunehmen.

Sie sind jedoch auf ein Mindestmaß zu beschränken, um Personengefährdung und unnötige Beanspruchung von Betriebsmitteln zu vermeiden. Die Entscheidung darüber wird von dem zuständigen Anlagenverantwortlichen mit der Leitstelle getroffen.

Betriebsunregelmäßigkeiten

Betriebsunregelmäßigkeiten sind der zuständigen Leitstelle bzw. dem Anlagenverantwortlichen zu melden und umgehend zu beheben.

Fernsprechverkehr

Der Fernsprechverkehr zur Aufrechterhaltung des Betriebs und zur Störungsbehebung hat Vorrang vor allen anderen Betriebsgesprächen.

Zuständigkeiten

Für die Störungsbehebung gelten die festgelegten Zuständigkeiten.

Jedes Unternehmen sollte einen Bereitschaftsplan, eine Schaltdienstanweisung sowie einen Katastrophenschutzplan in der „Schublade“ haben.

Allgemeine Anforderungen für die Behebung einer Störung sind:

- Überblick verschaffen,
- Ausweitung vermeiden (Überlastung abwenden),
- spannungslose Kundenanlagen, Krankenhäuser, Produktionsanlagen (Prioritätsliste erstellen) wieder versorgen,
- geeignete Ersatz-Betriebsmittel bereitstellen,
- Schadenfeststellung und Schadenbehebung veranlassen.

Hierbei gilt:

- **Ruhe bewahren**,
- keine übereilten Handlungen und Aussagen machen,
- erst anhand von Warn- und Betriebsmeldungen sowie von Messwertablesungen Informationen sammeln, bevor Maßnahmen ergriffen werden oder die Meldung an die zuständige Leitstelle weitergegeben wird,
- jede Schaltung zügig ausführen, aber mit der gebotenen Umsicht und Sorgfalt, ohne Unterbrechung durch andere Handlungen.

Erste Tätigkeiten

Nach Störungseintritt sind folgende Maßnahmen erforderlich:

- Uhrzeit registrieren,
- akustisches Signal (Hupe, Gong, Klingel) in der Station/Warte abstellen,
- Schalttafeln, Pulte, Bildschirme auf Zustandsänderungen kontrollieren (Blinken der Steuerschalter, Anzeigen der Messinstrumente),
- Warn- und Betriebsmeldungen erfassen, „**erst notieren, dann quittieren**“; entsprechend der technischen Ausrüstung erfolgt die Protokollierung automatisch oder von Hand im Tagebuch,
- Meldung an zuständige Leitstelle und Anlagenverantwortlichen und ggf. Anlagenbetreiber.

Schutzablesungen

Dabei sind folgende Tätigkeiten durchzuführen:

- sorgfältiges und korrektes Ablesen aller Schutzgeräteanzeigen,
- Sichern der elektronisch gespeicherten Daten,
- Entnahme der Meldedruckerprotokolle,
- Ablesen/evtl. Zurückstellen des Fehlerorts,
- besondere Vorkommnisse (z. B. Auslösungen von Automaten) exakt aufschreiben und weitergeben.

Diese Angaben/Unterlagen sind der Leitstelle zuzuleiten.

Erdfehler im kompensierten Netz

- wenn möglich, betroffene Außenleiter und Dauer feststellen,
- Fehlerort unverzüglich ermitteln,
- bei stehendem Erdfehler, Ausschaltung des schadhaften Betriebsmittels durchführen,
- Daten, die zur Störungsklärung benötigt werden, erfassen,
- zu gegebener Zeit den zuständigen Fachbereich verständigen und die fehlerbehaftete Stelle suchen, um den Schaden zu beseitigen.

Leitungsstörungen

Es werden unterschieden:

- **Auslösung**

  Sie wird durch Leitungsschutzeinrichtungen bei mehrpoligem Fehler veranlasst. Die Wiedereinschaltung erfolgt von Hand.
- **Erfolgreiche „Automatische Wiedereinschaltung“ (AWE)**

  Kurzunterbrechung (KU)

  Sie ist eine durch Leitungsschutzeinrichtungen veranlasste Auslösung mit automatischer Wiedereinschaltung, die erfolgreich ist, wenn der Fehler innerhalb der Pausenzeit erloschen ist.
- **Erfolglose AWE, Kurzunterbrechung**

  Sie ist eine durch Leitungsschutzeinrichtungen veranlasste Auslösung mit automatischer Wiedereinschaltung und anschließender Auslösung, wenn der Fehler innerhalb der Pausenzeit nicht erloschen ist.

  Die weitere Wiedereinschaltung erfolgt von Hand.

Vor jeder Wiedereinschaltung von Hand hat die zuständige Leitstelle – ggf. nach Rücksprache mit dem Fachbereich – zu prüfen, ob zuvor eine Betriebsmittelkontrolle erforderlich ist.

Schaltanlagenstörungen

Wegen der Vielzahl der in einer Schaltanlage eingebauten Betriebsmittel, die grundsätzlich alle an der Entstehung eines Fehlers beteiligt sein können, und wegen des Zusammenwirkens der verschiedenen Schutzkonzepte ergeben sich die verschiedenartigsten Störungsabläufe.

Maßnahmen im Störungsfall

- Art der Störung feststellen,
- unverzüglich Meldung von Auslösungen (automatische Fernübertragung) an die zuständige Leitstelle mit folgenden Angaben:
  - Uhrzeit des Störungseintritts,
  - Nennung des betroffenen Umspannwerks/Schaltwerks/Schaltstation,
  - Nennung der betroffenen Felder/Abgänge,
  - Art der Auslösung,
  - zusätzliche Erklärungen (Anstehen von Spannung/vermutliche Ursache/besondere Wetterverhältnisse/Versorgungszustand der Kunden/Produktionsanlagen);
- mit der zuständigen Leitstelle Möglichkeiten zur Versorgung von Kunden mit wichtigen Produktionsteilen abstimmen und durchführen,
- weitere Maßnahmen zur Störungsbehebung auf Anweisung der zuständigen Leitstelle,
- bei Wiedereinschaltung die Messwerte aufmerksam beobachten,
- Anlagenkontrolle und Freischaltung des fehlerbehafteten Anlagenteils nur in Absprache mit der zuständigen Leitstelle,
- Meldungen und Schutzansprachen erfassen und quittieren,
- Rückmeldung der Anlagenkontrollen-Ergebnisse.

Transformator-Störungen

Unterschiedliche Transformatorauslösungen:

- Auslösung durch Buchholz-Schutz/Differenzialschutz/Lastumschalterschutz:

  Die Auslösung erfolgt allseitig (ober- und unterspannungsseitig).

- Auslösung durch Distanzschutz/Überstromschutz oder Sicherungen:

  Die Auslösung wirkt in der Regel auf den zugeordneten Leistungsschalter oder Lasttrennschalter.
- Ausschaltung von Hand zur Abwendung von Gefährdungen bei Transformator-Warnmeldungen (Buchholz/Temperatur/Ölstand).

Die zuständige Leitstelle/der Anlagenverantwortliche entscheidet – ggf. nach Rücksprache mit dem Fachbereich –, ob vor einer Wiedereinschaltung von Hand eine Transformatorkontrolle durchgeführt werden muss.

Störungen auf Leitungen und in Schaltanlagen mit Ausschaltungen zur Abwendung von Gefährdungen

Allgemeines

Neben den Störungen, die zu Auslösungen führen, gibt es weitere Vorfälle, bei denen zur Abwendung von Gefährdungen Ausschaltungen erforderlich sind.

Hierzu gehören Vorfälle, die sich bei Hinzukommen weiterer Beeinträchtigungen:

- zu Störungen ausweiten können oder
- bei denen die Funktion eines Betriebsmittels nicht mehr erfüllt ist.

Dies sind beispielsweise:

- Personen (Laien) in Nähe von spannungsführenden Teilen,
- Sprüherscheinungen (Geräusche/sichtbare Funkenübergänge),
- Verfärbung von Kunststoff-Isolierteilen an Schaltern, Endverschlüssen usw.,
- Undichtigkeiten an Druckluftanlagen,
- Lichtbogenspuren an Betriebsmitteln,
- Unregelmäßigkeiten an Nebenanlagen (Gleichrichter, Batterie, Schutz usw.),
- Isolationsfehler an Kabeln,
- Stützerbruch an Schaltgeräten,
- Isolatorbruch auf Leitungen,
- Fremdkörper in Hochspannungsanlagen,
- Öl- und Gasleckagen an Betriebsmitteln,
- Leistungsschalterfunktionsstörungen,
- Schutzrelaisfunktionsstörungen,
- Ausfall von Antrieben.

Störungen der Überwachungsfunktion

Ein Fehler macht sich z. B. bemerkbar durch:

- einen telefonischen Hinweis von Personen,
- Warnmeldungen,
- fehlende und ungewöhnliche Messwerte,
- fehlende und ungewöhnliche Rückmeldungen,
- Beobachtungen am Betriebsmittel,
- Beobachtungen über Betriebszustand.

Die Aussagefähigkeit einer Warnmeldung und die Möglichkeit zur Abschätzung der Auswirkungen und Abhilfemaßnahmen ist abhängig davon, ob sie als Einzelmeldung oder als Sammelmeldung vorliegt. Deshalb muss in vielen Fällen die Fehlerart durch die Betrachtung und Gegenüberstellung mehrerer Warnmeldungen und fehlender/ungewöhnlicher Messwerte und Rückmeldungen eingegrenzt werden.

Der zeitliche Rahmen und die Reihenfolge der Abhilfemaßnahmen sind abhängig:

- vom Grad der Gefährdung,
- von den Auswirkungen auf Schadenumfang, Umfeld und Versorgung,
- von den verfügbaren Reserven.

6.2 Verhalten bei Unfällen mit Personenschäden

Es gilt als oberstes Gebot:

Ruhe bewahren, Situation analysieren, Selbstschutz beachten überlegt und entschlossen handeln.

Meldung absetzen zwecks Freischaltung und Notruf.

Nach Unfällen an elektrischen Anlagen ist folgendermaßen vorzugehen:

- Achtung, nicht sich selbst gefährden, Unfallbereich freischalten, einerden, absichern, nach den fünf Sicherheitsregeln vorgehen,
- mit der Ersten Hilfe beginnen,
- falls anwesend, ausgebildeten Ersthelfer herbeirufen.

Dabei sind die „**Anleitung zur Ersten Hilfe bei Unfällen**“ und **DGUV-Vorschrift 1** zu beachten (**Bild 6.1**). Diese Anleitung hängt z. B. als Plakat in abgeschlossenen elektrischen Betrieben (siehe hierzu DIN VDE 0105-100) aus.

Die Tafel ersetzt keinen Erste-Hilfe-Kurs.

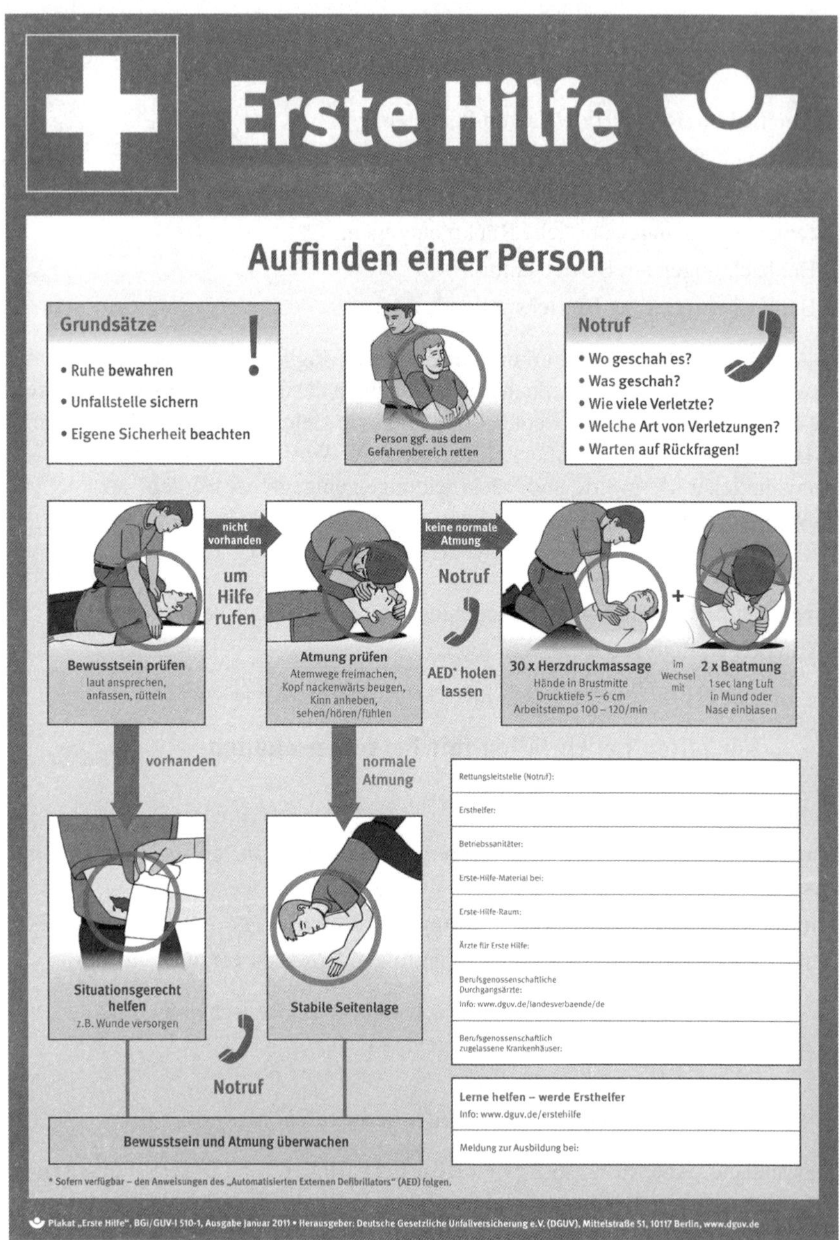

Bild 6.1 Plakat Erste Hilfe (DGUV-Information 204-003)

Unfälle durch elektrischen Strom

Grundsatz: Auf Selbstschutz achten! Notruf absetzen.

Bei Hochspannung oder unbekannter Spannung mind. 5 m Abstand.

Gefahr

- Atemstillstand,
- Herz-Kreislauf-Stillstand,
- Verbrennung.

Maßnahmen bei Niederspannung (übliche Spannung im Haushalt und Gewerbe, max. bis 1 000 V)

Strom unterbrechen durch: Ausschalten, Stecker ziehen, Sicherung herausnehmen

Bei Hochspannung (über 1 000 V) elektrische Anlage unter Anwendung der Sicherheitsregeln freischalten

Notruf „Elektrounfall“ und Fachpersonal verständigen; Rettung aus Hochspannungsanlagen nur durch Fachpersonal

Bei unbekannter Spannung Maßnahmen wie bei Hochspannung

Bei jedem Elektrounfall ständige Kontrolle von

- Bewusstsein,
- Atmung,
- Kreislauf.

Bild 6.2 Vorgehensweise nach Unfällen durch elektrischen Strom (DGUV-Information 204-003)

Erste Hilfe

Jeder Betrieb ist verpflichtet, dafür zu sorgen, dass bei Betriebsunfällen den Verletzten die notwendige „Erste Hilfe“ zuteil wird: Es ist darauf zu achten, dass der Verletzte die Arbeit unterbricht, solange eine offene Wunde nicht sachgemäß bedeckt ist, und dass für die evtl. Hinzuziehung eines Arztes gesorgt und ein für die Überführung in ein Krankenhaus notwendiges Fahrzeug/Hubschrauber herangeholt wird.

Jeder Verletzte ist bei Betriebsunfällen nicht ganz leichter Art verpflichtet, sich sofort von der nächst erreichbaren Stelle (Betriebshelfer, Verbandsraum, Arzt) Erste Hilfe leisten zu lassen und dem Betrieb auch jede Verletzung unverzüglich zu melden. Es muss den Anordnungen des Unternehmers, seines Beauftragten oder des Ersthelfers Folge geleistet werden, insbesondere der Anordnung, sich in ärztliche Behandlung zu begeben, ggf. auch bestimmte Ärzte oder bestimmte Krankenhäuser in Anspruch zu nehmen, wenn es die Berufsgenossenschaft fordert. In jedem Betrieb und in den elektrischen Betriebsräumen (möglichst auch in jeder größeren Werkstatt) sollte mind. eine Tafel, auf der die Erste-Hilfe-Leistung allgemein verständlich beschrieben und durch entsprechende Abbildungen erläutert ist, an geeigneter Stelle aufgehängt werden. Hierfür kommt die von dem Hauptverband der gewerblichen Berufsgenossenschaften herausgegebene Tafel „Anleitung zur Ersten Hilfe bei Unfällen“ infrage. Mit dieser Tafel bzw. diesem Heft sind je nach Betriebsverhältnissen auch Angaben über die Lage des Verbandsraums, des Verbandkastens, der Krankentrage sowie Rufnummer des Arztes, des Betriebshelfers, des Krankenwagens usw. zu verbinden.

Ist in großen Unternehmen eine Werkfeuerwehr vorhanden, so kann es zweckmäßig sein, wenigstens während der betriebsarmen Zeit die Durchführung der Ersten Hilfe an diese Stelle zu delegieren. Das Krankentransportwesen wird im Allgemeinen von der Feuerwehr durchgeführt werden können.

Verhalten im Not- und Krisenfall

Not- und Krisenfälle sind Ereignisse, bei denen z. B. das Leben und die Gesundheit zahlreicher Menschen oder erhebliche Sachwerte unmittelbar gefährdet sind und die nur durch speziell dafür geschaffene Einrichtungen/Sonderorganisationsformen bewältigt werden können.

Verhalten bei Freisetzung von Schadstoffen

Wird der Austritt von Schadstoffen (z. B. PCB-belastete Betriebsmittel, Kondensatoren, lichtbogenzersetztes SF_6-Gas, verbrannte Kunststoffteile o. Ä.) festgestellt, ist nach einem Meldeplan, der in der „Schublade“ liegt, zu verfahren.

Parallel dazu sind am Ort des Geschehens geeignete Maßnahmen durchzuführen, um das Ausmaß des Schadens unter Verwendung der vorhandenen Mittel so weit wie möglich einzugrenzen.

Beachtung von Vorschriften und innerbetrieblichen Dienstanweisungen

Jeder Betriebsangehörige hat die Pflicht, die für seinen Arbeitsbereich geltenden Unfallverhütungsvorschriften der Berufsgenossenschaften zu befolgen und darauf zu achten, dass die Verhaltensmaßregeln auch befolgt werden. Dies gilt in gleicher Weise auch für innerbetriebliche Dienstanweisungen (Schaltdienstanweisung).

6.3 Brände in elektrischen Anlagen

6.3.1 Verhalten bei Bränden

Bei Ausbruch von Bränden gilt als oberstes Gebot:

Ruhe bewahren, Selbstschutz und überlegt und entschlossen handeln!

Erste Entscheidung: (Werk-)Feuerwehr alarmieren.

Es ist folgendermaßen vorzugehen:

- Alarmierung entsprechend Aushang und Meldeplan,
- wenn möglich, sofort mit der Brandbekämpfung beginnen oder, wenn primär erforderlich, in den elektrischen Anlagen zur Vorbereitung der Löscharbeiten den spannungsfreien Zustand herstellen und sicherstellen,
- nach Eintreffen der Feuerwehr hauptsächlich während der Löscharbeiten auf die Sicherheit vor elektrischen Gefahren achten.

B.2 Brandschutz, Brandbekämpfung

Beim Betrieb von elektrischen Anlagen ist die Möglichkeit eines Brands nicht auszuschließen.

Bei Ausbruch eines Brands sollten Gefahr bringende oder gefährdete Teile der elektrischen Anlage ausgeschaltet werden, soweit sie nicht für die Brandbekämpfung unter Spannung gehalten werden müssen oder die Ausschaltung andere Gefahren verursacht.

Zum Löschen von Bränden in elektrischen Anlagen sind der Brandklasse entsprechende Feuerlöscher oder Feuerlöscheinrichtungen an geeigneter Stelle bereitgehalten werden, die der Art und Größe der Anlage angepasst sind.

Für die **Brandbekämpfung sind Arbeitskräfte in der Bedienung der Löschgeräte zu unterweisen**, insbesondere bei der Anwendung an unter Spannung stehenden Betriebsmitteln. Diese Unterweisung ist in angemessenen Abständen wiederholt werden.

Bei der Anwendung von Feuerlöschern in unter Spannung stehenden Anlagen muss der erforderliche Abstand eingehalten werden.

Personen sollten damit rechnen, dass von heißen und brennenden Materialien giftige Substanzen freigesetzt werden können.

Leicht entzündliche Stoffe und Gegenstände sind so angeordnet oder gelagert, dass sie sich nicht entzünden können.

Das **Merkblatt zur Bekämpfung von Bränden in elektrischen Anlagen und in deren Nähe (DIN VDE 0132)** muss beachtet werden. Dieses Merkblatt hängt als Plakat in einigen elektrisch abgeschlossenen Betriebsstätten aus (siehe auch DIN VDE 0105-100).

6.3.2 Grundlagen des Brandprozesses

Verbrennungsvorgang

Die Kenntnis des Brandprozesses ist Grundlage für die Entwicklung und Anwendung von Löschmitteln und von Methoden der Brandbekämpfung.

Zur Entstehung eines Feuers sind drei Komponenten notwendig, ohne die der Brandprozess nicht stattfinden kann (**Bild 6.3**, Branddreieck):

- Sauerstoff: aus der Umgebungsluft, aus chemischen Reaktionen,
- Energie: Erwärmung, Hitze,
- Brennstoff: fest, flüssig, gasförmig,
- Zündquelle.

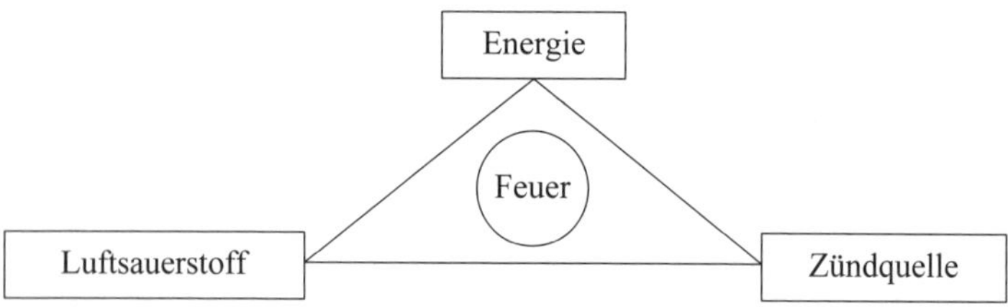

Bild 6.3 Branddreieck

Sauerstoff

Der Sauerstoff der Luft sorgt im Allgemeinen für den eigentlichen Prozess des Brennens, die im molekularen Bereich stattfindende chemische Umsetzung des Brennstoffs.

Energie

Die Energie als Zündquelle kann dem Brennstoff in vielfältiger Form zugeführt werden. Für die Einleitung des Verbrennungsvorgangs sind Intensität und Einwirkungsdauer der Zündquelle wichtig.

Zündquellen

Als Zündquellen können wirksam werden:

- offene Flammen oder Glut, z. B. Störlichtbogen, Streichholzflamme, Schweiß-, Schneid-Brenner,
- heiße Oberflächen, z. B. Heizgeräte, Motorengehäuse, Glühlampen, überlastete elektrische Leitungen,
- Schaltfunken/Lichtbogen, z. B. beim Öffnen und Schließen elektrischer Kontakte,
- Reib- und Schlagfunken,
- elektromagnetische Wellen.

Rettungswege, Fluchtwege, Notausgänge

Das schnelle und sichere Verlassen von Arbeitsplätzen und elektrischen Betriebsräumen muss gewährleistet sein durch:

- Anzahl,
- Lage,
- Bauart,
- Zustand

von Rettungswegen und Ausgängen.

Rettungswege, Fluchtwege und Notausgänge müssen auf möglichst kurzem Weg ins Freie oder zu gesicherten Bereichen führen, z. B. Sicherheitstreppenräumen. Die erforderliche Anzahl und die Lage der Rettungswege richtet sich nach der Betriebsart, nach der durch die Bauart der Gebäude oder Fertigung gegebenen Brand- und Explosionsgefährdung. Einzelheiten sind geregelt:

- in der Unfallverhütungsvorschrift „Grundsätze der Prävention“ (DGUV-Vorschrift 1),
- in der Arbeitsstättenverordnung und deren Richtlinien,
- in der Betriebssicherheitsverordnung,
- in der DIN EN 61936-1 (**VDE 0101-1**),
- in den Bauordnungen der Länder.

Wichtig ist, dass:

- der Verlauf von Fluchtwegen und die Notausgänge eindeutig entsprechend Unfallverhütungsvorschrift „Sicherheits- und Gesundheitsschutzkennzeichnung am Arbeitsplatz“ (ASR A1.3) deutlich gemacht wird,
- Notausgänge und Türen im Verlauf von Fluchtwegen in Fluchtrichtung aufschlagen müssen,
- die Türen sich von innen ohne fremde Hilfsmittel jederzeit leicht öffnen lassen, solange sich Personen im Raum befinden.

Der mitunter immer noch anzutreffende, verschlossene Notausgang mit einem Schlüsselkasten neben der Tür erfüllt die letztgenannte Forderung nicht. Auf die Anbringung von „Panikschlössern“ in Türen sei an dieser Stelle dringend hingewiesen.

Löschmittel

Löschmittel sind Stoffe, die den Vorgang des Brennens bzw. des Explodierens unterbrechen, unterdrücken und beenden.

Neben der Beseitigung reaktionsfähiger Mengenverhältnisse (Abmagern explosionsfähiger Atmosphäre) kann die Oxidationsgeschwindigkeit durch thermische oder chemisch-katalytische Einflüsse so verringert werden, dass die exotherme Reaktion nicht mehr selbstständig abläuft. Diese Löscheffekte werden entsprechend ihrer unterschiedlichen Wirkung bezeichnet als:

- Stickeffekt

  Verdünnen, Abmagern, Trennen, Reduzieren der Sauerstoffkonzentration auf unter 15 Vol.-%,
- Kühleffekt

  Abkühlen, Entziehen von Wärmeenergie aus der Reaktionszone, Abdecken, Abdämmen der Wärmeübertragung, Oxidationsgeschwindigkeit verzögern durch reaktionshemmende Stoffe (Pulver).

Für die Praxis lässt sich die Faustregel aufstellen:

Glut muss gekühlt, Flammen müssen erstickt werden

Ein Universallöschmittel für alle Arten von Bränden gibt es nicht. Die Einsatzmöglichkeiten sind hinsichtlich der Löschwirkung in Abhängigkeit von der Art der brennbaren Stoffe zu sehen.

Tabelle 6.1 zeigt den Brandklassen entsprechende, geeignete und zugelassene Feuerlöscher.

Brandklasse	Art des brennenden Stoffs	geeignete Feuerlöscher	Beispiel: Bei einem EVU verwendete Feuerlöscher	Löschmittel
A	**Brände fester Stoffe, hauptsächlich organischer Natur, die normalerweise unter Glutbildung verbrennen:** z. B. Holz, Papier, Stroh, Kohle, Textilien, Autoreifen	Wasserlöscher DIN W	Sprühwasserlöscher W 50	Wasser
		Pulverlöscher DIN PG	Pulverlöscher PU 6, PU 12, PU 50, Schaumlöscher	Pulver
B	**Brände von flüssigen oder flüssig werdenden Stoffen:** z. B. Benzin, Öle, Fette, Lacke, Harze, Wachse, Teer, Äther, Alkohole, Kunststoffe	CO_2-Löscher DIN K mit Löschbrause	CO_2-Löscher CD 6i, C 6 CD 1,5	CO_2 (Kohlendioxid)
		Pulverlöscher DIN P und DIN PG	Pulverlöscher PU 6, PU 12, PU 50	Pulver
			Sprühwasserlöscher W 50, Schaumlöscher	Wasser
C	**Brände von Gasen:** z. B. Methan, Propan, Wasserstoff, Acetylen, Stadtgas	Pulverlöscher DIN P und DIN PG	Pulverlöscher PU 6, PU 12, PU 50	Pulver
D	**Brände von Metallen:** z. B. Aluminium, Magnesium, Lithium, Natrium, Kalium und deren Legierungen	Metallbrand-Sonderlöscher DIN PM	–	Metallbrand-Löschpulver
F	**Brände von Speiseölen/-fetten (pflanzliche oder tierische Öle und Fette) in Frittier- und Fettbackgeräten und anderen Kücheneinrichtungen und -geräten:** z. B.: Speiseöle und Speisefette	Fettbrandlöscher mit Spezial-Flüssiglöschmittel DIN F	–	Spezial-Flüssiglöschmittel

Tabelle 6.1 Brandklasseneinteilung nach DIN EN 2 sowie DIN EN 3 und DIN 14406 und die dafür geeigneten Feuerlöscher

Einsatz üben

Das beste Gerät nutzt nichts, wenn niemand mit ihm umgehen kann. In regelmäßigen Zeitabständen, z. B. alle drei Jahre, ist daher eine ausreichende Anzahl geeigneter Betriebsangehöriger, besonders alle Schaltberechtigte, in der Wirkungsweise und Handhabung der Feuerlöschgeräte praktisch zu unterweisen. Im Ernstfall sind schnelles Eingreifen und richtige Löschtaktik entscheidend. Empfehlenswert ist vorher die gemeinsame Begehung der elektrischen Betriebsstätten mit der Werk-, Freiwilligen oder Berufsfeuerwehr, um gut vorbereitet zu sein.

6.3.3 Begriffserklärungen

Vollstrahl

Die Vorteile des Vollstrahls sind hauptsächlich seine große Wurfweite und seine erhebliche Auftreffwucht.

Grundsätze für den Einsatz des Vollstrahls sind:

1. Das Eingrenzen des Brands ist zunächst wichtiger als das Ablöschen. Der weitreichende und kräftige Vollstrahl ist normalerweise am besten geeignet, um solche Stellen schnell zu erreichen und wirksam zu schützen, an denen die Gefahr der Brandausbreitung besteht.
2. Die Wahl der Strahlrohrgröße (B, C, D) und der Düse bzw. des Mundstücks ist von der Art und der Größe des Brands abhängig. Bei zu klein gewählten Mundstücken ist der Vollstrahl unwirksam, bei zu großen ist mit unnötigem Wasserschaden zu rechnen.

Sprühstrahl

Bei Sprühstrahlrohren nach DIN 14365 muss der Wasserstrahl durch die Sprüheinrichtung so zerteilt werden, dass der mittlere Tropfendurchmesser zwischen 0,5 mm und 1,5 mm liegt.

Der besondere Vorteil des Sprühstrahls gegenüber dem Vollstrahl liegt darin, dass er eine größere Kühlwirkung ermöglicht, weil die kleinen Wassertröpfchen dieses Strahls schneller verdampfen als die kompakte Wassermenge eines Vollstrahls. Der Sprühstrahl löscht also schneller. Es wird weniger Wasser verbraucht. Das führt letzten Endes auch zu geringerem Wasserschaden an der Betriebsanlage. Die schnelle Wasserdampfbildung kann zusätzlich auch eine erstickende Wirkung auf Flammen hervorrufen, was jedoch praktisch nur in geschlossenen Räumen von Bedeutung ist.

6.3.4 Anwendungsbereich und Anwendungsgrenzen von Löschmitteln bei Bränden in elektrischen Anlagen

Wasser ist das klassische Löschmittel für alle Brände fester, Glut bildender Stoffe organischer Natur (Brandklasse A). Wasser wird bereits seit Jahrtausenden als Löschmittel verwendet, aber es wäre grundfalsch, aus dieser Tatsache etwa die Vermutung abzuleiten, dass das „Löschen mit Wasser“ in unserem heutigen hoch technisierten Zeitalter vielleicht zu primitiv oder technisch rückständig sein könnte. Dazu ist festzustellen, dass das Wasser hinsichtlich seiner abkühlenden Löschwirkung technisch gar nicht mehr überholt werden kann, da es – schon aus theoretischen Gründen – bereits das mögliche Optimum darstellt. Das Wasser wird daher auch in Zukunft für alle Brände der Brandklasse A, also für die überwiegende Mehrzahl der Brände, weiterhin das wichtigste Löschmittel bleiben.

Im Bereich von elektrischen Anlagen ist der Sprühstrahl dem Vollstrahl grundsätzlich vorzuziehen. Durch die Tröpfchenbildung entsteht ein durch Luft isolierter Wasserstrahl, der es erlaubt, unter Spannung stehende Anlagen direkt anzuspritzen (z. B. Verwendung zur Reinigung von verschmutzten Isolatoren). In der DIN VDE 0132 werden Mindestabstände für CM-Vollstrahlrohre nach Norm (bis 12 mm) vorgeschrieben (siehe **Tabelle 6.2**).

Bei Strahlrohren über 12 mm Düsen- oder Mundstückweite erhöht sich der Mindestabstand je Millimeter um 0,7 m. Bei Strahlrohrdrücken über 5 bar sind außerdem 2 m Abstand hinzuzurechnen. Die Mindestabstände sind so groß gewählt, dass auch bei Verwendung von Löschwasser mit Zusätzen (Frostschutzmittel, Netzmittel), die die Leitfähigkeit erhöhen, eine Vergrößerung der Abstände nicht notwendig ist. Es ist jedoch zu berücksichtigen, dass sich durch derartige Zusätze zum Löschwasser leitfähige Beläge an Isolatoren usw. bilden können.

Bild 6.4 zeigt eine Übersicht der verschiedenen Löschmittel – Wasser, Pulver und Kohlendioxid – und gibt Gefahrenhinweise und Einsatzbeschränkungen bei Gebrauch in elektrischen Anlagen.

Niederspannungsanlagen sind im Brandfall dann freizuschalten, wenn die Gefahr besteht, dass jemand mit der Anlage direkt in Berührung kommt. Sind jedoch im Bereich der Brandstelle umfangreiche Zerstörungen eingetreten, insbesondere an Freileitungen, so sind die betroffenen Anlageteile spannungsfrei zu machen. Zu elektrischen Anlagen (Freileitungen) sind bei Löscharbeiten die in **Bild 6.5** angegebenen Abstände einzuhalten.

Geräte/ Anwendungsform	Wirksame Wurfweite (Mittelwert) m	Eignung für Brandklasse nach DIN EN 2	Mindestabstände in m zwischen Löschmittelaustrittsöffnung und unter Spannung stehenden Anlagenteilen					Gefahrenhinweise/ Einsatzbeschränkungen siehe Bild 6.4
			Niederspannung bis 1 000 V	Hochspannung bis 30 kV	Hochspannung bis 110 kV	Hochspannung bis 220 kV	Hochspannung bis 380 kV	
Strahlrohre DIN 14365 (CM)								**Löschmittel Wasser**
Sprühstrahl	5 (bei 5 bar Fließdruck)	A B nur eingeschränkt	1	3+)	3	4	5	
Vollstrahl	10 (bei 5 bar Fließdruck)	A	5	5	6	7	8	
Tragbare Feuerlöscher nach DIN 14406-1 (W 10)								
Sprühstrahl	4	A	1	++)				
Vollstrahl	8	A	3	++)				
Tragbare Feuerlöscher nach DIN 14406-1								Löschmittel Pulver
P 6/P 12	6/6	B, C	1	3+)	3	4	5	
PG 2/PG 6/PG 12	3/6/6	A, B, C	1	Einsatz nur in spannungsfreien Anlagenteilen				
Tragbare Feuerlöscher nach DIN 14406-1								Löschmittel Kohlendioxid (CO_2)
K 2/K 6	2/3	B	1	3+)	3	4	5	

+) Bei Aufsicht durch elektrotechnisch unterwiesene Personen oder Elektrofachkräfte ist ein Mindestabstand von 2 m zulässig.
++) Feuerlöscher nach DIN 14406-1 können auch für Hochspannungsanlagen zugelassen sein.
Die Verwendungshinweise auf diesen Löschgeräten sind zu beachten.

Tabelle 6.2 Mindestabstände zwischen Löschmittelaustrittsöffnung und unter Spannung stehenden Anlagenteilen für den Einsatz verschiedener Löschmittel (siehe auch DIN VDE 0132)

Gefahrenhinweise/Einsatzbeschränkungen für **Löschmittel Wasser**

Brände im Bereich elektrischer Anlagen sollen möglichst mit Sprühstrahl bekämpft werden.

Ist im Sonderfall, der zwischen Betreiber und Feuerwehr abzusprechen ist, die Verwendung von Strahlrohren DIN 14365-BM nicht zu vermeiden, erhöhen sich die Mindestabstände:

- um 0,75 m für jeden Millimeter, um den sich der Mundstück- bzw. der Düsendurchmesser zwischen 12 mm bis 22 mm vergrößert.

Wird ein Fließdruck von 5 bar überschritten, sind bei:

- Strahlrohren DIN 14365-CM die angegebenen Mindestabstände,
- Strahlrohren DIN 14365-BM die errechneten Mindestabstände

bei Einsatz in Hochspannungsanlagen um zusätzlich 2 m zu vergrößern.

Die angegebenen bzw. errechneten Mindestabstände gelten für nicht genormte Strahlrohre, für die mind. gleich hohe elektrische Sicherheit wie nach DIN 14365-2 nachgewiesen wurde.

Bei Wasser mit Bestandteilen, welche die Leitfähigkeit erhöhen, wie Seewasser und dergleichen, ergeben sich keine Veränderungen der Mindestabstände, jedoch sind leitfähige Überzüge auf Isolatoren möglich.

Wasser mit Bestandteilen, welche die Strahleigenschaft verändern, z. B. Netzmittel, darf im Bereich unter Spannung stehender elektrischer Anlagen nur eingesetzt werden, wenn die einzuhaltenden Mindestabstände in Anlehnung an DIN 14365-2 als vorbereitende Maßnahme vom Betreiber ermittelt worden sind.

Sonstige Geräte, z. B. Wasserwerfer, Sonderlöscher, dürfen im Bereich unter Spannung stehender elektrischer Anlagen nur eingesetzt werden, wenn die einzuhaltenden Mindestabstände in Anlehnung an DIN 14365-2 als vorbereitende Maßnahme vom Betreiber ermittelt worden sind.

Gefahrenhinweise/Einsatzbeschränkungen für **Löschmittel Pulver**

Der Einsatz von Löschpulver in elektrischen Anlagen und in deren Nähe darf nur mit Zustimmung des Betreibers erfolgen.

Beim Einsatz von Löschpulver ist zu beachten: Unter Einfluss von Temperatur, Nässe und Luftfeuchte können Löschpulverbeläge auf Isolatoren in einem Maße leitfähig werden, dass unter Einfluss höherer elektrischer Feldstärken, d. h. im Allgemeinen bei Hochspannung (Spannung über 1 kV), kurzschlussartige Ströme zum Fließen kommen. Die dadurch entstehenden Störlichtbogen stellen eine Lebensgefahr für sich in der Nähe aufhaltende Personen und eine Gefährdung der Anlage dar. Aus diesem Grund dürfen Löschpulver in Freiluft- und Innenraumanlagen nur angewendet werden, wenn diese Anlagen trocken sind.

Die geforderten Mindestabstände zwischen Löschmittelaustrittsöffnung und unter Spannung stehenden Teilen der elektrischen Anlage dienen der Sicherheit des den Löscheinsatz durchführenden Personals vor direkten Stromeinwirkungen während des Löscheinsatzes.

Prüfung der Leitfähigkeit des Löschmittelstrahls siehe DIN EN 3 bis 7. Indirekte, durch leitfähige Beläge entstehende Gefährdung des sich in der Hochspannungsanlage aufhaltenden Personals und der Anlage selbst sind zu vermeiden. Es sollten außerdem nur Löschpulver verwendet werden, die keine schwer zu reinigenden Beläge (z. B. Schmelzbeläge bei ABC-Pulver) auf den Anlagenteilen bilden. Der Einsatz von Löschpulver ist im Bereich staubempfindlicher Anlagen (wie Fernmeldeanlagen, Informationsverarbeitungsanlagen, Mess- und Regelanlagen, Verteilerschränken mit Schützen und Relais usw.) zu vermeiden.

Gefahrenhinweise/Einsatzbeschränkungen für **Löschmittel Kohlendioxid** (CO_2)

Kohlendioxid ist elektrisch nicht leitend und hinterlässt keine Rückstände. Die Anwendung ist bei unter Spannung stehenden Anlagen unbedenklich.

Kohlendioxid ist schwerer als Luft und wirkt ab 8 % Volumenanteil erstickend.

Vorsicht bei Verwendung in engen, schlecht belüfteten Räumen. Lebensgefahr!

Gefahrenhinweise auf den Löschgeräten beachten.

In Außenanlagen ist die Wirkung begrenzt, weil sich Kohlendioxid verflüchtigt.

Gefahrenhinweise/Einsatzbeschränkungen für **Löschmittel Halon**

Halone sind elektrisch nicht leitend.

Halone sind schwerer als Luft und bilden beim Löschen gesundheitsschädliche Zersetzungsprodukte, insbesondere bei Lichtbogen.

Seit 1. Januar 1994 dürfen Halone nicht mehr als Löschmittel in elektrischen Anlagen eingesetzt werden.

Bild 6.4 Gefahrenhinweise und Einsatzbeschränkungen für Löschmittel bei Gebrauch in elektrischen Anlagen

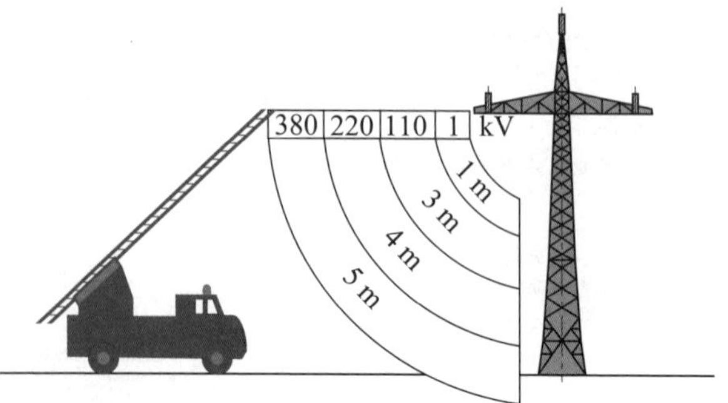

Bild 6.5 Sicherheitsabstände zu unter Spannung stehenden aktiven Teilen

Wenn Freileitungen beschädigt werden und zu Boden fallen, entsteht der gefährliche „Spannungstrichter“ (**Bild 6.6**). Kommt es z. B. zum Bruch einer Hochspannungsfreileitung, bildet sich um die Berührungsstelle der Leitung mit der Erde ein Spannungspotential aus. Mit der Entfernung von der Berührungsstelle wird die Schrittspannung geringer. Die am Boden liegende Leitung ist in einem Abstand von mind. 20 m zu meiden. Hat sie Berührung mit Metallteilen, z. B. Zäunen, Schienen usw., so ist von diesen Teilen ebenfalls ein Abstand von 20 m einzuhalten. Die Gefahrenstelle ist abzusperren.

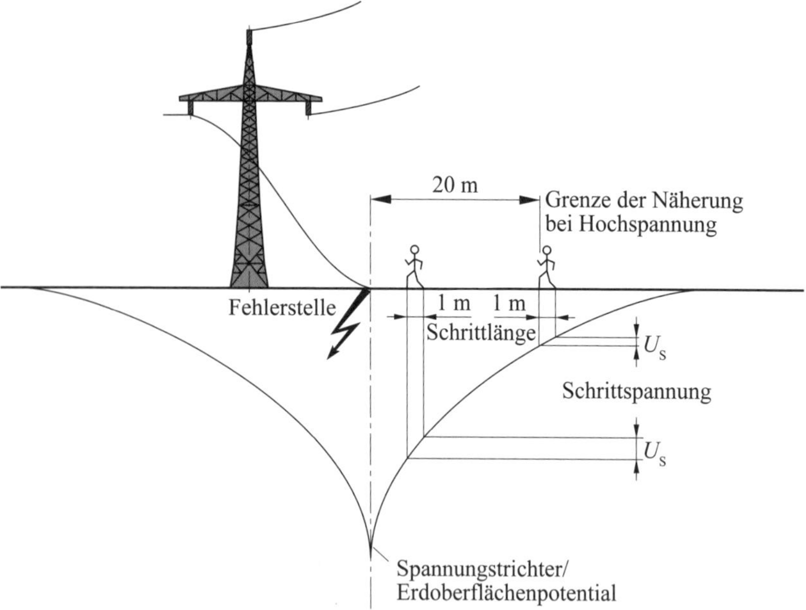

Bild 6.6 Schrittspannung U_S im Bereich der Fehlerstelle

7 Sicherheits- und Gesundheitsschutzkennzeichnung nach ASR A1.3 – Technische Regeln für Arbeitsstätten – (ArbStättV)

Der Vergleich der Ausbildung zum Berufskraftfahrer und zum Schaltberechtigten dient an dieser Stelle gut als Einstieg in die Thematik Sicherheitszeichen.

Jeder Kraftfahrzeugführer muss die Straßenverkehrsschilder – Gefahrenzeichen, Vorschriftenzeichen sowie Richtzeichen – kennen und daraus das richtige Verhalten ableiten, zu seiner Sicherheit und zum Schutz aller anderen Verkehrsteilnehmer. Die Bedeutung und Befolgung der Schilder sind Gesetz und somit einzuhalten. Ein Verstoß dagegen, z. B. Weiterfahren an einem Stopp-Schild, bedeutet eine Ordnungswidrigkeit und wird bestraft.

Analog dazu ist auch die Sicherheits- und Gesundheitsschutzkennzeichnung am Arbeitsplatz rechtsverbindlich. Danach muss sich der Arbeitnehmer richtig verhalten, und der Unternehmer mit seinem Führungsteam hat die richtigen/gültigen Sicherheitsschilder zu verwenden. Oft fehlt hier die richtige Information oder auch die Akzeptanz, ein nicht mehr gültiges Schild gegen ein aktuelles auszutauschen.

Der Vorteil der **EU-einheitlichen Sicherheitskennzeichnung** liegt neben der Vereinheitlichung der Kennzeichnung gerade in der sprachunabhängigen, schnellen Verständlichkeit der Bildzeichen.

Allen Zeichen gemeinsam ist die Tatsache, dass ihre Sicherheitsaussage durch ein Bildzeichen (**Piktogramm**) verdeutlicht wird. Texte auf **Verbots-**, **Warn-**, **Gebots-** und **Rettungszeichen** sind nicht zulässig. Nur wenn eine Sicherheitsaussage bildlich nicht dargestellt werden kann, dürfen Texte, und zwar auf Zusatzzeichen, zur näheren Bestimmung, z. B. schwarze Schrift auf weißem Grund, verwendet werden. Als Praktikertipp seien an dieser Stelle die zwei Sicherheitsschilder „Schalten verboten“, ein Verbotszeichen, und das Warnzeichen „Warnung vor elektrischer Spannung“ erwähnt.

Nachfolgend ist die Entwicklung der Sicherheitskennzeichnungen aufgeführt.

Die zurückgezogene BGV A8 Sicherheits- und Gesundheitsschutzkennzeichnung am Arbeitsplatz hatte vorgegeben, dass entsprechende Kennzeichnungen eingesetzt werden müssen, wenn Gefahren trotz technischer Schutzeinrichtungen und arbeitsorganisatorischer Maßnahmen bestehen bleiben. Maßgeblich ist hier eine Gefährdungsbeurteilung. Zudem ist eine Unterweisung der Mitarbeiter über die Gesundheitsschutzkennzeichnung erforderlich.

Aktuell sind Sicherheitskennzeichen gesetzlich nach der Technischen Regel für Arbeitsstätten in der ASR A1.3 „Sicherheits- und Gesundheitsschutzkennzeichnung“ zu finden. Seit März 2013 ist die überarbeitete ASR A1.3 in Kraft, die die BGV A8 abgelöst hat. Seitdem ist die Kennzeichnung nach internationaler Norm ISO 7010 für alle deutschen Betriebe maßgeblich.

Ausgabe: Februar 2013
zuletzt geändert GMBl 2017, S. 7

Technische Regeln für Arbeitsstätten	**Sicherheits- und Gesundheitsschutzkennzeichnung**	**ASR A1.3**

Die Technischen Regeln für Arbeitsstätten (ASR) geben den Stand der Technik, Arbeitsmedizin und Arbeitshygiene sowie sonstige gesicherte arbeitswissenschaftliche Erkenntnisse für das Einrichten und Betreiben von Arbeitsstätten wieder.

Sie werden vom **Ausschuss für Arbeitsstätten** ermittelt bzw. angepasst und vom Bundesministerium für Arbeit und Soziales bekannt gegeben.

Diese ASR A1.3 konkretisiert im Rahmen des Anwendungsbereichs die Anforderungen der Verordnung über Arbeitsstätten. Bei Einhaltung der Technischen Regeln kann der Arbeitgeber insoweit davon ausgehen, dass die entsprechenden Anforderungen der Verordnung erfüllt sind. Wählt der Arbeitgeber eine andere Lösung, muss er damit mindestens die gleiche Sicherheit und den gleichen Gesundheitsschutz für die Beschäftigten erreichen.

Die vorliegende Technische Regel ASR A1.3 schreibt die Technische Regel ASR A1.3 (GMBl 2007, S. 674) fort und wurde unter Federführung des Fachausschusses „Sicherheitskennzeichnung“ der Deutschen Gesetzlichen Unfallversicherung (DGUV) in Anwendung des Kooperationsmodells (vgl. Leitlinienpapier[1] zur Neuordnung des Vorschriften- und Regelwerks im Arbeitsschutz vom 31. August 2011) erarbeitet.

Inhalt

[1] http://www.gda-portal.de/de/VorschriftenRegeln/VorschriftenRegeln.html

- Ausschuss für Arbeitsstätten – ASTA-Geschäftsführung – BAuA – www.baua.de -

Bild 7.1 Sicherheits- und Gesundheitsschutzkennzeichnung ASR A1.3

Die DIN EN ISO 7010 wurde entwickelt, um mindestens europaweit einen einheitlichen Standard für die Sicherheitskennzeichnung zu schaffen. In Zeiten eines vereinheitlichten europäischen Arbeitsmarkts gewinnt eine sprachunabhängige, einfach zu erkennende und universell verständliche Sicherheitskennzeichnung zunehmend an Bedeutung. Folgerichtig sind reine Textschilder nicht mehr zulässig. Sinnvolle Texte in Landessprache ergänzen die vorgeschriebenen Piktogramme.

Im Oktober 2012 erschien mit der DIN EN ISO 7010, die deutsche Fassung der europäischen Norm EN ISO 7010:2012. Beide basieren auf der internationalen Norm ISO 7010:2011 und ermöglichen so eine genormte Sicherheitskennzeichnung – national, in Europa und international. Die in den Normen der ISO 7010 festgelegten Sicherheitszeichen werden in die Kategorien Rettungsschilder, Verbotszeichen, Warnzeichen, Brandschutzzeichen und Gebotszeichen eingeteilt. Sie gelten für alle Bereiche in einem Betrieb, an denen es darum geht, die personelle Sicherheit zu bewahren.

Die Kennzeichnung nach der aktuellen Fassung erspart eine weitere Gefährdungsbeurteilung. Diese und eine zusätzliche Dokumentation werden erforderlich, wenn in der Betriebsstätte die alten Sicherheitszeichen weiter verwendet werden sollen. Wählt der Arbeitgeber eine andere Lösung, muss er damit mindestens die gleiche Sicherheit und den gleichen Gesundheitsschutz für die Beschäftigten erreichen.

Begriffsbestimmungen:

- Die Sicherheitskennzeichnung – z. B. ein Schild, bezogen auf einen bestimmten Gegenstand oder einen bestimmten Sachverhalt – bewirkt mittels Farbe oder Zeichen eine Sicherheitsaussage.
- Das Sicherheitszeichen ist eine Kombination von geometrischer Form und Farbe sowie Bildzeichen oder Text, das eine Sicherheitsaussage ermöglicht.
- Das **Verbotszeichen** ist ein Sicherheitszeichen, das ein Verhalten untersagt, durch das eine Gefahr entstehen kann. Beispielsweise zeigen **Bild 7.2** und **Bild 7.3** das Schild „Schalten verboten".
- Das **Warnzeichen** ist ein Sicherheitszeichen, das vor einer Gefahr warnt (z. B. Warnung vor gefährlicher elektrischer Spannung), siehe **Bild 7.4** und **Bild 7.5**.
- Das **Gebotszeichen** ist ein Sicherheitszeichen, das ein bestimmtes Verhalten, z. B. PSA tragen, vorschreibt, siehe **Bild 7.6**.
- Das **Rettungszeichen** ist ein Sicherheitszeichen, das den Weg zu einer Stelle für Hilfeleistungen oder einer Rettungseinrichtung kennzeichnet (Rettungsweg oder Hinweis auf Erste Hilfe, z. B. nach **Bild 7.7**).
- Das **Brandschutzzeichen** ist ein Sicherheitszeichen, das Standorte von Feuermelde- und Feuerlöscheinrichtungen kennzeichnet.

Bild 7.2 Verbotsschild „Schalten verboten“

Bild 7.3 Verbotsschild „Schalten verboten“ mit Zusatztext

Bild 7.4 Warnung vor elektrischer Spannung

Bild 7.5 Zusatzschild mit Text in Landessprache

Bild 7.6 Gebotsschild „Kopfschutz benutzen“

Bild 7.7 Rettungszeichen

- Das **Hinweiszeichen** ist ein Sicherheitszeichen, das andere Sicherheitsaussagen liefert als die vorher genannten Sicherheitszeichen (z. B. fünf Sicherheitsregeln nach **Bild 7.8**).

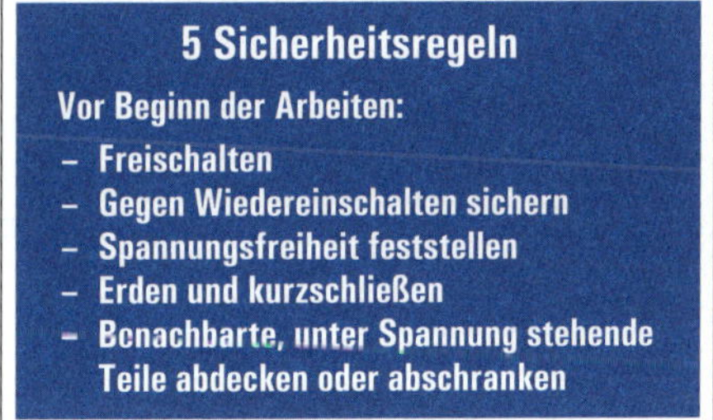

Bild 7.8 Hinweisschild fünf Sicherheitsregeln

Grundsätzlich ist der Zweck der Sicherheitskennzeichnung, schnell und leicht verständlich die Aufmerksamkeit auf Gegenstände und Sachverhalte zu lenken, die bestimmte Gefahren verursachen können, sowie auf die Anwendung der persönlichen Schutzausrüstung hinzuweisen. Sie entbindet nicht von den erforderlichen Schutzmaßnahmen und darf nur solche Aussagen verwenden, die sich auf die Sicherheit beziehen.

Geometrische Form	Bedeutung	Sicherheitsfarbe	Kontrastfarbe zur Sicherheitsfarbe	Farbe des grafischen Symbols	Anwendungsbeispiele
Kreis mit Diagonalbalken	Verbot	Rot	Weiß[a]	Schwarz	• Rauchen verboten • kein Trinkwasser • Berühren verboten
Kreis	Gebot	Blau	Weiß[a]	Weiß[a]	• Augenschutz benutzen • Schutzkleidung benutzen • Hände waschen
gleichseitiges Dreieck mit gerundeten Ecken	Warnung	Gelb	Schwarz	Schwarz	• Warnung vor heißer Oberfläche • Warnung vor Biogefährdung • Warnung vor elektrischer Spannung
Quadrat	Gefahrlosigkeit	Grün	Weiß[a]	Weiß[a]	• Erste Hilfe • Notausgang • Sammelstelle
Quadrat	Brandschutz	Rot	Weiß[a]	Weiß[a]	• Brandmeldetelefon • Mittel und Geräte zur Brandbekämpfung • Feuerlöscher
[a] Die Farbe Weiß schließt die Farbe für langnachleuchtende Materialien unter Tageslichtbedingungen, wie in ISO 3864-4:2011-03 beschrieben, ein.					
Die in den Spalten 3, 4 und 5 bezeichneten Farben müssen den Spezifikationen von ISO 3864-4:2011-03 entsprechen. Es ist wichtig, einen Leuchtdichtekontrast sowohl zwischen dem Sicherheitszeichen und seinem Hintergrund als auch zwischen dem Zusatzzeichen und seinem Hintergrund zu erzielen (z. B. Lichtkante).					

Tabelle 7.1 Kombination von geometrischer Form und Sicherheitsfarbe

Wirksam wird und bleibt die Kennzeichnung in den Köpfen der Schaltberechtigten, wenn umfassend und in angemessenen Zeitabständen wiederholt geschult/unterwiesen wird, welche Bedeutung die verschiedenen Kennzeichnungen haben.

Die Kombination von Form und Sicherheitsfarbe und ihre Bedeutung für Sicherheitszeichen zeigt Tabelle 7.1 (Quelle: ASR A1.3).

Der Unternehmer hat darauf zu achten, dass:

- die Sicherheits- und Gesundheitsschutzkennzeichnungen den gültigen Grundsätzen entsprechen und verwendet werden. Sie müssen deutlich erkennbar und dauerhaft angebracht sein.

  Für den innerbetrieblichen Kfz-Verkehr sind die für den Straßenverkehr gültigen, öffentlichen Verkehrszeichen zu verwenden. Wer gegen diese Bestimmung vorsätzlich oder fahrlässig verstößt, handelt nach dem 7. Sozialgesetzbuch (SGB VII) vom 7. August 1996 ordnungswidrig.

Zur ausreichenden Erkennbarkeit und Auswahl der richtigen Größe folgende Anmerkung:

Die in der Norm empfohlenen Schildergrößen für Verbotsschilder mit Durchmessern von 40 mm, 100 mm, 200 mm sollten bevorzugt werden. Es können aber auch Schilder abweichender Größen verwendet werden. Für Schilder, die von den Normgrößen abweichen, gibt es eine entsprechende Formel, die eine Schildergröße in Abhängigkeit von der Entfernung vorschreibt; danach soll die Fläche eines Zeichens in Quadratmetern mind. dem Quadrat des Abstands des Betrachtenden in Metern geteilt durch 2 000 entsprechen.

Für den Schaltberechtigten sei noch einmal auf das Zusatzschild „Fünf Sicherheitsregeln" hingewiesen. Der Text lenkt immer wieder die Aufmerksamkeit auf das richtige Verhalten bei Arbeiten an und in elektrischen Anlagen. Die Anwendung der fünf Sicherheitsregeln sind durch DGUV-Vorschrift 3 rechtsverbindlich. Das Hinweisschild soll noch einmal darauf aufmerksam machen, denn jeder Schaltberechtigte hat doch die fünf Sicherheitsregeln im Kopf!

Das Schild „Schalten verboten" (**Bild 7.9**) muss zum Sichern gegen Wiedereinschalten (zweite Sicherheitsregel) immer **zusätzlich** zum Visualisieren und möglichen Sperren der Antriebsenergie eingesetzt werden. Es ist zuverlässig und sichtbar an den Betätigungsorganen (z. B. Schaltgriff, Antriebsöffnung von Schaltern, Steuerorgane, Leitungsschutzschalter usw.) anzubringen. Auch in verschlossenen Schaltschränken muss dieses Verbotsschild angebracht werden.

Bild 7.9 Verbotsschild „Schalten verboten“

Es kann noch zusätzliche Angaben enthalten:

- Es wird gearbeitet,
- Ort der Arbeitsstelle,
- Name des Verantwortlichen/Schaltberechtigten (**Bild 7.10**).

Bild 7.10 Verbotsschild „Schalten verboten“ mit Zusatztext

Das Schild mit der Sachaussage „Schalten verboten“ gilt allgemein, wenn nicht geschaltet werden darf, weder ein noch aus. Dies kann wegen in Gang befindlicher Arbeiten sein, aber auch ohne solche, z. B. wenn durch die Schaltung bestimmte, unerwünschte Betriebszustände oder gar Störungen hervorgerufen würden. Wenn der Grund für das Schaltverbot darin liegt, dass Arbeiten im Gange sind, empfiehlt sich die zusätzliche Aussage über den Ort der Arbeiten und über den für das Anbringen und Entfernen des Schilds Verantwortlichen. Dies ist besonders erforderlich, wenn die Möglichkeit besteht, dass nicht mit dieser Arbeit befasste Personen Zutritt haben oder wenn bei umfangreicheren Arbeiten diese über die normale Arbeitszeit hinaus andauern oder wenn diese im Schichtbetrieb in die Arbeitszeit der nachfolgenden Schicht hineinreichen.

Zur Kennzeichnung und Absperrung des Freischalt- und zukünftigen Arbeitsbereichs von Gefahrenstellen werden in der Praxis Kunststoffketten an Magnethaken befestigt. Der Betriebspraktiker verwendet gelb-schwarz oder rot-weiße Ketten.

Was ist nun richtig? Die ASR A1.3 gibt Aufschluss darüber.

Da es sich in der Regel um zeitlich begrenzte/temporäre Arbeitsstellen handelt, werden rot-weiße Ketten verwendet. Wenn ein Objekt/Hindernis dauerhaft gekennzeichnet werden soll, ist schwarz-gelb die richtige Wahl. Stolperkanten oder Stufen werden so gekennzeichnet.

Bild 7.11 Sicherheitskennzeichnung auf der Stationstür einer Schaltanlage in Hongkong (China)

Auszug aus der ASR A1.3 (5.2)

Gelb-schwarze Streifen sind vorzugsweise für ständige Hindernisse und Gefahrstellen zu verwenden (z. B. Stellen, an denen besondere Gefahren des Anstoßens, Quetschens, Stürzens bestehen).

Rot-weiße Streifen sind vorzugsweise für zeitlich begrenzte Hindernisse und Gefahrstellen zu verwenden (siehe **Bild 7.12**).

Bild 7.12 Freischaltbereich zu Nachbarschaltfeldern mit rot-weißer Kette abgesperrt

8 Auswirkungen des elektrischen Stroms auf den menschlichen Körper

Auch Elektrofachkräfte sind nicht immun gegen die Auswirkungen des elektrischen Stroms, denn die elektrische Energie unterscheidet nicht zwischen elektrotechnischen Laien und Profis.

Darum ist es immer wieder erforderlich, in regelmäßigen Abständen auf die Gefahren der elektrischen Energie bei unsachgemäßem Umgang hinzuweisen und folgende Fragen zu klären:

- Wie wirkt die Elektrizität auf den menschlichen Körper?
- Welche Spannungs- und Stromgrößen sind gefährlich in Abhängigkeit unterschiedlicher Frequenzen?
- Wie muss sich eine Elektrofachkraft verhalten, um eine elektrische Durchströmung und Störlichtbögen zu vermeiden?

8.1 Physiologische Wirkung

Im menschlichen Körper werden Spannungsimpulse ausgesandt, die bis zu 100 mV betragen. Sie steuern über die Nerven alle Bewegungsabläufe, indem Muskeln und Organe zur Tätigkeit angereizt werden.

Wenn Muskel- und Organtätigkeit jedoch von Fremdspannungen zusätzlich beeinflusst werden, so kommt es zu Störungen der natürlichen Abläufe. Die Muskeln verkrampfen sich, man kann das spannungsführende Teil nicht mehr loslassen, oder die Atemmuskulatur wird gelähmt.

Die Steuerung der Herztätigkeit geschieht durch den sog. „Sinusknoten“, der sich direkt im Herzen befindet (**Bild 8.1**). Dieser sendet periodische Spannungsimpulse aus. Dadurch wird die Herzmuskulatur zum rhythmischen Schlagen angeregt, etwa 75 Schläge pro Minute.

Wenn Fremdströme über das Herz fließen, gerät diese natürliche Steuerfrequenz außer Takt. Bei einer Frequenz von 50 Hz müsste das Herz 100-mal pro Sekunde schlagen, also rund 80-mal schneller als normal. Die Folge ist das **Herzkammerflimmern**.

Den Bewegungsablauf eines Herzschlags zeigt das Elektrokardiogramm EKG (**Bild 8.2**).

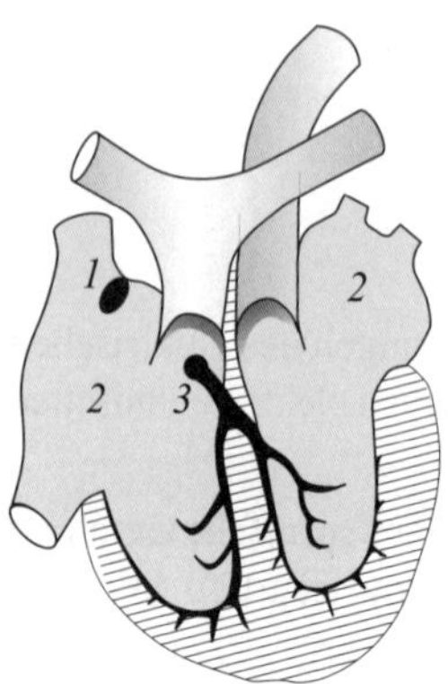

Bild 8.1 Das menschliche Herz im Schnitt

1 Sinusknoten,
2 Kammern,
3 Artrioventrikular-Knoten

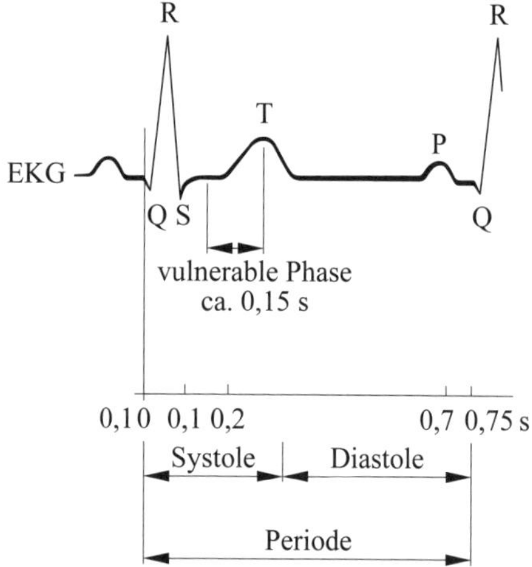

Bild 8.2 Elektrokardiogramm (EKG) nach *H. Antonit* 1977, 1981 (die Buchstaben sind willkürlich gewählt)

Aufgabe des Herzens ist die Aufrechterhaltung des Blutkreislaufs sowie die Versorgung des Gehirns mit Sauerstoff. Das Entstehen des Herzkammerflimmerns kann am Verlauf des EKG erklärt werden.

Während der P-Welle (Bild 8.2) werden die Vorhöfe erregt. Das PQ-Intervall stellt die Erregung der Kammerwände dar.

Während des QRS-Zeitraums ziehen sich die Kammerwände zusammen. Während der T-Zacke befindet sich der Herzmuskel in einem heterogenen Zustand, d. h., ein Teil des Herzmuskels ist bereits entspannt, ein anderer noch gespannt. Das Herz könnte in diesem Zustand wieder erregt werden. Dieser Bereich ist die vulnerable Phase. Das Zusammenziehen des Herzmuskels wird Systole, das Erschlaffen Diastole genannt.

Bei sehr **kurzer Einwirkdauer** des Stroms unterhalb von 100 ms kann je nach Einschaltzeitpunkt überhaupt keine Wirkung auf das Herz verursacht werden.

Bei einer **Einwirkdauer** von **300 ms** bis **600 ms** kann in der Systole bei ausreichend großer Stromstärke grundsätzlich Kammerflimmern entstehen. Beginnt der Strom während der Kammererregung, kann Flimmern nur in der vulnerablen Phase der Normalerregung ausgelöst werden, und hierzu muss der Strom relativ groß sein; beginnt der Strom dagegen in der Diastole (das ist die Entspannungs- und Füllungsphase des Herzens), so löst er zunächst eine Extrasystole (einen zusätzlichen Extraschock des Herzens) aus und führt dann in deren vulnerabler Phase zum Kammerflimmern, wobei hier bereits kleine Ströme wirkungsvoll sind.

Bei einer **Einwirkdauer über 600 ms** spielt der Einschaltzeitpunkt des Stroms praktisch keine Rolle mehr. Der Strom fließt auf jeden Fall lange genug, um in der Diastole (erschlaffter Herzmuskel) eine Extrasystole auszulösen und in deren vulnerabler Phase ein Flimmern zu erzeugen. Mit länger werdender Einwirkdauer können u. U. auch mehrere Extrasystolen ausgelöst werden, und damit kann die Flimmerschwelle weiter absinken.

Beim **Herzkammerflimmern** kommt es zum völlig ungeordneten, örtlich und zeitlich unkoordinierten Zusammenziehen der einzelnen Herzmuskelfasern. Der normale rhythmische Herzschlag geht durch schnell aufeinanderfolgende Kontraktionen in ein ungeordnetes Fibrillieren der Herzmuskelabschnitte über. Bei der Beobachtung eines frei liegenden Herzens entsteht der Eindruck, als wenn die Oberfläche flimmern würde. Im Zustand des Kammerflimmerns entfällt die Pumpwirkung des Herzens. Das Herz kann kein Blut mehr fördern. Es kommt zum Kreislaufstillstand. Mit Versagen des Blutkreislaufs entfällt der Sauerstofftransport zu den Körperzellen. Wichtige Steuer- und Überwachungszentren des Gehirns, die entscheidend für die Lebensfähigkeit des Körpers sind, können einen Sauerstoffmangel nur wenige Minuten (unter normalen Umständen etwa 3 min bis max. 5 min) ertragen, ohne dass es zu irreparablen Schäden oder ggf. zum Tode kommt (**Bild 8.3**).

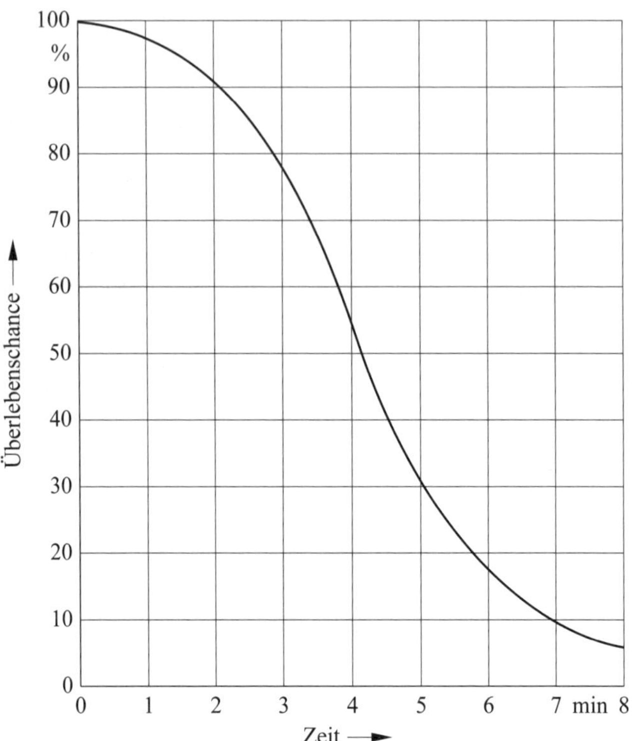

Bild 8.3 Überlebenschance in Abhängigkeit der Zeit zwischen Herz-/Atemstillstand und Beginn der Herz-/Lunge-Wiederbelebung

Wichtig ist daher, nach Eintritt eines elektrischen Unfalls an den Selbstschutz zu denken, die Situation schnell zu analysieren, einen Notruf abzusetzen, die Anlage freizuschalten, den Verunglückten zu retten und geeignete Erste-Hilfe-Maßnahmen sofort einzuleiten. In jedem Fall muss bei Bedarf sofort mit der Wiederbelebung durch Atemspende und durch äußere Herzmassage begonnen werden. Diese Maßnahmen müssen so lange fortgeführt werden, bis der Erfolg eintritt und bestehen bleibt oder bis ein Arzt an der Unfallstelle zur Verfügung steht, der die weitere Animation übernehmen kann. Auch beim Transport des Verunglückten in ein Krankenhaus sind die Erste-Hilfe-Maßnahmen durch Atemspende und äußere Herzmassage weiterhin fortzusetzen.

Um diese Kenntnisse zu festigen, ist eine Ausbildung und regelmäßige Nachschulung der Elektrofachkräfte/Schaltberechtigten erforderlich.

In einigen Unternehmen werden bereits Defibrillatoren eingesetzt, die automatisch arbeiten.

Bei lang andauernder Stromeinwirkung und bei starken Strömen, wie sie insbesondere beim Hochspannungsunfall durch den Körper fließen können, kann es infolge der Stromwärme, die im Körper längs der Strombahnen entsteht (ähnlich wie in der Heizwendel eines Elektrowärmegeräts), auch zu thermischen Schädigungen des Körpers durch innere Verbrennungen kommen.

Bei Unfällen durch Lichtbogeneinwirkung treten vor allem äußere thermische Schädigungen auf. Hier handelt es sich – sofern nicht auch gleichzeitig eine Durchströmung stattfindet – um ganz ähnliche Schädigungen des Körpers, wie sie bei einem Verbrennungsunfall durch offenes Feuer entstehen.

Durch die chemische Wirkung des elektrischen Stroms kann die leitfähige Zellflüssigkeit zerlegt werden, was zum Absterben der Zellen und somit zur inneren Vergiftung führt. **Physiologische Wirkungen** sind:

- Muskelkontraktion,
- Nervenerschütterungen,
- Muskelverkrampfungen,
- Blutdrucksteigerung,
- Herzstillstand,
- Herzkammerflimmern.

8.2 Elektrische Werte

Die Größe der Gefahr bringenden Spannung ist vom Stromfluss abhängig, der bei Berührung unter Spannung stehender Teile im Unfallstromkreis zustande kommt.

Jeder Stromfluss, der die Wahrnehmbarkeitsschwelle übersteigt, kann durch die Schreckreaktionen einen Sekundärunfall verursachen.

Auch vergleichsweise weit unter dem Grenzwert von 50-V-Wechselspannung liegende Spannungswerte können die Ursache für Sekundär-Elektrounfälle sein.

Berührungsspannungen, die eine Stromstärke oberhalb der Loslassgrenze verursachen, sind als besonders kritisch anzusehen.

Im Allgemeinen ist aber bis zum Grenzwert von 50 V nicht mit einem lebensgefährlichen Stromfluss durch den menschlichen Körper zu rechnen.

Der Mensch stellt für den Wechselstrom einen schwer bestimmbaren ohmschen Widerstand dar (**Bild 8.4** und **Bild 8.5**, Körperwiderstandswerte des Menschen). Sein Widerstandswert ist stark vom Körperbau, von der körperlichen und seelischen Verfassung, von der Beschaffenheit der Haut und von der Andruckkraft bei der Berührung abhängig.

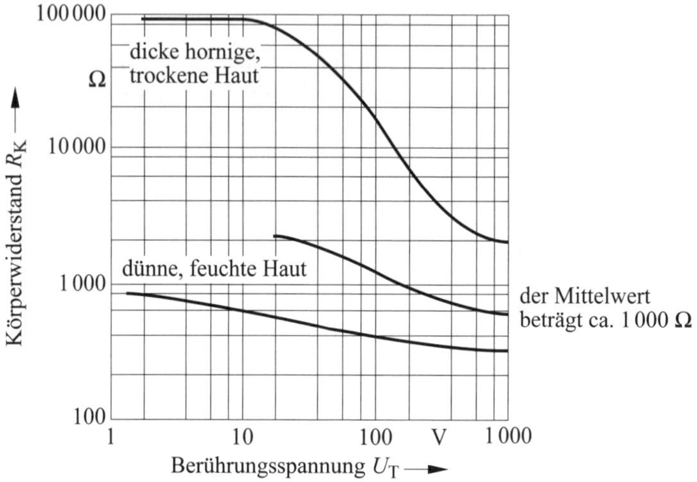

Bild 8.4 Streubereich des Körperwiderstands erwachsener Personen

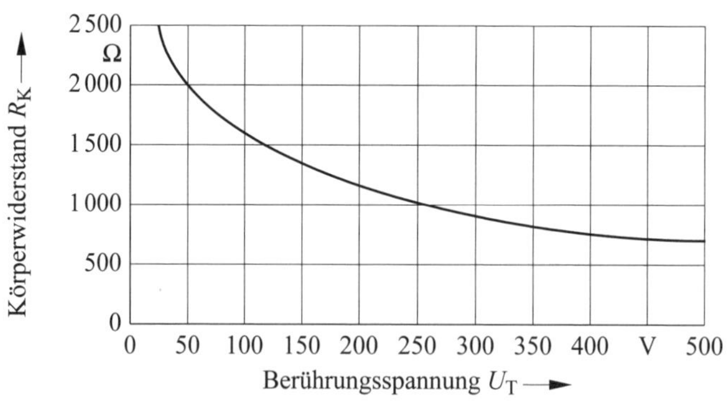

Bild 8.5 Körperwiderstand in Abhängigkeit der Berührungsspannung

Zu einer überschlägigen Ermittlung des Stroms kann der Körperwiderstand, gemessen zwischen Hand – Hand oder Hand – Fuß, mit etwa 1 000 Ω angesetzt werden. Weitere Werte zeigt **Tabelle 8.1**.

Stromweg	Körperwiderstand	Stromweg	Körperwiderstand
Hand – Hand oder Hand – Fuß	1 000 Ω	Hände – Brust	230 Ω
Hand – Füße	750 Ω	Hand – Gesäß	550 Ω
Hände – Füße	500 Ω	Hände – Gesäß	300 Ω
Hand – Brust	450 Ω		

Tabelle 8.1 Körperwiderstände bei 230 V in Abhängigkeit vom Stromweg

Dies bedeutet, dass bei der Überbrückung der üblichen Verbraucherspannung von 230 V gegen Erde gemäß dem ohmschen Gesetz $I = U/R$ bei den o. g. Stromwegen ein Strom von 230 mA durch den Körper fließen könnte. Meist wird sich infolge von im Unfallstromkreis noch wirksamen Widerständen des Fußbodens sowie der Schuhe und den anfänglich sehr hohen Hautwiderstand – zumindest anfangs – ein kleinerer Strom einstellen, der diesen Wert noch weit unterschreitet. Trotzdem sollte dem Schaltberechtigten dieser Wert von 230 mA als Richtwert der Stromstärke für die mögliche Gefährdung beim Niederspannungsunfall zur Risikoeinschätzung bewusst bleiben. **Bild 8.6** zeigt die möglichen Auswirkungen auf den menschlichen Körper in Abhängigkeit von Stromstärke und Zeiteinheit.

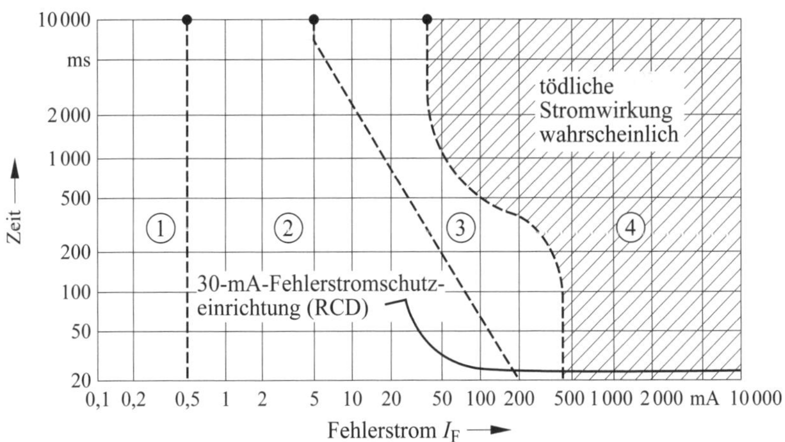

Bild 8.6 Stromstärke-Zeit-Abhängigkeit der Auswirkungen von Wechselstrom im Frequenzbereich von 15 Hz bis 100 Hz auf den menschlichen Körper (DIN IEC/TS 60479-1 (**VDE V 0140-479-1**):2007-05)

Medizinische Untersuchungen am Menschen ergaben folgende Orientierungswerte:

0,005 mA	Strom mit der Zunge wahrnehmbar,
10 mA	Strom an den Handflächen wahrnehmbar,
20 mA	Verkrampfen der Muskeln, das sog. „Festkleben“ kann eintreten,
25 mA	Verkrampfung der Atemmuskulatur,
> 80 mA	Herzkammerflimmern, wenn Einwirkdauer über eine Herzschlagperiode,
> 3 A	Herzstillstand, innere Verbrennungen.

Die oben aufgeführten Werte sind weiterhin von der Zeit abhängig, in der der menschliche Körper vom Strom durchflossen wird. Die Berufsgenossenschaft der Feinmechanik und Elektrotechnik hat vier Stromstärkebereiche festgelegt (Bild 8.6):

In dieser Darstellung in doppelt logarithmischem Maßstab sind vier Bereiche gekennzeichnet.

Bereich 1: normalerweise keine Wahrnehmung,

Bereich 2: normalerweise keine schädlichen physiologischen Wirkungen,

Bereich 3: Muskelverkrampfungen und Atemschwierigkeiten möglich, Gefahr des Herzkammerflimmerns sehr gering,

Bereich 4: Gefahr des Herzkammerflimmerns groß, Atemlähmung, Verbrennungen.

Merksatz:

Die richtige Anwendung der *fünf Sicherheitsregeln* schafft die Grundlage jeder sicheren Arbeit an elektrischen Betriebsmitteln und Anlagen. Ja, sie garantiert sicheres, gefahrfreies Arbeiten.

9 Fehlschaltungsanalyse

9.1 Fehlverhalten der Schaltberechtigten als Unfallursache

Elektrotechnik, Medizin, Straßenverkehr und Luftfahrt haben vieles gemeinsam. Im Ernstfall geht es um Leben und Tod. Eine Fehlschaltung/Fehlverhalten, ein Behandlungsfehler sowie Sicherheitslücken im Straßen- und Flugverkehr können folgenschwer sein.

Der Schlüssel für einen sicheren Verlauf sind die Menschen im System. Die Qualifikation und das Zusammenspiel mit der Technik und den Regeln der Technik müssen optimal sein. Die Arbeit wird meist im Team erledigt. Eine Fachgruppe aus jungen und älteren Kollegen kann sich ergänzen. Für alle ist jedoch ein wiederkehrendes Training unerlässlich. Fehlverhalten kann im Gespräch analysiert werden, um daraus Verhütungsstrategien zu entwickeln.

– Aus Fehlern lernen –

Gefahren aufspüren, Arbeitsanweisungen, Checklisten entwickeln, richtige Verhaltensweisen trainieren. Qualifizierte Personen, handeln nach gesetzlichen Vorgaben und nutzen Regeln der Technik. Denn eine Fehlschaltung (EFK), ein Unfall im Straßenverkehr (Verkehrsteilnehmer), eine Fehloperation (Chirurg), ein Flugzeugabsturz (Pilot) muss unbedingt vermieden werden.

Als Beweis einige Zahlen aus der Broschüre „Gefahren des elektrischen Stroms" der BG Elektrotechnik und Feinmechanik, die vom Institut zur Erforschung elektrischer Unfälle in einem Zeitraum von 15 Jahren ermittelt worden sind.

Der Schaltberechtigte kann aus den Verhaltensfehlern lernen, sie zu vermeiden, und der Vorgesetzte wird erkennen können, wo der „Hebel anzusetzen" ist, um während einer Unterweisung die Schwerpunkte herauszukristallisieren.

Bereits aus **Tabelle 9.1** und **Tabelle 9.2** sowie aus **Bild 9.1** ist zu erkennen, dass der Unfallursachenschwerpunkt sowohl im Niederspannungs- als auch im Hochspannungsbereich das **Fehlverhalten** der Menschen, der Elektrofachkraft, ist.

Beim Analysieren der Prozentzahlen fällt schnell der Schwerpunkt ins Auge:

Sicherheitsregeln nicht beachtet 35,85 % und unter Spannung gearbeitet 24,72 % (siehe **Tabelle 9.3**).

Da die „Fünf Sicherheitsregeln" für den Schaltberechtigten Basiswissen sind, zeigen die Zahlen der **Tabelle 9.4**, welche der Sicherheitsregeln schwerpunktmäßig übergangen worden sind.

Art der Unfallursache	Unfallursachenverteilung bei Niederspannungsunfällen von Elektrofachkräften
Verhaltensfehler, Nichtbeachtung von Sicherheitsvorschriften	45,4 %
allgemeine Verhaltensfehler	32,9 %
Fehler organisatorischer Art	9,8 %
„technische“ Sachfehler, Schäden oder Fehler an elektrischen Betriebsmitteln	9,8 %
Fehler an elektrischen Anlagen	2,1 %

Tabelle 9.1 Unfallursachenverteilung bei Niederspannungsunfällen
(Quelle: veröffentlichte Zahlen des Instituts zur Erforschung elektrischer Unfälle)

Art der Unfallursache	Unfallursachenverteilung bei Hochspannungsunfällen von Elektrofachkräften
Verhaltensfehler, Nichtbeachtung von Sicherheitsvorschriften	48,1 %
allgemeine Verhaltensfehler	31,1 %
Fehler organisatorischer Art	10,5 %
„technische“ Sachfehler, Schäden oder Fehler an elektrischen Betriebsmitteln	9,2 %
Fehler an elektrischen Anlagen	1,1 %

Tabelle 9.2 Unfallursachenverteilung bei Hochspannungsunfällen
(Quelle: veröffentlichte Zahlen des Instituts zur Erforschung elektrischer Unfälle)

Fehlverhalten der Elektrofachkräfte	Verteilung in %	Segment
Sicherheitsregeln nicht beachtet	35,85	1
Schutzmittel nicht benutzt	5,48	2
Unaufmerksamkeit	13,96	3
unter Spannung gearbeitet	24,72	4
zulässige Annäherung unterschritten	2,33	5
nicht über Schutzzustand informiert	1,15	6
Verwechslung	2,14	7
unsinniges Verhalten	2,15	8
Arbeit vor Freigabe begonnen	0,59	9
defektes Gerät oder Werkzeug benutzt	3,80	10
Sonstige	7,83	11

Tabelle 9.3 Fehlverhalten der Verunglückten
(Quelle: Veröffentlichte Zahlen des Instituts zur Erforschung elektrischer Unfälle)

Fehlverhalten		Verteilung in %
nicht freigeschaltet	(Regel 1)	25,25 %
nicht gegen Wiedereinschalten gesichert	(Regel 2)	3,33 %
Spannungsfreiheit nicht festgestellt	(Regel 3)	35,12 %
nicht geerdet oder kurzgeschlossen	(Regel 4)	2,05 %
nicht abgedeckt oder abgeschrankt	(Regel 5)	34,27 %

Tabelle 9.4 Nichtbeachten der fünf Sicherheitsregeln
(Quelle: Veröffentlichte Zahlen des Instituts zur Erforschung elektrischer Unfälle)

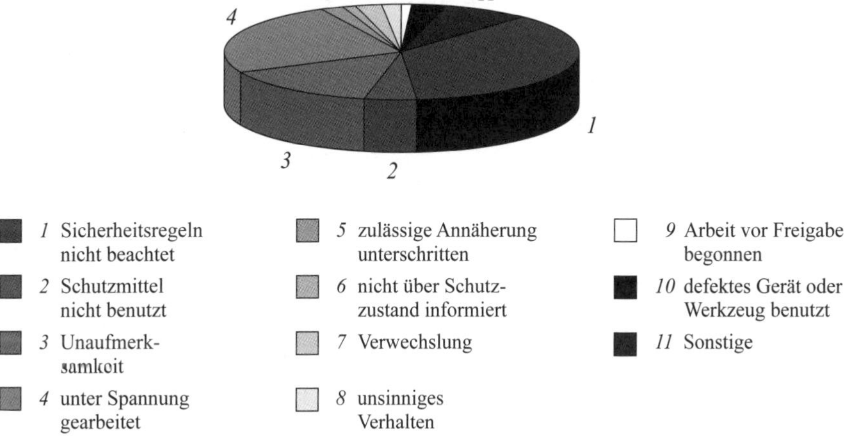

Bild 9.1 Fehlverhalten der Verunglückten als Tortengrafik

Unter dem Motto „Aus der Praxis für die Praxis" ist eindeutig zu erkennen, dass an erster Stelle mit 35,12 % die Spannungsfreiheit nicht festgestellt wurde, bei Arbeiten in der Nähe von spannungsführenden Teilen entsprechend 34,27 % nicht abgedeckt oder abgeschrankt wurde und als dritter Schwerpunkt mit 25,23 % sogar nicht freigeschaltet wurde. Alle diese Fehlverhalten führten zu einem Unfall. Gegen die Regeln 2 und 4 haben die wenigsten Elektrofachkräfte verstoßen.

An dieser Stelle sei noch einmal auf die Wichtigkeit der fünf Sicherheitsregeln hingewiesen.

In der Unfallverhütungsvorschrift DGUV-Vorschrift 3 „Elektrische Anlagen und Betriebsmittel" sowie der Bestimmung DIN VDE 0105-100 „Betrieb von elektrischen Anlagen" sind die fünf Sicherheitsregeln unter Abschnitt 6 festgelegt und erläutert. Diese Vorschrift/Bestimmung muss der Schaltberechtigte genau kennen!

9.2 Fehlschaltungsbeispiele

„Wo gehobelt wird, da fallen Späne!“, lautet ein altes Sprichwort. Und wo geschaltet wird, da gibt es Fehlschaltungen. Doch gerade diese Schaltungen gilt es zu verhindern.

Das Kapitel Fehlschaltungsanalysen zeigt anhand praktischer Beispiele einige direkte und indirekte Fehlschaltungen auf. Es gilt zu erkennen, wo die Ursachen für Fehlschaltungen liegen. Dazu werden diese in drei Gruppen eingeteilt:

- persönliche Fehlschaltungsursachen,
- technische Fehlschaltungsursachen,
- organisatorische Fehlschaltungsursachen.

Ziel ist es, Erkenntnisse zu gewinnen, wie Fehlschaltungen zu vermeiden sind. Diese Arbeit kann hervorragend in Gruppen von Schaltberechtigten durchgeführt werden.

Nun zu einigen Beispielen aus der Praxis:

- Bei einer Netzumschaltung wurden zwei Lasttrennschalter verwechselt, weil deren Bezeichnungen sich ähnelten.
- Nach einer betrieblichen Schaltung wurde Spannung auf ein geerdetes und kurzgeschlossenes Kabel geschaltet.
- In der Station *XY* wurde aufgrund vertauschter Schaltfeldbezeichnungen Spannung auf eine geerdete und kurzgeschlossene Leitung geschaltet.
- Nach beendeter Arbeit wurde eine Erdungs- und Kurzschließvorrichtung (EuK) nicht entfernt. Anschließend wurde auf die EuK Spannung geschaltet.
- Während einer Netzumschaltung durch die Leitstelle wurden die Leistungsschalter zweier Schaltfelder verwechselt.
- Während einer betriebsmäßigen Schaltung wurde in einer Netzstation statt eines Erdungsschalters ein Lasttrennschalter eingeschaltet und somit Spannung auf eine geerdete und kurzgeschlossene Leitung geschaltet.
- Während einer betriebsmäßigen Schaltung wurde ein Trennschalter unter Last ausgeschaltet, da die Schaltfelder verwechselt wurden (alte Anlage ohne Verriegelung).
- Eine unter Spannung stehende Leitung wurde geerdet und kurzgeschlossen.
- Während einer betriebsmäßigen Schaltung wurde beim Einschalten eines 40-MVA-Umspanners ein Sammelschienentrennschalter nicht eingeschaltet.
- Aufgrund einer fehlerhaft geplanten Schaltreihenfolge kam es in der Ortschaft *XY* zu einem Versorgungsausfall.

- Auslösung des Umspanner-Leistungsschalters durch versehentliches Betätigen eines Relais beim Abnehmen einer Schutzkappe.
- Während einer Revision von Druckluftsteuergeräten wurde ein Abgangstrennschalter ausgeschaltet. Der geänderte Schaltzustand wurde der Leitstelle nicht mitgeteilt. Bei der Wiederinbetriebnahme des Schaltfelds blieb dieser Trennschalter somit ausgeschaltet.
- Während einer Netzschutzprüfung wurde ein in Betrieb befindlicher Leistungsschalter ausgeschaltet.
- Bei Arbeiten an der Umspannerregelung wurden Klemmen mit einem Schraubendreher überbrückt und so der Umspanner ausgeschaltet.
- Durch Smartphone abgelenkt, Sicherheitsregeln missachtet und dadurch Erdungsschalter auf Spannung geschaltet.

Zusammenfassung der Fehlschaltungen:

- Spannung auf geerdete Strecke geschaltet,
- falscher Erdungsschalter wurde geschaltet,
- Erdungsschalter nicht ausgeschaltet,
- Erdungs- und Kurzschlussvorrichtung nach der Arbeit nicht ausgebaut,
- Sammelschienentrennschalter unter Last geschaltet,
- Abgangstrennschalter bzw. Sammelschienentrennschalter nicht eingeschaltet,
- falscher Schalter wurde ausgeschaltet,
- Fehlauslösung durch Sekundär-Arbeiten,
- falsche Trennstelle geschlossen,
- fehlerhafte Planung der Schaltreihenfolge,
- Feldbezeichnung vertauscht,
- Ablenkung, Unkonzentriertheit u. v. a. m.

Eine quantitative Ursachenanalyse zeigt:

- Verwechslung identischer Geräte (z. B. Transformator 1 – Transformator 2; Erdungsschalter Feld 1 – Erdungsschalter Feld 2), 30 %
- Verwechslung ungleicher Geräte (Erdungsschalter – Lasttrennschalter), 25 %
- auf geerdete und kurzgeschlossene Betriebsmittel geschaltet, 30 %
- Besondere, Sonstige (Falschmeldungen, Verständigungsproblem, Schaltfeldbezeichnung). 15 %

9.3 Ermittlung der Ursachen von Fehlschaltungen

Was ist eine Fehlschaltung, und wie entsteht sie?

„Eine Fehlschaltung ist ein plötzliches, zeitlich begrenztes, nicht geplantes und im Moment unvorhersehbares Ereignis.“

Versicherungsrechtlich ist eine Fehlschaltung: „Ein nicht geplantes, unvorhersehbares Ereignis bei einer versicherten Tätigkeit mit evtl. körperlicher Beeinträchtigung und Arbeitsunfähigkeit sowie Materialschaden und Versorgungsunterbrechung.“

Betriebswirtschaftlich ist eine Fehlschaltung: „Ein nicht geplantes, unvorhersehbares Ereignis, das den regulären Betriebsablauf unterbricht und bei dem Personen und/oder Sachen be- bzw. geschädigt werden können.“

Fehlschaltungsereignisse sind Folgen von Missständen. Ein Fehlschaltungsereignis kann mit geeigneten Mitteln und Verhaltensregeln verhindert werden.

Wie entsteht eine Fehlschaltung?

Eine Fehlschaltung ist das letzte Glied einer Kette.

Die Entstehung erfolgt nach gewissen Gesetzmäßigkeiten, **Bild 9.2**, die ursächlich zusammenhängen.

Bild 9.2 Umfeld – Menschen – Technik – Organisation – Schutzeinrichtungen

In einem (menschlich beeinflussten) Umfeld führen menschliche Mängel (etwas nicht können, nicht wissen wollen oder vergessen) und verschiedene Ursachen (sicherheitswidrige Handlungen und/oder Zustände/Betriebsmittel) zu einer Fehlschaltung.

Aus dieser Kette wird deutlich, dass Fehlschaltungen nicht einfach geschehen oder schicksalhafte Fügungen sind.

Fehlschaltungen haben immer Ursachen!

Die Ursachen einer Fehlschaltung sind nachprüfbare und nachvollziehbare Tatsachen, Umstände und Fakten, die gezielt erkannt und beeinflusst werden können. Die Fehlschaltungs-Ursachenermittlung ist eine der Hauptaufgaben, um das Geschehen positiv zu ändern – also Fehlschaltungen zu verhindern. Nach dem Motto: „Gefahr erkannt, Gefahr gebannt“, ist es empfehlenswert, nach einer Fehlschaltung alle Mitarbeiter mündlich bzw. schriftlich über den Hergang und die Vermeidung zu informieren.

Merke: **Fehlschaltungen haben häufig mehrere Ursachen.**

Fehlschaltungen

Die Fehlschaltungsursachen lassen sich grob in zwei Oberbegriffe einteilen:

- sicherheitswidriges Verhalten (persönliche Mängel/Ursachen),
- sicherheitswidrige Zustände (technische oder organisatorische Mängel/Ursachen).

Beispiele für persönliche Fehlschaltungsursachen:

- mangelnde körperliche Eignung (Krankheit, Drogensucht, …),
- unzureichende Ausbildung,
- Überforderung durch psychische Belastung (Stress, Ärger, Wut, Betriebsklima, …),
- geminderte Aufmerksamkeit/Konzentration (Müdigkeit, Sorgen, …),
- falsche Einstellung zum Fehlschaltungsrisiko (Leichtsinn, Übermut, Mutproben, …),
- Unkenntnis der Gefahren,
- Bequemlichkeit, mangelnde Motivation,
- Unwirksammachen von Schutzeinrichtungen,
- Nichtbenutzung der persönlichen Schutzausrüstung,
- Verhaltensfehler,
- Ablenkung durch Smartphone.

Technische Fehlschaltungsursachen:

- Konstruktions- oder Materialmängel an Betriebsmitteln,
- keine/schlechte Qualitätssicherung,
- Mängel an Steuer- und/oder Signaleinrichtungen,
- fehlende/schadhafte Abdeckung/Absperrung,
- schadhafte elektrische Installation,

- nicht geeignete/schadhafte Werkzeuge/Geräte,
- schlechte oder unzureichende Beleuchtung,
- ungeeignete, schadhafte persönliche Schutzausrüstung sowie Prüfgeräte.

Organisatorische Fehlschaltungsursachen:

- fehlende Festlegung/Delegation von Verantwortungsbereichen/Schnittstellen, Abläufe,
- keine Aufsicht führende Person (Schaltauftragsberechtigter, der die Schaltung leitet),
- kein Anlagenverantwortlicher/Koordinator als Ansprechpartner,
- unzureichende Sicherheitsunterweisungen des Schaltpersonals,
- falsche Vorgaben der Abläufe,
- fehlende Sicherheitskennzeichnung (Beschilderung nach ASR A1.3),
- Verständigungsschwierigkeiten (Ablauf eines Schaltgesprächs, einheitliche Begriffe),
- Unternehmenskultur, Umgang miteinander.

Es ist ganz deutlich zu erkennen, dass der Mensch die „Schwachstelle“ ist. Durch Gleichgültigkeit bzw. durch Unfähigkeit, Arbeiten/Schaltungen richtig einzuschätzen, oder durch Überschätzung der eigenen Person entstehen oft nicht nur Nachteile/Gefahren für den Einzelnen, sondern vielfach ebenso für die Kollegen. Die Produktion/Versorgungssicherheit und im Allgemeinen die Volkswirtschaft können ebenfalls betroffen sein.

Gesetzt den Fall, das menschliche Gehirn führt (beim Denken) pro Tag 50 000 Schalthandlungen aus, dann sind davon ein Promille, gleich 50, falsch.

Der Mensch macht Fehler, Fehlermachen ist menschlich.

Beispiel:

- Wir wählen eine Telefonnummer, aber wir haben uns verwählt.
- Wir müssen vor einer Ampel halten, treten aber das Kupplungspedal nicht. Das Auto wird „abgewürgt“.

Sicherheitsrisiko Smartphone

Der Urlaub ist erst richtig gut, wenn die Fotos bei Facebook hochgeladen sind, Konzerte hört und sieht man eigentlich nur noch durch die Bildschirme von Handys, die in die Luft gehalten werden. Noch ein Foto gemacht, schnell noch geantwortet, die Musik gewechselt. Das Smartphone ist überall mit dabei, in der U-Bahn, auf der Straße, im Auto, beim Schalten. Es ist Telefon, Kamera, Zeitung, Computer, Kalender. Praktisch, aber offenbar für den Nutzer immer öfter auch folgenschwer bis tödlich. Weil der Blick von Autofahrern, Fußgängern, Elektrofachkräften und anderen Personen am Bildschirm hängt, gibt es immer wieder schwere Unfälle, wie z. B. das Zugunglück von Bad Aibling Anfang Februar 2016 in Bayern.

Aber:

Wir müssen uns bemühen, Konzentrationsfehler an Stellen zu vermeiden, die folgenschwerer Natur sein können!

Diese These hat Gültigkeit für private und berufliche Tätigkeiten!

Auf die Schaltungen bezogen bedeutet das:

Aufmerksamkeit und höchste Konzentration, denn durch diese Maßnahme sind die meisten Fehlschaltungen zu vermeiden.

Hier ist der Hebel anzusetzen, diese Botschaft ist jedem Schaltberechtigten immer wieder mitzugeben – denn steter Tropfen höhlt den Stein.

Also: Die Schwachstellen müssen erkannt und dann beseitigt werden.

Dies ist sicher die Schlussfolgerung aus dem vorher Gesagten. Dass dies gar nicht so schwer ist, kann schnell bewiesen werden.

Durch eine verbesserte Planung, den Bau und die Beschaffung von sicherer Technik (Verriegelung, Metallkapselung, Schalten aus sicherer Entfernung, Lastschalter, Leistungsschalter) ist schon der erste Schritt getan. Den Elektrofachkräften wird ein sicherer Arbeitsplatz zur Verfügung gestellt, und die bisher verwendeten Betriebsmittel werden gegen „ungefährliche“ ausgetauscht. In die Arbeitsorganisation wird das Mittel der Schulung durch Unterweisung aufgenommen. Durch gezielte Aufklärung und erläuternde Anweisungen wird Sicherheit beim Schalten propagiert.

Es wird den schaltberechtigten Mitarbeitern vorgemacht, wie (sicher) geschaltet, gearbeitet und bedient wird. Durch mehrmaliges Wiederholen der sicheren Arbeitsschritte wird das richtige Verhalten trainiert (gefestigt).

Die Führungskräfte müssen nur noch prüfen, ob die Sicherheitsanweisungen eingehalten werden.

Und alles ist in Ordnung!?

Der Vorgesetzte kann auf die Mitarbeiter und Kollegen einwirken, um das sicherheitswidrige Verhalten in ein sicherheitsgerechtes Verhalten umzuwandeln. Die Mitarbeiter in Bezug auf Arbeitssicherheit zu motivieren und ihnen klarzumachen, dass sie sich auf die Tätigkeit, die zu einer richtigen Schalthandlung führt, **voll zu konzentrieren** haben.

An dieser Stelle noch einmal zur Festigung „Die fünf Sicherheitsregeln“:

- **Freischalten**
- **Gegen Wiedereinschalten sichern**
- **Spannungsfreiheit feststellen**
- **Erden und Kurzschließen**
- **Benachbarte, unter Spannung stehende Teile abdecken oder/und abschranken**

Eine technische Möglichkeit, Fehlschaltungen durch Verwechslung von Schaltfeldern zu vermeiden, zeigt **Bild 9.3**. Hier sind die Schaltfelder eindeutig durch den Farbwechsel gekennzeichnet.

Bild 9.3 Kennzeichnung der einzelnen Schaltfelder durch den Farbwechsel zur Vermeidung von Schaltfeldverwechslungen in Kombination mit der Bezeichnung des Schaltfeldes

9.4 Verhaltensmaßregeln für den Schaltberechtigten und Vorgesetzten, wenn es doch zu einer Fehlschaltung gekommen ist

Selbst wenn wir uns noch so sehr anstrengen, werden sich – realistisch gesehen – Fehlschaltungen nicht immer ganz verhindern lassen. Mit all unseren Bemühungen können wir aber auf jeden Fall die Anzahl und Schwere der Fehlschaltungen deutlich verringern, wenn wir sie schon nicht ganz vermeiden können!

Was muss nach einer Fehlschaltung bzw. einem Unfall beachtet werden?

Zunächst einmal Ruhe bewahren!

Die Führungskraft muss auf jeden Fall sachlich bleiben und darf anschließend nicht allein dem Schaltberechtigten die Schuld an der Fehlschaltung geben, denn es waren in jedem Fall mehrere Faktoren, die zu der Fehlschaltung geführt haben. Der größte Fehler wäre, jetzt eine Moralpredigt zu halten. In einigen Fällen ist es sinnvoll, den Schaltberechtigten erst einige Stunden oder eine Nacht „Bedenkzeit" zu geben, bis ein ausführliches Gespräch geführt wird. Aus der Fehlschaltung können alle lernen und Konsequenzen ziehen, damit gleiche oder ähnliche Fehler bei der nächsten Schaltung nicht wiederholt werden.

Der schaltberechtigte Mitarbeiter ist bei Ermittlung der Ursachen zu beteiligen. Alle Details müssen besprochen, aber keiner soll „verhört" werden.

Geklärt werden müssen:

- **Ursachen**,
- **Auswirkungen**,
- **Abhilfen für die Zukunft**.

Den Rat von Spezialisten der Fachbereiche und der Arbeitssicherheit einholen.

Im Rahmen der Untersuchung stellen sich folgende W-Fragen:

Wann? Wo? Wer? Was? Wie? Warum? Welche?

1. **Wann** geschah die Fehlschaltung? Tag und Uhrzeit.
2. **Wo** geschah die Fehlschaltung?
3. **Wer** verursachte die Fehlschaltung? Angaben über die Person(en).
4. **Was** geschah? Folgen (Personenschaden, Sachschaden).
5. **Wie** geschah die Fehlschaltung? Hergang.
6. **Warum** musste es geschehen? Ursachen (persönliches Fehlverhalten, sicherheitswidrige technische Mängel, organisatorische Mängel).

7. **Welche** Maßnahmen sind erforderlich? (Konsequenzen für die Verhütung, Information aller Schaltauftragsberechtigten, Schaltberechtigten und Vorgesetzten, Nachschulung der Schaltberechtigten, bei Wiederholungsfällen evtl. Schaltberechtigung entziehen).

Denn jede Fehlschaltung bedeutet für den

Mitarbeiter:

- persönliches Leid,
- Schmerz, evtl. Krankenhaus (Tod),
- evtl. Invalidität,
- Schreck, Schock,
- negatives Ansehen, Kritik.

Vorgesetzten:

- zusätzliche Arbeit,
- Ärger, Stress,
- Organisations- und Verwaltungsaufwand,
- evtl. rechtliche Konsequenzen.

Unternehmer:

- zusätzliche Kosten,
- Arbeits- und Produktionsausfall,
- Sachschaden,
- negative Presse usw.,
- evtl. rechtliche Konsequenzen.

Darum ist die Motivation der schaltberechtigten Mitarbeiter zur Verhinderung von Fehlschaltungen die **Schlüssellösung**.

Motivation

Sicheres Schalten setzt ein bestimmtes Handeln voraus, d. h., es wird erst durch bestimmte Handlungsweisen erreicht.

Wegen dieses Zusammenhangs zwischen Handlungsweise und Sicherheit ist es sinnvoll, sich zunächst über den Grund und das Ziel menschlichen Handelns klar zu werden.

Warum tun wir etwas, was ist der Anlass, was ist die Motivation?

Alle unseren Handlungen basieren auf dem inneren Antrieb. **Keine Handlung ohne Antrieb**, d. h., ohne den zugrunde liegenden Zwang oder Wunsch, unser Befinden zu verändern, handeln wir auch nicht.

Unser Befinden ist ganz oder teilweise von Zufriedenheit oder Unzufriedenheit gekennzeichnet, wobei Zufriedenheit mit Befriedigung unserer Wünsche und Bedürfnisse gleichzusetzen ist.

Wir handeln, um unsere Wünsche und Bedürfnisse zu befriedigen, um uns also in einen Zustand der Zufriedenheit zu versetzen.

Dass Zufriedenheit nur selten vollkommen erreicht wird und dann auch nur kurz anhält, liegt an der hohen Zahl, der Vielschichtigkeit und an dem Zeitverhalten unserer Bedürfnisse.

Wir unterscheiden:

- **vitale Bedürfnisse** (Leben, Gesundheit, Hunger, Durst, Sexualität, …),
- **soziale Bedürfnisse** (Geltung, soziale Kontakte, Lebensstandard, …),
- **kulturelle Bedürfnisse** (Unterhaltung, Bildung, …).

Bedürfnisse sind Handlungsantriebe (Motivation), und Handlungsziel ist die Befriedigung dieser Bedürfnisse.

Das Bestreben nach Sicherheit beim Freischalten ist im Grund von sich aus vorhanden, weil es den Wunsch nach Leben und Gesundheit zu erfüllen hilft.

Warum kann es dennoch zuweilen schwierig sein, Mitarbeiter, Vorgesetzte und Kollegen zu motivieren?

Mehrere Faktoren können hierbei eine Rolle spielen.

Das wahrgenommene Risiko

Auftretende Risiken werden von uns in Größe und Umfang unterschiedlich eingeschätzt. Häufig werden die Gefahr und ihre Wirkung unterschätzt. Da aber nicht jede Unterschätzung der Gefahr und nicht jede Unkonzentriertheit zwangsläufig zur Fehlschaltung führt, sondern im Gegenteil nur relativ selten ernst zu nehmende Schwierigkeiten verursacht, wird dies als Bestätigung der eigenen Gefahreneinschätzung empfunden.

Dahinter verbirgt sich der Trugschluss, dass eine geringe Häufigkeit die Gefahr reduziert.

Eine statistische Aussage wie „Nur jede 4000. Schaltung ist eine Fehlschaltung“ bringt noch lange keine Sicherheit.

Der Risiko-Fehleinschätzung kann nur durch sachlich umfassende Informationen entgegengewirkt werden.

Die Risikobereitschaft

Hierunter ist die menschliche Eigenschaft zu verstehen, ein bestimmtes **Restrisiko** zu akzeptieren.

Das Restrisiko ist das wahrgenommene Risiko minus der Anstrengung, die der Einzelne unternimmt, um dieses Risiko zu reduzieren.

Die Höhe des akzeptierten Restrisikos, die von Mensch zu Mensch sehr verschieden sein kann, ist nur durch überzeugende Aufklärung nachhaltig veränderbar.

Risikofreudige Menschen können nicht nur für sich selbst, sondern auch für ihre Umgebung zu einer Gefahr werden.

Positive Erfahrung/negative Erfahrung

Führt eine Handlung zum Erfolg, neigen wir zur Wiederholung, und über die häufige Wiederholung wird eine Handlung schließlich Gewohnheit.

Motivation richtet sich nach dem Erfolg.

Erfolg unserer Sicherheitsaktivitäten ist es, wenn es nicht zu einer Fehlschaltung kommt.

Die Schwierigkeiten der Erfolgskontrolle unseres Verhaltens liegen darin, dass der Erfolg im Nichteintreten eines Ereignisses besteht, das bei Außerachtlassen der Sicherheitsanstrengung nicht zwangsläufig eintritt.

Da der Erfolg unserer Sicherheitsaktivitäten, nämlich keine Fehlschaltung zu tätigen, nicht so ursächlich erlebt wird, wie die Sättigung nach dem Essen, gilt es, diesen Erfolg zu verstärken. Dies kann geschehen durch die Kopplung der Sicherheitsaktivitäten an bestimmte andere Wünsche bzw. Ziele, z. B. Streben nach Anerkennung, Lob oder Verantwortung.

Anerkennung, Lob und Belohnung des sicheren Verhaltens bei der fachgerechten Schaltung verstärken die Motivation.

Außerachtlassen von Sicherheitsforderungen darf keine Vorteile bringen, da dies der Motivation zur sicheren Arbeit stark entgegenwirkt. Es gilt also, über die sachlichen Voraussetzungen wie:

- Kenntnis der Gefahr und ihre Wirkung,
- Einschätzung des eigenen Verhaltens

hinaus, den Erfolg des sicheren Verhaltens aufzuzeigen und auch „wachzuhalten“.

Belohnung wirkt oft Wunder

Für eine gute Arbeit erwartet der Mitarbeiter eine gute (hohe) Belohnung und erhält diese in der Regel auch. Geben wir ihm daher für eine gute Sicherheitsarbeit ebenfalls eine gute Belohnung.

Statt die Mitarbeiter, die sich sicherheitswidrig verhalten, zu bestrafen, empfiehlt es sich, die befähigten Personen, die sich sicherheitsgerecht verhalten, zu belohnen. Werden erbrachte Leistungen (z. B. Beachtung der fünf Sicherheitsregeln) mit einer Belohnung verknüpft, wird dies alle Mitarbeiter anspornen.

Belohnung kann sich vielfältig ausdrücken:

- **Lob** (direkt und persönlich),
- **Achtung** (respektvolles Gegenübertreten),
- **Auszeichnung** (förmlicher Brief, Dankschreiben),
- **Sonderaufgaben** (besondere Tätigkeit, die gern erledigt wird; Lehrgangsteilnahme [nicht jeder darf] usw.).

Führen mit Motivation

Motivieren heißt, Mitarbeiter dafür gewinnen, sicher zu arbeiten, Fehlschaltungen zu vermeiden.

Mit Motivation führt, wer z. B.	
richtig	**falsch**
offen redet	droht
hilft	hängen lässt
erklärt	nur anweist
informiert	im Unklaren lässt
berät	belehrt
sich erkundigt	verhört
helfend korrigiert	nur kritisiert
bewertet	schweigt
anerkennt	nichts sagt
Ziele vereinbart	befiehlt
unterweist	sich selbst überlässt
einmal zurücksteckt	rechthaberisch ist
den anderen akzeptiert	immer alles besser weiß

Zusammenfassung

Für verantwortungs- und pflichtbewusste Vorgesetzte von Schaltberechtigten bedeutet das:

- sich der **Verantwortung als Führungskraft bewusst sein**;
- „Ihre“ speziellen **Unfallverhütungsvorschriften, VDE-Bestimmungen und Betriebsanweisungen kennen**, beschaffen und lesen, dann wissen Sie, worauf Sie achten müssen;
- anweisen, beobachten, eingreifen und Fehler abstellen;
- wer aktiv ist, bei dem „läuft“ der Laden!;
- **unterweisen/trainieren** – und nicht nur einmal! Denn nur „steter Tropfen höhlt den Stein“!;
- **informieren** und informieren lassen. Nur wer ausreichend unterrichtet ist, kann auf Sicherheit achten und sich selbst sicher und vorbildlich verhalten;
- **Meldung** (an den nächsten Vorgesetzten), wenn Ihre Kompetenzen nicht ausreichen, Sie überfordert sind oder Sie Hilfe von „oben“ brauchen;
- **kontrollieren**, weil Sie nur so die Gewissheit erhalten, ob in Ihrem Bereich alles in Ordnung ist,

und bei diesen Maßnahmen:

- **Motivieren** – das ist in vielen Fällen der **Schlüssel zum Erfolg** und hilft allen.

Leitsatz

Mein Ziel ist es:

- Fehlschaltungen und Unfälle zu verhüten:
- zur eigenen Sicherheit, zum Schutz der Mitarbeiter/Kollegen sowie
- zur Sicherheit der Stromversorgung und
- für einen reibungslosen Produktionsablauf!

Darum konzentriere ich mich besonders bei allen Tätigkeiten, die folgenschwer sein können, auf das Ziel:

Null Unfälle – sicher schalten,

für mein persönliches Wohlbefinden und meine Gesundheit!

Checkliste zur Unfall- und Fehlschaltungsverhütung

- Sicherheit beginnt im Kopf,
- eigene Vorsicht = bester Schutz,
- Vorplanung, Gefährdungsbeurteilung, Risikoanalyse,
- Restrisiko zu groß: nicht beginnen/Vorgang abbrechen,
- zweite Person, wenn erforderlich – vier Augen Prinzip,
- geeignetes, überprüftes Werkzeug verwenden,
- persönliche Schutzausrüstung (PSA) benutzen,
- Übersicht verschaffen,
- befindet sich die Anlage in einem sicheren Zustand,
- Koordination, klare/eindeutige Absprachen,
- Schalt-/Arbeitsbereich kennzeichnen,
- Konzentration, sich nicht ablenken lassen, Aufmerksamkeit,
- Vertrauen ist gut – prüfen ist besser,
- bewährte Arbeitsverfahren – fünf Sicherheitsregeln u. a. anwenden,
- überzeugen, ob geforderter, sicherer Zustand erreicht wurde,
- regelmäßig trainieren, unterweisen lassen.

Bild 9.4 Lass dich nicht App-lenken

10 DIN VDE 0105-100 Arbeitsmethoden: Herstellen und Sicherstellen des spannungsfreien Zustands an der Arbeitsstelle, Durchführungserlaubnis, Freigabe zur Arbeit, Freimeldung der Arbeitsstelle und Inbetriebnahme

10.1 Allgemeines

Dieses Kapitel ist u. a. das Kernstück für den Schaltberechtigten/Schaltauftragsberechtigten. Es beschreibt den Prozessablauf/die Reihenfolge von der Vorbereitung einer geplanten Arbeitsschaltung, den **Leitfaden für die Schalthandlungen** sowie die „**fünf Sicherheitsregeln**", die erforderlichen **Freigaben** bis zur Inbetriebnahme des Betriebsmittels. **Schaltgespräche** sind in Kapitel 12 beschrieben.

Im Gegensatz zu einer Störung können die Schaltungen für Instandsetzungs-, Erweiterungs- und Neubauarbeiten rechtzeitig vorher geplant werden. In Industriebetrieben ist die Produktion vorrangig. Die Absprache erfolgt mit den Personen der Produktionsleitwarte, um den Ausschaltzeitpunkt für den Betrieb zu optimieren und rechtzeitig die betroffenen Organisationseinheiten informieren zu können.

In Energieversorgungsunternehmen (EVU), Versorgungsnetzbetreibern (VNB), Industriebetrieben und anderen Unternehmen hat die Versorgungssicherheit Priorität. Die Außerbetriebnahme für Instandhaltungsarbeiten erfolgt nach vorheriger Absprache mit den Mitarbeitern der Leitstelle, die den Netzgesamtüberblick haben. Sie können entscheiden, ob und zu welchem Zeitpunkt das instand zu setzende Betriebsmittel freigegeben werden kann. Netzumschaltungen zur Versorgungssicherheit können rechtzeitig eingeplant werden, Informationen können an beteiligte Organisationsbereiche und, falls erforderlich, auch an Kunden, z. B. in Form von Zeitungsanzeigen nach **Bild 10.1**, weitergegeben werden, damit die Kunden für die Zeitspanne der Spannungslosigkeit Vorsorge treffen können.

In den EVU/VNB sind die Entfernungen der Dienststellen, die eine Netzfreischaltung beantragen, zur koordinierenden Leitstelle oft sehr groß. Eine persönliche Absprache ist unrealistisch. Hier hat sich die Datenübertragungstechnik bewährt. Geplante Schaltreihenfolgen (siehe Formblatt Schaltbericht im Anhang), die in der Vergangenheit telefonisch vom Antragsteller zur Genehmigungsstelle (Leitstelle) diktiert werden mussten bzw. per Post verschickt wurden, sind heutzutage über Telefaxgeräte in Minutenschnelle übertragen oder stehen online über Rechnernetzwerke allen Beteiligten am Bildschirm zur Verfügung. Sogar der Schaltplan mit eingetragenen Netzumschaltungen liegt bei den Stellen zur Durchsprache und Koordination vor.

Stromversorgung Wir bitten unsere Stromkunden um Verständnis, dass wir am **Donnerstag, den 20. Januar 2022,** die Stromversorgung für Instandhaltungsarbeiten in **Oyten, Netzstation Grenzweg,** von 9:00 Uhr bis 9:30 Uhr unterbrechen müssen. Die Zeitfestsetzung garantiert keine Spannungsfreiheit! Ihr ENERGIEVERSORGUNGSUNTERNEHMEN

Bild 10.1 Beispiel einer Kundeninformation vor Außerbetriebnahme eines Betriebsmittels

Am Tage der geplanten Schaltung meldet sich der Antragsteller bei der Leitstelle telefonisch und fordert die bereits vorab genehmigte Außerbetriebnahme des Betriebsmittels. Diese Anfrage ist erforderlich, da in der Zwischenzeit Netzveränderungen/ Störungen eingetreten sein könnten.

In den einzelnen Betrieben gibt es unterschiedliche, auf die Unternehmen individuell zugeschnittene Vereinbarungen.

In besonderen Fällen erhält der Anlagenverantwortliche von der Leitstelle die Verfügungserlaubnis für das Betriebsmittel und ist dann für die komplette Schaltung verantwortlich, so z. B.:

- schaltet der Schaltberechtigte (Anlagenverantwortliche) in eigener Verantwortung die Betriebsmittel um und frei,
- lässt der Schaltberechtigte (Anlagenverantwortliche) die über Fernsteuerung zu bedienenden Schaltgeräte um- oder ausschalten und schaltet vor Ort in eigener Verantwortung die Betriebsmittel frei,
- führt der Beauftragte in der Leitstelle die Schaltung durch, betätigt – falls möglich – die ferngesteuerten Schalter und gibt einen Schaltauftrag an den Schaltberechtigten vor Ort, der den Text des Schaltauftraggebers wiederholt und die Rückfragenbestätigung erhält (siehe Schaltgespräch im Kapitel 12).

10.2 Leitfaden für Schalthandlungen und Checkliste

Der Leitfaden (**Bild 10.2** sowie Bild 14.5 im Anhang) dient dem Anlagenverantwortlichen mit Schaltberechtigung als Information und Hilfestellung sowie dem Anlagenbetreiber im Unternehmen als Leitfaden für die Schulung/Unterweisung nach DGUV-Vorschrift 1. Außerdem verringert die Einhaltung der Reihenfolge der Checkliste die Fehlschaltungshäufigkeit. Wenn das kein Argument ist!

Nun zur Checkliste/zum Leitfaden für Schalthandlungen:

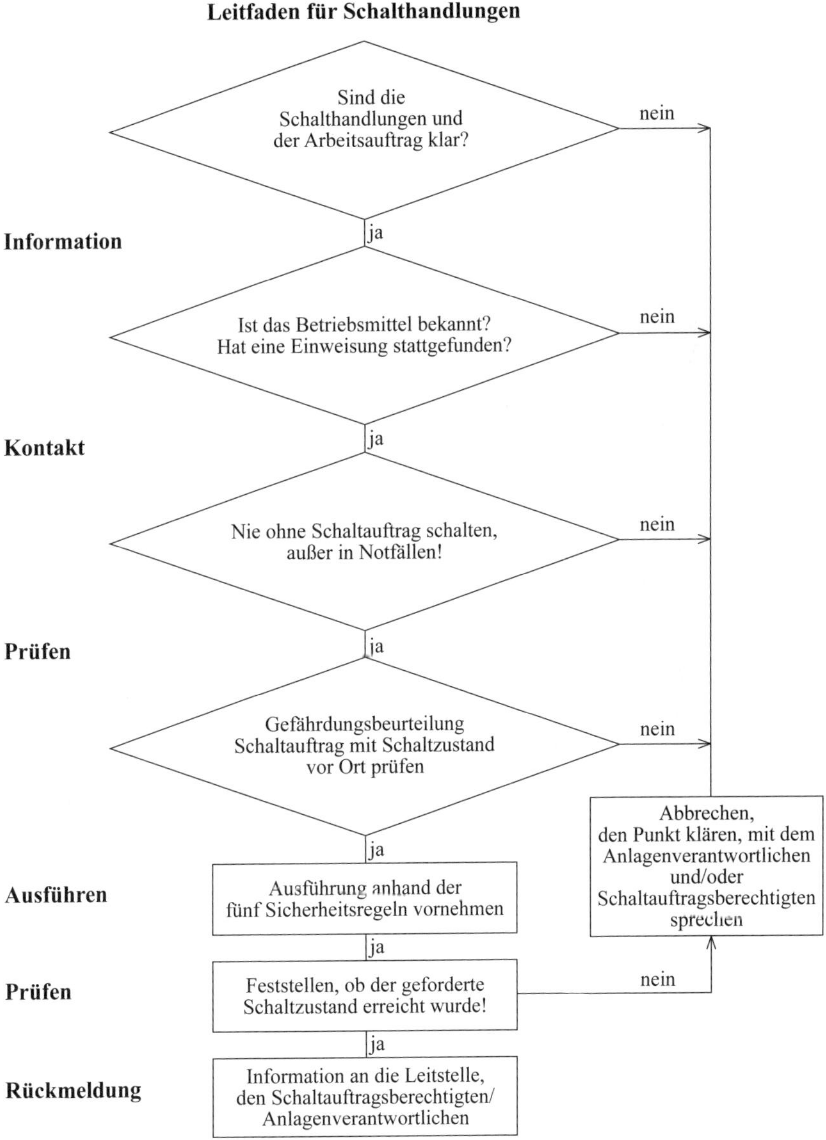

Bild 10.2 Leitfaden für Schalthandlungen

BETRIEBSANWEISUNG

Stand:
Freigabe (Unterschrift):

ANWENDUNGSBEREICH

Mittelspannungsschaltanlage

GEFAHREN FÜR MENSCH UND UMWELT

Bei Schalthandlungen kann es durch technisches, organisatorisches oder menschliches Versagen zu Kurzschlüssen, Überschlägen oder auch zu Zerstörung von Anlagenteilen kommen. Die Störlichtbogeneinwirkung, Körperdurchströmung sowie die Druckwelle sind für den Menschen im schlimmsten Falle tödlich. Weiterhin wird durch Verbrennungsvorgänge die Umwelt geschädigt.

SCHUTZMASSNAHMEN UND VERHALTENSREGELN

Jeder Zutritt in eine abgeschlossene elektrische Betriebsstätte muss organisiert sein. Schalthandlungen dürfen nur von Personen durchgeführt werden, die berechtigt sind (EFK mit Schaltberechtigung).

Bei allen Schalthandlungen sind, falls erforderlich die PSAgS zu benutzen wie z. B. Helm mit Gesichtsschutzschirm, Schaltmantel, Schutzhandschuhe und Sicherheitsschuhe .
Nicht an der Schaltung beteiligte Personen müssen den Gefahrenbereich verlassen.
KONZENTRATION

Die 5 Sicherheitsregeln anwenden.

- Freischalten (allpolig und allseitig)
- Gegen Wiedereinschalten sichern
- Spannungsfreiheit feststellen
- Erden und Kurzschließen
- Benachbarten unter Spannung stehende Teile abdecken und/oder abschranken

VERHALTEN BEI STÖRUNGEN / UNFÄLLEN; ERSTE HILFE

Vermeiden Sie jede Selbstgefährdung!
Ruhe bewahren, Notruf absetzten, Vorgehensweise abstimmen. Bei Notwendigkeit den Gefahrenbereich großflächig absperren. 5-SichR anwenden; Bergen. Erste Hilfe leisten.

FOLGEN BEI NICHTBEACHTUNG

Neben den möglichen gesundheitlichen Folgen werden bei Missachtung der o.a. Verhaltensvorschriften disziplinarische Maßnahmen ergriffen.

www.sicher-schalten.de NULL Unfälle NULL Fehlschaltungen

Bild 10.3 Muster-Arbeitsanweisung: Bedienung Schaltanlage

Der Leitfaden (Bild 10.2) zeigt die Schritte/Phasen für den Ablauf einer Schaltung. In der Mitte befindet sich der „rote Faden“, die Checkliste für den Schaltberechtigten. Lautet die Antwort „Ja“, dann erfolgt der darunter stehende Schritt. Bei einem „Nein“ laufen alle Verbindungen in ein Rechteck mit der Aussage „Abbrechen, den Punkt klären, mit dem Anlagenverantwortlichen und/oder Schaltauftragsberechtigten sprechen“. Diese Aussage gibt Rückhalt für jeden Schaltberechtigten, eine Schaltung nicht auszuführen, wenn eine Frage mit „Nein“ beantwortet wurde und das Restrisiko zu groß ist.

In der ersten Phase **Information** bereitet sich der Schaltberechtigte mental/geistig vor. Er stellt sich die Fragen: „Sind die Schalthandlungen und der Arbeitsauftrag klar?“ Denn der Schaltberechtigte sollte nicht nur einen Schaltauftrag entgegennehmen und ihn ausführen, sondern mitdenken und in eigener Verantwortung die Schaltung ausführen. Dafür ist der komplette „Durchblick“ erforderlich.

Nicht in allen Fällen ist die Schalthandlung dem Berechtigten schriftlich zu geben. Empfehlenswert ist, die Schaltreihenfolge mit dem Netzplan bei unübersichtlichen Netzumschaltungen/Freischaltungen jeder Person auszuhändigen, die an der Schaltung beteiligt ist.

Bevor eine neue Schaltanlage/Betriebsmittel in Betrieb genommen wird, muss eine Einweisung erfolgen. Denn ohne Kenntnisse des neuen Betriebsmittels darf kein Schaltberechtigter die Freischaltung vornehmen. Gerade bei den eingesetzten klimaunabhängigen, metallgekapselten Schaltanlagen sind Blindschaltbilder und die Bedienung der jeweiligen Typen je nach Anlagenhersteller unterschiedlich. Ja, sogar ein Umdenken ist erforderlich, wenn es um die nicht mehr mögliche „sichtbare Trennstrecke“ und um das Feststellen der Spannungsfreiheit geht. Im Kapitel 5 „Grundlagen, Schaltanlagenbauweisen“ mehr dazu.

In Notfällen darf und muss der Schaltberechtigte eigenmächtig Aus- bzw. Umschaltungen vornehmen, um Schäden an Personen und Sachen zu verhindern. Anschließend ist selbstverständlich **Kontakt** zur Leitstelle und ggf. zum Anlagenbetreiber zwecks Information aufzunehmen, sodass die Leitstelle bei Rückfragen eine Antwort weitergeben und – falls nötig – die erforderlichen Maßnahmen einleiten kann.

Im Normalfall ist vor der Schaltung **Kontakt** mit der Leitstelle aufzunehmen. Der Schaltberechtigte in der Leitstelle bereitet sich vor, indem der Schalter auf dem Monitor mit dem Cursor angewählt wird.

Der Schaltberechtigte vor Ort überprüft am Schaltfeld den Schaltzustand, führt eine Gefährdungsbeurteilung durch.

Diese Phase **Prüfen** ist äußerst wichtig, um Fehlschaltungen durch Verwechseln der Schaltfelder/Betriebsmittel zu verhindern. Manche Praktiker legen das Schaltverbotsschild bereits in dieser Phase als Gedankenstütze auf den Boden, vor das Feld, in dem geschaltet werden soll. Eine Absperrung mit Ketten zu den benachbarten Feldern ist sinnvoll.

Die **Ausführung** erfolgt nach den „fünf Sicherheitsregeln“, die im Anschluss ausführlich erläutert werden.

Danach ist wieder zu prüfen, ob der geforderte Schaltzustand erreicht wurde, um eine Rückmeldung an die Leitstelle bzw. an den Anlagenverantwortlichen zu geben. Der Anlagenverantwortliche erteilt die Durchführungserlaubnis an den Arbeitsverantwortlichen.

Checkliste für Schaltberechtigte

mit dem Ziel: **Null Unfälle, sicher schalten** für meine Gesundheit

- **Sicherheit beginnt im Kopf des Schaltberechtigten,**
- **erst nachdenken, dann handeln,**
- **Auftrag liegt vor,**
- **Übersicht verschaffen, Anlage/Betriebsmittel ist bekannt,**
- **Gefährdungsbeurteilung/Risikoanalyse durchführen,**
- **Betriebsmittel, Werkzeuge, PSAgS im sicheren Zustand,**
- **Konzentration, nicht ablenken lassen, Aufmerksamkeit,**
- **Schaltauftrag ist klar,**
- **Gefahrenbereich absperren/abgrenzen,**
- **richtiges Betriebsmittel/Schaltfeld,**
- **fünf Sicherheitsregeln anwenden,**
- **Schaltung durchführen,**
- **Schaltzustand prüfen – vorher/nachher,**
- **Melden,**
- **Durchführungserlaubnis an den Arbeitsverantwortlichen erteilen.**

10.3 Fünf Sicherheitsregeln und Hilfsmittel zu ihrer Durchführung

Gemäß § 6 Unfallverhütungsvorschrift DGUV-Vorschrift 3 darf – abgesehen von wenigen Ausnahmen nach § 8 – an unter Spannung stehenden Teilen nicht gearbeitet werden. Es sind geeignete Maßnahmen zu treffen, die den spannungsfreien Zustand am Arbeitsort gewährleisten (siehe auch DIN VDE 0105-100).

5 Sicherheitsregeln

Vor Beginn der Arbeiten:
- **Freischalten**
- **Gegen Wiedereinschalten sichern**
- **Spannungsfreiheit feststellen**
- **Erden und kurzschließen**
- **Benachbarte, unter Spannung stehende Teile abdecken oder abschranken**

Die fünf Sicherheitsregeln muss eine Elektrofachkraft, ein Schaltberechtigter/ Schaltauftragsberechtigter auswendig können und somit zu jeder Tages- und Nachtzeit beherrschen. Es kann nicht akzeptiert werden, dass die fünf Sicherheitsregeln abgelesen werden!

Im Allgemeinen sind die fünf Sicherheitsregeln in der angegebenen Reihenfolge einzuhalten. Durch die Bauform der Anlage kann sich jedoch auch eine andere Reihenfolge ergeben. Dies kann z. B. bei ferngesteuerten oder verriegelten Anlagen der Fall sein. Die Reihenfolge der fünf Sicherheitsregeln ist stets so zu wählen, dass keine Gefährdung auftreten kann. Betriebsanweisungen müssen den Sonderfall regeln.

An elektrischen Anlagen dürfen im Allgemeinen nur Elektrofachkräfte arbeiten oder andere Personen unter deren Verantwortung. Sie müssen die ihnen übertragenen Arbeiten beurteilen, mögliche Gefahrenquellen erkennen und geeignete Sicherheitsmaßnahmen treffen können.

Manche Arbeiten dürfen auch elektrotechnisch unterwiesene Personen ausführen. Arbeiten mehrere Personen gemeinsam, so muss vorher ein zuverlässiger, mit der Arbeit und den Gefahren vertrauter Arbeitsverantwortlicher bestimmt werden.

Er hat dafür zu sorgen, dass die für die Sicherheit an der Arbeitsstelle notwendigen Maßnahmen getroffen werden. Er hat sich bei den für die Freischaltung der Arbeitsstelle Verantwortlichen zuverlässig über den Schaltzustand (z. B. anhand eines Schaltplans) zu unterrichten und dem für die Freischaltung zuständigen Bedienungspersonal von den Arbeiten Kenntnis zu geben.

Die Einrichtung zur Unfallverhütung sowie die Schutz- und Hilfsmittel in Form von

- Schutzvorrichtungen,
- Körperschutzmitteln,
- Hilfsmitteln

sind zu benutzen (siehe DGUV-Vorschrift 1).

Die fünf Sicherheitsregeln gelten grundsätzlich, doch bestehen für Anlagen mit Nennspannung bis 1 000 V einige Erleichterungen und für Hochspannungsanlagen weitergehende Festlegungen.

Im Folgenden wird darum jede der fünf Sicherheitsregeln in drei Gruppen unterteilt:

Allg. → allgemeiner Teil,

NS → für den Niederspannungsbereich bis 1 kV,

HS → für den Hochspannungsbereich > 1 kV.

10.3.1 Freischalten

Allg.

Normales Ausschalten reicht nicht aus. Das **allpolige** und **allseitige** Freischalten des Anlagenteils/Betriebsmittels, an dem gearbeitet werden soll, ist erforderlich (Trennstelle). Hat der Arbeitende oder die Aufsicht führende Person nicht selbst freigeschaltet, so muss die schriftliche, fernmündliche oder mündliche Bestätigung der Freischaltung abgewartet werden. Mündliche oder fernmündliche Meldungen sind von der aufnehmenden Stelle zu wiederholen, die Gegenbestätigung ist abzuwarten (siehe Kapitel 12, Schaltgespräch).

Das Festlegen eines Zeitpunkts, ab dem die Anlage als spannungsfrei angesehen werden kann, ersetzt nicht die vorstehenden Forderungen.

NS

Schalten des Gesamtstromkreises mit z. B. Fehlerstromschutzschalter, Leitungsschutzschalter bzw. Herausnehmen der Schraubsicherung.

Beim Herausnehmen von nicht berührungssicheren NH-Sicherungen ohne Lastschaltvorrichtung ist der NH-Sicherungsaufsteckgriff mit Unterarmschutz sowie Kopf- und Gesichtsschutz zu verwenden (persönliche Schutzausrüstung).

HS

In Hochspannungsanlagen müssen zusätzlich die **erforderlichen Trennstrecken** hergestellt werden.

Beim Einsatz von fest eingebauten Leistungsschaltern werden immer zusätzliche Lasttrennschalter oder Trennschalter/Trennstrecken benötigt. Aus Sicherheitsgründen wird eine ausreichende Trennstrecke verbindlich nach den VDE-Bestimmungen vorgeschrieben.

Die Stehspannungswerte – über der Trennstrecke – liegen gemäß DIN EN 61936-1 (**VDE 0101-1**) etwa 20 % über den Werten Leiter gegen Erde und Leiter gegen Leiter. Über die Erkennbarkeit der Trennstrecke heißt es:

Der Leistungsschalter dient zwar zur betriebsmäßigen Unterbrechung des Hauptstromkreises, weist aber keine ausreichende Trennstrecke auf, wenn Arbeiten am Abgang durchgeführt werden.

Die Anforderung, dass die Schaltstellung von Trennschaltern oder Erdungsschaltern erkennbar sein muss, ist erfüllt, wenn eine der nachstehenden Bedingungen eingehalten wird:

- wenn die Trennstrecke sichtbar ist (z. B. bei konventioneller Festeinbau-Technik),
- wenn die Stellung des Trennteils gegenüber dem festen Teil eindeutig sichtbar ist und die Stellungen im Fall vollständiger Verbindung und vollständiger Trennung eindeutig erkennbar sind (z. B. bei Schaltwagen-Technik),
- wenn die Stellung des Trennschalters oder des Erdungsschalters durch eine zuverlässige Anzeigevorrichtung (direkte mechanische Kopplung) angezeigt wird (z. B. bei gasisolierter Technik). Bei gekapselten S-Anlagen kann und muss die Trennstrecke nicht sichtbar sein!

HH-Sicherungen dürfen nur im lastfreien Zustand mit speziellen Werkzeugen, z. B. Sicherungszange, herausgenommen werden.

10.3.2 Gegen Wiedereinschalten sichern

Allg.

Alle Betriebsmittel/Schaltgeräte, mit denen die Arbeitsstelle unter Spannung gesetzt werden kann, müssen gegen unbeabsichtigtes Wiedereinschalten durch Sperren/Verschließen oder vergleichbare Maßnahmen und zusätzliches Anbringen des Schaltverbotsschildes gesichert werden.

Beispiele:

Leistungsschalter, Trennschalter, Steuerorgane, Schaltknöpfe, Leitungsschutzschalter, Fehlerstromschutzeinrichtung (RCD) und Sicherungen, mit denen freigeschaltet wurde.

An den Bedieneinrichtungen, mit denen ein Anlagenteil spannungsfrei gemacht worden ist oder durch die es unter Spannung gesetzt werden kann, ist für die Dauer der Arbeit immer das Schild „Schalten verboten“ nach ASR A1.3 (**Bild 10.4**) zuverlässig und sofort erkennbar anzubringen.

Bild 10.4 Schild „Schalten verboten“

Das Verbotsschild kann zusätzlich zum Piktogramm noch folgende Textangaben enthalten:

- Nicht schalten, es wird gearbeitet,
- Ort der Arbeitsstelle,
- Name des Schaltberechtigten.

Verbotsschilder sind so zu befestigen, dass sie nicht abfallen können. Sie dürfen auch nicht an Teile angehängt werden, die unter Spannung stehen können. Besteht die Gefahr einer Berührung mit unter Spannung stehenden Teilen der Anlage, müssen Schild und Aufhängevorrichtung aus Isolierstoff sein.

In der Praxis haben sich metallfreie Aufhängungen, z. B. mit Faden oder Magnetklebestreifen auf der Rückseite, bewährt.

NS

Herausgenommene Sicherungseinsätze müssen sicher verwahrt werden: Am besten werden sie in die Tasche gesteckt und zum Arbeitsplatz mitgenommen. Noch sicherer ist es, anstelle der herausgenommenen Sicherungseinsätze isolierte und nur mit einem Spezialsteckschlüssel zu entfernende Sperrstöpsel oder NH-Blindelemente einzuschrauben bzw. einzusetzen.

NS und HS

Mechanisch angetriebene Schalter sind durch ein Vorhängeschloss oder einen Sperrstift zu verriegeln.

Bei Schaltern mit verschiedenen Kraftantrieben ist die Energiezufuhr zu sperren und die gespeicherte Energie freizugeben.

Beispiele:

- Elektromotorantrieb/Federkraftspeicher: Stromzufuhr für Elektromotor sperren (Schutzschalter ausschalten) und Federkraftspeicher entspannen,
- Druckluftantrieb: Druckluftzufuhr mit Ventil sperren und Druckluftspeicher entlüften,
- Hydraulikantrieb: Stromzufuhr für Elektromotor sperren, Leitungsschutzschalter (Automat ausschalten) und Druck für Antrieb reduzieren,
- ferngesteuerte Anlagen.

In abgeschlossenen elektrischen Betriebsstätten kann „gegen Wiedereinschalten sichern vor Ort“ verzichtet werden, wenn:

- die Schalter ferngesteuert werden und die Rückmeldungen zuverlässig übertragen werden,
- eine Betriebsanweisung die Verantwortungsbereiche festlegt,
- in der ferngesteuerten Station ein Verbotsschild „Nicht schalten“ und ein Hinweisschild an auffälliger Stelle mit folgendem Text installiert wurden: „Schalthandlungen an dieser Anlage dürfen nur durchgeführt werden auf Anweisung oder mit Zustimmung der Leitstelle.“

Anmerkung zum Sichern gegen Wiedereinschalten:

Das Einschieben von isolierenden Schutzplatten nach DIN VDE 0682-552 dient nicht dem Schutz gegen Wiedereinschalten. Bei Verwendung der isolierenden Schutzplatte in Anlagen > 1 kV dient die isolierende Schutzplatte nur zum Abdecken benachbarter, unter Spannung stehender Teile (fünfte Sicherheitsregel).

10.3.3 (Betriebs-)Spannungsfreiheit feststellen

Allg.

In Kapitel 9 „Fehlverhalten der Elektrofachkräfte als Unfallursache“ ist ersichtlich, dass die meisten Unfälle passierten, weil die Spannungsfreiheit nicht festgestellt wurde. Die Gefahr ist vorhanden, da Schaltfelder verwechselt werden können oder über Messleitungen, Ersatzstromerzeuger oder durch Rücktransformation noch Spannung anstehen kann. Dabei ist das Feststellen der Spannungsfreiheit so einfach! Es darf aber nur von Elektrofachkräften oder elektrotechnisch unterwiesenen Personen mit den dafür geeigneten Geräten oder Einrichtungen durchgeführt werden.

Wichtig ist: Passt der Spannungsprüfer zur Spannungsebene und zum Anwendungsbereich?

Geeignete Spannungsprüfer sind Geräte, die nach DIN VDE 0680-6 und DIN VDE 0681-1 sowie für kapazitive Spannungsprüfsysteme nach DIN EN 61243-5 (**VDE 0682-415**) beschrieben sind.

Mindestens alle sechs Jahre ist an Spannungsprüfern für Nennspannung über 1 kV eine Wiederholungsprüfung auf die Einhaltung der in den elektrotechnischen Regeln vorgegebenen Grenzwerte durch eine Elektrofachkraft erforderlich. In DIN VDE 0105-100 und DGUV-Vorschrift 3 § 5 Durchführungsanweisung ist zusätzlich festgelegt, dass Spannungsprüfer kurz vor der Benutzung auf einwandfreie Funktion zu testen sind. Sie werden im Allgemeinen an unter Spannung stehenden aktiven Teilen überprüft. Die gleiche Prüfung sollte auch an Prüfern mit einer Eigenprüfeinrichtung durchgeführt werden, wenn die Möglichkeit dazu besteht.

Kapazitive Spannungsanzeigesysteme

Durch den Einsatz der metallgekapselten und z. B. hermetisch geschlossenen SF_6-gasisolierten Schaltanlagen wurde zum Feststellen der Spannungsfreiheit der Einsatz kapazitiver Spannungsanzeigesysteme erforderlich. Diese Systeme bestehen, vereinfacht betrachtet, aus einem Koppelteil (Koppeldielektrikum, Koppelelektrode) und der Verbindungsleitung zum Messpunkt für das Anzeigegerät. Das Anzeigegerät ist aufgebaut aus dem Anzeigenteil mit den Kontaktstiften für den Messpunkt. Die Geräte sind vorwiegend ortsveränderlich und zeigen den Spannungszustand an. Ferner sind Kombinationen aus Spannungsanzeigegerät und Phasenvergleichsgerät erhältlich.

Bei den Anzeigesystemen wird unterschieden zwischen dem HO-System (**Bild 10.5**) und dem NO-System.

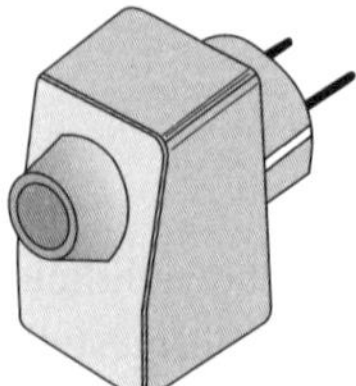

Bild 10.5 Anzeigegerät eines HO-Systems

Das **HO-System** entspricht einem hochohmigen Anzeigesystem. Dieses Anzeigesystem ist so bemessen, dass am Messpunkt des Koppelteils von einem passiven Anzeigegerät (ohne eingebaute Energiequelle) das Messsignal mit einer Ansprechschwelle von 90 V erfasst werden kann.

Bild 10.6 Mit integrierter permanenter Wiederholungsprüfung versehenes Spannungsprüfsystem zur Nachrüstung und als Ersatz für die darunter abgebildeten HR-Anzeigegeräte nach DIN EN 62271-213 (**VDE 0671-213**);
Vorteil: Wegfall der Wiederholungsprüfungen, da permanent selbstüberwachend und wartungsfrei; kein externes Prüfgerät zusätzlich erforderlich; Ersatz (Retrofit) für defekte HR-Schnittstellen

Das **NO-System** entspricht einem niederohmigen Anzeigesystem. Am Messpunkt des Koppelteils liegt bei diesem Anzeigesystem die Ansprechspannung bei 5 V. Zur Erfassung wird häufig ein aktives Anzeigegerät mit eingebauter Energiequelle eingesetzt. Im Trend sind selbst überwachende Spannungsanzeigesysteme (**Bild 10.7**). Die in DGUV-Vorschrift 3 geforderte sechsjährige Wiederholungsprüfung kann bei diesen Systemen entfallen.

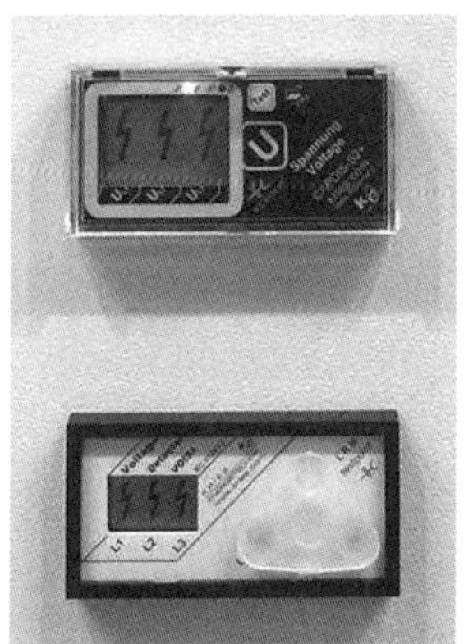

Bild 10.7 Integriertes Spannungsprüfungssystem/Spannungsanzeigegerät

NS

Einpolige Spannungsprüfer (**Bild 10.8**), die den VDE-Bestimmungen entsprechen, sind handlich und preiswert. Bei ihrer Verwendung ist jedoch besonders zu beachten, dass die Wahrnehmbarkeit der Anzeige durch ungünstige Beleuchtungsverhältnisse – z. B. an hellen Orten, im Freien – und bei ungünstigen Standorten – z. B. isolierenden Fußbodenbelägen – beeinträchtigt werden kann. Einpolige Spannungsprüfer bis 250 V sind zum Feststellen der Spannungsfreiheit verboten. Der Profi, die Elektrofachkraft, muss daher stets einen zweipoligen Spannungsprüfer nach **Bild 10.9** benutzen.

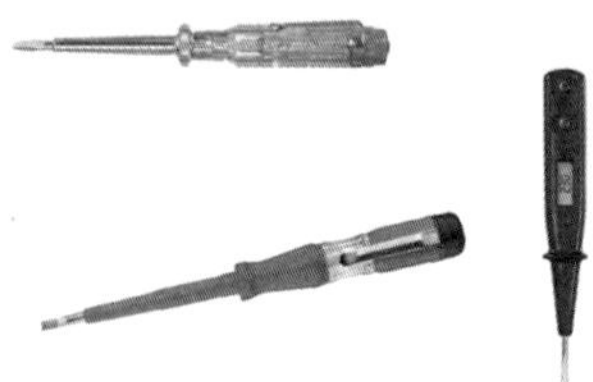

Bild 10.8 Einpolige NS-Spannungsprüfer (Phasenprüfer) sind zum Feststellen der Spannungsfreiheit – entsprechend der dritten Sicherheitsregel – unzulässig!

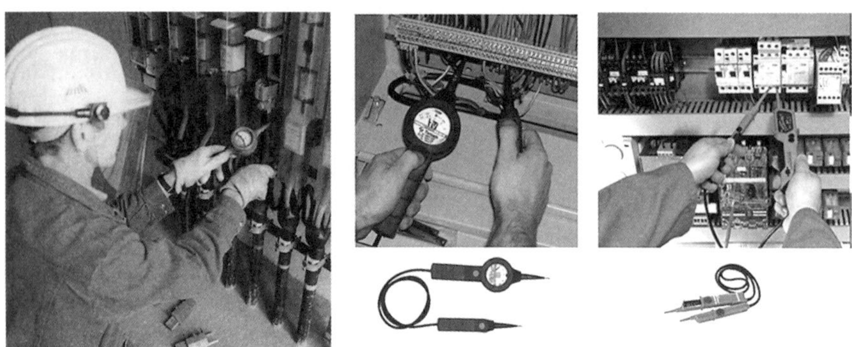

Bild 10.9 Zweipoliger Spannungsprüfer im Einsatz

HS

Spannungsprüfer für Anlagen mit Nennspannungen über 1 kV sind einpolig (**Bild 10.10**); sie zeigen vorhandene Spannungen durch das Aufleuchten einer Lampe oder durch ein anderes optisches oder akustisches Signal an. Die zweipoligen Geräte zum Phasenvergleich dürfen nicht als Spannungsprüfer verwendet werden.

Die zugehörigen Gebrauchsanleitungen und Anwendungshinweise sind zu beachten.

Spannungsprüfer mit Glimmlampenanzeige (**Bild 10.11**) dürfen nur in Innenanlagen mit Beleuchtungsstärken bis 1 000 lx verwendet werden.

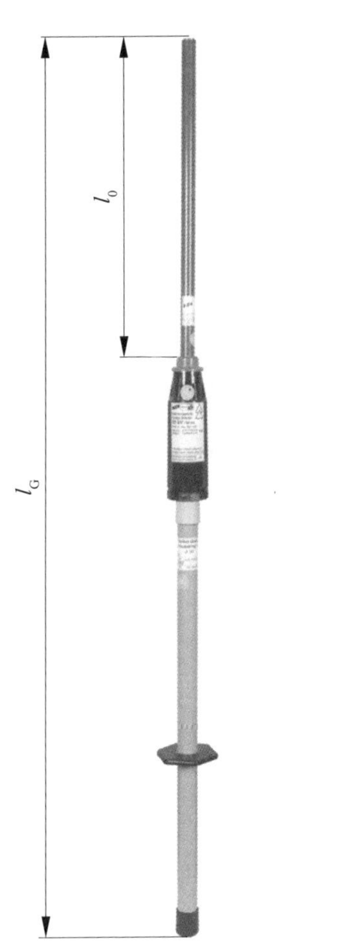

Bild 10.10 Zeitgemäßer Spannungsprüfer der Fa. Dehn mit Eigenprüfvorrichtung

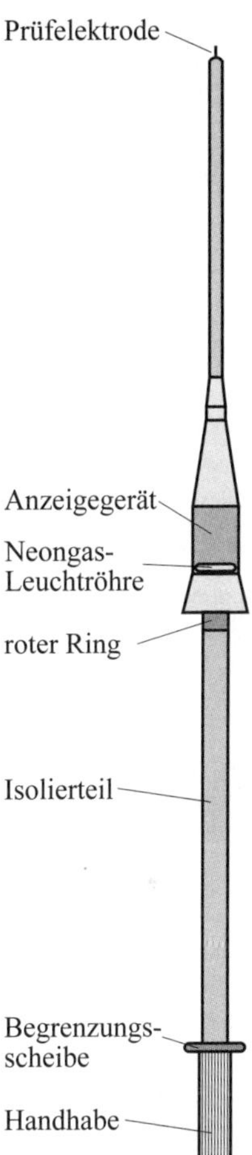

Bild 10.11 Konventioneller Spannungsprüfer mit Neongas-Leuchtröhre ohne Eigenprüfvorrichtung

Entsprechend DIN EN 61243-1 (**VDE 0682-411**)

- bei Niederschlägen verwendbar,
- für Innenraum- und Freiluftanlagen,
- mit Eigenprüfvorrichtung,
- optische und akustische Anzeige,
- große Nennspannungsbereiche,
- kurze Transportlänge durch abschraubbare Isolierstange und Prüfspitze,
- Batteriewechsel schnell und ohne zusätzliches Werkzeug,
- Prüfset mit austauschbaren Prüfspitzen für Schaltanlagen und Freileitungen

Bild 10.12 Verwechselungsgefahr besteht, wenn verschiedene Spannungsebenen und Stabspannungsprüfer – wie hier in einem Kraftwerk 3 kV, 6 kV, 20 kV – vorhanden sind; **wichtig:** Das Prüfgerät muss zur Spannungsebene und zum Anwendungsbereich passen

Spannungsprüfer mit eingebauter Energiequelle (Batterie) erzeugen eine optische und akustische Anzeige. Es ist jedoch darauf zu achten, dass die Batterie in regelmäßigen Abständen ausgetauscht wird und nicht zum Schwachpunkt des Spannungsprüfers wird.

Bei Hochspannungsfreileitungen können auch berührungslos wirkende Spannungsprüfer – Fernprüfer – eingesetzt werden.

Solche Fernprüfer gibt es für einen oder mehrere Bereiche zwischen 110 kV und 380 kV.

Außer mit den bereits beschriebenen Spannungsprüfern kann die Spannungsfreiheit auch festgestellt werden durch:

- ortsveränderliche, fest eingebaute Messgeräte, Signallampen oder andere geeignete Vorrichtungen, wenn die Anzeige während der Ausschaltung beobachtet wird;

- Einschalten fest eingebauter Erdungseinrichtungen, einschaltfester Erdungsschalter oder zwangsgeführter Geräte zum Erden und Kurzschließen; bei Freileitung ist an der Arbeitsstelle sogar das Heranführen von Erdungsseilen mit einem Mindestquerschnitt von 25 mm^2 Cu mithilfe von Isolierstangen zulässig, wenn an allen Ausschaltstellen mit dem erforderlichen Querschnitt geerdet und kurzgeschlossen wurde. In der Praxis ist der Spannungsprüfer zu bevorzugen.

Kabel

Das Feststellen der Spannungsfreiheit lässt sich bei Kabeln mit Spannungsprüfern nicht immer durchführen. Darum darf vom Feststellen der Spannungsfreiheit an der Arbeitsstelle abgesehen werden, wenn das Kabel durch Kabelpläne, Kennzeichnung, Kabelsuch-/Kabelidentifikationsgerät oder Kabelauslesegeräte (**Bild 10.13**) eindeutig ermittelt wurde bzw. von der Ausschaltstelle bis zur Arbeitsstelle eindeutig verfolgt werden kann.

Bild 10.13 Elektronische Außenleiter-Bestimmungsgeräte

Das ist in der Praxis in den wenigsten Fällen möglich. Darum ist vor Beginn der Kabelarbeiten ein geeignetes Kabelauslesegerät in Kombination mit einem Kabelschneidgerät einzusetzen.

Mit der **Kabelsicherheitsschneidanlage (Bild 10.14)** wird das Kabel an der Arbeitsstelle mittels eines Messerkopfs durchtrennt.

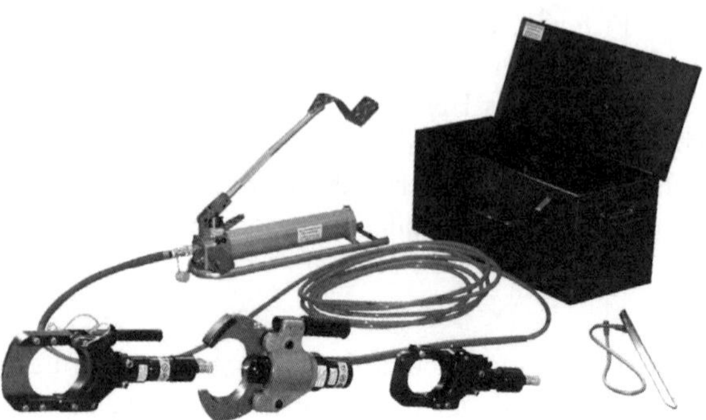

Bild 10.14 Beispiel einer Sicherheitsschneidanlage mit Fußpumpe – geeignet zum sicheren Schneiden von Aluminium- und Kupferkabeln

10.3.4 Erden und Kurzschließen

Allg.

Mit dem Spannungsprüfer wird die Betriebsspannungsfreiheit festgestellt. Um ein sicheres Erdpotential (Spannung null) zu erreichen, muss geerdet und kurzgeschlossen werden. Zum Schutz vor Beeinflussungsspannung durch atmosphärische Überspannungen, Induktion parallel liegender Leitungen, Restspannung der Kabelkapazität, versehentliches Wiedereinschalten der Strecke oder Rückspannung aus Ersatzstromversorgungsanlagen oder Windkraftanlagen ist unmittelbar an der Arbeitsstelle möglichst eine **sichtbare** Erdungs- und Kurzschließvorrichtung nach **Bild 10.15** einzubauen. Wenn aus örtlichen Gegebenheiten die Erdungs- und Kurzschließvorrichtung nicht sichtbar ist, aber dieselbe Sicherheit erreicht wird, so besteht hier eine Ausnahme. Ein zusätzliches Hinweisschild/Symbol lässt erkennen, dass geerdet und kurzgeschlossen ist. Bei einem durch einen Schalter oder eine Trennstrecke unterbrochenen Leitungszug sind beide Seiten zu erden und kurzzuschließen.

Eingeschaltete Erdungsschalter sind – gemäß der zweiten Sicherheitsregel – gegen Ausschalten zu sichern!

Die zum Erden und Kurzschließen verwendete Vorrichtung ist stets zuerst mit der Erdungsanlage oder einem Erder und dann erst mit dem zu erdenden Anlagenteil zu verbinden, wenn nicht Erdung und Kurzschließung gleichzeitig durchgeführt werden, z. B. mit einem Erdungsschalter.

Alle Vorrichtungen und Geräte zum Erden und Kurzschließen müssen so beschaffen sein, dass sie einen **sicheren Kontakt** (z. B. über Kugelerdungsbolzen) mit der Erdungsanlage sowie mit den zu erdenden und kurzzuschließenden Anlageteilen gewährleisten und dem Kurzschlussstrom bis zum Ausschalten standhalten – siehe

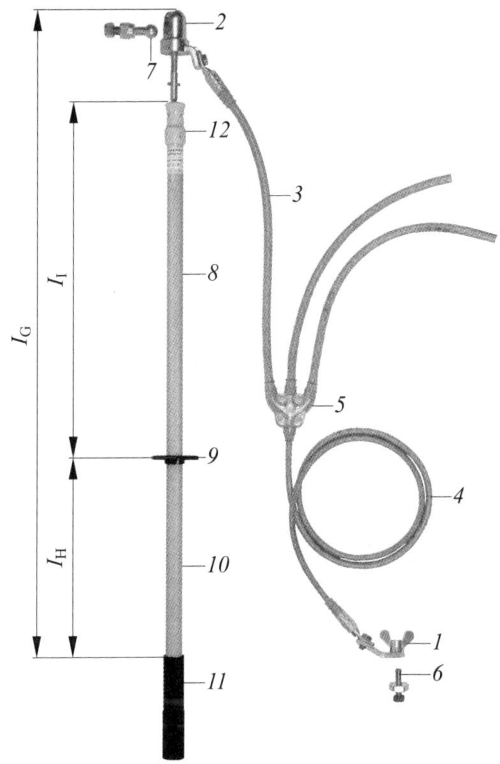

Bild 10.15 Erdungs- und Kurzschließvorrichtung, kurz EuK, nach DIN EN 61230 (**VDE 0683-100**)

1 Anschließteil an Erdungsanlage,
2 Anschließteil an Leiter,
3 Kurzschließseil,
4 Erdungsseil,
5 Verbindungsstück,
6 Anschließstelle an Erdungsanlage,
7 Anschließstelle an Leiter,
8 Isolierteil mit Länge l_I,
9 Begrenzungsscheibe,
10 Handhabe mit Länge l_H,
11 Abschlussteil der Stange,
12 Kupplung

nachstehende **Tabelle 10.1** für die Bemessung von Erdungs- und Kurzschließseilen und DIN EN 61230 (**VDE 0683-100**). **Stahlgerüste** und **Stahlmaste** dürfen als Erdungs- und Kurzschließverbindung dienen, wenn sie den Bedingungen genügen.

Die eingebaute EuK garantiert dem Arbeitenden an einem freigeschalteten elektrischen Betriebsmittel Sicherheit.

EuK sind Sicherheitseinrichtungen, die den Anforderungen einer regelmäßigen, arbeitstäglichen, wiederkehrenden Prüfung unterliegen, siehe Information der BG ETEM „Arbeitstägliche Sichtprüfung von EuK“.

Querschnitt des Kupferseils in mm²	Höchstzulässiger Kurzschlussstrom I_k in A während einer Dauer von				
	10 s	5 s	2 s	1 s	≤ 0,5 s
16	1 000	1 400	2 200	3 200	4 500
25	1 600	2 200	3 500	4 900	7 000
35	2 200	3 100	4 900	6 900	10 000
50	3 100	4 400	7 000	9 900	14 000
70	4 400	6 200	9 800	13 800	19 500
95	5 900	8 400	13 200	18 700	26 500
120	7 500	10 600	16 700	23 700	33 500
150	9 400	13 200	20 900	29 600	42 000

Tabelle 10.1 Beispiele für die Bemessung von Erdungs- und Kurzschließvorrichtungen in Wechsel- und Drehstromanlagen

Bild 10.16 Sammelschiene mit Erdungs- und Kurzschließvorrichtung auf Kugelerdungsbolzen und Abgang unten mit Erdungsschalter geerdet

Der Schaltberechtigte/Anlagenverantwortliche hat die EuK vor jedem Einbau nach § 5 DGUV-Vorschrift 3 und nach DIN VDE 0105-100 optisch zu überprüfen. Denn ungeprüfte, mangelhafte Erdungs- und Kurzschließvorrichtungen (EuK) können ein hohes Sicherheitsrisiko sein.

EuK sind auszutauschen,

- die einmal der vollen Kurzschlussbeanspruchung ausgesetzt waren
- deren Seilhülle nicht transparent ist
- deren ursprünglich transparente und farblose Seilhülle sich so verfärbt hat, dass der Zustand des Kupferseils nicht zu erkennen ist oder
- die geschweißte oder gelötete Verbindungen haben

Auszutauschen sind Leiterseile,

- deren Hüllen beschädigt sind,
- die sich aus Verbindungsstücken bzw. Anschließteilen herausgezogen haben oder
- die Korrosionserscheinungen (starke Schwarzfärbung des Kupferseiles) zeigen

EuK sowie Kugel- und Erdungsfestpunkte müssen für den am Einsatzort möglichen **Kurzschlussstrom** bemessen sein. Der erforderliche Seilquerschnitt richtet sich nach der Höhe des max. Kurzschlussstromes I_k in A und der max. Kurzschlussdauer T_k in s (siehe Tabelle 10.1).

Bei Anlagen mit **starrer Sternpunkterdung** müssen Kurzschließ- und Erdungsseil querschnittsgleich sein.

In gelöschten Netzen kann der Erdungsseilquerschnitt reduziert werden. Bei dreipoligen Erdungs- und Kurzschließvorrichtungen kann bei Kurzschließseilen von 50 mm² und größer das **Erdungsseil grundsätzlich im Querschnitt** entsprechend reduziert sein:

Seilquerschnitt:

Kurzschließseil	*Erdungsseil*
25 mm²	25 mm²
35 mm²	35 mm²
50 mm²	25 mm²
70 mm²	35 mm²
95 mm²	35 mm²
120 mm²	50 mm²
150 mm²	50 mm²

Mit der von Hand zu benutzenden isolierenden Stange – der **Erdungsstange** – werden die Anschließteile von Erdungs- und Kurzschließvorrichtungen an Teile der elektrischen Anlage auf z. B. Kugelerdungsbolzen herangeführt, angetippt, um die Rest-Ladespannung gegen Erde abzuleiten und fest gezogen. Die Erdungsstange besteht aus Isolierteil, schwarzem Ring, Handhabe und Kupplung zur Aufnahme eines Anschließteils. Erdungsstangen sind entsprechend der **Masse** der einzubringenden EuK auszuwählen. Das **Isolierteil** ist der Teil der Erdungsstange zwischen schwarzem Ring und dem Ende der Erdungsstange in Richtung Anschließteil. Es gibt dem Schaltberechtigten den notwendigen Schutzabstand und ausreichende Isolation. Die Länge des Isolierteils II muss mind. 500 mm betragen.

Beispiel:

An der Arbeitsstelle können im Kurzschlussfall 11 000 A eine Sekunde lang auftreten.

Frage:

Die Erdungs- und Kurzschließgeräte sollen diesen Kurzschlussstrom mind. 1 s tragen können. Welcher Querschnitt ist auszuwählen?

Antwort:

Ein Kupferseil von 70 mm^2.

Bei berührungssicheren Steckgarnituren (z. B. an Transformatoren) muss an der nächstgelegenen Schaltstelle der Ober- und Unterspannungsseite geerdet und kurzgeschlossen werden, sonst direkt am Transformator.

Für Messungen (z. B. Bestimmung der Außenleiter, Kabelfehlerortung) darf die Erdung und Kurzschließung kurzzeitig aufgehoben werden.

Mit einem elektronischen Außenleiter-Bestimmungsgerät (Bild 10.13) kann z. B. bei Muffenmontagen an Mittelspannungskabeln und Beibehaltung des geerdeten und kurzgeschlossenen Zustands der Außenleiter eindeutig ermittelt werden.

NS

In Niederspannungsanlagen, mit Ausnahme von Freileitungen, muss nicht geerdet und kurzgeschlossen werden, wenn die Arbeitsstelle (z. B. durch Herausnehmen der Sicherungen) freigeschaltet, gegen Wiedereinschalten gesichert und der spannungsfreie Zustand festgestellt wurde. Eine größere Sicherheit bietet natürlich die Erdung und Kurzschließung, zumal immer mehr Kleinkraftwerke ins Netz einspeisen.

Der Trend geht auch hier zum Erden und Kurzschließen. Hersteller bieten entsprechende Vorrichtungen an (siehe **Bild 10.17**, **Bild 10.18** und **Bild 10.19**).

Achtung: Am Erdungsanschlusspunkt ist die Spannungsfreiheit festzustellen und anschließend zu erden und kurzzuschließen. Beim Einsetzen der Erdungspatrone ist darauf zu achten, dass das isolierte Messer auf Potential liegt und das blanke/leitende Messer auf der zu erdenden Seite.

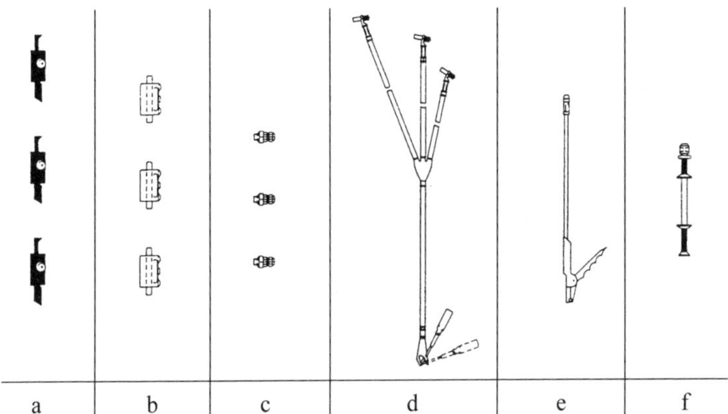

Bild 10.17 Erdungs- und Kurzschließvorrichtung für Niederspannung-Kabelverteileranlagen, bestehend aus:

a drei Erdungspatronen zum Einsetzen in NH-Sicherungsunterteile Größe 0 bis 3,
b drei Erdungspatronen zum Einsetzen in NH-Sicherungsunterteile Größe 00,
c drei Erdungsschraubeneinsätze zum Einsetzen in Schraubsicherungsunterteile E 33,
d eine Erdungs- und Kurzschließvorrichtung mit Erdungs- und Kurzschließseil 25 mm,
e eine Erdungszange mit Anschließteil 25 mm,
f eine Erdungsstange

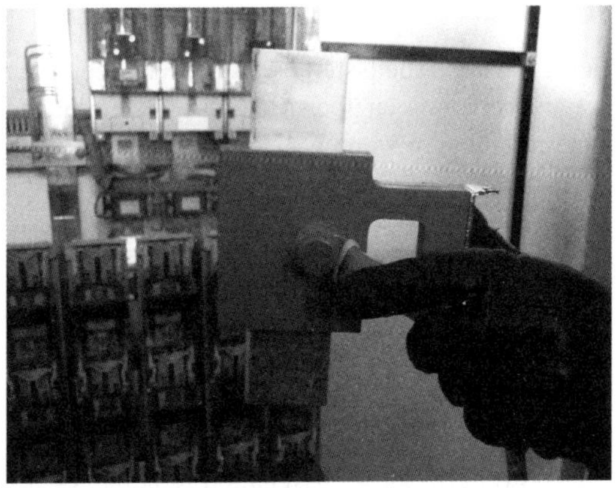

Bild 10.18 Erdungseinsatz (Patrone) – Messer oben leitend, unten isoliert

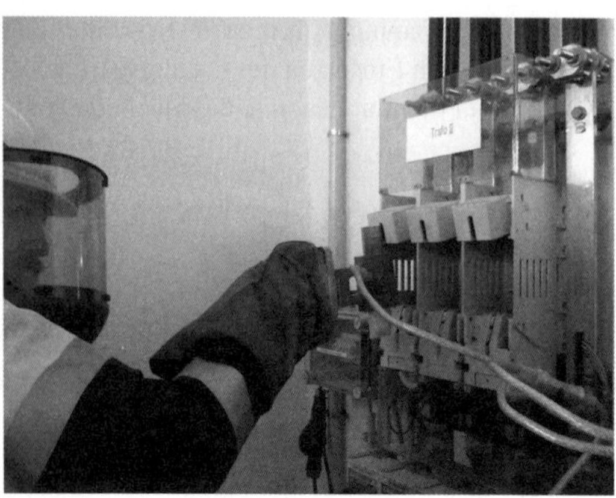

Bild 10.19 Erdungs- und Kurzschließvorrichtung einsetzen

An Freileitungen müssen alle Leiter einschließlich Mittelleiter sowie Schalt- und Steuerdrähte (z. B. Straßenbeleuchtung) in unmittelbarer Nähe der Arbeitsstelle möglichst geerdet, auf jeden Fall aber kurzgeschlossen werden. Bei Anlagen bis 1 000 V darf mit blanken Cu-Seilen kurzgeschlossen werden.

Grundsätzlich muss geerdet und kurzgeschlossen werden, wenn:

- die Gefahr von Rückspannung, induzierter oder Influenzspannung besteht,
- das Kabel nicht eindeutig ermittelt werden konnte,
- Beeinflussungen durch Kondensatoren und benachbarte Anlagen auftreten können.

HS

Nach DIN VDE 0105-100 muss – außer an der Arbeitsstelle – an Freileitungen über 30 kV an jeder Ausschaltstelle sowie an Freileitungen über 1 kV bis 30 kV mind. an einer Ausschaltstelle geerdet und kurzgeschlossen werden.

Hier geht der Trend aus Sicherheitsgründen zum Erden und Kurzschließen an allen Ausschaltstellen für Spannungen > 1 kV.

Sind alle Ausschaltstellen mit kurzschlussfesten Erdungs- und Kurzschließgarnituren geerdet und kurzgeschlossen, darf an der Arbeitsstelle – zur Erleichterung – der Querschnitt der „Arbeitserde“ 25 mm^2 Cu betragen.

Wird bei Freileitungen über 1 kV bis 30 kV nur an einer Ausschaltstelle geerdet und kurzgeschlossen, muss die Erdung und Kurzschließung an der Arbeitsstelle so beschaffen sein, dass sie dem Kurzschlussstrom bis zum Ausschalten standhält (siehe Bemessung von Erdungs- und Kurzschließseilen, Tabelle 10.1).

Die Erdungs- und Kurzschließgeräte sind mit einer Erdungsstange an die Leiter heranzuführen. Auf gute Kontaktgabe muss geachtet werden. Dies kann z. B. auch durch entsprechend geformte Anschließstellen erreicht werden (**Kugelerdungsbolzen**).

Bei Kabelarbeiten darf vom Erden und Kurzschließen an der Arbeitsstelle abgesehen werden, doch muss dann an den Ausschaltstellen geerdet und kurzgeschlossen sein. Bei Übergang von Kabel auf Freileitung ist an der Übergangsstelle zu erden und kurzzuschließen.

Bild 10.20, **Bild 10.21**, **Bild 10.22** sowie **Bild 10.23** und **Bild 10.24** zeigen Beispiele verschiedener Netzkonstellationen und Anlagen mit den häufigsten Arbeitsstellen und den zugehörigen Erdungspunkten.

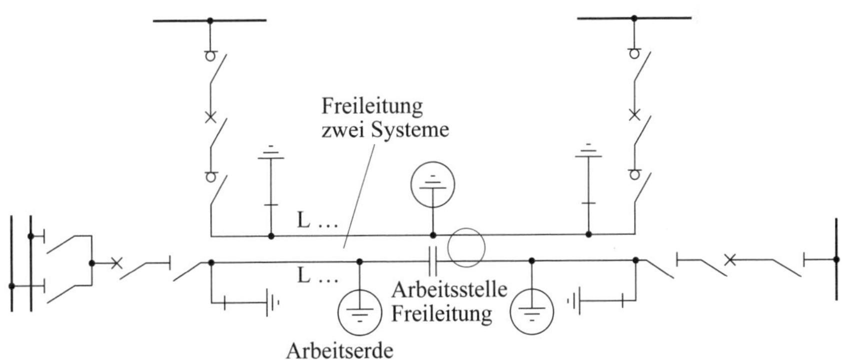

Bild 10.20 Arbeiten an einem System einer Freileitung mit zwei Drehstromsystemen

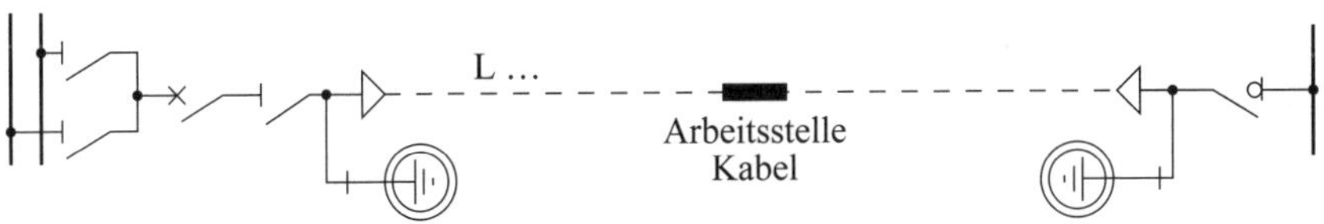

Bild 10.21 Arbeiten an einem Kabel

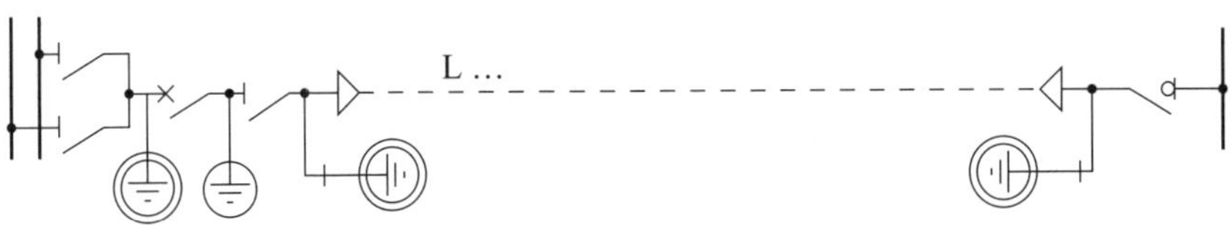

Bild 10.22 Arbeiten an einem Schaltfeld

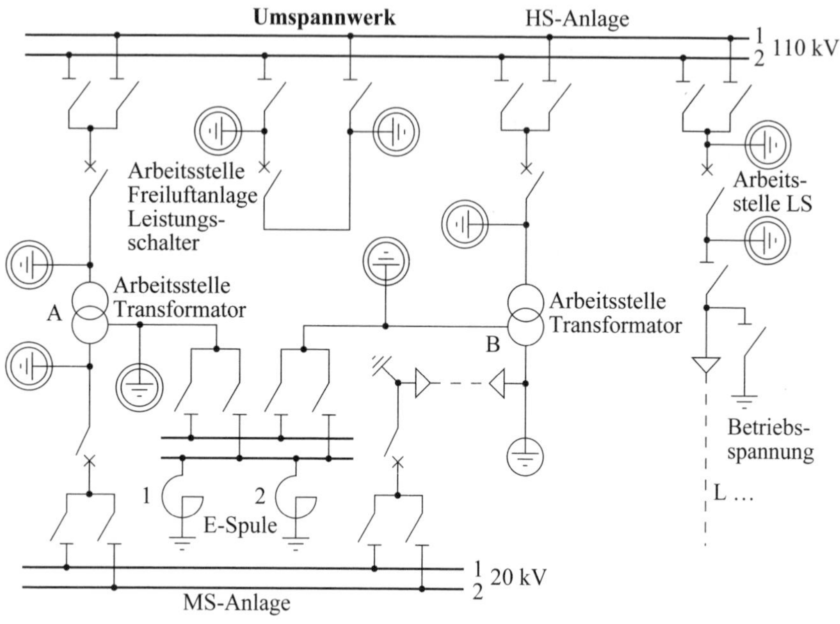

Bild 10.23 Verschiedene Arbeitsstellen in einem Umspannwerk

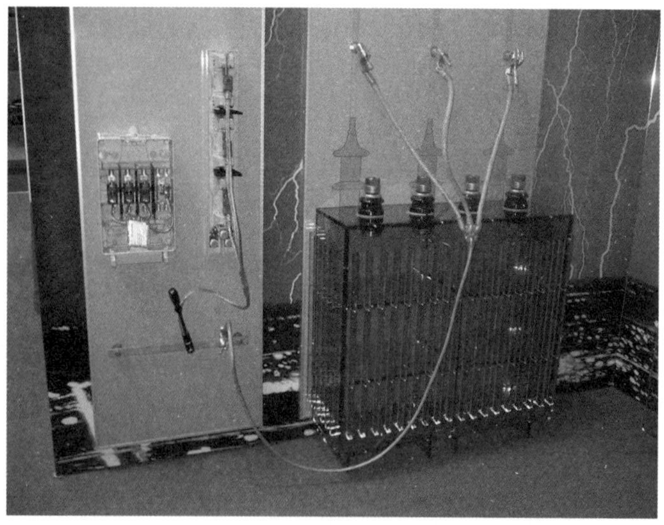

Bild 10.24 (Musteraufbau) Transformator beidseitig erden und kurzschließen gemäß DIN VDE 0105-100

10.3.5 Benachbarte, unter Spannung stehende Teile abdecken oder/und abschranken

Arbeiten in der Nähe unter Spannung stehender Teile

Allg.

In der Praxis bestehen elektrische Anlagen aus vielen Anlagenteilen, z. B. aus mehreren einzelnen Schaltverteilungen oder nebeneinander angeordneten Schaltfeldern.

Wird an einem dieser Anlagenteile gearbeitet und ist dieser ordnungsgemäß nach den Sicherheitsregeln freigeschaltet, besteht die Gefahr einer Annäherung an benachbarte, unter Spannung stehende Teile (z. B. Nachbarschaltfeld).

Um der Gefahr vorzubeugen, dass in der Nähe befindliche, spannungsführende Anlagenteile versehentlich berührt oder versehentlich die Sicherheitsabstände zu den unter Spannung stehenden Teilen unterschritten werden, fordert Abs. 3 des § 6 der DGUV-Vorschrift 3:

„Der spannungsfreie Zustand ist auch für benachbarte, unter Spannung stehende Teile herzustellen und sicherzustellen, wenn diese Teile nicht gegen direktes Berühren geschützt sind oder nicht für die Dauer der Arbeiten abgedeckt oder/und abgeschrankt sind."

Mit dem Schutz durch Abschrankung soll erreicht werden, dass der Arbeitende (z. B. Laie, elektrotechnisch unterwiesene Person oder EFK) durch unkontrollierte Bewegungen mit Werkzeugen oder Hilfsmitteln die Gefahrenzone nicht erreicht.

Der Schaltberechtigte/Anlagenverantwortliche muss Kenntnisse und Erfahrungen besitzen, um die Arbeitsstelle abzugrenzen mit:

- Absperrketten aus Isolierstoff,
- Warnschildern,
- Begrenzungsflaggen,
- isolierenden Schutzplatten,

damit der Arbeitende die Schutzabstände nicht unterschreiten kann.

Praktikertipp: Zum Einrichten von Freischalt- und Arbeitsstellen ist es sinnvoll, vor der Anwendung der 1. Sicherheitsregel (Freischalten) die Arbeitsstelle mittels Absperrvorrichtung zu kennzeichnen. Dies verhindert Verwechslungen und daraus resultierende Fehlschaltungen/Unfälle.

§ 6 Abs. 4 der DGUV-Vorschrift 3 fordert dann noch, dass auch für das Bedienen elektrischer Betriebsmittel der spannungsfreie Zustand hergestellt werden muss, wenn die Betriebsmittel benachbart sind zu unter Spannung stehenden Anlagenteilen und wenn diese nicht gegen direktes Berühren geschützt sind.

Für Hochspannungsanlagen sind in den VDE-Bestimmungen je nach Höhe der Spannung klare Sicherheitsabstände festgelegt (siehe Abschnitt 10.3.7).

Der Abs. 4 ist so wichtig, weil die Forderungen auch für das „Bedienen“ gelten. Dies kann für den Betreiber älterer Anlagen bedeuten, dass z. T. komplizierte Abdeckungen erforderlich sind, um den Forderungen gerecht zu werden.

NS

Beim Schutz durch Abdeckungen können für Niederspannungsanlagen bis 1 kV folgende Schutzvorrichtungen eingesetzt werden:

- Abdecktücher aus Gummi,
- Faltenabdeckungen,
- Form- und Profilstücke aus Weichgummi oder
- Isolierstoffhülsen und Isolierstoffkappen.

Das Anbringen von Abdeckungen auf unter Spannung stehenden Teilen ist mit Gefahren verbunden. Das bedeutet, dass der entsprechende Körperschutz getragen werden muss, es sei denn, es ist eine isolierende Handhabe am Abdeckmaterial vorhanden.

HS

In Hochspannungsanlagen werden verwendet:

- Schutzgitter,
- Holzwände,
- Isolierende Schutzplatten (siehe **Bild 10.25**, **Bild 10.26**, **Bild 10.27**).

Abdeckungen müssen den zu erwartenden mechanischen Beanspruchungen gewachsen und elektrisch fest sein.

Wird die Gefahrenzone mit der Abdeckung erreicht oder sogar unterschritten (z. B. zur Abdeckung geöffneter Trennschalter), dann muss das Material unbedingt durchschlagfest sein und DIN VDE 0682-552 entsprechen (siehe **Tabelle 10.2**).

Isolierende Schutzplatten sind für den kurzzeitigen Einsatz in elektrischen Innenraum-Schaltanlagen, Bereich 1 kV bis 36 kV Wechselspannung, die nach DIN EN 61936-1 (**VDE 0101-1**) errichtet wurden, bestimmt. Vor dem Einsatz müssen sie sauber, staubfrei und trocken sein. Der Schaltberechtigte hat sich vor dem Einsatz davon zu überzeugen.

ELSIC

ELEKTRISCHE SICHERHEITSAUSRÜSTUNGEN UND BETRIEBSMITTEL GMBH

Gebrauchsanleitung für isolierende Schutzplatten nach VDE 0682-552

Hinweise für den bestimmungsgemäßen Gebrauch

„Isolierende Schutzplatten" sind zum kurzzeitigen Einsatz in Innenraum-Schaltanlagen nach VDE 0101 mit Nennspannungen über 1 kV bis 30 kV Wechselspannung bei Nennfrequenzen unter 100 Hz, zum teilweisen Schutz gegen direktes Berühren nach VDE 0105-100 beim Arbeiten in der Nähe unter Spannung stehender Teile, bestimmt.

Anordnungen mit „Isolierenden Schutzplatten", die nur den Mindestanforderungen ihrer Norm entsprechen, erfüllen nicht die Bedingungen der Isolationskoordination nach VDE 0111-1. Es ist deshalb an Arbeitsstellen, an denen „Isolierende Schutzplatten" eingesetzt sind, von diesen die Abstände der Gefahrenzone nach VDE 0105 einzuhalten, wenn

a) Schalthandlungen unter Erdschlußbedingungen ausgeführt werden;
b) in Anlagen, an die Freileitungen direkt oder über kurze Kabelstücke angeschlossen sind, Gewitter wahrnehmbar sind.

„Isolierende Schutzplatten" sind nicht als Schutz gegen Wiedereinschalten zugelassen.

In fabrikfertigen Schaltanlagen sind sie nur nach Maßgabe des Herstellers der Anlagen zu verwenden. Sofern sie in fabrikfertigen typgeprüften Schaltanlagen nach VDE 0670-6 und -7 zum Einsatz gelangen sollen, sind die Angaben des Anlagenherstellers und dessen Gebrauchsanleitung zu beachten.

Achtung

Die Einsatzzeit im eingebrachten Zustand ist durch folgende Einflüsse begrenzt:

1. Feuchtigkeit
2. Temperatur
3. Verschmutzung
4. Spannungshöhe
5. Berührung unter Spannung stehender Teile und deren Abstand.

Infolge von Fremdschichten bei feuchten oder verschmutzten „Isolierenden Schutzplatten" können Gefahren durch Ableitströme und durch Überschläge entstehen. Es ist daher notwendig „Isolierende Schutzplatten" im Einsatz ausreichend oft durch die aufsichtsführende Person lt. VDE 0105-100 augenscheinlich zu kontrollieren. Bei erkennbarer Verschmutzung sind die Arbeiten zu unterbrechen, die „Isolierenden Schutzplatten" sind herauszunehmen, zu reinigen und erneut einzubringen.

„Isolierende Schutzplatten" müssen im eingebrachten Zustand, z.B. wenn betriebsmäßig Spannung auf der einen oder anderen Seite der „Isolierenden Schutzplatten" anstehen kann, die Abstände nach Tabelle 1 VDE 0682-552 vom Plattenrand (a) und zur Plattenoberfläche (b) einhalten. Ausgenommen sind Anordnungen deren elektrische Festigkeit nachgewiesen ist. In diesem Fall muß aber mindestens der Berührungsschutzgrad IP2X gegeben sein.

Mindestabstände zwischen unter Spannung stehenden Teilen und der „Isolierenden Schutzplatte":

1	2	3
Bemessungs-spannung	Abstand des unter Spannung stehenden Teiles	
U_m (kV)	zum Plattenrand a (mm)	zur Platte b (mm)
3,6	60	0
7,2	90	0
12,0	120	20
21,0	220	60
36,0	320	100

Aufschriften und Markierungen

Die auf „Isolierenden Schutzplatten" befindlichen Spannungsangaben sagen aus, bei welcher Nennspannung oder in welchem Nennspannungsbereich die Platten eingesetzt werden dürfen.

Die Begrenzungsmarkierung, eine durchgehende schwarze Linie, grenzt bei „Isolierenden Schutzplatten" der **Bauform A 1** die Handhabe vom Schutzteil ab.

Die Hilfsmarkierung, eine gepunktete schwarze Linie, grenzt den Bereich zu unter Spannung stehenden Teilen an dem der Handhabe abgekehrten Ende der Platte ab. Im Bereich zwischen Handhabe und dieser Hilfsmarkierung dürfen „Isolierende Schutzplatten" der **Bauform A 1** beim Einbringen oder Herausnehmen von Hand unterstützt werden.

Die Gewichtsangabe auf „Isolierenden Schutzplatten" der **Bauform A 3** gibt das Plattengewicht an. Die Gewichtsangabe auf Arbeitsstangen gibt Auskunft über das Höchstgewicht der „Isolierenden Schutzplatten", die mit dieser Stange eingebracht oder herausgenommen werden können.

Der rote Ring auf Arbeitsstangen begrenzt das schützende Isolierteil in Richtung spannungsführendem Ende bzw. Arbeitskopf. Spannungsführende Teile dürfen nicht über den roten Ring hinaus in den Bereich des Isolierteils hineinragen. Die Begrenzungsscheibe auf Arbeitsstangen grenzt die Handhabe vom Isolierteil ab. Über sie darf beim Benutzen nicht hinausgegriffen werden.

Zusätzliche vom Benutzer aufgebrachte Aufschriftenträger sowie Schrift müssen isolierend sein und in der Nähe der Handhabe angebracht werden. Abweichungen hierzu sind mit dem Hersteller abzustimmen.

Handhabung

„Isolierende Schutzplatten" der **Bauformen A 1, A 2 und A 4** werden von Hand eingebracht oder herausgenommen. „Isolierende Schutzplatten" der **Bauform A 3** werden mit Hilfe von Arbeitsstangen eingebracht oder herausgenommen.

Beim Einbringen „Isolierender Schutzplatten" darf der Benutzer auf keinen Fall die Schutzdistanz zu unter Spannung stehenden Teilen unterschreiten. Von Hand einzubringende „Isolierende Schutzplatten" dürfen nur an den Handhaben angefaßt werden. Beim Einbringen von „Isolierenden Schutzplatten" der **Bauform A 1** ist darauf zu achten, daß die unterstützende Hand nie über die gepunktete schwarze Hilfsmarkierung an der Plattenunterseite hinausgreift. Im eingebrachten Zustand darf der Abstand L_c (Schutzdistanz mindestens 525 mm) zwischen Begrenzungsmarkierung und unter Spannung stehenden Teilen nicht unterschritten werden.

Beispiele für „Isolierende Schutzplatten" im eingebrachten Zustand

Bauform A 1

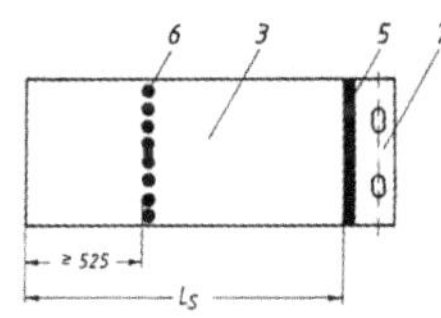

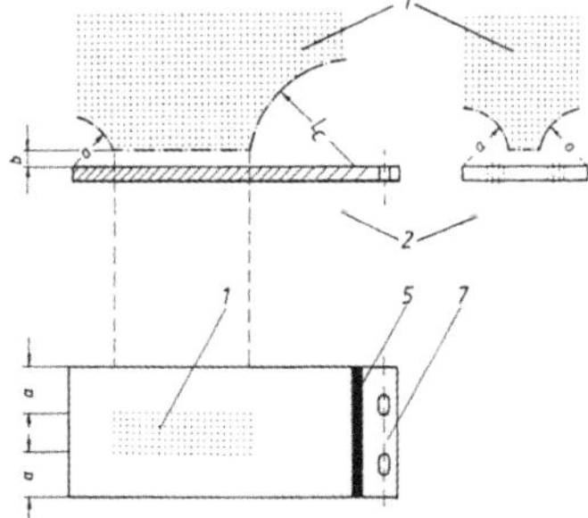

Ausgabe 11/01

Bild 10.25 Gebrauchsanweisung der Fa. Elsic für „isolierende Schutzplatten" nach DIN VDE 0682-552

„Isolierende Schutzplatten" der **Bauform A 2** sind beim Einbringen und Herausnehmen an den beiden Griffen der Handhabe anzufassen. Ihr Schutzteil verhindert das Berühren unter Spannung stehender Teile.

Bauform A 2

Bauform A 4

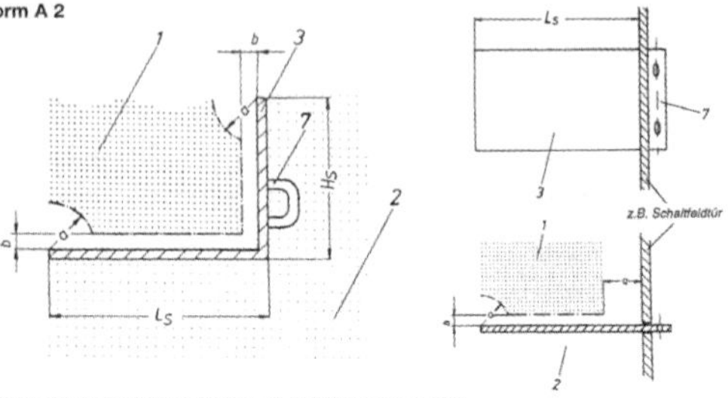

1. Bereich unter Spannung stehender Teile in Nähe der „Isolierenden Schutzplatten".
2. Geschützter Bereich in Nähe der „Isolierenden Schutzplatte".
3. Schutzteil mit Länge L_S und gegebenenfalls Höhe H_S.
4. Roter Ring.
5. Begrenzungsmarkierung der „Isolierenden Schutzplatte" bzw. Begrenzungsscheibe der Arbeitsstange.
6. Hilfsmarkierung.
7. Handhabe.
8. Kupplung.
9. Isolierteil mit Arbeitsstange

L_G Gesamtlänge.
L_O Länge des Oberteils.
L_H Länge der Handhabe.
L_I Länge des Isolierteils.

a. Mindestabstand unter Spannung stehender Teile vom Rand der „Isolierenden Schutzplatte".
b. Mindestabstand unter Spannung stehender Teile von der „Isolierenden Schutzplatte".

„Isolierende Schutzplatten" der **Bauform A 3** dürfen nur mit dafür vorgesehenen Arbeitsstangen eingebracht oder herausgenommen werden. Sind „Isolierende Schutzplatten" aufgrund ihres hohen Gewichtes mit zwei Kupplungen versehen, so müssen auch zwei gleiche Arbeitsstangen verwendet werden. Diese Stangen dürfen nur an der Handhabe angefaßt werden.
Bei „Isolierenden Schutzplatten" der **Bauform A 4** ist der Schutz beim Einbringen und Herausnehmen durch die Schutzvorrichtung der Anlage gegeben.

Eingebrachte „Isolierende Schutzplatten" müssen z.B. durch Führungsschienen, Auflager oder Halterungen so sicher gehalten werden, daß bei zufälligem Berühren ihre Schutzwirkung beibehalten wird (siehe auch VDE 0101).

Bauform A 3 | **Bauform A 3 (Schwenkschubplatte)**

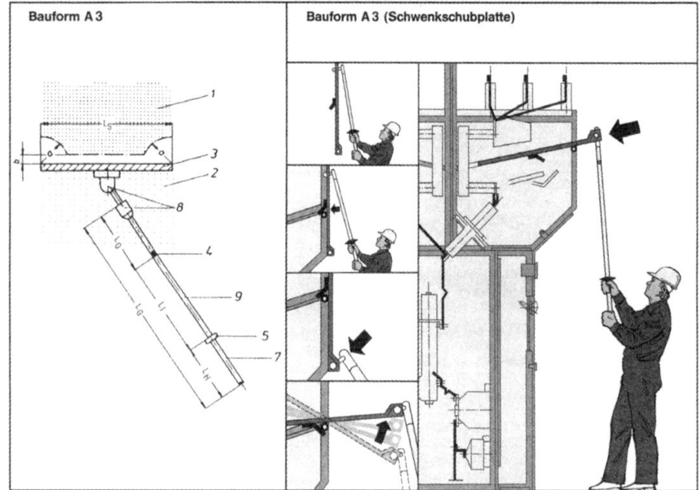

Wartung und Pflege
„Isolierende Schutzplatten" sind vom Benutzer vor Gebrauch auf offensichtliche Beschädigungen zu prüfen. Beschädigte Platten dürfen nicht benutzt werden.
„Isolierende Schutzplatten" müssen stets staubfrei und trocken aufbewahrt werden. Bei leichter Verschmutzung sind sie mit einem trockenen, fusselfreien, bei hartnäckiger Verschmutzung mit einem feuchten Lappen, falls erforderlich, unter Zuhilfenahme von Seifenlauge, zu reinigen. Seifenlauge muß anschließend gründlich und sorgfältig abgespült werden; erst in trockenem Zustand dürfen „Isolierende Schutzplatten" nach der Reinigung wieder zum Einsatz kommen.

ELEKTRISCHE SICHERHEITSAUSRÜSTUNGEN UND BETRIEBSMITTEL GMBH
41182 MÖNCHENGLADBACH, POSTFACH 4012 32
41189 MÖNCHENGLADBACH, TROMPETERALLEE 210-222
TELEFON (0 21 66) 9 56-6, TELEFAX (0 21 66) 9 56-7 52, E-MAIL: info@elsic.de

Bild 10.25 (*Fortsetzung*) Gebrauchsanweisung für „isolierende Schutzplatten" nach DIN VDE 0682-552

Bild 10.26 Einbringen einer isolierenden Schutzplatte

Bild 10.27 Beispiel für die professionelle Aufbewahrung von isolierenden Schutzplatten

1	2	3
Bemessungsspannung U_m **in kV**	**Abstand des unter Spannung stehenden Teils**	
	zum Plattenrand a **in mm**	**zur Platte** b **in mm**
3,6	60	0
7,2	90	0
12,0	120	20
24,0	220	60
36,0	320	100

Tabelle 10.2 Mindestabstände zwischen unter Spannung stehenden Teilen und der isolierenden Schutzplatte; nach DIN VDE 0682-552:2003-10

10.3.6 Arbeiten in der Nähe unter Spannung stehender Teile

Ein Großteil der Arbeiten, bei denen eine Gefahr durch die elektrische Energie gegeben ist, findet in der Nähe von aktiven Teilen statt.

Nach § 7 der DGUV-Vorschrift 3 und DIN VDE 0105-100 dürfen deshalb Arbeiten an aktiven Teilen nur ausgeführt werden, wenn:

- diese gegen direktes Berühren geschützt sind und der Abstand D_L der Gefahrenzone nicht erreicht wird.

Ist dies nicht der Fall, dann soll grundsätzlich zunächst versucht werden:

- den spannungsfreien Zustand der Anlage herzustellen und für die Dauer der Arbeit sicherzustellen.

Ist dies nicht möglich, sind:

- die spannungsführenden Teile entsprechend abzudecken oder abzuschranken

oder es ist dafür zu sorgen, dass:

- die zulässigen Annäherungen nicht unterschritten werden.

Besonders gefährlich sind Arbeiten in Freiluft- und offenen Anlagen, wenn mit sperrigem Gerät (Metallteilen, Leitern, Hebebühnen, Gerüsten u. Ä.) gearbeitet wird. Hierbei sind besondere Sicherheitsabstände und Aufsichtführung erforderlich.

Es werden deshalb hier zwei Schutzzonen entsprechend der Qualifikation unterschieden:

I. für Arbeiten, die in der Regel von Elektrofachkräften oder mind. unterwiesenen Personen ausgeführt oder beaufsichtigt werden;

II. für Bauarbeiten, die in der Regel von elektrotechnischen Laien durchgeführt werden.

Bild 10.28 stammt aus der DIN VDE 0105-100. Das unter Spannung stehende Teil ist mit „A“ gekennzeichnet (z. B. Außenleiter).

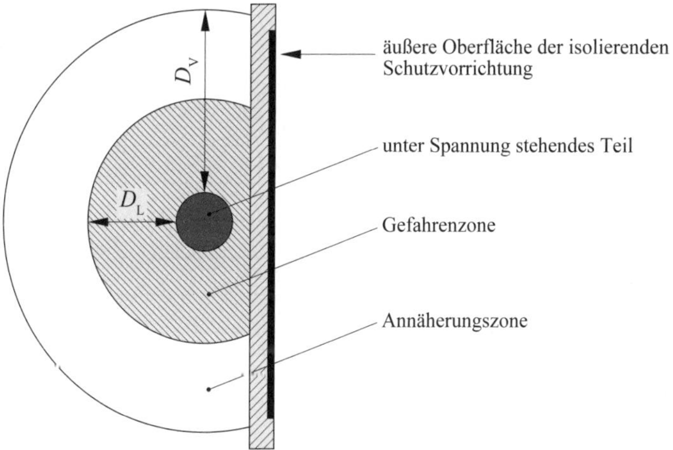

Bild 10.28 Gefahrenzone und Annäherungszone bei Arbeiten in der Nähe unter Spannung stehender Teile (Quelle: DIN VDE 0105-100:2015-10, Bild 2)

Bei Spannungen bis 1 kV darf das unter Spannung stehende Teil nicht erreicht, über 1 kV die **Gefahrenzone** nicht erreicht werden.

Mit steigender Spannung muss eine Abstandshülle zum aktiven Teil eingehalten werden. Die Gefahrenzone darf nicht erreicht werden, denn das ist gleichzusetzen mit der direkten Berührung eines Außenleiters bis 1 kV.

Die **Tabelle 10.3** zeigt die verschiedenen äußeren Grenzen der Gefahrenzone D_L in Abhängigkeit der verschiedenen Netz-Nennspannungen. Der Transport von Leitern oder größeren Gegenständen zum Arbeitsplatz kann zu Unfällen führen. Mechanische Leitern und ausziehbare, fahrbare Sprossenleitern müssen innerhalb elektrischer Anlagen unbedingt eingezogen werden. Sind Leitern oder sperrige Gegenstände in der Nähe unter Spannung stehender Teile zu bewegen, muss ein mit den Gefahren vertrauter Arbeitsverantwortlicher entsprechende Sicherheitsmaßnahmen treffen. Grundsätzlich müssen derartige Bewegungsvorgänge beaufsichtigt werden.

Netz-Nennspannung U_n (Effektivwert) in kV	**äußere Grenze der Gefahrenzone (Abstand in Luft von unter Spannung stehenden Teilen, D_L in mm) Innenraum- und Freiluftanlagen**	
bis 1	keine Berührung	
über 1 bis 3	60	120
über 3 bis 6	90	120
über 6 bis 10	120	150
über 10 bis 15	601	160
über 15 bis 20	220	
über 20 bis 30	320	
über 30 bis 36	380	
über 36 bis 45	480	
über 45 bis 66	630	
über 66 bis 110	1 100	
über 110 bis 220	2 100	
über 220 bis 380	2 900/3 400	
Gleichspannung in kV		
< 1,5	keine Berührung	
150	2 100	
200	2 400	
320	3 400	
400	4 100	
550	6 400	

Tabelle 10.3 Gefahrenzone (D_L) in Abhängigkeit von der Netz-Nennspannung (DIN VDE 0105-100:2015-10, Tabelle 101)

In abgeschlossenen elektrischen Betriebsstätten darf die Gefahrenzone (D_L) nicht erreicht werden können. In der Nähe von Freileitungen und in Freiluftanlagen sind bei Arbeiten durch Elektrofachkräfte und elektrotechnisch unterwiesene Personen die Schutzabstände der **Tabelle 10.4** Durchführungsanweisungen der DGUV-Vorschrift 3 § 7 bzw. nach DIN VDE 0105-100 einzuhalten.

Netz-Nennspannung U_n (Effektivwert) in kV	Schutzabstand in Luft, von ungeschützten, unter Spannung stehenden Teilen D_V in m
bis 1	0,5
über 1 bis 30	1,5
über 30 bis 110	2,0
über 110 bis 220	3,0
über 220 bis 380	4,0

Tabelle 10.4 Schutzabstände in Abhängigkeit von der Netz-Nennspannung bei bestimmten Arbeiten in der Nähe unter Spannung stehender Teile (Freiluftanlagen) nach DIN VDE 0105-100:2015-10, Abschnitt 6

Verlaufen mehr als ein Freileitungssystem parallel auf einem Gestänge, sind bei Arbeiten am ausgeschalteten Stromkreis außer der Beachtung der Schutzabstände die Systeme z. B. durch Nummern, Zeichen oder Farben zu kennzeichnen, um jede Verwechslung auszuschließen. Diese Sicherheitsmaßnahme kann dadurch ergänzt werden, dass die Arbeitenden z. B. Armbinden mit den Merkmalen des freigeschalteten Stromkreises tragen.

Bei Bauarbeiten und sonstigen nicht elektrotechnischen Arbeiten durch elektrotechnische Laien – z. B. Gerüstbauarbeiten, Arbeiten mit Hebezeugen, Baumaschinen, Betonpumpen, Fördermitteln, Montagearbeiten, Transportarbeiten, Anstrich- und Ausbesserungsarbeiten – dürfen die Abstände nach **Tabelle 10.5** der Durchführungsanweisungen zu § 7 DGUV-Vorschrift 3 bzw. DIN VDE 0105-100 nicht unterschritten werden.

Netz-Nennspannung U_n (Effektivwert) in kV	Schutzabstand in Luft, von ungeschützten, unter Spannung stehenden Teilen (Freiluftanlagen) D_V in m
bis 1	1,0
über 1 bis 110	3,0
über 110 bis 220	4,0
über 220 bis 380	5,0

Tabelle 10.5 Auszug aus DIN VDE 0105-100

Diese Annäherungszonen/Schutzabstände müssen auch beim Ausschwingen von Lasten, Trag- und Lastaufnahmemitteln eingehalten werden.

Alle Beschäftigten, die mögliche Gefahrenquellen nicht erkennen können, sind vor Beginn der Arbeiten ausführlich zu unterrichten, wobei auch der Arbeitsbereich genau anzugeben ist. Bei länger dauernden Arbeiten und bei jeder Änderung der Tätigkeit muss die Unterweisung wiederholt werden. Die Unterweisung muss schriftlich bestätigt werden.

Elektrotechnisch nicht unterwiesene Personen (z. B. Maler, Bauarbeiter) sollten in der Nähe unter Spannung stehender Anlageteile nicht ohne Beaufsichtigung durch Elektrofachkräfte oder elektrotechnisch unterwiesene Personen arbeiten.

Vorher ist immer eine Gefährdungsbeurteilung (Restrisiko akzeptabel) durchzuführen und die Arbeitsmethode festzulegen. Eine zusammenfassende Übersicht der Schutzabstände, in Abhängigkeit von der Spannungsebene und der zwei Schutzzonen, zeigt **Bild 10.29**.

Annäherungs-/Schutzzone I
• durch Elektrofachkraft oder • elektrotechnisch unterwiesene Person unter Aufsicht unter Verwendung von: • Leitern und/oder • sperrigen Gegenständen, z. B. für: • Montage oder • Malerarbeiten

siehe Tabelle 10.2

Annäherungs-/Schutzzone II
Bau- und sonstige nicht elektrotechnische Arbeiten • durch elektrotechnische Laien, z. B. mit: – einem Kran, – einem Bagger, – einer Betonpumpe, – einem Lkw mit Ladefläche; • Gerüstbau, • Anstricharbeiten …

siehe Tabelle 10.3

Schutzzone:	**I**	**II**	
Netzspannung in kV	**Schutzabstände in m zum unter Spannung stehenden Teil**		Achtung
0 bis 1	0,5	1,0	Die Gefahrenzone nach Tabelle 101 von DIN VDE 0105-100:2015-10 darf **nie** erreicht werden!
1 bis 30	1,5	3,0	Ausnahme bei Einsatz einer Schutzvorrichtung (z. B. isolierende Schutzplatte)
30 bis 110	2,0	3,0	
110 bis 220	3,0	4,0	
220 bis 380	4,0	5,0	

Bild 10.29 Schutzabstände nach Zone 1 und Zone 2 bei Arbeiten in der Nähe unter Spannung stehender Teile

Die **Tabelle 10.6** „Arbeitsbereiche“ gibt einen Überblick der anzuwendenden Maßnahmen für Anlagenverantwortliche, Elektrofachkräfte, Schaltberechtigte, Arbeitspersonal und Arbeitsverantwortliche, zur Sicherung gegen die Gefahren des elektrischen Stroms für Arbeiten an elektrischen Betriebsmitteln und in elektrischen Anlagen.

Arbeiten an elektrischen Betriebsmitteln und in elektrischen Anlagen	Arbeitsbereich		Arbeitsbeispiele	Arbeitspersonal	Aufsichtführung	Anzuwendende Maßnahmen zur Sicherung gegen die Gefahren des elektrischen Stroms
weit entfernt[**)] von unter Spannung stehenden Teilen	außerhalb des Schutzabstands[*)] nach Tabelle 103, wo dieser Schutzabstand mit Sicherheit nicht unterschritten werden kann		Maurerarbeiten (weit entfernt) Rasenmäharbeiten (weit entfernt)	elektrotechnisch unterwiesene Personen	elektrotechnisch unterwiesene Personen	Unterweisung und Einweisung: evtl. optische und technische Abgrenzung
in der Nähe unter Spannung stehender Teile	innerhalb des Schutzabstands nach Tabelle 103, ohne jedoch die Gefahrenzone zu erreichen	außerhalb des Schutzabstands nach Tabelle 103 der DIN VDE 0105-100	Bauarbeiten, Rasenmäharbeiten und sonstige nicht elektrotechnische Arbeiten	elektrotechnisch unterwiesene Personen	elektrotechnisch unterwiesene Personen oder EFK	Unterweisung und Einweisung: evtl. Markierung, Abschrankung oder feste Abdeckung gegen benachbarte, unter Spannung stehende Teile
		außerhalb der Gefahrenzone	alle elektrotechnischen Arbeiten innerhalb des Schutzabstands nach Tabelle 102, DIN VDE 0105-100, bei denen eine Freischaltung (fünf Sicherheitsregeln) nicht erforderlich ist. Bewegen von Leitern u. Ä. in Anlagen	Elektrofachkräfte/ Schaltberechtigte	Elektrofachkräfte/ Schaltberechtigte	
innerhalb der Gefahrenzone	innerhalb der Gefahrenzone oder wo sie erreicht werden kann		alle elektrotechnischen Arbeiten an Anlagenteilen, wo die Gefahrenzone erreicht wird oder werden kann			Unterweisung und Einweisung: Durchführung der Freischaltung nach fünf Sicherheitsregeln durch Schaltberechtigten
an unter Spannung stehenden Teilen	innerhalb der Gefahrenzone oder wo sie erreicht werden kann		nur unter bestimmten, festgelegten Voraussetzungen zulässig (DGUV-Regel 103-011) Arbeiten unter Spannung	Elektrofachkräfte/ Schaltberechtigte	Elektrofachkräfte/ Schaltberechtigte	besondere Schulung, ausgewähltes Personal, Auftrag, Einweisung nach Dienstanweisung; isolierte Werkzeuge und isolierende Körperschutzmittel, Schutzvorrichtungen nach Vorschrift

*) nach DIN VDE 0105-100:2015-10
**) d. h.: außerhalb des Anwendungsbereichs nach Tabelle 103 der DIN VDE 0105-100:2015-10

Tabelle 10.6 Arbeitsbereiche: Erläuterungen zu Arbeitspersonal und Aufsichtführung

10.3.7 Durchführungserlaubnis und Freigabe zur Arbeit

Die Durchführungserlaubnis darf erst nach Anwendung der fünf Sicherheitsregeln vom schaltberechtigten Anlagenverantwortlichen an den Arbeitsverantwortlichen erteilt werden. Die Freigabe zur Arbeit erteilt der Arbeitsverantwortliche.

Dies gilt sinngemäß auch für Personen, die allein arbeiten. Im Freigabeschein (Bild 14.15 und 14.16) werden der Freischaltungsprozess und die Verantwortungsbereiche des Anlagen- und Arbeitsverantwortlichen dokumentiert.

10.3.8 Verhalten während der Arbeit

Der Anlagenverantwortliche erteilt die Durchführungserlaubnis, und der Arbeitsverantwortliche erteilt die **Freigabe zur Arbeit**. Schriftlich oder in Ausnahmefällen mündlich. Zu frühes Beginnen durch Eigenmächtigkeit oder Übereifer hat in der Vergangenheit schon zu Unfällen geführt. Tätigkeiten ohne Auftrag dürfen nicht durchgeführt werden. Der abgegrenzte Arbeitsbereich darf nicht überschritten werden.

10.3.9 Ablauf nach beendeter Arbeit

Der Arbeitsverantwortliche ist für die **Räumung der Arbeitsstelle** verantwortlich. Alle Werkzeuge, Hilfsmittel und entbehrliche Personen werden zurückgezogen. Der Arbeitsverantwortliche kontrolliert gemeinsam mit dem Schaltberechtigten/Anlagenverantwortlichen die geräumte Arbeitsstelle. Anschließend erteilt der Arbeitsverantwortliche die Freimeldung der Arbeitsstelle und gibt die erhaltene Durchführungsanweisung an den schaltberechtigten Anlagenverantwortlichen zurück. Der schaltberechtigte Anlagenverantwortliche beginnt mit dem Aufheben der Sicherheitsregeln 5 bis 2. Beim Ausbauen der Erdungs- und Kurzschließvorrichtung ist darauf zu achten, dass zuerst die drei Verbindungen von den Außenleitern zu lösen sind und zuletzt die Erdverbindung.

Anlagenteile und Leitungen, die nicht mehr geerdet und kurzgeschlossen sind, gelten als unter Spannung stehend; die Gefahrenzone darf nicht erreicht werden.

Die ausgebauten Arbeitserden werden zur Leitstelle (falls vorhanden) mit Zeitangabe gemeldet.

Bei den Meldungen wird ebenso verfahren wie vor Beginn der Arbeiten bei Freischalten und Sichern der Anlage. In schriftlichen, fernschriftlichen, fernmündlichen oder mündlichen Meldungen sind Name und ggf. Dienststelle oder Betrieb mit dem Anlagenverantwortlichen abzustimmen. Mündliche oder fernmündliche Meldungen sind von der aufnehmenden Stelle zu wiederholen, um Hörfehler zu vermeiden.

Auch die Meldung, dass die Arbeitsstelle einschaltbereit ist, darf nur der schaltberechtigte Anlagenverantwortliche geben.

Die Vereinbarung einer bestimmten Einschaltzeit ohne vorherigen Eingang der Meldung, dass die Arbeitsstellen einschaltbereit sind, ist verboten.

Die Anweisung zum Einschalten darf erst gegeben werden, wenn von allen Arbeitsstellen die Meldung eingegangen ist, dass die Arbeitsstellen einschaltbereit sind, sowie von allen Ausschaltstellen bestätigt wurde, dass zugeschaltet werden kann.

Die Leitstelle/Anlagenverantwortliche vor Ort kann mit dem Aufheben des Sicherns gegen unzulässiges Betätigen beginnen, um Erdungsschalter auszuschalten, Trennschalter zu schließen und mit Einschalten des Leistungsschalters den Betriebszustand wiederherzustellen.

10.3.10 Übersicht der Arbeitsabläufe

Zusammenfassend zeigt **Bild 10.30** die Reihenfolge der bereits ausführlich beschriebenen Tätigkeiten von der Planung über die Schaltanforderung bis hin zum Einschalten und Wiederherstellen des Betriebszustands.

10.3.11 Checklisten

Als Beispiele für die Praxis sind einige spezielle Anlagentypen dargestellt (siehe **Bilder 10.31** bis **10.41**). Die vorgegebene Reihenfolge der Arbeitsschritte vor Arbeitsbeginn ist für das Herstellen und Sicherstellen des spannungsfreien Zustands einzuhalten. Der Anlagenverantwortliche erteilt die Durchführungserlaubnis. Der Arbeitsverantwortliche erteilt die Freigabe zur Arbeit.

Die hier vorgestellten Beispiele aus dem Betriebshandbuch eines EVU sind lediglich Auszüge der Anlagenvielfalt unterschiedlicher Hersteller und Fabrikate. Eine Vollständigkeit kann und sollte an dieser Stelle nicht erreicht werden, sondern dem Praktiker Anregungen geben, die für seinen Betrieb erforderlichen Arbeitsanweisungen und Checklisten zu erarbeiten, um dem Schaltberechtigten eine Hilfestellung für seine tägliche Arbeit zu geben und um die Checklisten bei Schulungen/Unterweisungen einsetzen zu können. Der Wunsch aller Schaltberechtigten an die Anlagenhersteller ist es, eine gleiche Bedienung aller Anlagen zu erreichen.

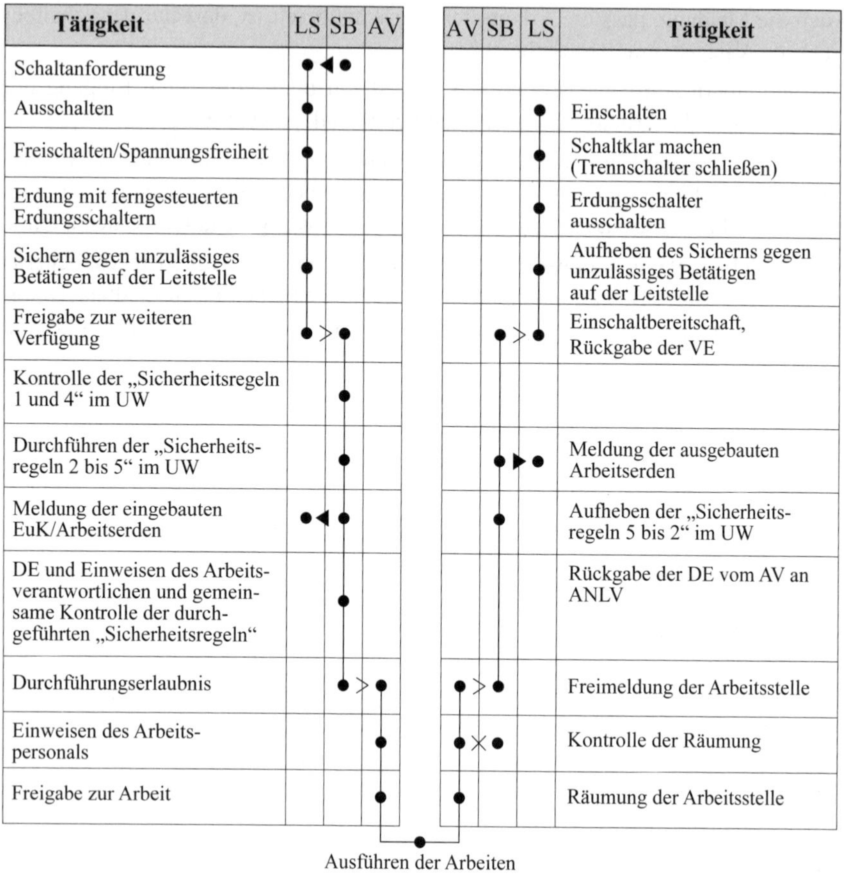

Tätigkeit	LS	SB	AV
Schaltanforderung	● ◀	●	
Ausschalten	●		
Freischalten/Spannungsfreiheit	●		
Erdung mit ferngesteuerten Erdungsschaltern	●		
Sichern gegen unzulässiges Betätigen auf der Leitstelle	●		
Freigabe zur weiteren Verfügung	● >	●	
Kontrolle der „Sicherheitsregeln 1 und 4“ im UW		●	
Durchführen der „Sicherheitsregeln 2 bis 5“ im UW		●	
Meldung der eingebauten EuK/Arbeitserden	● ◀	●	
DE und Einweisen des Arbeitsverantwortlichen und gemeinsame Kontrolle der durchgeführten „Sicherheitsregeln“		●	
Durchführungserlaubnis		● >	●
Einweisen des Arbeitspersonals			●
Freigabe zur Arbeit			●

AV	SB	LS	Tätigkeit
		●	Einschalten
		●	Schaltklar machen (Trennschalter schließen)
		●	Erdungsschalter ausschalten
		●	Aufheben des Sicherns gegen unzulässiges Betätigen auf der Leitstelle
	● >	●	Einschaltbereitschaft, Rückgabe der VE
	● ▶	●	Meldung der ausgebauten Arbeitserden
	●		Aufheben der „Sicherheitsregeln 5 bis 2“ im UW
			Rückgabe der DE vom AV an ANLV
● >	●		Freimeldung der Arbeitsstelle
● ×	●		Kontrolle der Räumung
●			Räumung der Arbeitsstelle

Ausführen der Arbeiten

Bild 10.30 Darstellung der Abläufe bei Arbeiten in einem ferngesteuerten Umspannwerk – der Anlagenverantwortliche hat die Genehmigung erteilt/ist informiert

DE Durchführungserlaubnis,
UW Umspannwerk/Schaltanlage,
LS Leitstelle,
SB Anlagenverantwortlicher mit Schaltberechtigung,
AV Arbeitsverantwortlicher,
VE Verfügungserlaubnis,
● Regelablauf,
◀ ▶ Meldung an,
> Verantwortungsübergabe,
× gemeinsame Tätigkeit

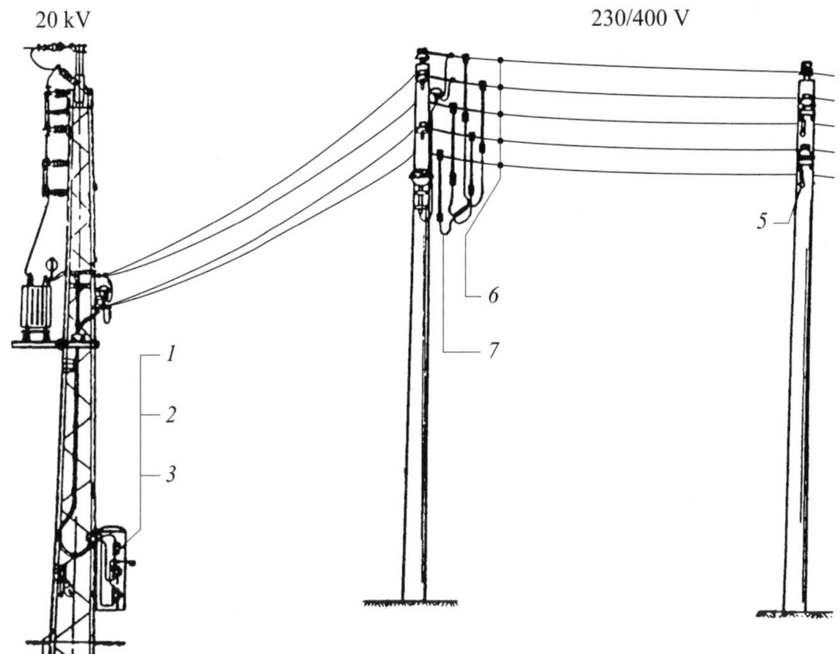

Bild 10.31 Arbeiten an Niederspannungs-Freileitungen

1 Stromkreis freischalten, NH-Sicherungen herausnehmen.
2 Schaltverbotsschild aufhängen, verschließen.
3 Spannungsprüfer auf Funktionsfähigkeit prüfen und Spannungsfreiheit feststellen.
4 Anhand des Übersichtsschaltplans prüfen, ob weitere Einspeisungen möglich, z. B. durch Ringschaltung oder Straßenbeleuchtung.
5 Etwa vorhandene weitere Einspeisungen (auch Straßenbeleuchtung) ausschalten und gegen Wiedereinschalten sichern.
6 An allen Leitern, einschließlich des Schaltdrahts, die Spannungsfreiheit feststellen.
7 Alle Leiter in unmittelbarer Nähe der Arbeitsstelle möglichst erden, in jedem Fall aber kurzschließen.
8 Bei Leitungstrennung oder Leitungsriss alle Leiter auf beiden Seiten in unmittelbarer Nähe der Arbeitsstelle möglichst erden, in jedem Fall aber kurzschließen. Falls alle Leiterseile gerissen, für Potentialausgleich sorgen. Isolierende Schutzhandschuhe/persönliche Schutzausrüstung benutzen.

Beim Unterkreuzen von Mittelspannungs-Freileitungen besondere Vorsicht walten lassen (z. B. Mittelspannungs-Freileitung freischalten oder Holzgerüst stellen).

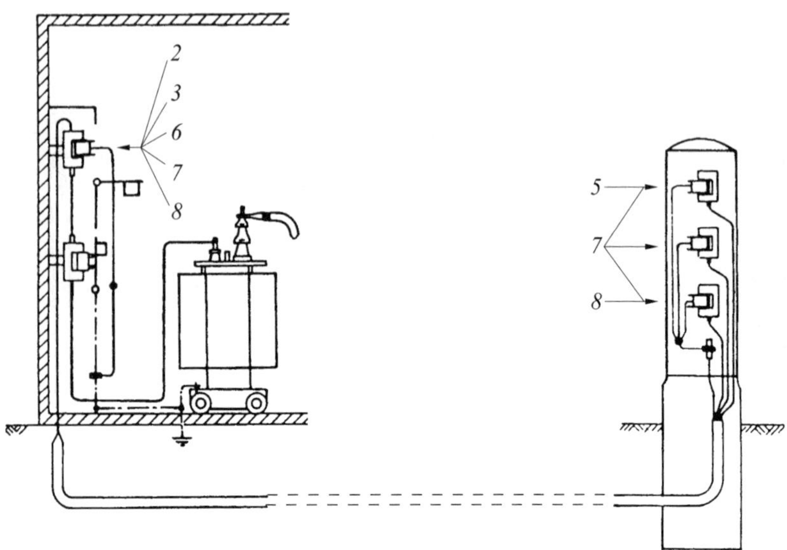

Bild 10.32 Arbeiten an Niederspannungs-Kabeln

1 Mithilfe des Netzschaltbilds eine Übersicht der gesamten Stromkreise schaffen.
2 Stromkreis ausschalten.
3 Durch Entnehmen der NH-Sicherungen und Anbringen des Schaltverbotsschilds gegen Wiedereinschalten sichern.
4 Anhand des Netzschaltbilds prüfen, ob weitere Einspeisungen möglich sind, z. B. durch Ringschaltung.
5 Vorhandene weitere Einspeisungen ausschalten, durch Entnehmen der NH-Sicherungen und Anbringen des Schaltverbotsschilds gegen Wiedereinschalten sichern.
6 400-V-Spannungsprüfer auf Funktionsfähigkeit prüfen.
7 An allen drei Außenleitern des freigeschalteten Kabels die Spannungsfreiheit feststellen.
8 Anhand der Gebrauchsanleitung der Erdungs- und Kurzschließvorrichtung alle Einspeisestellen des freigeschalteten Kabels erden und kurzschließen.
9 Kabel an der Arbeitsstelle eindeutig ermitteln, z. B. mit Kabelauslese-, Kabelschneidgerät.
10 Besteht durch das Kabel die Gefahr der Spannungsinduktion, an der Arbeitsstelle für Potentialausgleich sorgen.

Der schaltberechtigte Anlagenverantwortliche darf die Arbeitsstelle erst nach Durchführung der Sicherheitsmaßnahmen an der Arbeitsstelle freigeben!

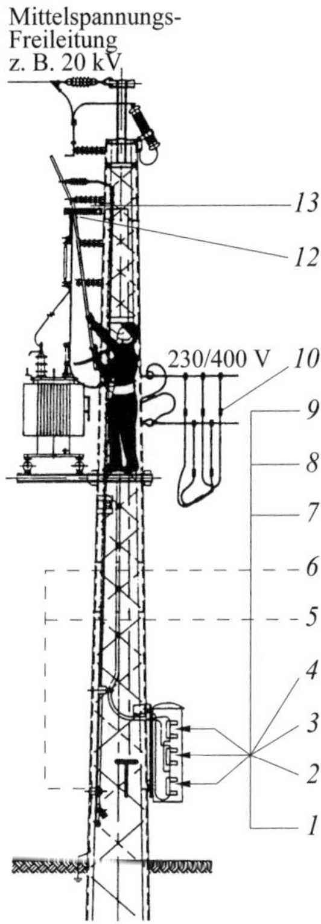

Bild 10.33 Arbeiten an Maststationen für Mittelspannung bei blanken Niederspannungs-Freileitungen:

1 Alle Stromkreissicherungen herausnehmen.
2 Alle Transformator-Hauptsicherungen herausnehmen.
3 Schaltverbotsschild anbringen und, falls baulich möglich, Isoliereinsätze für NH-Sicherungen einsetzen.
4 400-V-Spannungsprüfer auf Funktionsfähigkeit prüfen.
5 20-kV-Trennschalter ausschalten und gegen Wiedereinschalten sichern.
6 Schaltverbotsschild anbringen.
7 Am Kabel zum Transformator an der Niederspannungsverteilung die Spannungsfreiheit feststellen.
8 An allen Kontakten der Stromkreis-Sicherungs-Unterteile die Spannungsfreiheit feststellen.
9 Alle Stromkreis-Sicherungs-Unterteile mit Durchschaltmessern versehen.
10 Niederspannungsstromkreis und Steuerleitungen schließen, wenn möglich vorher erden.
11 20-kV-Spannungsprüfer auf Funktionsfähigkeit prüfen.
12 An allen drei Außenleitern 20-kV-seitig die Spannungsfreiheit feststellen.
13 Alle drei Außenleiter 20-kV-seitig durch Erdungs- und Kurzschließgerät oder Erdungsschalter erden und kurzschließen.

Bei Annäherung an die unter Spannung stehenden 20-kV-Anlagenteile von weniger als 1,50 m sind einspeisende Leitungen der Station freizuschalten (Ausnahme: Wechseln der HH-Sicherungen).

Der schaltberechtigte Anlagenverantwortliche darf die Arbeitsstelle erst nach Durchführung der Sicherheitsmaßnahmen freigeben!

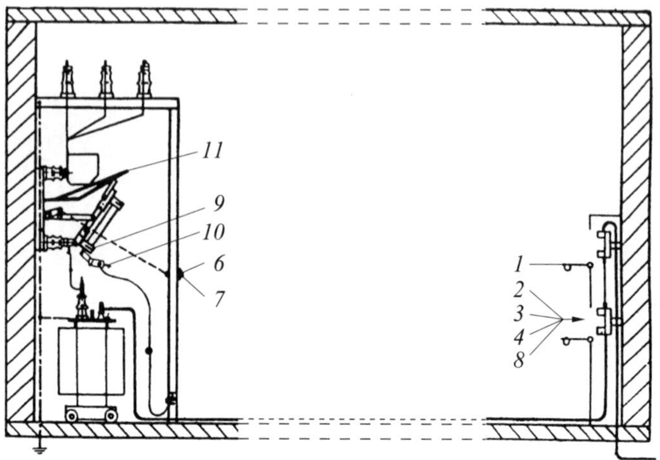

Bild 10.34 Arbeiten und Auswechseln von HH-Sicherungen in Transformatorschaltfeldern mit 20-kV-Lastbrückentrenntschalter:

1 Alle Stromkreissicherungen entnehmen.
2 Alle Transformator-Hauptsicherungen entnehmen.
3 Schaltverbotsschild anbringen und, falls baulich möglich, Isoliereinsätze für NH-Sicherungen einsetzen.
4 400-V-Spannungsprüfer auf Funktionsfähigkeit prüfen.
5 20-kV-Spannungsprüfer auf Funktionsfähigkeit prüfen.
6 20-kV-Lastbrückentrennschalter ausschalten.
7 Gegen Wiedereinschalten sichern und Schaltverbotsschild anbringen.
8 Am Kabel zum Transformator an der Niederspannungsverteilung die Spannungsfreiheit feststellen.
9 An allen drei Außenleitern 20-kV-seitig die Spannungsfreiheit feststellen.
10 Alle drei Außenleiter 20-kV-seitig erden und kurzschließen. Benachbarte, unter Spannung stehende Teile abdecken oder abschranken.
11 Isolierende Schutzplatte mit Isolierstange einschieben.
12 Niederspannungsanlage abdecken.

Die Position *1* kann entfallen, wenn:

- die Niederspannungseinspeisung über einen Lasttrennschalter oder eine Lasttrennsicherungsleiste erfolgt
- durch niederspannungsseitigen Ringbetrieb lastarmes Schalten vorausgesetzt werden kann

Die Positionen *5*, *9*, *10* und *11* können entfallen:

- beim Auswechseln der HH-Sicherungen mittels Einarmsicherungszange

Der schaltberechtigte Anlagenverantwortliche darf die Arbeitsstelle erst nach Durchführung der Sicherheitsmaßnahmen an der Arbeitsstelle freigeben!

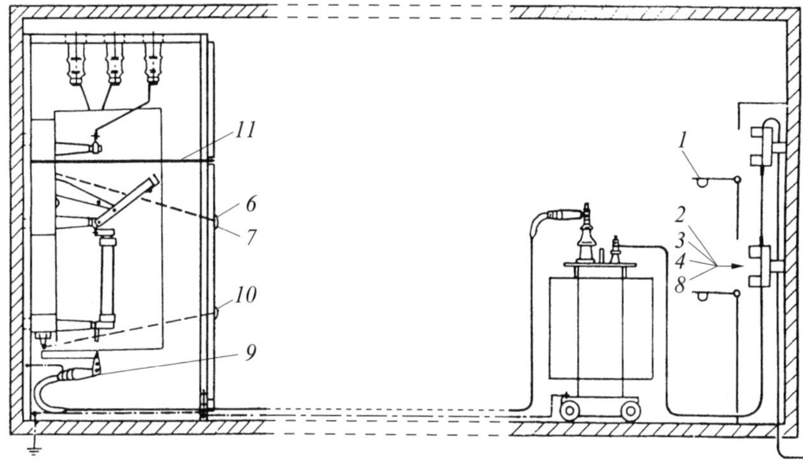

Bild 10.35 Arbeiten in Kabelstationen in Transformatorschaltfeldern, an Transformatoren, Austausch von HH-Sicherungen:

1 Alle Stromkreissicherungen entnehmen.
2 Alle Transformator-Hauptsicherungen entnehmen.
3 Schaltverbotsschild anbringen und, falls baulich möglich, Isoliereinsätze für NH-Sicherungen einsetzen.
4 400-V-Spannungsprüfer auf Funktionsfähigkeit prüfen.
5 20-kV-Spannungsprüfer auf Funktionsfähigkeit prüfen.
6 20-kV-Lasttrennschalter ausschalten.
7 Gegen Wiedereinschalten sichern und Schaltverbotsschild anbringen.
8 Am Kabel zum Transformator an der Niederspannungsverteilung die Spannungsfreiheit feststellen.
9 An allen drei Außenleitern 20-kV-seitig die Spannungsfreiheit feststellen.
10 Alle drei Außenleiter 20-kV-seitig erden und kurzschließen. Benachbarte, unter Spannung stehende Teile abdecken oder abschranken.
11 Isolierende Schutzplatte einschieben.
12 NS-Verteilung abdecken, evtl. erden und kurzschließen.
13 Bei Arbeiten am Transformator sind die Ober- und Unterspannungsanschlüsse – wenn möglich – zu erden und kurzzuschließen.

Die Position *1* kann entfallen, wenn:

- die Niederspannungseinspeisung über einen Lasttrennschalter oder eine Lasttrennsicherungsleiste erfolgt,
- durch niederspannungsseitigen Ringbetrieb lastarmes Schalten vorausgesetzt werden kann.

Die Positionen *5*, *9*, *10* und *11* können entfallen:

- beim Auswechseln der HH-Sicherungen mittels Einarmsicherungszange.

Der schaltberechtigte Anlagenverantwortliche darf die Arbeitsstelle erst nach Durchführung der Sicherheitsmaßnahmen an der Arbeitsstelle freigeben!

Anmerkung: Mit der Freischaltung kann auch auf der Mittelspannungsseite begonnen werden.

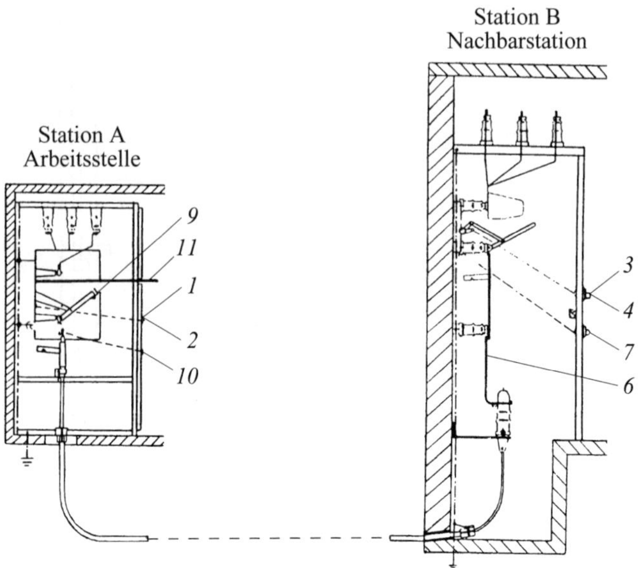

Bild 10.36 Arbeiten in Kabelschaltfeldern; Ausschaltstelle in der benachbarten Station:

In Station A:

1 20-kV-Lasttrennschalter ausschalten.

2 Gegen Wiedereinschalten sichern und Schaltverbotsschild anbringen.

In Station B:

3 20-kV-Lasttrennschalter ausschalten.

4 Gegen Wiedereinschalten sichern und Schaltverbotsschild anbringen.

5 20-kV-Spannungsprüfer auf Funktionsfähigkeit prüfen.

6 An allen drei Außenleitern die Spannungsfreiheit feststellen.

7 Alle drei Außenleiter erden und kurzschließen.

In Station A:

8 20-kV-Spannungsprüfer auf Funktionsfähigkeit prüfen.

9 An allen drei Außenleitern die Spannungsfreiheit feststellen.

10 Alle drei Außenleiter erden und kurzschließen.

11 Isolierende Schutzplatte einschieben.

Der schaltberechtigte Anlagenverantwortliche darf die Arbeitsstelle erst nach Durchführung der Sicherheitsmaßnahmen an der Arbeitsstelle freigeben!

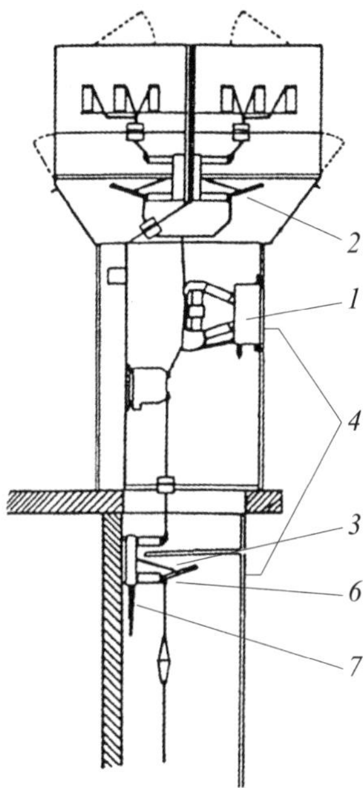

Bild 10.37 Arbeiten an einer 20-kV-Kabelstrecke; die Ausschaltstelle befindet sich in einem Umspannwerk bzw. Schaltwerk.

20-kV-Schaltfeld mit Doppelsammelschienen, metallgekapselt mit Druckentlastungsklappen und verschiedenen Druckräumen:

- Kontakt mit der Leitstelle aufnehmen.
- Bei Ausführung einer ferngesteuerten Schalthandlung den Gefahrenbereich verlassen.

1 Leistungsschalter des betreffenden Schaltfelds ausschalten.
2 Den zugehörigen Sammelschienen-Trennschalter des betreffenden Schaltfelds ausschalten.
3 Abgangstrennschalter des betreffenden Schaltfelds ausschalten.
4 In der Leitstelle und vor Ort gegen Wiedereinschalten sichern und Schaltverbotsschild am Feld aufhängen.
5 Spannungsprüfer auf Funktionsfähigkeit prüfen.
6 An allen drei Außenleitern des freigeschalteten Felds die Spannungsfreiheit feststellen.
7 Erdungsschalter des freigeschalteten Felds einschalten.

Der schaltberechtigte Anlagenverantwortliche darf die Arbeitsstelle erst nach Durchführung der Sicherheitsmaßnahmen freigeben!

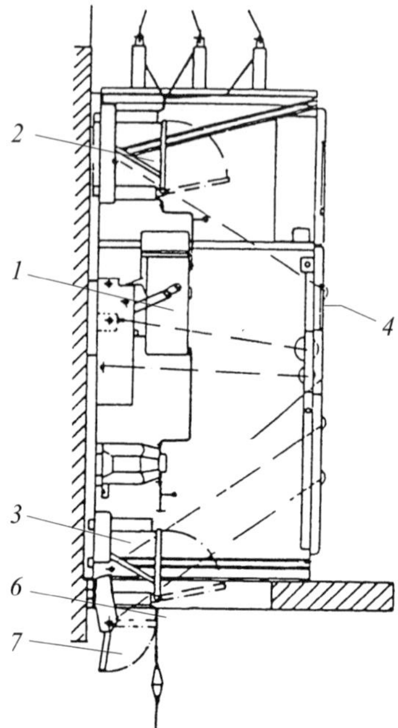

Bild 10.38 Arbeiten an einer 20-kV-Kabelstrecke, die Ausschaltstelle befindet sich in einer Schaltstation.

20-kV-Schaltfeld mit Einfachsammelschiene und fest eingebauten Schaltgeräten:

- Kontakt mit der Leitstelle aufnehmen.
- Bei Ausführung einer ferngesteuerten Schalthandlung den Gefahrenbereich verlassen.

1 Leistungsschalter des betreffendes Schaltfelds ausschalten.
2 Sammelschienen-Trennschalter des betreffenden Schaltfelds ausschalten.
3 Abgangstrennschalter des betreffenden Schaltfelds ausschalten.
4 In der Leitstelle und vor Ort gegen Wiedereinschalten sichern und Schaltverbotsschild am Feld aufhängen.
5 Spannungsprüfer auf Funktionsfähigkeit prüfen.
6 An allen drei Außenleitern des freigeschalteten Felds die Spannungsfreiheit feststellen.
7 Erdungsschalter des freigeschalteten Felds einschalten.

Der schaltberechtigte Anlagenverantwortliche darf die Arbeitsstelle erst nach Durchführung der Sicherheitsmaßnahmen an der Arbeitsstelle freigeben!

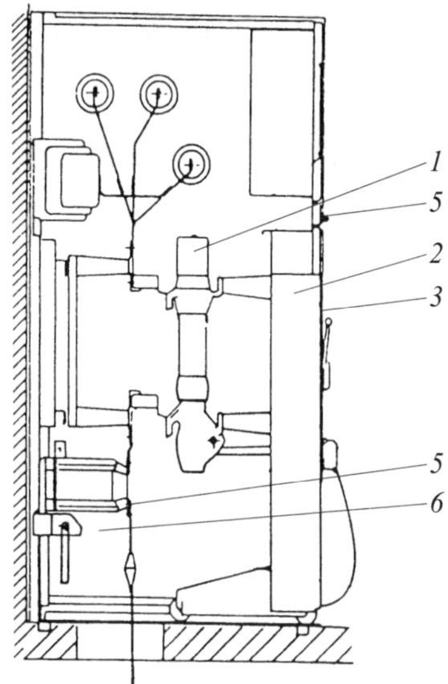

Bild 10.39 Arbeiten an einer 20-kV-Strecke; die Ausschaltstelle befindet sich in einer Schaltstation mit Leistungsschalter auf Schalt-/Fahrwagen

20-kV-Schaltfeld mit Einfachsammelschiene in Schaltwagentechnik:

- Kontakt mit der Leitstelle aufnehmen.
- Bei Ausführung einer ferngesteuerten Schalthandlung den Gefahrenbereich verlassen.

1 Leistungsschalter des betreffenden Schaltfelds ausschalten.

2 Trennteil ausfahren.

3 In der Leitstelle und vor Ort gegen Wiedereinschalten sichern und Schaltverbotsschild am Feld aufhängen.

4 Spannungsprüfer testen bzw. Spannungsanzeigesystem des kapazitiven Anzeigesystems (bestehend aus den beweglichen und festen Teilen) vorher auf Funktionsfähigkeit prüfen.

5 An allen drei Außenleitern des freigeschalteten Felds mittels Spannungsprüfer bzw. mit Spannungsanzeigegerät über vorhandene Prüfsteckbuchsen die Spannungsfreiheit feststellen.

6 Erdungsschalter des freigeschalteten Felds einschalten.

Der schaltberechtigte Anlagenverantwortliche darf die Arbeitsstelle erst nach Durchführung der Sicherheitsmaßnahmen an der Arbeitsstelle freigeben!

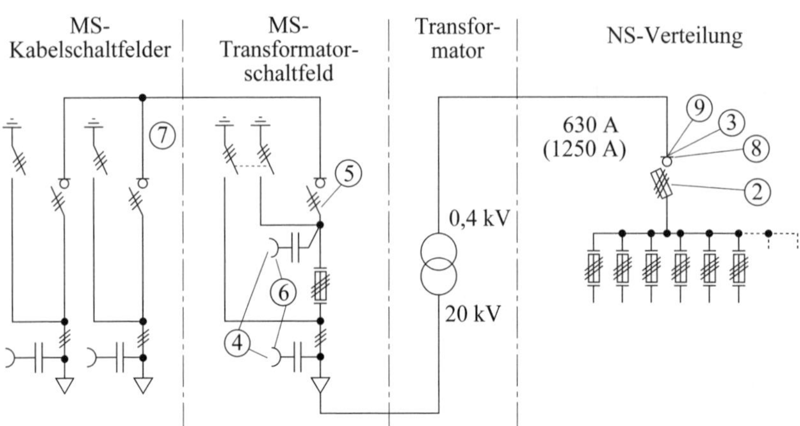

Bild 10.40 Auswechseln eines Transformators; Station mit SF_6-isolierter Lastschaltanlage

1 Niederspannungs-Sicherungs-Lasttrennschalter ausschalten, durch Herausnehmen der NH-Transformator-Hauptsicherungen und Aufhängen des Schaltverbotsschilds gegen Wiedereinschalten sichern.

2 400-V-Spannungsprüfer auf Funktionsfähigkeit prüfen.

3 Kapazitives Spannungsanzeigesystem aller 20-kV-Außenleiter vor dem Freischalten auf Funktionsfähigkeit prüfen und SF_6-Gasdruckmanometer ablesen (Zeiger im roten Bereich: nicht schalten!).

4 20-kV-Transformatorlasttrennschalter ausschalten und durch Abzug des Schalthebels sowie durch Aufhängen des Schaltverbotsschilds gegen Wiedereinschalten sichern.

5 Spannungsfreiheit des Transformatorschaltfelds feststellen (20 kV).

6 Spannungsfreiheit an den transformatorseitigen Kontakten des Niederspannungs-Sicherungs-Lasttrennschalters feststellen.

7 Erdungsschalter einschalten und durch Abzug des Steckhebels gegen Ausschalten sichern.

8 Niederspannungsseite erden und kurzschließen.

9 Transformator ober- und unterspannungsseitig – wenn möglich – erden und kurzschließen.

10 Transformator austauschen.

Hinweis: Steckbuchsen für das kapazitive Spannungsanzeigesystem an der Frontseite der Anlage.

Der schaltberechtigte Anlagenverantwortliche darf die Arbeitsstelle erst nach Durchführung der Sicherheitsmaßnahmen an der Arbeitsstelle freigeben!

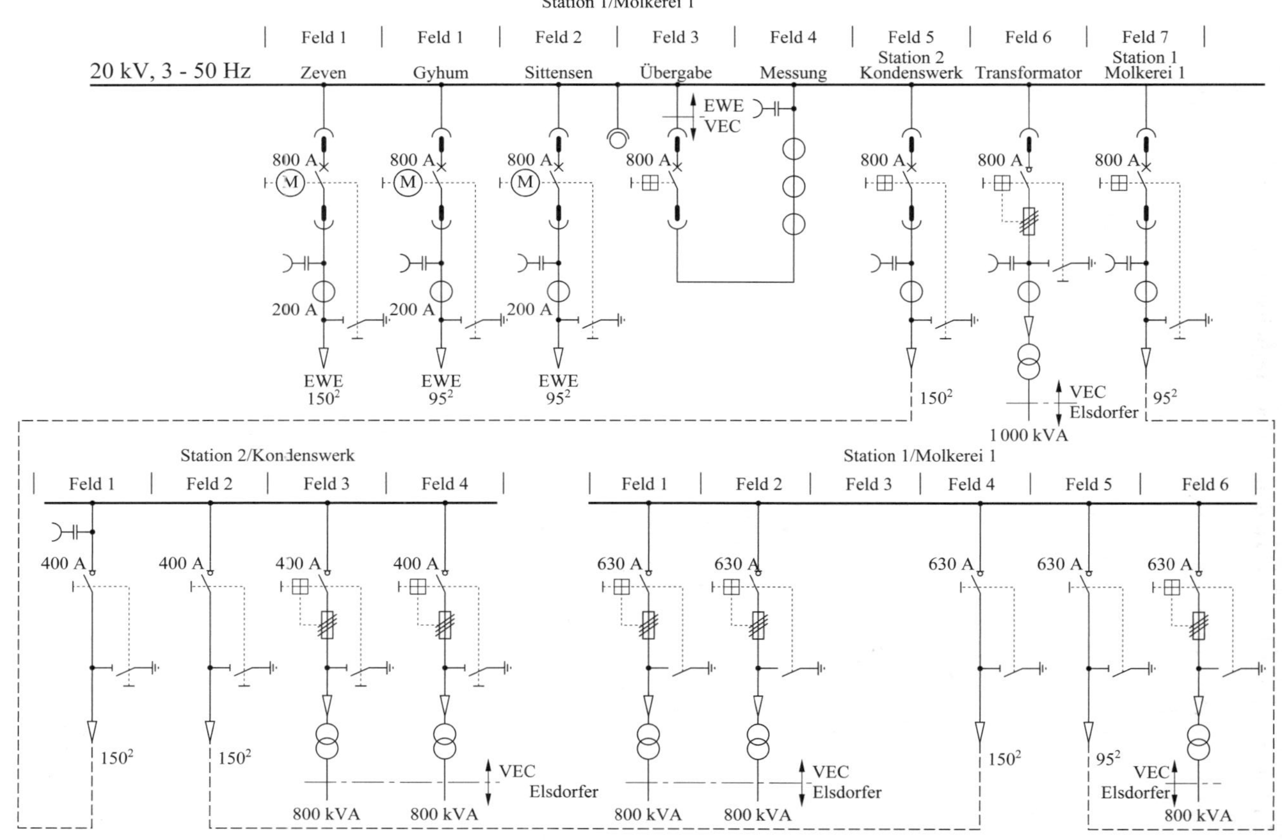

Bild 10.41 Übersichtsplan einer 20-kV-Übergabeschaltstation mit MS-Netz

10.3.12 Fotos aus der Praxis zu den fünf Sicherheitsregeln

Die **Bilder 10.42** bis **10.48**, erklären ergänzend zum vorherigen Text die Anwendung der fünf Sicherheitsregeln an Beispielen aus der Praxis.

Beispiel 1: Freischaltung für das Arbeiten in einem Schaltfeld der Schaltstation

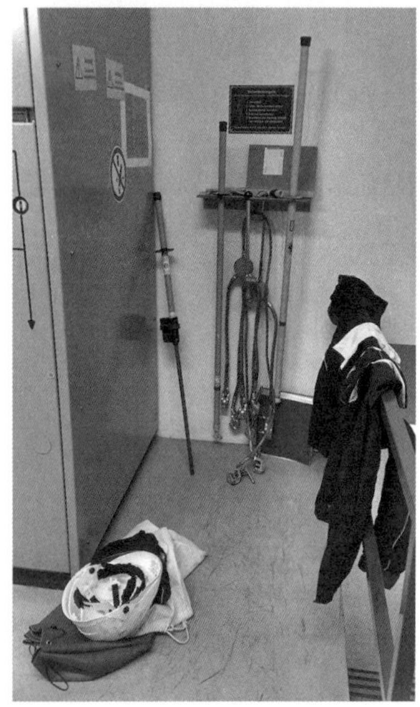

Bild 10.42 Schutz und Hilfsmittel vor Schalthandlung prüfen

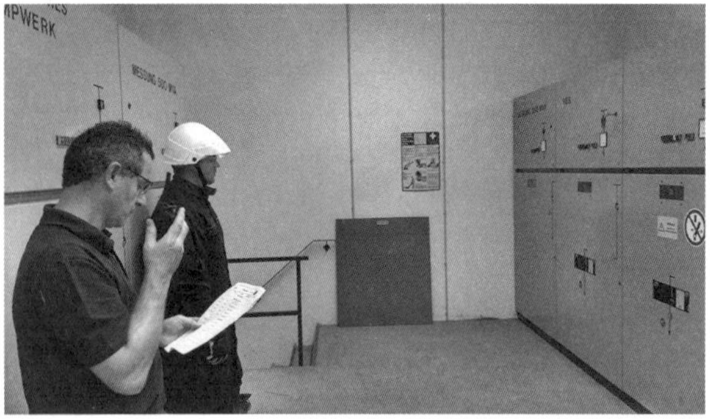

Bild 10.43 Kontaktaufnahme zur Leitstelle und Prüfung des Schaltzustands vor Ort

Bild 10.44 Leistungsschalter durch Leitstelle ausgeschaltet – vor Ort wird Trennschalter geöffnet

Bild 10.45 Spannungsfreiheit feststellen

Bild 10.46 Kabelabgang erden und kurzschließen

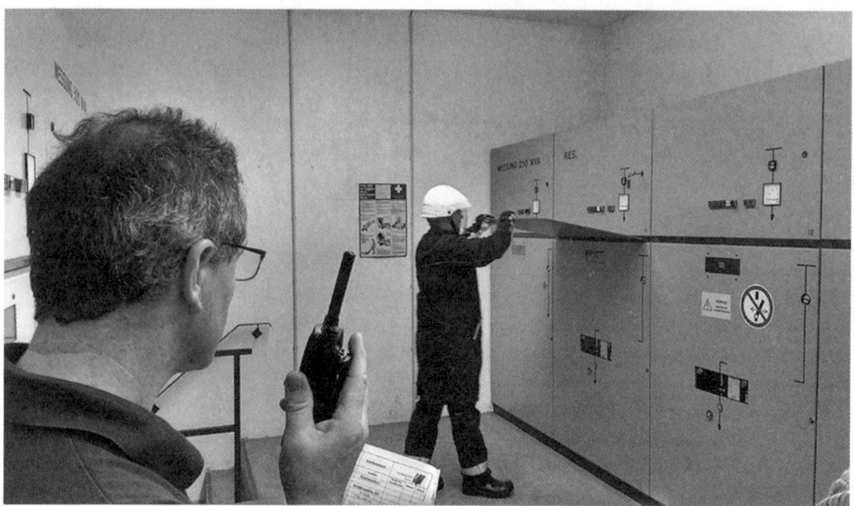

Bild 10.47 Isolierende Schutzplatte einschieben

Bild 10.48 20-kV-Schaltfeld freigeschaltet, Trennstrecke hergestellt, geerdet und kurzgeschlossen und gegen Wiedereinschalten gesichert durch Leitstelle und vor Ort

Beispiel 2: Freischaltung einer MS-Netzstation für Reinigungsarbeiten

Bild 10.49 Gefährdungsbeurteilung:
Drei Mittelspannungsschaltfelder in einem sicheren Zustand

Bild 10.50 Vorher Netzumschaltungen im Niederspannungsnetz zur weiteren Versorgung der Kunden

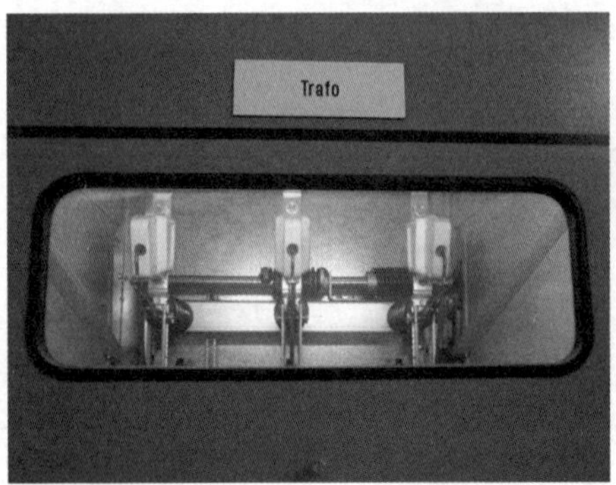

Bild 10.51 Sichtkontrolle aller Schaltfelder

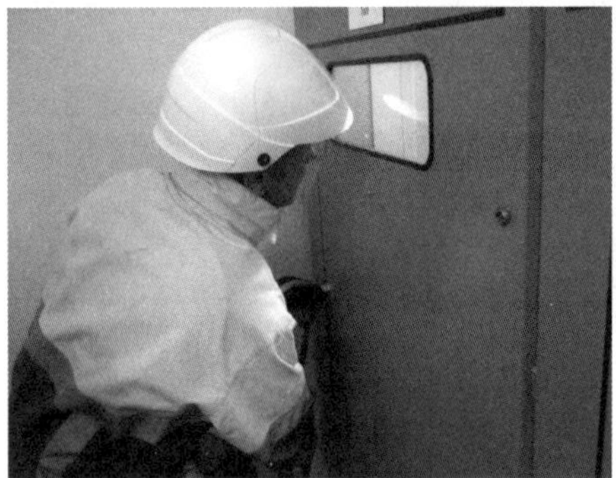

Bild 10.52 Erste Sicherheitsregel: Aus- und Freischalten aller Schaltfelder mit Lasttrennschalter

Bild 10.53 Zweite Sicherheitsregel: Sichtprüfung und „gegen Wiedereinschalten sichern“; Schalthebel abziehen und Schaltverbotsschild platzieren

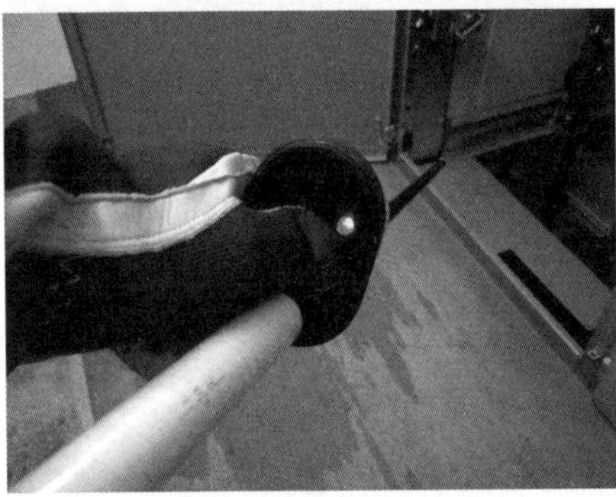

Bild 10.54 Dritte Sicherheitsregel vorbereiten: Spannungsprüfer testen

Bild 10.55 Dritte Sicherheitsregel: Allpolig und allseitig die Spannungsfreiheit feststellen

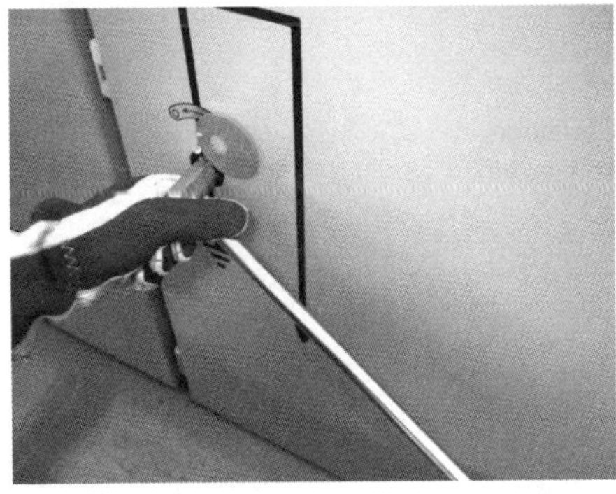

Bild 10.56 Vierte Sicherheitsregel: Erden- und Kurzschließen mit Erdungsschalter

Bild 10.57 Vierte Sicherheitsregel:
Sammelschiene Erden und Kurzschließen mit einem Erdungsseil (EuK).
Kontrolle und Durchführungserlaubnis durch den schaltberechtigten Anlagenverantwortlichen an den Arbeitsverantwortlichen zum Reinigen der Schaltanlage

Beispiel 3: Freischaltung für das Arbeiten in einem Niederspannungsnetz (PSAgS nicht mehr zeitgemäß)

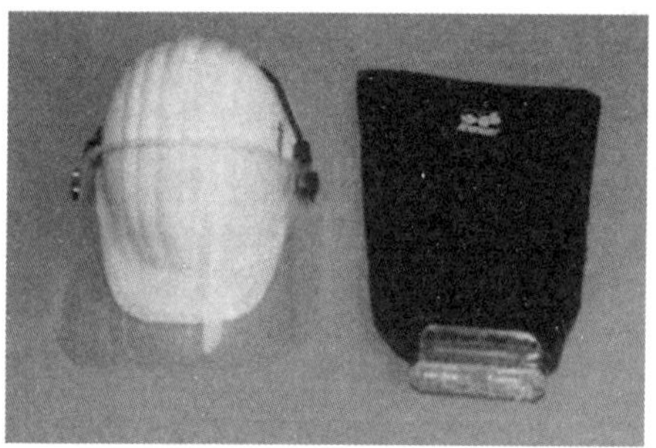

Bild 10.58 Persönliche Schutzausrüstung (PSAgS) benutzen;
Kopfschutz mit Gesichtsschutzschirm und NH-Sicherungsaufsteckgriff mit Unterarmschutz

Bild 10.59 Erste Sicherheitsregel:
„Freischalten“;
alle drei NH-Sicherungen herausnehmen

Bild 10.60 Zweite und dritte Sicherheitsregel:
„Gegen Wiedereinschalten sichern“;
Blindelemente einsetzen;
„Spannungsfreiheit feststellen“,
mit zweipoligem Spannungsprüfgerät

Bild 10.61 Vierte Sicherheitsregel:
„Erden und Kurzschließen“

Bild 10.62 Fünfte Sicherheitsregel:
„Benachbarte, unter Spannung stehende Teile abdecken“

11 Begriffsbestimmungen

Eine Reise ins Ausland, dienstlich oder privat, kann angenehm oder auch problematisch sein. Schwierigkeiten können auftreten, wenn Kontakte zur Bevölkerung gesucht werden, um z. B. nach einer Werkstatt zu fragen, weil das Betriebsmittel Auto defekt ist. Wenn die Fachbegriffe in der Landessprache nicht geläufig sind, kann es zu Missverständnissen kommen.

Eventuell hilft eine „Brückensprache", z. B. Englisch, die der Landsmann auch spricht, als gemeinsames Kommunikationsmittel, oder ein gutes Wörterbuch oder Worte mit Händen und Füßen!? Aber am besten ist es, die Landessprache zu beherrschen, damit jeder eindeutig weiß, was gemeint ist.

Eine eindeutige Aktion muss eine eindeutige Reaktion bewirken.

Das geht aber nur, wenn die Vorhaben – die Begriffe – definiert sind, sodass jeder sich dasselbe darunter vorstellt.

Professionelle Schaltauftrags- und Schaltberechtigte müssen im Schaltgespräch die vorgegebenen Begriffe verwenden, um bereits in der Phase des Schaltauftrags Fehlinformationen auszuschließen, die zu einer Fehlschaltung führen könnten.

Für den Schaltbetrieb sind die definierten Begriffe zu verwenden. Sie bilden die Basis für ein eindeutiges, einheitliches Schaltgespräch und gehören zur erforderlichen Fachkunde für Elektrofachkräfte, um das gesetzte Ziel zu erreichen: Fehlschaltungen und Unfälle zu verhüten.

11.1 Ausgewählte Begriffsbestimmungen von A bis Z

Abgang

Bezeichnung für den Teil einer Anlage, der die Verbindung zwischen Sammelschiene und Betriebsmittel (z. B. Leitung oder Transformator) darstellt.

Abgeschlossene elektrische Betriebsstätten

Räume oder Orte, die ausschließlich zum Betrieb elektrischer Anlagen dienen. Hierzu gehören z. B. abgeschlossene Schalt- und Verteilungsanlagen, Transformatoren- und Schaltfelder, Verteilungsanlagen in Gehäusen oder in anderen abgeschlossenen Anlagen sowie Maststationen.

Sie müssen unter Verschluss gehalten werden. Der Verschluss darf nur von beauftragten Personen geöffnet werden. Zutritt haben Schaltberechtigte, Elektrofachkräfte und/oder elektrotechnisch unterwiesene Personen. In den Betriebsanweisungen ist der Personenkreis aufzuführen. Laien jedoch nur in Begleitung von Elektrofachkräften oder elektrotechnisch unterwiesenen Personen.

Aktive Teile

Leiter und leitfähige Teile oder Betriebsmittel, die unter normalen Bedingungen unter Spannung stehen.

Anlagenbetreiber

Eigentümer, Unternehmer oder eine von ihm beauftragte natürliche oder juristische Person, die die Unternehmerpflicht für den sicheren Betrieb und ordnungsgemäßen Zustand der elektrischen Anlage wahrnimmt. Bei umfangreichen oder komplexen Anlagen kann diese Zuständigkeit auch für Teilanlagen übertragen sein. Der Begriff des Anlagenbetreibers wurde aktuell in die DIN VDE 0105-100 aufgenommen, um klar zwischen der bestehenden Verantwortung **für den sicheren Betrieb und ordnungsgemäßen Zustand von elektrischen Anlagen** und der arbeitsbezogenen Verantwortung des Anlagenverantwortlichen – für die Elektrosicherheit – zu unterscheiden.

Zu den klassischen Aufgaben des Anlagenbetreibers gehört es, für die elektrischen Anlagen z. B. durch Inspektions-, Instandsetzungs- und Wartungsarbeiten, den ordnungsgemäßen und sicheren Betrieb der elektrischen Anlagen zu gewährleisten. Der Anlagenbetreiber muss nicht Elektrofachkraft sein. In diesem Fall muss er durch Beauftragung einer Elektrofachkraft die aus seiner Verantwortung entstehenden Rechte und Pflichten übertragen.

Anlagenverantwortlicher

Person, die nach DIN VDE 0105-100 beauftragt ist, **während der Durchführung von Arbeiten die unmittelbare Verantwortung für den Betrieb der elektrischen Anlage** bzw. der Anlagenteile zu tragen, die zur Arbeitsstelle gehören.

Der Anlagenverantwortliche kann die möglichen Auswirkungen der Arbeiten auf die in seinem Zuständigkeitsbereich befindlichen Anlagen bzw. der Anlagenteile und die Auswirkungen von diesen auf die vorgesehene Arbeitsausführung beurteilen. Erforderlichenfalls können einige mit dieser Verantwortung einhergehende Verpflichtungen auf andere Personen übertragen werden.

Es ist sinnvoll, dass der Anlagenverantwortliche die Befähigung zum Schalten besitzt, ansonsten müsste im Bedarfsfall an einen Schaltberechtigten delegiert werden.

Der Anlagenverantwortliche mit Weisungsbefugnis für den sicheren Betrieb muss nach DIN VDE 0105-100 in jedem Fall **Elektrofachkraft** sein. Daraus leitet sich ab, dass es sich um eine natürliche Person, das heißt z. B. nicht um eine Fachabteilung, handelt. Diese Frage ist wichtig beim Schichtbetrieb, wo jeweils eine bestimmte Person als Anlagenverantwortlicher – erforderlichenfalls mit Vertretern – zu benennen ist. Besonders wichtig ist die Zusammenarbeit zwischen Anlagenverantwortlichem und Arbeitsverantwortlichem. Dies schließt nicht aus, dass bei kleinen Anlagen die Funktionen von Anlagenverantwortlichen, Arbeitsverantwortlichen und ausführender Person in einer Person vereinigt sind (Personalunion). Eine klare Abgrenzung der grundsätzlich unterschiedlichen Aufgaben und Kompetenzen ist schon wegen der unterschiedlichen rechtlichen Verantwortung unbedingt vorzunehmen (Führungsaufgabe des Unternehmers).

Dem Anlagenverantwortlichen obliegt die Verkehrssicherungspflicht für die Anlage. Er muss dafür sorgen, dass eine Fremdfirma, die Arbeiten in der Anlage durchführen soll, in die Umgebungs-/Anlagengefahren eingewiesen ist. Zugleich obliegt dem Anlagenverantwortlichen auch die Pflicht zur „ergänzenden Sicherheitsüberwachung" in Form von Stichproben dahin gehend, ob die Sicherheit der Fremdfirmen-Mitarbeiter unter Leitung und Aufsicht des Arbeitsverantwortlichen entsprechend den Sicherheitsvorgaben auch gewährleistet ist (Arbeiten unter Leitung und Aufsicht).

Der Anlagenverantwortliche erteilt nach Durchführung aller Schutzmaßnahmen (z. B. fünf Sicherheitsregeln) die Durchführungserlaubnis für die elektrische Anlage an den Arbeitsverantwortlichen. Der Arbeitsverantwortliche erteilt die Freigabe zum Arbeiten.

Der Anlagenverantwortliche sollte über eine Schaltberechtigung verfügen.

Nur der Anlagenverantwortliche erteilt die Durchführungserlaubnis an den Arbeitsverantwortlichen.

Annäherungszone

(siehe Schutzabstand)

Arbeiten an elektrischen Anlagen

Unter diesen Begriff fallen alle Tätigkeiten, die auf das Herstellen, Errichten, Ändern, Instandsetzen und Prüfen elektrischer Anlagen und Betriebsmittel ausgerichtet sind. Der Begriff „Arbeiten" ist gegenüber dem Begriff „Bedienen" nicht immer klar abzugrenzen. Es gibt bestimmte Tätigkeiten, die sowohl „Bedienen" als auch „Arbeiten" sind.

Beispiele: Wechseln von Schraubsicherungen auf der einen Seite („Bedienen"), Wechseln von ungeschützten NH-Sicherungen auf der anderen Seite („Arbeiten").

Für den Praktiker besonders zu beachten:

Unter den Begriff „Arbeiten“ fallen solche Tätigkeiten, die für die Sicherheit und Funktion der Anlage oder des Betriebsmittels entscheidend sind und nicht selten ohne vollständigen Berührungsschutz durchgeführt werden müssen, vor allem bei dem Instandhalten und Reinigen elektrischer Anlagen und Betriebsmittel.

Arbeiten an elektrischen Anlagen sind grundsätzlich **alle Tätigkeiten,** die nach § 3 Abs. 1 Satz 1 DGUV-Vorschrift 3 **ausschließlich** von **Elektrofachkräften** oder **unter deren Leitung und Aufsicht** durchgeführt werden dürfen. Die DGUV-Vorschrift 3 fordert sowohl für Bedienvorgänge als auch für Tätigkeiten, die unter den Begriff „Arbeiten“ fallen, in erster Linie technische Maßnahmen zum Schutz gegen elektrischen Schlag oder die Ausbildung und Auswirkung von Störlichtbögen. In zweiter Linie müssen unter bestimmten Voraussetzungen persönliche Schutzausrüstungen verwendet werden.

Arbeiten im spannungsfreien Zustand

Arbeiten an elektrotechnischen Anlagen, deren spannungsfreier Zustand zur Vermeidung von elektrischen Gefahren hergestellt und sichergestellt ist, unter Berücksichtigung der fünf Sicherheitsregeln.

Arbeiten unter Spannung

sind nach DIN VDE 0105-100 Tätigkeiten, bei der eine Person bewusst mit Körperteilen oder Werkzeugen, Ausrüstungen oder Vorrichtungen unter Spannung stehende Teile berührt oder in die Gefahrenzone gelangt. Hierfür benötigt die Elektrofachkraft keine zusätzliche Ausbildung.

Als oberster Grundsatz gilt, dass diese Arbeiten nur dann durchgeführt werden dürfen, wenn die Sicherheit und der Gesundheitsschutz aller an den Arbeiten beteiligten Personen sichergestellt ist.

Arbeiten unter Spannung, z. B. Zählerwechsel, erfordern eine besondere Befähigung, technische und organisatorische Maßnahmen (siehe auch DGUV-Vorschrift 3 § 8 und DGUV-Regel 103-011).

Arbeitserdung

ist das in DIN VDE 0105-100 geforderte Erden und Kurzschließen an der Arbeitsstelle einschließlich der hierzu erforderlichen Einrichtungen.

Die Arbeitserdung ist in unmittelbarer Nähe der Arbeitsstelle anzubringen (wenn immer möglich, von der Arbeitsstelle aus sichtbar). Sie schützt die Arbeitenden gegen gefährliche Rest-, Beeinflussungs- und Berührungsspannungen. Ist an allen

Ausschaltstellen kurzschlussfest geerdet und kurzgeschlossen, so genügt an der Arbeitsstelle ein Querschnitt der Erdungs- und Kurzschließseile von 25 mm^2 Cu.

Arbeitsschutzvorschriften/Rangordnung

Die verschiedenen Bestimmungen und Regeln stehen in folgendem Verhältnis:

- *Arbeitsschutzvorschriften:*
  Gesetze und Verordnungen;
- *Unfallverhütungsvorschriften*
- *elektrotechnische Regeln:*
  Durch Bekanntmachung im Mitteilungsblatt der Berufsgenossenschaft und Aufführung im Anhang zur DGUV-Vorschrift 3 zur UVV erhoben und somit rechtsverbindlich.
- *Allgemein anerkannte Regeln der Technik:*
  Bestimmungen privater Normengeber (VDE, DIN EN) und sonstige unter Fachleuten selbstverständliche Erfordernisse.

Arbeitsstelle

ist der zur Arbeit freigegebene und entsprechend gekennzeichnete Teil einer elektrischen Anlage – natürlich erst nach der Durchführung der erforderlichen Sicherungsmaßnahmen.

Arbeitsverantwortlicher

Eine Person, die nach DIN VDE 0105-100 beauftragt ist, die unmittelbare Verantwortung **für die Durchführung von Arbeiten** zu tragen.

Für jede Arbeit muss ein Arbeitsverantwortlicher festgelegt werden. Sofern die Arbeitsdurchführung unterteilt ist, kann es erforderlich sein, für jede Arbeitsgruppe eine für die Sicherheit verantwortliche Person und für alle eine koordinierende Person festzulegen.

Nur der Arbeitsverantwortliche erteilt die Freigabe zur Arbeit.

Der Arbeitsverantwortliche ist für die **Freigabe zur Arbeit** verantwortlich. Er wurde früher als aufsichtführende Person im Sinne von „unter Leitung und Aufsicht" bezeichnet. Er ist für die Einhaltung aller Sicherheitsmaßnahmen bei der Arbeit, z. B. in der Nähe unter Spannung stehender aktiver Teile, zuständig und verantwortlich. Er hat ebenfalls nach Beendigung der Arbeit die notwendigen Maßnahmen zu veranlassen und vor allem dem Anlagenverantwortlichen die Einschaltbereitschaft der Anlage zu melden.

Die Festlegung, wer im Einzelfall die Aufgabe des Arbeitsverantwortlichen übernimmt, ist eine wesentliche Führungsaufgabe des Unternehmers oder der für das gesamte Betriebsgeschehen verantwortlichen und zuständigen Elektrofachkraft. Selbstverständlich kann der Arbeitsverantwortliche ebenso wie die in früheren Normen erwähnte aufsichtführende Person auch selbst z. B. handwerklich mitarbeiten.

Aufsicht (Arbeiten „unter Leitung und Aufsicht")

wird bei der Durchführung von Arbeiten an elektrischen Anlagen im Regelfall durch eine **Elektrofachkraft** geführt. Damit trägt die Elektrofachkraft/Arbeitsverantwortliche Fachverantwortung und hat in diesem Rahmen Anweisungsbefugnis, d. h., sie muss fachliche Entscheidungen treffen und diesbezüglich Anweisungen geben (Führungspflichten). Nur wenn die Elektrofachkraft/Arbeitsverantwortlicher durch eindeutige Anweisungen sichergestellt hat, dass fachlich sicherheitsgerecht gearbeitet wird, erfüllt sie ihre „Leitungs- und Aufsichtsfunktion".

Aufsichtsführung nach DIN VDE 0105-100 ist die ständige Überwachung der gebotenen Sicherheitsmaßnahmen bei der Durchführung der Arbeiten an der Arbeitsstelle. Der Aufsichtsführende darf dabei nur Arbeiten ausführen, die ihn in der Aufsichtsführung nicht beeinträchtigen. Der Unterschied zur Beaufsichtigung ist zu beachten.

Auslösung

Eine Auslösung ist jede Außerbetriebnahme einer Anlage oder eines Anlagenteils, die nicht durch die Betätigung des zugehörigen Steuerorgans eingeleitet wird. Durch Schutzeinrichtungen bewirkte Auslösungen werden als Schutzauslösungen bezeichnet.

Ausschalterdung

Hierunter wird das in DIN VDE 0105-100 geforderte Erden und Kurzschließen an den Ausschaltstellen oder in deren unmittelbarer Nähe einschließlich der hierzu erforderlichen Einrichtungen verstanden.

Die Ausschalterdung/Erdungsschalter soll Gefährdungen durch unbeaufsichtigtes Einschalten auf freigeschaltete Betriebsmittel verhindern. Die Ausschalterdung muss den am Einbauort auftretenden Kurzschlussbeanspruchungen gewachsen sein (kurzschlussfeste Erdung).

Ausschaltung/Ausschaltstelle

Eine Ausschaltung ist eine gewollte Außerbetriebnahme einer Anlage oder eines Anlagenteils/Betriebsmittels, die durch die Betätigung eines zugehörigen Steuerorgans eingeleitet wird, ohne dass dabei zwangsläufig Trennstreckeneigenschaften hergestellt werden.

Automatische Wiedereinschaltung

Automatisierter Wiedereinschaltversuch nach Schutzauslösung im MS- und HS-Freileitungsnetz, mit dem Ziel, durch Einhaltung einer definierten stromlosen Pause das selbsttätige Verlöschen von Fehlerlichtbögen zu erreichen. Je nach Zeit wird unterschieden in Kurzunterbrechung und Langunterbrechung. Vormals wurde der Begriff KU (= Kurzunterbrechung) benutzt.

Beaufsichtigung

ist die ständige ausschließliche Durchführung der Aufsicht. Daneben dürfen keine weiteren Tätigkeiten durchgeführt werden.

Bedienen elektrischer Anlagen und Betriebsmittel

ist dem Grundsatz nach jede Tätigkeit, die an Einstell-, Schalt- und Steuerorganen durchgeführt wird, z. B. Schalten eines Leistungsschalters, Einschalten eines Lichtschalters, Einstellen der Schaltzeit an einem Zeitrelais in einer Schaltanlage, Arbeiten mit einem PC. Dies sind somit auch alle Tätigkeiten, die der regelrechten betrieblichen Prozessführung dienen.

Der Bedienvorgang setzt nicht unbedingt einen vollständigen Berührungsschutz im Bereich des Bedienelements voraus, obwohl dies die Regel sein wird.

Wenn die Bedienelemente sich in der Nähe von unter Spannung stehenden aktiven Teilen befinden, treten Gefährdungen auf. § 6 Abs. 4 der DGUV-Vorschrift 3 bestimmt daher, dass auch beim Bedienen elektrischer Betriebsmittel, die unter Spannung stehenden Teilen benachbart sind, eine Freischaltung und Abdeckung zu erfolgen hat, sofern nicht eine entsprechende Abdeckung konstruktiv vorgesehen ist. Die PSAgS ist zu benutzen.

Mit diesen letztgenannten Bedienvorgängen in der Nähe von unter Spannung stehenden aktiven Teilen soll im Regelfall die Sollfunktion einer Anlage hergestellt werden. Diese Tätigkeiten müssen von einer mind. elektrotechnisch unterwiesenen Person durchgeführt werden.

Beendigung der Arbeiten oder der Prüfungen

ist die Meldung des für die Arbeiten Verantwortlichen an die Leitstelle nach Abschluss der Arbeiten oder der Prüfungen, für die eine Erlaubnis erteilt wurde.

Beeinflussungsspannung

ist die in außer Betrieb befindlichen Anlageteilen oder Betriebsmitteln (z. B. Leitungen) entstehende Spannung, hervorgerufen durch die induktive und/oder kapazitive Beeinflussung von anderen in Betrieb befindlichen Betriebsmitteln.

Befähigte Person

ist im Sinne der BetrSichV eine Person, die durch ihre Berufsausbildung, Berufserfahrung und ihre zeitnahe berufliche Tätigkeit über die erforderlichen Fachkenntnisse verfügt.

Betätigungsstangen

sind von Hand zu benutzende Geräte nach DIN VDE 0680-3 oder DIN VDE 0681-1 zum Betätigen und Prüfen von unter Spannung stehenden Teilen.

Betreiben elektrischer Anlagen (Bedienen und Arbeiten)

Das Einschalten eines Elektromotors oder einer Beleuchtungsanlage fällt ebenso unter diesen Begriff wie die Durchführung von Reparaturen an bereits in einer Anlage verwendeten Betriebsmitteln. Die DGUV-Vorschrift 3 versteht hierunter alle Maßnahmen und Tätigkeiten, die in erster Linie nicht dem Herstellen, Errichten oder Ändern, sondern dem für die jeweilige Funktion des Betriebsmittels und der Anlage **vorgesehenen Zweck** dienen. In DIN VDE 0105-100 werden unter diesem Begriff alle Tätigkeiten zusammengefasst, die erforderlich sind, damit die Anlage sowohl unter bestimmungsgemäßen als auch unter anomalen Bedingungen funktionieren kann. Dies umfasst Bedienen (z. B. Schalten, Steuern, Regeln oder Beobachten) sowie elektrotechnische und nicht elektrotechnische Arbeiten. Bei Reparaturen („Ändern und Instandsetzen") elektrischer Anlagen und Betriebsmittel durch den Betreiber ist die Grenze zwischen Errichten und Betreiben fließend. Den hierbei auftretenden formellen Schwierigkeiten kann begegnet werden, wenn man die Unfallverhütungsvorschrift und deren Abschnitte zielgerichtet auf das Errichten und Betreiben anwendet. Dies bedeutet, dass die Vorschrift sich zwar dem Grundsatz nach an den Betreiber wendet, vor allem jedoch der § 4 praktisch ausschließlich auf das Errichten zu beziehen ist, das entweder vom Betreiber selbst erfolgen kann oder durch andere Unternehmen – im Auftrag des Betreibers – durchgeführt wird.

Nach der Durchführungsanweisung zu § 3 Abs. 1 der DGUV-Vorschrift 3 umfasst das Betreiben alle Tätigkeiten (Bedienen und Arbeiten) an und in elektrischen Anlagen sowie an und mit elektrischen Betriebsmitteln. Zum Instandhalten gehören Arbeiten zum Vermeiden von Störungen und zum Beseitigen von Mängeln, d. h. das Überwachen (z. B. gelegentliches oder regelmäßiges Besichtigen, Messen, Prüfen), das Warten (z. B. Schmieren und Anstreichen), das Reinigen, das Auswechseln von Teilen, das Instandsetzen sowie Erprobungen und Probeläufe.

Das übliche Benutzen elektrotechnischer Einrichtungen mit vollständigen und wirksamen Maßnahmen zum Schutz gegen direktes Berühren sowie funktionsfähigen Maßnahmen zum Schutz bei indirektem Berühren ist kein Betreiben. Um Missverständnissen vorzubeugen, wird in der Norm DIN VDE 0105-100 (Betrieb elektrischer Anlagen) erwähnt, dass in dem Fall, in dem z. B. eine Person, sei es ein elektrotechnischer Laie, eine elektrotechnisch unterwiesene Person oder eine Elektrofachkraft, beispielsweise ein Küchengerät, einen Staubsauger, ein Elektrowerkzeug, eine Werkzeugmaschine, ein Kopiergerät oder einen Computer benutzt, sie dazu die erwähnte Norm nicht kennen und nicht beachten muss. Gleiches gilt auch beim Benutzen fest installierter Anlagen, z. B. zur Belüftung, Beleuchtung und Beheizung. Vorausgesetzt wird, dass sich das Gerät/Betriebsmittel in einem ordnungsgemäßen Zustand befindet. Man muss bei diesen Definitionen immer unterscheiden, dass der Oberbegriff Betreiben in die Begriffe

- Bedienen und
- Arbeiten

aufzugliedern ist. DIN VDE 0105-100 gilt selbstverständlich immer, wenn Arbeiten an elektrischen Anlagen und Betriebsmitteln sowie bestimmte, nicht für elektrotechnische Laien zugelassene Bedienvorgänge – z. B. Betätigung von Stellgliedern in der Nähe unter Spannung stehender aktiver Teile – durchgeführt werden.

Betriebsbereit

Ein Freischaltbereich ist betriebsbereit, wenn zu seiner Inbetriebnahme nur die Betätigung von Abgangserdungsschalter, Trennschalter und Leistungsschalter erforderlich ist.

Betriebsmittel

sind alle technischen Geräte/Gegenstände, die als Ganzes oder in einzelnen Teilen dem Anwender elektrischer Energie dienen. Hierzu gehören z. B. Gegenstände zum Erzeugen, Fortleiten, Verteilen, Speichern, Messen, Umsetzen und Verbrauchen elektrischer Energie.

Den Betriebsmitteln werden gleichgesetzt Schutz- und Hilfsmittel, soweit an diese Anforderungen hinsichtlich der elektrischen Sicherheit gestellt werden.

Betriebsstätten

Räume und Orte, die im Wesentlichen zum Betrieb elektrischer Anlagen dienen und in der Regel nur von Fachkräften oder unterwiesenen Personen betreten werden (s. a. „Abgeschlossene elektrische Betriebsstätte“). Elektrotechnische Laien müssen beaufsichtigt werden.

Brandbekämpfung

Für das Vorgehen bei Bränden ist die DIN VDE 0132 zu beachten.

Zur Brandbekämpfung sind Schaltberechtigte in der Bedienung geeigneter Löschgeräte zu unterrichten und dies in angemessener Zeit zu wiederholen.

Bei Ausbruch eines Brands sind Gefahr bringende oder gefährdete Teile der Starkstromanlage auszuschalten, soweit sie nicht für die Brandbekämpfung unter Spannung gehalten werden müssen oder sich nicht durch die Ausschaltung andere Gefahren ergeben.

Durchführungserlaubnis

Die Durchführungserlaubnis (schriftlich oder mündlich) wird vom Anlagenverantwortlichen an den Arbeitsverantwortlichen für eine genau definierte Arbeitsstelle genehmigt, die geplante Arbeit durchzuführen. Die Durchführungserlaubnis wird vom Arbeitsverantwortlichen nach Räumung der Arbeitsstelle an den Anlagenverantwortlichen zurückgegeben.

Eingrenzungsschaltung

ist eine Schaltung zur Eingrenzung des Fehlerorts bei Störungen.

Elektrische Anlage

ist eine Anlage mit elektrischen Betriebsmitteln zur Erzeugung, Übertragung, Umwandlung, Verteilung und Anwendung elektrischer Energie. Sie schließt Energiequellen ein, wie Batterien, Kondensatoren und alle anderen Quellen gespeicherter Energie.

Elektrofachkraft

ist die Person, die aufgrund ihrer fachlichen Ausbildung, Kenntnisse und Erfahrungen sowie Kenntnis der einschlägigen Bestimmungen die ihr übertragenen Arbeiten beurteilen und mögliche Gefahren erkennen kann.

Ebenso kann eine mehrjährige Tätigkeit auf einem bestimmten Arbeitsgebiet in der Elektrotechnik die erforderlichen Kenntnisse und Fertigkeiten vermitteln.

Elektrofachkraft für festgelegte Tätigkeiten

Im Rahmen der EU-Harmonisierung war es notwendig, die in Deutschland geltende Handwerksordnung zu ändern. § 5 lautet jetzt: Wer ein Handwerk nach § 1 der Handwerksordnung betreibt, kann hierbei auch Arbeiten in anderen Handwerken ausführen, wenn sie mit dem Leistungsangebot seines Handwerks technisch oder fachlich zusammenhängen oder es wirtschaftlich ergänzen.

Diese sog. „Paketlösung“ schafft die Möglichkeit, auch solche Tätigkeiten auszuführen, für die eine Ausbildung fehlt. Installateure des Gas- und Wasserfachs oder z. B. Heizungsinstallateure können somit auch die notwendigen elektrotechnischen Installationen zum Betreiben ihrer Geräte erstellen, wobei allerdings die Regelungen der Unfallverhütungsvorschrift, wonach an elektrischen Anlagen und Betriebsmitteln nur von Elektrofachkräften gearbeitet werden darf, zu berücksichtigen sind. Da Handwerksbetriebe durchweg Mitglied eines gesetzlichen Unfallversicherungsträgers sind, gelten für sie in vollem Umfange die Regelungen der DGUV-Vorschrift 3, d. h., die mit den erwähnten Arbeiten befassten Mitarbeiter müssen die Qualifikation einer Elektrofachkraft zumindest „für festgelegte Tätigkeiten“ erwerben. Die Durchführungsanweisungen zu § 2 Abs. 3 DGUV-Vorschrift 3 enthalten hierzu Randbedingungen, d. h., es wird eine Ausbildung vorgegeben, in der genügende theoretische Kenntnisse der Elektrotechnik vermittelt werden, die für das sichere und fachgerechte Durchführen der festgelegten Tätigkeiten, z. B. ein elektrischer Anschluss für einen öl- oder gasbefeuerten Heizungskessel. In der praktischen Ausbildung müssen die Fertigkeiten vermittelt werden, mit denen die in der theoretischen Ausbildung erworbenen Kenntnisse sicher angewendet werden können.

Die Durchführungsanweisungen greifen an dieser Stelle Regelungen auf, die sich bereits seit fast einem Jahrzehnt in der Industrie im Rahmen der „Empfehlungen für den Einsatz von Elektrofachkräften und elektrotechnisch unterwiesenen Personen in der Industrie“ bewährt haben. Dort werden unter anderem **Industrieelektroniker**, Fachrichtung Produktionstechnik oder auch **Industriemechaniker**, Fachrichtung Betriebstechnik und/oder Produktionstechnik, im Rahmen einer mehrjährigen Tätigkeit zunächst zu elektrotechnisch unterwiesenen Personen und danach als Elektrofachkräfte für ein bestimmtes Aufgabengebiet der Elektrotechnik ausgebildet. Diese Mitarbeiter sind in der Lage, neben ihrer Tätigkeit als Maschinenführer auch die Wartung und Instandhaltung sowie die Beseitigung bestimmter Störungen im elektrotechnischen Teil der Maschinen durchzuführen, wobei das Aufgabengebiet präzise abgegrenzt ist und sämtliche Tätigkeiten unter Leitung und Aufsicht einer verantwortlichen Elektrofachkraft durchgeführt werden.

Elektrotechnisch unterwiesene Person

ist über die ihr übertragenen Aufgaben und die möglichen Gefahren bei unsachgemäßem Verhalten von einer Elektrofachkraft unterrichtet und erforderlichenfalls angelernt sowie über die notwendigen Schutzeinrichtungen und Schutzmaßnahmen unterwiesen worden. Die Unterweisung sollte schriftlich fixiert werden (siehe Kapitel 3).

Elektrotechnische Laien

sind weder als Elektrofachkraft noch als elektrotechnisch unterwiesene Person qualifiziert.

Erdschlussstromkompensationsspule (E-Spule)

Spule zur Kompensation des kapazitiven Netzerdschlussstroms.

Erdungsschalter (kurz: Erder)

ist ein mechanisches Schaltgerät zum Erden und Kurzschließen von Teilen eines Stromkreises/einer elektrischen Anlage, das Ströme unter außergewöhnlichen Bedingungen, wie Kurzschluss, während einer festgelegten Zeit standhält, das aber unter Betriebsbedingungen (im Stromkreis bzw. auf Leitungen) keinen Strom zu führen braucht.

Erdungsstangen

sind von Hand zu benutzende isolierende Stangen nach DIN EN 61219 (**VDE 0683**) zum Heranführen der Anschlussteile von Erdungs- und Kurzschließvorrichtungen an nicht unter Betriebsspannung stehende Teile von Starkstromanlagen.

Erdungs- und Kurzschließvorrichtungen (EuK)

sind ein- oder mehrpolig, frei- oder zwangsgeführt, ortsfest oder veränderlich ausgeführt.

Erlaubnis für Arbeiten oder für Prüfungen an …

Die Erlaubnis ist notwendig, wenn an Betriebsmitteln gearbeitet werden soll, ohne dass dafür eine Freigabe zur Arbeit erforderlich ist und auch bei Arbeiten an Geräten und Einrichtungen, die für den Netzbetrieb erforderlich sind. Erteilt wird sie von der schaltauftragsberechtigten Person in Funktion als Anlagenverantwortlicher an den Arbeitsverantwortlichen.

Erste Hilfe

Für das Vorgehen bei Unfällen durch elektrischen Strom wird auf das Merkblatt „Erste Hilfe bei Unfällen durch den elektrischen Strom“ des Hauptverbands der gewerblichen Berufsgenossenschaften verwiesen. Eine ausreichende Zahl an Arbeitskräften/Schaltberechtigten ist in der Herz-Lungen-Wiederbelebung auszubilden und die Ausbildung in angemessener Zeit zu wiederholen (DGUV-Vorschrift 1).

Fachkräfte für Arbeitssicherheit

Sicherheitsingenieure, -techniker, -meister und Monteure. Sie erfüllen die Anforderungen nach dem Arbeitssicherheitsgesetz (§ 7 ASiG), wenn sie die Fachkunde besitzen.

Fahrlässigkeit/Straftat

Wer seine Garantenpflicht schuldhaft vernachlässigt (sog. Unterlassungsdelikt), muss mit rechtlichen Konsequenzen rechnen. Für den Schuldvorwurf hat die Schuldform besondere Bedeutung.

Ein Unterschied liegt zwischen der einfachen und groben Fahrlässigkeit.

- *Einfache Fahrlässigkeit*
  Die Regel nicht gewusst und zu leicht genommen bzw. der Schaltberechtigte hätte es wissen und anders handeln müssen!
- *Grobe Fahrlässigkeit*
  Die Regel gewusst und dennoch anders gehandelt.

Bereits einfache Fahrlässigkeit reicht zur Verhängung einer Geldbuße sowie zur Verhängung einer Strafe aus.

Erst bei grober Fahrlässigkeit ist ein Regress durch die Berufsgenossenschaft möglich. Ob es sich um eine Straftat handelt, werden die Gerichte im Einzelfall überprüfen.

Freigabe zur Arbeit

durch den Arbeitsverantwortlichen vor Ort, die Arbeiten an der betreffenden Stelle zu beginnen.

Freiluftanlage

ist eine elektrische Anlage im Freien.

Freischaltantrag

Antrag, die Freischaltung eines Betriebsmittels zu genehmigen.

Freischaltbereich

ist der freigeschaltete Bereich einer elektrischen Anlage, in dem eine oder mehrere Arbeitsstellen eingerichtet werden können.

Freischalten

ist das allseitige Ausschalten oder Abtrennen eines Betriebsmittels oder eines Stromkreises von anderen Betriebsmitteln oder Stromkreisen durch Trennstellen, die den zu erwartenden Spannungsunterschieden zwischen dem Betriebsmittel oder dem Stromkreis und anderen Stromkreisen standhalten können.

Dies betrifft nach DIN VDE 0105-100 alle nicht geerdeten Einzelleiter.

Führungsverantwortung

hat der Unternehmer, aber auch jeder Vorgesetzte, also auch arbeitsverantwortliche Schaltberechtigte, der Vorarbeiter oder der Obermonteur. Die Führungsverantwortung folgt aus der Führungs- und Fürsorgepflicht gegenüber unterstellten Mitarbeitern. Die typischen Führungsaufgaben, die aus der Führungsverantwortung folgen, sind auf die Schaltberechtigung bezogen:

- *Die Organisationsverantwortung*

  Der Unternehmer hat seinen Betrieb zu organisieren. Er hat Regeln in einer Betriebsanweisung aufzustellen: wer, wo, was, wann schalten darf.

  In angemessenen Zeitabständen (mind. einmal im Jahr) müssen Schulungen/Unterweisungen durchgeführt und dokumentiert werden.
- *Auswahlverantwortung*

  Der Unternehmer hat die Verantwortung, das richtige Personal (den Schaltberechtigten) auszuwählen, einzustellen, einzuarbeiten und einzusetzen. Die Verantwortung wird an die ausgewählten Führungskräfte delegiert.
- *Aufsichtverantwortung*

  Der Unternehmer ist verantwortlich dafür, dass alles so funktioniert, wie es organisiert wurde. Darum ist es erforderlich, Aufsicht zu führen und durch Stichproben Kontrollen durchzuführen.

Kommen Unternehmer und Vorgesetzte ihrer Führungsverantwortung nicht nach (z. B. die Anlagenverantwortung/Schaltberechtigung ist nicht organisiert, es gibt keine Schaltdienstanweisung), können sie wegen fahrlässiger Unterlassung haften und sich sogar strafbar machen.

Gefahrenzone

ist der Bereich um unter Spannung stehende Teile, in dem beim Eindringen ohne Schutzmaßnahme der zur Vermeidung einer elektrischen Gefahr erforderliche Isolationspegel nicht sichergestellt ist.

Das unter Spannung stehende Teil ohne vollständigen Schutz gegen direktes Berühren wird durch den Mindestabstand begrenzt, der als äußere Grenze der Gefahrenzone (D_L) bezeichnet wird. Die äußere Grenze dieser Zone wird vom aktiven Teil aus gemessen. Der Abstand D_L ist abhängig von der Spannung des aktiven Teils.

Die Gefahrenzone kann durch geeignete Schutzvorrichtungen (isolierende Schutzplatten) eingeengt werden (Arbeiten in der Nähe unter Spannung stehender Teile).

Bei Anlagen über 1 kV wird das Erreichen der Gefahrenzone dem Berühren unter Spannung stehender Teile gleichgesetzt. Bis 1 kV ist die Oberfläche des Leiters die Gefahrenzone.

Gefährliche Arbeiten

Die Führungskraft, die Elektrofachkraft muss wissen, was gefährlich ist (z. B. das Arbeiten in der Nähe von oder an spannungsführenden Teilen). Mit diesen Arbeiten dürfen nur die Elektrofachkräfte betraut werden, die hierzu durch Vorbildung, Kenntnisse, Berufserfahrung, persönliche Eigenschaften befähigt sind. Die Führungskraft muss geeignete Mitarbeiter aussuchen, einweisen, schulen und beaufsichtigen. Vor einer Schaltung/Arbeit ist eine Gefährdungsbeurteilung durchzuführen. Das Restrisiko muss akzeptabel sein und bleiben.

Gegen Wiedereinschalten sichern

ist das Durchführen aller Maßnahmen, die das ungewollte Betätigen eines Schaltgeräts verhindern. Zusätzlich ist mittels Schaltverbotsschild zu visualisieren.

Genehmigung zum Arbeiten/Freigabe zur Arbeit

wird vom Arbeitsverantwortlichen nach der Einweisung an das Montagepersonal erteilt. Bei fachfremdem Personal erfolgt eine Unterweisung zur elektrotechnisch unterwiesenen Person. Diese ist schriftlich zu bestätigen.

Handbereich

ist der Bereich, der sich von der Standfläche üblicherweise betretender Stätten aus erstreckt und dessen Grenzen mit der Hand ohne besondere Hilfsmittel erreicht werden können.

Hilfseinrichtungen

Einrichtungen zum Betreiben elektrischer Hoch- und Mittelspannungsschaltanlagen. Dazu gehören Regeleinrichtungen, Schutzeinrichtungen, örtliche Steuereinrichtungen, Fernwirkeinrichtungen, Hilfsspannungsversorgungen, Druckluftanlagen, Umschaltautomatiken usw.

Hochspannungsnetz

Nach der Norm: Netz mit einer Spannung > 1 kV.

Informationsgespräch

Gespräch zur Vorbereitung von Schalthandlungen.

Innenraumanlage

ist eine elektrische Anlage innerhalb eines Gebäudes oder einer Umhüllung, deren Betriebsmittel gegen Witterungseinflüsse geschützt sind.

Isolierende Körperschutzmittel

Isolierende Schutzbekleidung nach DIN VDE 0680-1.

Isolierende Schutzvorrichtungen

Vorrichtungen aus isolierendem Material zum Abdecken und Abschranken unter Spannung stehender Teile.

Isolierende Schutzplatten nach DIN VDE 0682-552.

Isolierstangen/Schaltstangen

Zur Verwendung in Anlagen über 1 kV; Stangen, deren Handhabe und Isolierteil DIN VDE 0681-2 entsprechen. An ihnen können Arbeitsköpfe in Form von Werkzeugen, Abschrankvorrichtungen oder Prüfgeräte angebracht werden.

Isolierte Werkzeuge

Werkzeuge nach DIN VDE 0680.

Koordinator (Begriff ersetzt durch eine beauftragte Person des Auftraggebers)

Der Koordinator gemäß DGUV-Vorschrift 1 regelt die Einflussnahme auf „Fremdfirmen" im Betrieb. Der Unternehmer, der „Fremdfirmen" in seinem Bereich arbeiten lässt, muss eine Person mit Weisungsbefugnis bestellen (z. B. Elektrofachkraft/ Schaltberechtigter/Anlagenverantwortlicher/Arbeitsverantwortlicher), wenn eine „gegenseitige Gefährdung“ der Mitarbeiter gegeben ist.

Lasttrennschalter

Schaltgerät zum Schalten von Betriebsströmen und zur Herstellung der Trennstrecke.

Leistungsschalter

Schaltgerät zum Schalten von Betriebs- und Kurzschlussströmen.

Leiter, elektrisch

- *Außenleiter* sind Leiter, die Stromquellen mit Verbrauchsmitteln verbinden, aber nicht vom Mittel- oder Sternpunkt ausgehen
- *Neutralleiter* ist ein mit dem Mittel- oder Sternpunkt verbundener Leiter, der elektrische Energie fortleitet
- *Schutzleiter* ist ein Leiter, der verwendet wird bei einigen Schutzmaßnahmen bei indirektem Berühren zum Verbinden von Körpern mit:
  - anderen Körpern,
  - fremden leitfähigen Teilen,
  - Erdern, Erdungsleitern und geerdeten aktiven Teilen;
- *PEN-Leiter* ist ein Leiter, der die Funktion von Neutral- und Schutzleiter in sich vereinigt
- *aktive Teile* sind Leiter und leitfähige Teile der Betriebsmittel, die unter normalen Betriebsbedingungen unter Spannung stehen

Leitstelle (siehe Steuerstelle, Netzleitstelle)

Leitungen

sind technische Einrichtungen, die der Fortleitung elektrischer Energie dienen und elektrische Anlagen miteinander verbinden.

Mittelspannungsnetz

Netz mit einer Spannung über 1 kV bis 52 kV (im Sprachgebrauch).

Nach der Norm: Netz mit einer Spannung > 1 kV; Hochspannungsnetz.

Netz

ist die Gesamtheit von Leitungen, Kabeln, Transformatoren, Stationen und Anlagen zur Übertragung elektrischer Energie.

Netzführung/Produktionsüberwachung

ist ein wesentlicher Bestandteil der Betriebsführung und umfasst alle Aufgaben, die unmittelbar mit der Überwachung und der Steuerung des elektrischen Energieflusses in einem Energieversorgungsunternehmen sowie in der Industrie, in einem Produktionsbetrieb zu tun haben. Die verantwortlichen Personen sollten die Schaltauftragsberechtigung und/oder Schaltberechtigung besitzen. Sie sind für bestimmte Schaltverfügungsbereiche verantwortlich.

Netzleitstelle

ist eine Organisationseinheit, die für die Netzführung in einem bestimmten Schaltverfügungsbereich verantwortlich ist.

Niederohmige Sternpunkterdung (NOSPE)

Sternpunktbehandlung, der Sternpunkt am Transformator wird über einen Widerstand geerdet. Der Fehlerstrom wird dadurch begrenzt.

Niederspannungsnetz

Das Niederspannungsnetz ist ein Stromverteilungsnetz mit einer Nennspannung bis einschließlich 1 000 V.

Normen

sind weder (staatliche) Gesetze oder Verordnungen noch Unfallverhütungsvorschriften (autonome Rechtsnormen). Sie werden von „privaten“ Normensetzern erarbeitet und veröffentlicht (überwiegend in Fachzeitschriften). Normen sind z. B.: DIN-Normen, VDE-Bestimmungen, VDI-Richtlinien usw. Sie haben für den technischen Bereich (für Produktion und Sicherheit) große Bedeutung, weil sie Anhaltspunkte für Konstruktion und Herstellung geben sowie Sicherheitsmaßstäbe setzen.

Normen stehen rechtlich im Rang unterhalb staatlicher Arbeitsschutz- und Unfallverhütungsvorschriften. Sie greifen dann ein, wenn in Gesetz oder UVV ausdrücklich auf Normen und Regeln verwiesen worden ist. Sie haben aber auch dann Bedeutung, wenn weder in einer Arbeitsschutzvorschrift noch in einer UVV eine („höherwertige“) Regelung enthalten ist. Es besteht rechtlich kein Zwang, Normen anzuwenden.

Sie haben jedoch bei straf- oder haftungsrechtlicher Beurteilung der „fahrlässigen Unterlassung“ große Bedeutung erlangt: Wer sich an Normen und Regeln – und damit an „allgemein anerkannte Regeln der Technik“ – hält, hat den ersten Anschein für sich, sicher gehandelt, also nicht fahrlässig etwas unterlassen zu haben.

Ortsfest

sind Betriebsmittel, wenn sie infolge ihrer Beschaffenheit oder wegen mechanischer Befestigung während des Betriebs an ihren Aufstellungsort gebunden sind.

Ortsnetztransformator

Transformator zwischen der Mittel- und Niederspannung.

Ortsveränderlich

sind Betriebsmittel, wenn sie nach Art und üblicher Verwendung unter Spannung stehend bewegt werden.

Probeschaltung

Eine Probeschaltung ist das probeweise unter Spannung setzen eines ausgelösten Anlagenteils für Prüf- und Testzwecke.

Prüfgenehmigung

Berechtigung für eigenverantwortlich durchzuführende Tätigkeit, die Auswirkungen auf die Netzführung haben kann und bei der die „fünf Sicherheitsregeln“ für elektrische Anlagen nicht oder nur teilweise zur Anwendung kommen. Erlaubnis zur Prüfung und/oder Messung an Schutz-, Steuer- und Messeinrichtungen von nicht geerdeten Betriebsmitteln bei verschiedenen Betriebszuständen.

Regeln der Technik

geben eine allgemeine Richtschnur, wie technische Arbeitsmittel zu gestalten und technische Einrichtungen zu errichten sind und wie sich Betreiber zu verhalten haben. Regeln der Technik beruhen auf der Erfahrung und dem Wissen von Fachleuten. Sie können schriftliche Betriebsvorschriften sein, z. B. eine Schaltdienstanweisung, oder durch mündliche Weitergabe und Erfahrungsaustausch entstehen.

Regeln der Technik haben keinen hoheitlichen Charakter wie Gesetze, Verordnungen und Unfallverhütungsvorschriften (UVV), die befolgt werden müssen und deren Einhaltung erzwungen werden kann.

Richtlinien

sind Handlungs- oder Ausführungsanweisungen im Unternehmen von der Geschäftsleitung oder Fachabteilung zum sicheren Handeln. Zum Beispiel eine Richtlinie für den sicheren Schalt- und Netzbetrieb/Arbeiten und Netzführung.

Sammelschiene (SS)

stellt einen Netzknoten dar. Sie ist das verbindende Element aller Einspeise- und Abgangsfelder.

Schaltanlage, allgemein (siehe auch Kapitel 5.10)

umfasst die Kombination von Schaltgeräten mit zugehörigen Steuer-, Mess-, Schutz- und Regeleinrichtungen sowie Baugruppen aus derartigen Geräten und Einrichtungen mit den dazugehörigen Verbindungen, Zubehörteilen, Kapselungen und tragenden Gerüsten.

Schaltanlage, metallgekapselt

Bis auf die äußeren Anschlüsse komplette Schaltanlage mit einer äußeren, zu erdenden Metallkapselung.

Schaltanlage, metallgeschottet

ist eine metallgekapselte Schaltanlage, bei denen Bauteile in Räumen angeordnet sind, die durch eine zu erdende, metallische Zwischenwand voneinander geschottet/ getrennt sind.

Schaltanlagenteile

wie Sammelschienen, Schaltfelder, Erdschlusslöschspulen, Drosselspulen, Kondensatorbatterien, Einrichtungen der Tonfrequenzrundsteueranlage usw.

Schaltauftrag

ist die Anweisung eines Anlagenbetreibers oder dessen Schaltauftragsberechtigten an einen Schaltberechtigten, eine genau bezeichnete Schaltung in einer elektrischen Anlage durchzuführen.

Schaltauftragsberechtigung

Beauftragung durch den Anlagenbetreiber oder über die delegierte verantwortliche Elektrofachkraft an eine qualifizierte Person, Schaltaufträge an Schaltberechtigte zu erteilen sowie Verfügungserlaubnisse und Prüfgenehmigungen zu erteilen und zurückzunehmen.

Schaltberechtigung (Schaltberechtigter)

ist die Berechtigung, Schalthandlungen innerhalb eines festgelegten Bereichs eigenverantwortlich oder auf Anweisung durchzuführen. Sie wird schriftlich erteilt und schließt die Befähigung ein, den ordnungsgemäßen Schaltbetrieb in der betreffenden Schaltanlage bzw. Netzteil im Rahmen der Schaltdienstanweisung durchführen zu können.

In Sonderfällen wird in der Praxis entsprechend der betrieblichen Organisation eine **Teilschaltberechtigung** für befähigte Personen erteilt.

Schaltbetrieb

ist die Abwicklung der Schaltungen.

Schaltbrief

ist ein Formular oder eine datenbankgestützte Anwendung zur Schaltanmeldung zwecks Genehmigung bzw. Ablehnung. Dient als Leitfaden beim Schalten zur Dokumentation mit Schaltzeiten.

Schaltfeld

Teil einer Schaltanlage, der sämtliche Bauteile der Haupt- und Hilfsstromkreise enthält, die zur Erfüllung einer einzelnen Aufgabe beitragen.

Schaltfelder können nach Aufgaben unterschieden werden, für die sie bestimmt sind, z. B. Einspeisefeld, Abgangsfeld, Längskuppelfeld, Querkuppelfeld, Messfeld usw.

Schaltgespräch

ist in den Schulungsunterlagen (siehe Kapitel 12) festgelegter Wortlaut zwischen Schaltauftragsberechtigten und Schaltberechtigten bei der Durchführung von Schaltungen oder Rückmeldung von Schaltaufträgen, Verfügungserlaubnissen und Prüfgenehmigungen.

Schalthandlungen

Nach DIN VDE 0105-100 dienen Schalthandlungen dazu, den Schaltzustand von elektrischen Anlagen zu ändern.

Es werden **zwei Arten von Schalthandlungen** unterschieden:

- Schalthandlungen zur **Änderung des elektrischen Zustands einer Anlage, zum Bedienen** von Betriebsmitteln. Ein- und Ausschalten, Starten und Stillsetzen von Betriebsmittel mit Einrichtungen, deren bestimmungsgemäßer Gebrauch gefahrlos ist. Hierfür ist eine Ein-/Unterweisung erforderlich, jedoch nicht die klassische Schaltberechtigung.
- Aus-/Frei- oder Wiedereinschalten von Anlagen im **Zusammenhang mit der Durchführung von Arbeiten**. Hierfür ist eine Befähigung zum Schalten erforderlich. Die Grundqualifikation ist durch Elektrofachkräfte oder in Sonderfällen durch elektrotechnisch unterwiesene Personen gegeben.

Schaltklar/Einschaltbereit

Ein Anlagenteil ist schaltklar/einschaltbereit, wenn nur der Leistungsschalter oder Lasttrennschalter geschaltet werden muss, um die Anlage in Betrieb zu nehmen.

Schaltpläne

In elektrischen Betriebsstätten und in abgeschlossenen elektrischen Betriebsstätten, insbesondere in Schaltanlagen und Umspannwerken, müssen Übersicht-Schaltpläne der Anlagen vorhanden sein.

Schaltung

ist normalerweise die Betätigung eines Schaltgeräts. Es kann sich aber auch in bestimmten Fällen um die Betätigung mehrerer Schaltgeräte handeln, z. B. bei Sammelschienen-Wechsel.

Schaltzustand

zeigt den augenblicklichen Stand des Netzes oder einzelner Betriebsmittel an.

Schutz gegen direktes Berühren

sind alle Maßnahmen, die verhindern, dass Personen aktive Teile berühren oder bei Nennspannungen über 1 kV sich diesen Teilen Gefahr bringend nähern können.

Schutz gegen indirektes Berühren

ist der Schutz von Personen vor Gefahren in NS-Anlagen, die sich im Fehlerfall aus einer Berührung mit Körpern oder fremden leitfähigen Teilen ergeben könnten.

Schutzabstand (neu: Annäherungszone)

ist die kürzeste Entfernung zwischen unter Spannung stehenden Teilen ohne Schutz gegen direktes Berühren und Personen oder von Personen gehandhabten Werkzeugen, Geräten, Hilfsmitteln und Materialien, die bei bestimmten Arbeiten nicht unterschritten werden darf. Die Maße sind in Abhängigkeit von Spannungshöhe, Tätigkeit und Qualifikation der Personen festgelegt (siehe DGUV-Vorschrift 3 und DIN VDE 0105-100).

Schutzvorrichtungsabstand

ist der Abstand zwischen Schutzvorrichtung (z. B. Isolierplatte) und spannungsführenden Teilen.

Sicherheits- und Gesundheitsschutzkennzeichnung

sind nach ASR A1.3 vorgegeben und somit rechtsverbindlich.

Spannungsfrei

ist die Spannung null, d. h. ohne Spannung und/oder ohne Ladung (Erdpotential).

Stand der Technik

ist mehr als eine allgemein anerkannte Regel der Technik. Er bezeichnet den Entwicklungsstand fortschrittlicher Verfahren, Einrichtungen oder Betriebsweisen, der die praktische Eignung einer Maßnahme gesichert erscheinen lässt. Bei der Bestimmung des Stands der Technik sind insbesondere vergleichbare Verfahren, Einrichtungen oder Betriebsweisen heranzuziehen, die mit Erfolg im Betrieb erprobt worden sind.

Starkstromanlagen (elektrische Anlage)

sind elektrische Anlagen mit Betriebsmitteln zum Erzeugen, Umwandeln, Speichern, Fortleiten, Verteilen und Verbrauchen elektrischer Energie mit dem Zweck des Verrichtens von Arbeit – z. B. in Form von mechanischer Arbeit, zur Wärme- und Lichterzeugung oder bei elektrochemischen Vorgängen.

Steuerstelle (Verbund)/Leitstelle

ist die Einrichtung, von der aus elektrische Betriebsmittel betriebsmäßig überwacht und geschaltet werden können.

Störung

Eine Störung ist eine ungewollte Änderung des normalen Betriebszustands.

Der normale Betriebszustand im Netz ist gekennzeichnet durch eine in allen Punkten des Netzes ausreichende Spannung, durch einen intakten Isolationszustand und durch einen vom Anlagenverantwortlichen/Schaltberechtigten gewollten Schaltzustand.

Eine Störung erstreckt sich vom Eintritt eines Fehlers bis zu seiner Beseitigung mit allen Auswirkungen. Auch sämtliche Fehlbedienungen und Fehlschaltungen gelten als Störung.

Teil einer elektrischen Anlage

ist ein einzelnes Betriebsmittel oder die Zusammenfassung mehrerer, miteinander verbundener Betriebsmittel, soweit das oder die Betriebsmittel funktionsmäßig mit der elektrischen Anlage verbunden sind.

Teilschaltberechtigung

Berechtigung zur Ausführung von Schaltungen mit Entgegennahme und Ausführung von Einzelanweisungen. Vorstufe zur Schaltberechtigung.

Transformator

allgemeine Bezeichnung für Betriebsmittel zur Umspannung und/oder galvanischer Trennung elektrischer Energie.

Transformatorleitungen

Freileitungen oder Kabel, an deren Ende Transformatoren ohne eigene Schaltgeräte auf der Leitungsseite angeschlossen sind.

Trennschalter (kurz: Trenner)

mechanisches Schaltgerät, das in der offenen Stellung eine Trennstrecke nach den festgelegten Anforderungen herstellt.

Anmerkung: Ein Trennschalter kann einen Stromkreis/eine Leitung öffnen und schließen, wenn entweder nur ein vernachlässigbarer Strom aus- oder eingeschaltet wird oder keine wesentliche Spannungsänderung zwischen den Anschlüssen jedes Trennschalterpols auftritt.

Trennstrecken

bestimmten Isoliervermögens in Gasen oder Flüssigkeiten im Zuge der geöffneten Strombahnen, die zum Schutz des Arbeitspersonals und der Anlage besondere Sicherheitsanforderungen erfüllen müssen und deren Vorhandensein bei ausgeschaltetem Schalter zuverlässig erkennbar sein muss.

Unbefugte Personen

Menschen, die bestimmte Räume und Bereiche nicht betreten, bestimmte Anlagen, Einrichtungen oder technische Arbeitsmittel nicht benutzen sowie bestimmte Arbeiten nicht ausführen dürfen.

Unfallverhütungsvorschriften (UVV)

sind Rechtsnormen, die befolgt werden müssen. Sie werden vom zuständigen Fachausschuss beim Hauptverband der Deutschen Gesetzlichen Unfallversicherung (DGUV) nach einem bestimmten Verfahren erarbeitet. Die Federführung liegt bei der fachlich zuständigen BG. Nach grundsätzlicher Zustimmung des Bundesministers für Wirtschaft und Arbeit (BMWA) werden die Entwürfe der UVV allen gewerblichen Berufsgenossenschaften zur Beschlussfassung durch die Selbstverwaltung vorgelegt.

Die DGUV-Vorschriften geben Schutzziele vor.

Unternehmer/Arbeitgeber

ist derjenige, der das Geschäftswagnis trägt und am Gewinn und Verlust des Betriebs/Unternehmens beteiligt ist. Der Unternehmer/Anlagenverantwortliche kann nur bis zu einer bestimmten Größe einen Betrieb allein verantwortlich führen.

Wenn er allein seinen Führungspflichten gegenüber unterstellten Mitarbeitern nicht nachkommen und seine Führungsverantwortung nicht allein tragen kann, muss er seine Führungsaufgaben mit den ihm unterstellten Mitarbeitern teilen. Er muss seine Fach- und/oder Führungsaufgaben an eine verantwortliche Elektrofachkraft delegieren, wenn er diese selbst nicht wahrnehmen kann.

Unterweisung

ist eine regelmäßig wiederkehrende organisatorische Maßnahme zur Verbesserung der Sicherheit am Arbeitsplatz. Sie umfasst das Hinweisen, Informieren und Einüben von Verhaltensregeln und stellt eine Verbindung zwischen der Umsetzung einschlägiger Vorschriften, dem tatsächlichen Verhalten der Mitarbeiter und den getroffenen Sicherheitsmaßnahmen dar. Die Arbeitssicherheitsunterweisung ist zu dokumentieren.

Verfügbarkeit

Das ist die Fähigkeit einer Anlage oder eines Betriebsmittels, ihre/seine Funktion zu einem bestimmten Zeitpunkt oder während einer bestimmten Zeitspanne zu erfüllen.

Verfügungserlaubnis (VE)

Die VE stellt eine Berechtigung dar, für einen bestimmten Zweck, für einen Anlagenteil/Betriebsmittel über einen genau definierten Bereich eigenverantwortlich verfügen zu können. Die VE darf nur vom Anlagenbetreiber bzw. Schaltauftragsberechtigten an den Anlagenverantwortlichen erteilt werden und ist auch wieder in umgekehrter Reihenfolge zurückzugeben. Jede VE ist zu dokumentieren und unterliegt einer festgelegten Aufbewahrungsdauer.

Verfügungserlaubnisberechtigung

Berechtigung zur Entgegennahme und Rückgabe der Verfügungserlaubnis sowie zur Erteilung und Rücknahme der Durchführungserlaubnis. Sie beinhaltet das eigenverantwortliche Herstellen und Aufheben der Sicherheitsmaßnahmen für den Verfügungsbereich.

Vor Ort

Maßnahmen vor Ort werden direkt am Betriebsmittel bzw. Anlagenteil durchgeführt.

Steuerung vor Ort wird, je nach örtlichen Gegebenheiten, von dem Steuerschrank bzw. von der Schaltanlage/Schaltgerät aus durchgeführt.

12 Schaltgespräch/Schaltung

12.1 Einleitung

Elektrofachkräfte in EVU, Industrie, Kraftwerken, Windenergieanlagen, Seeschiffen, Gewerbe und Handwerk führen Schaltungen an elektrischen Betriebsmitteln durch.

In den letzten Jahren sind aus wirtschaftlichen, technischen und wettbewerblichen Zwängen heraus Leitstellen für die Bereiche Gas, Wasser, Wärme und Strom zu **Verbundleitstellen** zusammengeführt worden. Fachübergreifend müssen befähigte Personen die entsprechenden Prozesse führen.

Diese Prozessführung bedarf umfangreicher Kenntnisse, die auch regelmäßig aufgefrischt werden müssen. Gerade Personen in Leitstellen müssen die Prozesse und Abläufe vor Ort gut kennen, um die richtigen Entscheidungen zu treffen und Anweisungen zu geben, mit dem Ziel: **NULL Unfälle durch NULL Fehlschaltungen** bei optimaler Betriebsführung.

Im Folgenden ist ein Anforderungsprofil für Personen in Verbundleitstellen, die nicht grundsätzlich die Qualifikation einer Elektrofachkraft besitzen, dargestellt:

Anforderungsprofil für Schaltberechtigte in Leitstellen

- Fachliche Eigenschaften:

  Befähigte Person durch:
  - fachliche Ausbildung (theoretische Kenntnisse),
  - Kenntnisse der einschlägigen Bestimmungen (UVV, VDE, DIN, ...),
  - Erfahrungen,
  - Arbeiten beurteilen,
  - Gefahren erkennen können;

  Prozess-/Orts-/Netzkenntnisse,

  Schaltzustände, Lastflusskenntnisse,

  Schaltanlagenkenntnisse,

  Alarmplan,

  Menschenkenntnisse (Kunden, Kollegen, ...),

  u. a. m.

- Persönliche Eigenschaften:
  - Selbstsicherheit, Eignung, Neigung,
  - Gesundheit, Belastbarkeit in Stresssituationen,
  - schnelle Auffassungsgabe und Analysefähigkeit,
  - Koordinationsstärken, …

  Ernennung/Bestellung zum Schaltberechtigten/Schaltauftragsberechtigten durch Unternehmer/Führungskraft.

Bild 12.1 bis **Bild 12.8** zeigen verschiedene Leitstellen-Generationen.

Eine moderne Elektrizitätsversorgung erfordert ein Unternehmen übergreifendes Elektroenergieversorgungssystem. Dies bewirkt, dass an unterschiedlichen, räumlich oft weit entfernten Punkten Personen am gemeinsamen System arbeiten und ihre nach den anerkannten Regeln der Technik auszuführenden Handlungen miteinander abstimmen müssen. Dabei ist es erforderlich, dass die Verständigung eindeutig, zweifels- und fehlerfrei erfolgt. Eine falsch verstandene Äußerung kann falsche Handlungen auslösen, die wiederum zu einer Gefährdung von Personen oder Anlagen führen können.

Bild 12.1 Leitstelle um 1960

Bild 12.2 Leitstelle um 1970

Bild 12.3 Bezirksleitstelle um 1980

Bild 12.4 Leitstelle um 1990/2000

Bild 12.5 Verbundleitstelle für alle Versorgungssparten um 2005

Bild 12.6 Leitstelle um 2010

Bild 12.7 Prozessleitstelle in einem Kraftwerk um 2015

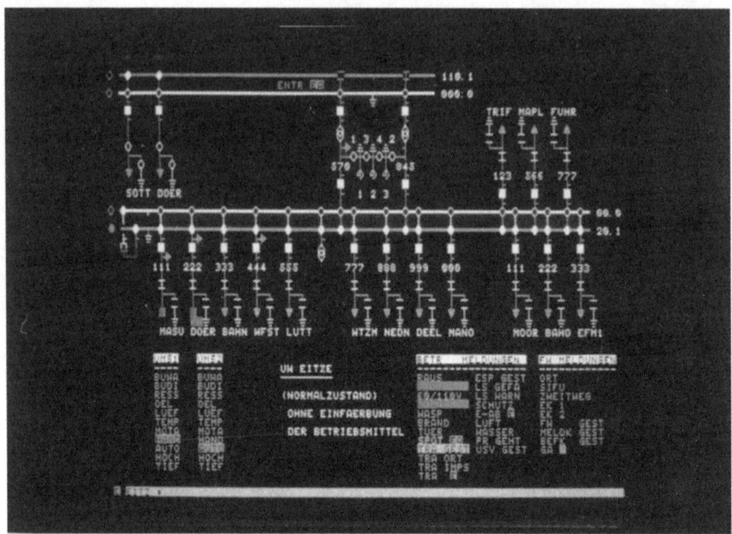

Bild 12.8 Übersicht eines Umspannwerks auf einem Monitor

Die deutsche Sprache hat eine große Redundanz, für viele Dinge gibt es mehrere Bezeichnungen, aber auch gleichlautende Benennungen haben unterschiedliche Inhalte. Im täglichen Umgang können wir mit diesem Zustand leben. Eine eindeutige und zweifelsfreie Verständigung von Fachleuten und besonders für die Durchführung von Schalthandlungen an elektrischen Betriebsmitteln ist notwendig!

Für die Schaltsprache sind die in DIN VDE 0105-100 mit den Erläuterungen zur DGUV-Vorschrift 3 definierten Begriffe zu verwenden. Eine eindeutige Erklärung dieser Begriffe enthält auch das Werk „Betrieb von elektrischen Anlagen“, Band 13 der VDE-Schriftenreihe des VDE VERLAGs. Für die Schaltsprache ist allerdings die Definition weiterer Begriffe erforderlich, die im Kapitel 11 aufgelistet sind. Sie bilden die Basis für ein einheitliches Schaltgespräch. Doch vorher noch Grundsätzliches zu verschiedenen Schaltungen.

12.2 Grundsätzliches zum Schalten

Allgemein werden zum Freischalten eines Abgangs (Leitung, Kabel) zuerst der Leistungsschalter (LS) und dann die Trennschalter ausgeschaltet (siehe **Bild 12.9**). Dabei ist es gleichgültig, ob zuerst der Sammelschienentrennschalter (SST) oder der Abgangstrennschalter (AT) geöffnet wird. Da der Abgangstrennschalter (AT) meist unten hinten im Schaltfeld eingebaut ist und der Schaltberechtigte vor dem Feld bedient, kann es aus Personenschutzgründen vorteilhaft sein, diesen Trennschalter zu öffnen. Zur Vermeidung unzulässiger Spannungsbeanspruchung, insbesondere an Wandlern mit Nennspannungen ≥ 110 kV, kann das Schalten des SS-Trennschalters zuerst von Vorteil sein.

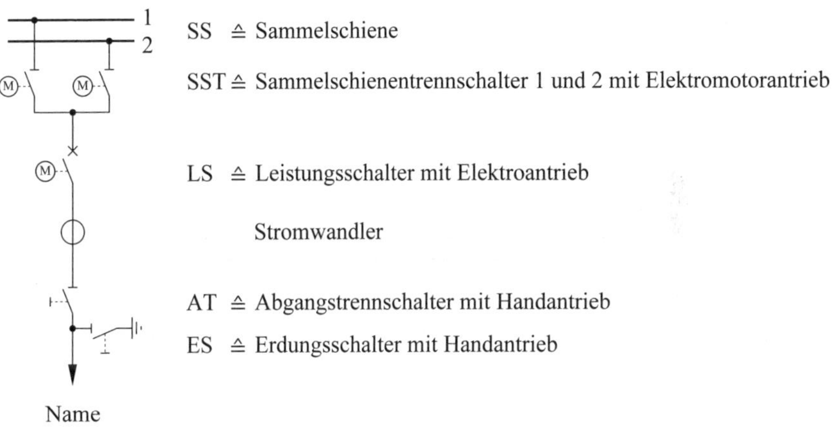

Bild 12.9 Abgangsschaltfeld

Beim **Einschalten von Transformatoren** ist der Schalter zuerst zu schalten, der auf der speisenden Seite liegt. Im Allgemeinen ist das bei Netztransformatoren die Oberspannungsseite, bei Kraftwerktransformatoren (Blocktransformatoren) die Unterspannungsseite.

Das **Ausschalten von Transformatoren** ist sowohl ober- als auch unterspannungsseitig möglich. Prinzipiell kann die Leitstelle die Reihenfolge beim Schalten von Transformatoren entsprechend den Netzverhältnissen festlegen (siehe **Bild 12.10**). Bei MS/NS-Transformatoren wird in der Praxis der Transformator NS-seitig zuerst entlastet und ausgeschaltet.

Grundsätzlich zu beachten sind beim Schalten von Transformatoren (Ober- und Unterspannungsseite) das Übersetzungsverhältnis und die angeschlossenen Kapazitäten und Induktivitäten. Eine besondere Gefahr für das Auftreten von inneren Überspannungen besteht beim Ausschalten leerlaufender oder erdschlussbehafteter Freileitungen und Kabel sowie von Transformatoren mit angeschlossenen, leerlaufenden Sammelschienen. Gleiches gilt besonders für das Ausschalten von Erdschlusslöschspulen an belastbaren Sternpunkten von Transformatoren.

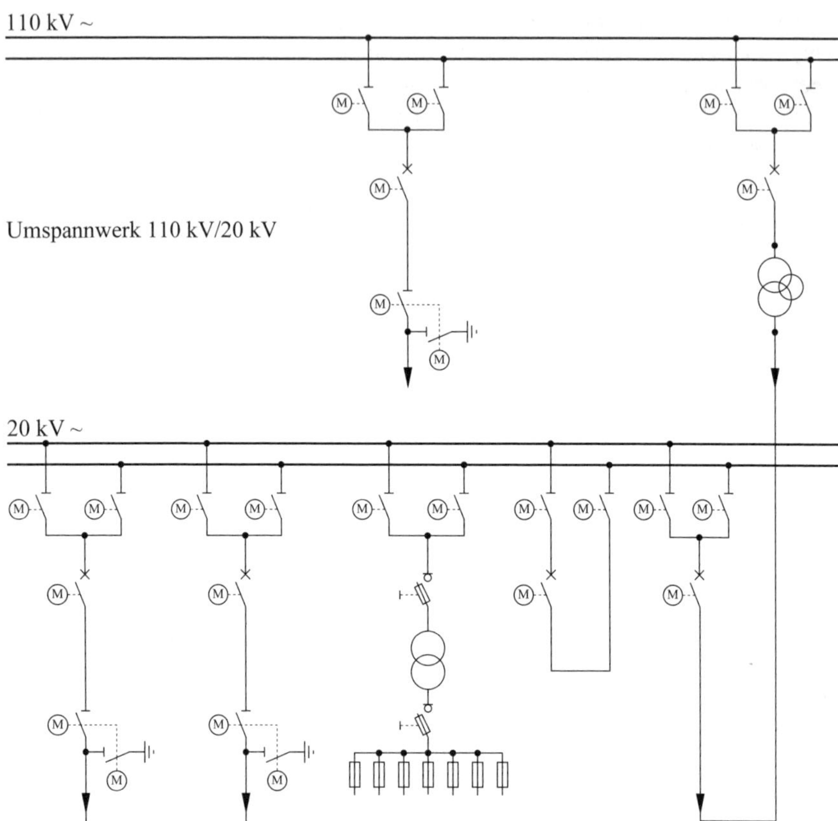

Bild 12.10 Transformatorschaltfeld

Dabei soll sich der Schaltberechtigte folgende Regel einprägen, die für alle vorkommenden Schaltzustände gilt: **Ein Ausschalten von Freileitungen, Kabeln und Sammelschienen an Transformatoren ist unzulässig, wenn dadurch von der Wicklung mit angeschlossener Erdschlusslöscheinrichtung eine große Kapazität abgetrennt wird (Netz, Kabel, Freileitung) und an der Wicklung noch eine kleine Restkapazität (Schaltanlage) verbleibt.** In solchen Fällen hat die Ausschaltung mit der Seite zu beginnen, an der an die Transformatorwicklung keine Erdschlusslöscheinrichtung angeschlossen ist. Besteht zum Zeitpunkt der Schaltung erdschlussfreier Zustand, können nach Ausschalten der Erdschlusslöschspulen von der Transformatorwicklung die Schalthandlungen in der üblichen Reihenfolge durchgeführt werden.

Ist an einem Transformator eine **Erdschlusslöschspule** geschaltet, so ist erst der Transformator ober- bzw. unterspannungsseitig, vorausgesetzt, dass kein Erdschluss vorliegt, mit eingeschalteter Erdschlusslöschspule auszuschalten, um Kippschwingungen und Wandlerzerstörungen auszuschließen. Anschließend wird die Erdschlusslöschspule abgetrennt. Beim Einschalten ist analog erst die Erdschlusslöschspule, dann der Transformator einzuschalten.

Erdschlusslöschspulen an Transformatoren dürfen nur im stromlosen Zustand geschaltet werden. Eine evtl. vorhandene Belastung der Erdschlusslöschspule infolge Erdschlusses im Netz ist so schnell wie möglich durch Eingrenzen des Fehlerorts und Ausschalten der Fehlerstelle unwirksam zu machen.

Parallelschalten von Transformatoren

Vor dem Parallelschalten von Transformatoren (**Bild 12.11**) müssen die folgenden Bedingungen erfüllt sein:

- gleiche Nennübersetzung,
- gleiche Frequenz,
- gleichartige Schaltgruppe (siehe unten),
- Nennleistungsverhältnis nicht größer als 3 : 1,
- annähernd gleiche Kurzschlussspannung (Abweichung nicht größer als ±10 %).

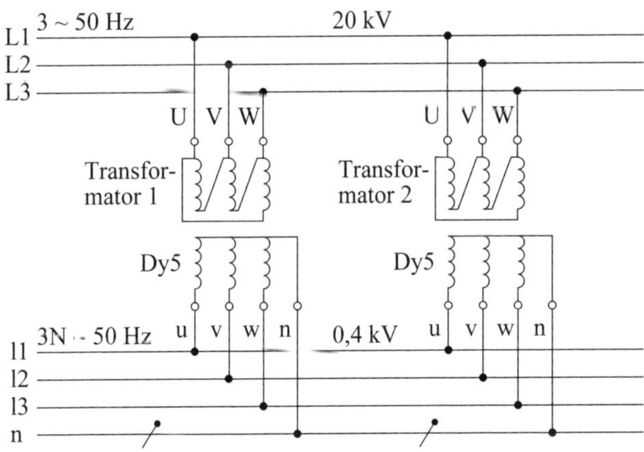

Bild 12.11 Parallelbetrieb von Drehstromtransformatoren

Werden diese Forderungen nicht ganz eingehalten, so kann der Transformator mit der geringeren Kurzschlussspannung und Nennleistung überlastet werden. Abweichend von der unter dem dritten Punkt genannten Bedingung können Drehstromtransformatoren mit Schaltgruppen der Kennzahlen 5 und 11 entsprechend dem Anschluss nach **Tabelle 12.1** parallel betrieben werden.

Schaltgruppenbezeichnung	Sammelschienenbezeichnung					
	Oberspannung			Unterspannung		
	R	S	T	r	s	t
Dy5, Yd5, Yz5 Dy11, Yd11, Yz11 (wahlweise)	U	V	W	u	v	w
	U	W	V	w	v	u
	W	V	U	v	u	w
	V	U	W	u	w	v

Tabelle 12.1 Parallelbetrieb von Drehstrommotoren der Schaltgruppen mit den Kennzahlen 5 und 11

Es wird zwischen Sammelschienenparallelbetrieb und Netzparallelbetrieb unterschieden. Beim Sammelschienen-Parallelbetrieb sind die Transformatoren eines Umspannwerks ober- und unterspannungsseitig an dieselben Sammelschienen geschaltet. Im Netzparallelbetrieb arbeiten die Transformatoren an verschiedenen Stellen des Netzes parallel auf dieselben Netzteile.

Sind in Umspannwerken bereits Transformatoren entsprechender Leistung und Schaltgruppen für Parallelbetrieb vorgesehen, bestehen von betrieblicher Seite für den Schaltberechtigten keine besonderen Schwierigkeiten bei der Parallelschaltung von Transformatoren.

Schalten mit der Kupplung

Grundsätzlich hat der Kuppelschalter folgende Aufgaben:

- Verbindung der Sammelschienen untereinander,
- Reservehaltung für jeden Leistungsschalter eines Abgangs,
- kurzschlussfeste Verbindung parallel zu Trennschaltern.

In der betrieblichen Praxis erfolgt der Einsatz der Kupplung insbesondere bei folgenden Aufgaben:

1. Sammelschienenwechsel ohne Betriebsunterbrechung.
2. Zusammenschalten bzw. Auftrennen von zwei Netzteilen oder SS-Abschnitten.
3. Einsatz als Reserveschalter für jeden beliebigen Leistungsschalter bei Störungen (Ein- bzw. Ausschaltung).
4. Kurzunterbrechungsschalter bei KU/AWE (automatische Wiedereinschaltung).
5. Schaltungen im Zusammenhang mit der Umgehungsschiene.

Wichtig ist, dass der verantwortliche Schaltberechtigte die Schaltung durchdenkt und logisch aufbaut.

Es sind zwei Regeln zu beachten:

- Mit den Trennschaltern wird der beabsichtigte Weg des Stromflusses vorgewählt.
- Mit dem Leistungsschalter wird dieser Weg geschlossen und der Stromfluss eingeleitet.

Trennschalter dürfen nur im annähernd stromlosen Zustand geschaltet werden.

12.3 Benennung von Schaltgeräten und Schaltzuständen

Im Rahmen der Schaltsprache ist es unerlässlich, Schaltgeräte so eindeutig zu benennen, dass der Schaltberechtigte bereits aus der Bezeichnung Rückschlüsse auf die Funktion des Schaltgeräts ziehen kann. Eine weitere Erhöhung der Aufmerksamkeit wird durch unterschiedliche Tätigkeitsbezeichnungen erreicht (siehe **Tabelle 12.2**).

Betriebsmittel	**Kurzzeichen**	**Tätigkeit**
Leistungsschalter	LS	Ausschalten → A Einschalten → E
Lasttrennschalter	LTR	
Dreistellungs-Lasttrennschalter	D-LTR	
Sammelschienen-Lasttrennschalter	SS-LTR	
Sternpunkt Lasttrennschalter	Sternpunkt-LTR	
Erdungsschalter	ES	
Trenner/Trennschalter	TrS	
Sammelschienentrennschalter	SS-TrS	Öffnen Schließen
Kabel-Streckentrennschalter	Str-TrS	
LS auf Wagen/Einschub; Trenn-Teststellung	TT	Ausfahren → A Einfahren → E
LS in Betriebsstellung	Betrst	
Hochspannungssicherung	HH-Si	Herausnehmen → A Einsetzen → E
Sicherung allgemein	Si	
Erdungs- und Kurzschließvorrichtung	EuK	Einbauen → E Ausbauen → A
Leistungsschalter mit Schutz	Auslösung	hat ausgelöst
Sicherheitsmaßnahmen • Schaltfehlerschutz, • Sichern gegen Wiedereinschalten		Wirksam machen, Aufheben

Tabelle 12.2 Einheitliche Benennung von Schaltgeräten und Betriebsmitteln als Basis für das Schaltgespräch

Schalter sind Schaltgeräte, die allen an ihrem Einbauort auftretenden Beanspruchungen gewachsen sein müssen und die jederzeit gefahrlos für den Schaltberechtigten und das Gerät selbst betätigt werden können. **Schalter werden ein- und ausgeschaltet.**

Trennschalter sind Schaltgeräte zum annähernd stromlosen Schalten. Im geöffneten Zustand erfüllen sie die Bedingungen für Trennstrecken. **Trennschalter werden geschlossen und geöffnet (DIN VDE 0105-100).**

Eine alphabetische Sammlung von häufig verwendeten Begriffen für das Schaltgespräch:

Abgang; Erdschlusslöschspule (E-Spule)/Kompensationsspulen; Erdungs- und Kurzschließvorrichtung/Erdungsgerät/Arbeitserden; Erdungsschalter; Ersatzsteuerung; Fernsteuerstelle; Fernsteuerung/Fernwirkgerät; Generator; Kabel; Kabelendverschluss; Kabelstation; Kuppelfeld/Kupplung/Querkuppelfeld/Längskuppelfeld Kuppelschalter-Nachbildung; Leitung/Freileitung/Kabel; Leitstelle; Mittelpunktschiene/Nullschiene; Motor; Nachführung; Nahsteuerstelle; Nahsteuerung; Netzführungssystem/Netzleittechnik; Netzübersichtsbild/Mosaikbild/Meldebild; Parallelschalteinrichtung; Rückmeldung; Sammelschiene; Schaltanlage; Schalterstellung; Schaltfeld/Transformatorschaltfeld/Kabelschaltfeld/Abgangsschaltfeld/Messfeld; Schaltsperre; Schaltstation; Schaltwerk; Simulation; Steuerstelle; Synchronisierbedingungen; Transformator/Trafo/Umspanner; Umgehungsschiene; Umspannwerk; Verriegelung; Vor-Ort-Steuerung.

Diese Sammlung dient als Basisanregung und kann vom Leser auf die Bedürfnisse des jeweiligen Unternehmens ergänzt werden.

Tätigkeiten können sein:

Feld anwählen; Abgang freischalten; Abgang schaltklar machen; Schaltgerät sichern; Schaltgerät gegen unzulässige Betätigung sichern; Schaltgerät verriegeln; Schaltgerät entriegeln; Sammelschiene wechseln; Transformator/Drosselspule/E-Spule ein-/ausschalten; Transformator wechseln; E-Spule umschalten; Spannungsfreiheit feststellen; Stromlosigkeit feststellen; Spannung kontrollieren; Stromaufnahme kontrollieren; Messwerte anwählen; Schaltzustand kontrollieren; Schalterstellung kontrollieren; Schalterstellung simulieren; Schalterstellung nachführen; Spannung regeln/verstellen; Transformator auf gleiche Stufe stellen; automatische Spannungsregler/Resonanzregler ein-/ausschalten; Transformator/E-Spule verstellen (wenn von Hand); Transformator/E-Spule regeln (wenn automatisch); AWE ausschalten (AWE-Ausschaltung) – (AWE Kurzunterbrechung); AWE einschalten (AWE-Einschaltung), wobei AWE = automatische Wiederzuschaltung oder KU = Kurzunterbrechung; Verfügungserlaubnis, Durchführungserlaubnis, Freigabe zum Arbeiten.

Diese Sammlung dient als Basisanregung und kann leicht vom Leser auf die Bedürfnisse der jeweiligen Unternehmung ergänzt werden.

12.4 Aufbau eines Schaltauftrags

Ein Schaltauftrag ist eine Anweisung zum Ausführen einer Schalthandlung. Der Schaltauftrag muss den Schaltberechtigten durch den Aufbau und den Inhalt des Auftrags zu der richtigen Schalthandlung hinführen. Er muss in logischer Reihenfolge alle notwendigen Elemente enthalten und trotzdem kurz und knapp sein.

Aufbau

- Ort/Anlage/Station,
- Spannungsebene,
- Bezeichnung des Schaltfelds/Anlagenteil,
- Schaltgerät/Betriebsmittel,
- Schalthandlung,

Beispiel

- Umspannwerk Bremen,
- 20 kV,
- Feld 8, Hannover,
- Leistungsschalter,
- Ausschalten.

Wenn der Schaltberechtigte einen Auftrag über Telefon oder Funk erhält, kann er nach der Angabe des Orts sofort kontrollieren, dass tatsächlich in „seinem“ Umspannwerk geschaltet werden soll. Durch die Angabe der Nennspannung wird eine Schaltanlage eines Umspannwerks mit mehreren Spannungsebenen ausgewählt, d. h., das als Ort genannte Umspannwerk wird auf eine bestimmte Schaltanlage (hier 20 kV) begrenzt. Mit der Nennung der Schaltfeldbezeichnung wird diese Schaltanlage auf das spezielle Schaltfeld eingeschränkt. Daraus wird ein Schaltgerät ausgewählt, und zum Schluss folgt die auszuführende Tätigkeit.

Jede Abweichung von dieser Reihenfolge erfordert vom Empfänger Gedankensprünge und begünstigt Fehlschaltungen, die wir vermeiden müssen.

Gesprächsführung

Zwischen Informationsgesprächen und Schaltgesprächen ist zu trennen.

Informationsgespräche sind Gespräche zum Vorbereiten von Schaltungen, zur Erläuterung von Zusammenhängen, zur Ermittlung von Anlagenzuständen, zur Information der an den Schaltungen bzw. Arbeiten Beteiligten usw. Sie sind in kurzer und prägnanter Form zu führen, dabei sind dieselben Bezeichnungen wie in den Schaltgesprächen zu benutzen.

Schaltgespräche dienen der Erteilung von Schaltaufträgen und der Bestätigung der Ausführung.

12.5 Regeln für die Führung von Schaltgesprächen zwischen Schaltauftragsberechtigten und Schaltberechtigten

Zunächst zwei Begriffsdefinitionen:

Schaltauftragsberechtigung oder Schaltanweisungsberechtigung ist die Beauftragung durch den Anlagenbetreiber oder die verantwortliche Elektrofachkraft, Schaltaufträge zu erteilen, d. h. die Anweisungen zur Ausführung von Schaltungen zu geben (Schaltauftrag aus der Leitstelle an den Schaltberechtigten vor Ort).

Schaltberechtigung ist die Betriebsgenehmigung/Beauftragung, in einem bestimmten Netzteil bzw. Anlagenteil Schaltungen durchzuführen und Arbeitsstellen einzurichten. Sie wird schriftlich erteilt und schließt die Bestätigung ein, den ordnungsgemäßen Schaltbetrieb in der betreffenden Anlage/dem betreffenden Netz im Rahmen der Schaltdienstanweisung durchführen zu können.

- Schaltgespräche dürfen nur zwischen Schaltauftragsberechtigten und Schaltberechtigten geführt werden.
- Schaltgespräche sollten mit einer Aufmerksamkeit erhöhenden Vorankündigung „Schaltauftrag“ eingeleitet werden.
- Schaltaufträge und Freigaben sind zur Vermeidung von Übermittlungsfehlern vom Empfänger wörtlich zu wiederholen, die Richtigkeitsbestätigung „in Ordnung“ ist abzuwarten.
- Bei Schaltgesprächen sind alle Namen, Bezeichnungen und Tätigkeiten voll auszusprechen. Abkürzungen sollten nur für schriftliche Aufzeichnungen verwendet werden. Es muss also z. B. richtig lauten: „Erdungs- und Kurzschließvorrichtung einbauen“ und nicht „E und K einbauen“.

Jede Verwendung von Abkürzungen im Sprachgebrauch erhöht die Verwechslungsgefahr!

- Es ist ein einzelner Schaltauftrag an eine Schaltstelle zu geben. Weitere Schaltaufträge an dieselbe Schaltstelle sind erst zu erteilen, wenn die Ausführung des Vorhergehenden bestätigt wurde.

Zur Vereinfachung/Rationalisierung können abweichend hiervon Sammelschaltaufträge erteilt werden:

- Für Schalthandlungen in einem Abgang können die Schaltaufträge für alle Schaltgeräte in der richtigen Reihenfolge zusammenhängend erteilt und bestätigt werden, z. B.: „Leistungsschalter, Abgangstrennschalter und Sammelschienentrennschalter ausschalten, gegen Wiedereinschalten sichern, Spannungsfreiheit feststellen, Erden und Kurzschließen".
- Ein Aneinanderreihen von Schaltaufträgen zu einem Auftrag ist in Schaltprogrammen zulässig, oder der Schaltauftragsberechtigte (SAB) erteilt dem Schaltberechtigten/Anlagenverantwortlichen die Verfügungserlaubnis (VE) für ein Betriebsmittel. Der Schaltberechtigte/Anlagenverantwortliche führt dann alle notwendigen Schalthandlungen in eigener Verantwortung durch.

Prinzipiell müssen Schaltgespräche folgende Punkte enthalten:

- **Schaltanforderung**

  Bei Schaltanlagen:
  - Name der Anlage/Station,
  - Anlagenteil,
  - Freischaltbereich,
  - Art der Arbeiten.

  Bei Leitungen/Kabeln:
  - Name des Freischaltbereichs (z. B. Kabel A – B),
  - automatische Wiedereinschaltung (AWE), Ausschaltung anderer Freileitungen erforderlich,
  - Art der Arbeiten.
- **Schaltauftrag**

  Anlage/Station,

  Spannungsebene,

  Anlagenteil,

Betriebsmittel,
Schalthandlung.

- **Meldung einer durchgeführten Schaltung**
  Schaltzeit,
  Anlage/Station,
  Anlagenteil/Betriebsmittel,
  durchgeführte Schaltung.
- **Freigabe zur weiteren Verfügung**
  Name der Anlage/Station bzw. Name der Leitung/des Kabels,
  Anlagenteil/Betriebsmittel,
  Freischaltbereich,
  Schaltzustand,
  Empfänger der Freigabe,
  Uhrzeit,
  Text: „Freigabe zur weiteren Verfügung".
- **Meldung der Erdungs- und Kurzschließvorrichtung/Arbeitserden**
  Uhrzeit,
  Einbauort,
  Stückzahl.
- **Meldung der Einschaltbereitschaft**
  Name der Anlage/Station bzw. Name der Leitung/des Kabels,
  Anlagenteil/Betriebsmittel,
  Freischaltbereich,
  Ausbau der Erdungs- und Kurzschließvorrichtungen/Arbeitserden, Uhrzeit, Text: „Einschaltbereitschaft bzw. einschaltbereit".

Die Anforderungen, Aufträge, Meldungen und Freigaben sind sinngemäß zu wiederholen. Die Wiederholung ist zu bestätigen. Um diese Prozedur des Schaltgesprächs zu optimieren und die Leitstelle zu entlasten wird mit der Verfügungserlaubnis (VE) gearbeitet.

Die nachfolgend beschriebenen Schaltgespräche sollen nur Beispiele eines möglichen Wortlauts sein. Die Namen sind frei gewählt. Wichtig ist zur Vermeidung von Fehlschaltungen die Einheitlichkeit und Festlegung im Unternehmen. Die Beispiele geben lediglich einen Leitfaden für den Praktiker als Anregung.

12.6 Beispiele zum besseren Verständnis zur Führung von Schaltgesprächen

Allgemeine Vorgehensweise

Der **Schaltauftragsberechtigte** in der (netzführenden) Leitstelle erteilt die **Verfügungserlaubnis** an den schaltberechtigten **Anlagenverantwortlichen** für die Freischaltung der Anlage unter Anwendung der fünf Sicherheitsregeln.

Nach Kontrolle der Sicherheitsmaßnahmen wird die **Durchführungserlaubnis** an den **Arbeitsverantwortlichen** erteilt, dieser gibt die **Freigabe zum Arbeiten**.

12.6.1 Beispiel 1

Im Schaltwerk „Bassen" soll der 24-kV-Stromwandler im Schaltfeld 3, das Bremen heißt, von 100 A auf 200 A umgestuft und der Leistungsschalter instand gesetzt werden. Die Arbeit ist rechtzeitig vorgeplant. Ein Versorgungsausfall tritt nicht auf (siehe **Bild 12.12** und **Bild 12.13**).

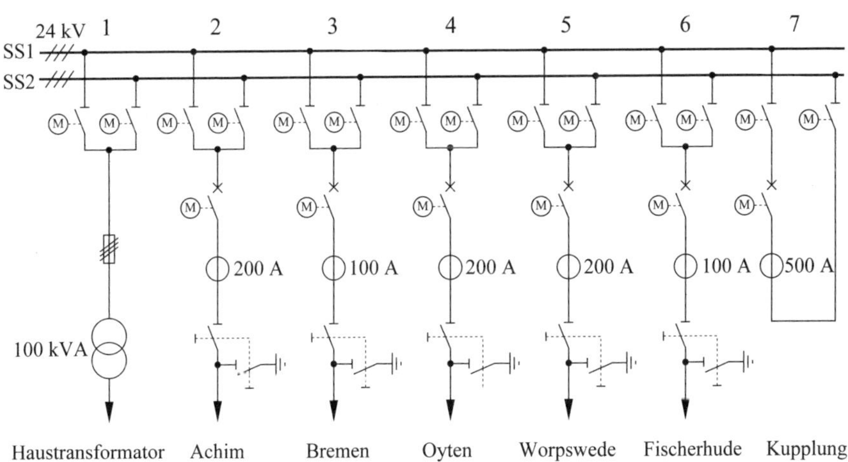

Bild 12.12 Übersichtsbild; Schaltwerk „Bassen"

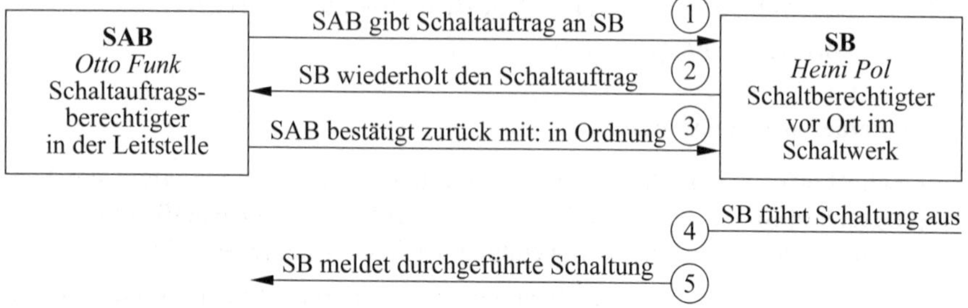

Bild 12.13 Wechselseitiges Schaltgespräch zwischen dem Schaltauftragsberechtigten SAB (*Otto Funk*) in der Leitstelle und dem Schaltberechtigten SB (*Heini Pol*) vor Ort

SAB Schaltauftragsberechtigter
SB Schaltberechtigter

SAB an SB:

Herr *Heini Pol*, schalten Sie im
Schaltwerk „Bassen"
20 kV
Schaltfeld „Bremen"
den Leistungsschalter, Sammelschienentrennschalter 1 und den Abgangstrennschalter aus.

SB an SAB:

Herr *Otto Funk*, ich soll im
Schaltwerk „Bassen"
20 kV
Schaltfeld „Bremen"
den Leistungsschalter, Sammelschienentrennschalter 1 und den Abgangstrennschalter ausschalten.

SAB an SB:

In Ordnung.

Der SAB erteilt die Freigabe zur weiteren Verfügung über das Betriebsmittel.

Der Schaltberechtigte (SB) führt eigenverantwortlich die Schalthandlung und erforderlichen Arbeiten nach den fünf Sicherheitsregeln durch. Danach meldet er die Schaltzeiten (falls nicht fernübertragen) und die eingebauten Erdungs- und Kurzschließvorrichtungen zur Leitstelle/zum SAB (siehe **Bild 12.14**).

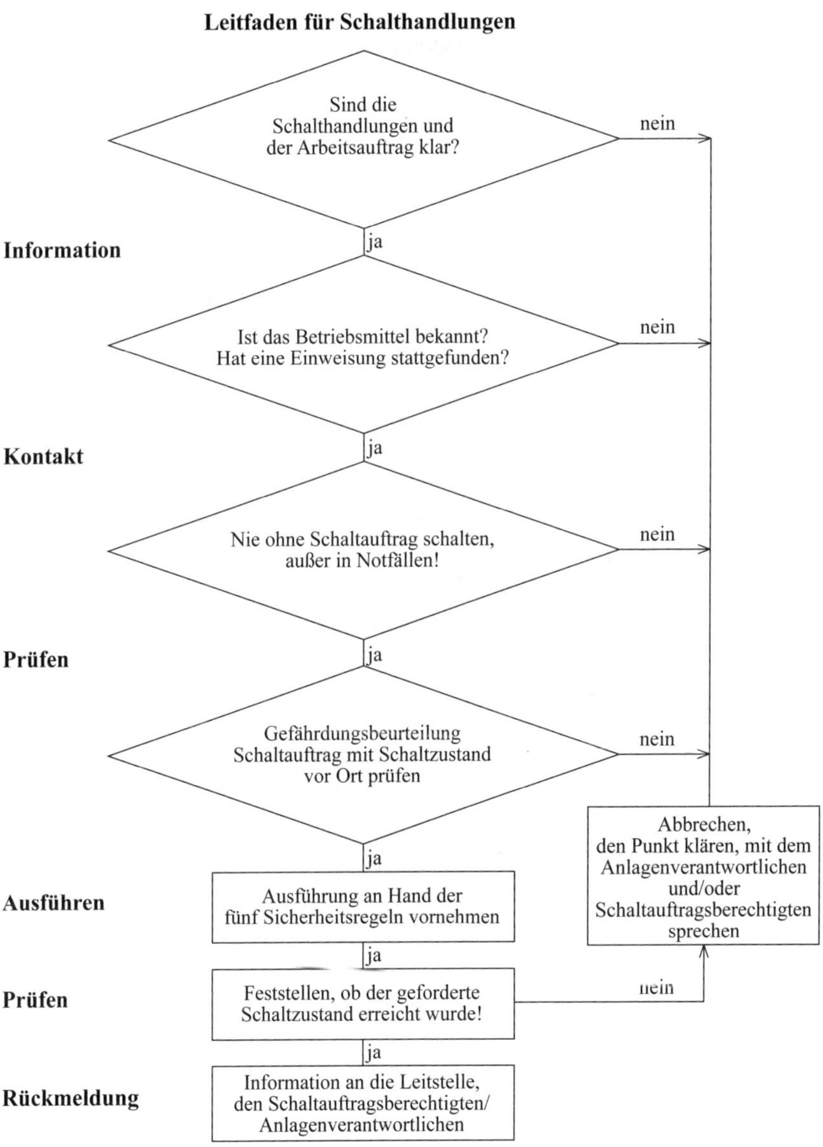

Bild 12.14 Mit dem „Leitfaden für Schalthandlungen“ bereitet sich der Schaltberechtigte mental auf die Arbeit vor, siehe auch Bild 14.5

BETRIEBSANWEISUNG

Stand:
Freigabe (Unterschrift):

ANWENDUNGSBEREICH

Mittelspannungsschaltanlage

GEFAHREN FÜR MENSCH UND UMWELT

Bei Schalthandlungen kann es durch technisches, organisatorisches oder menschliches Versagen zu Kurzschlüssen, Überschlägen oder auch zu Zerstörung von Anlagenteilen kommen. Die Störlichtbogeneinwirkung, Körperdurchströmung sowie die Druckwelle sind für den Menschen im schlimmsten Falle tödlich. Weiterhin wird durch Verbrennungsvorgänge die Umwelt geschädigt.

SCHUTZMASSNAHMEN UND VERHALTENSREGELN

Jeder Zutritt in eine abgeschlossene elektrische Betriebsstätte muss organisiert sein. Schalthandlungen dürfen nur von Personen durchgeführt werden, die berechtigt sind (EFK mit Schaltberechtigung).

Bei allen Schalthandlungen sind, falls erforderlich die PSAgS zu benutzen wie z. B. Helm mit Gesichtsschutzschirm, Schaltmantel, Schutzhandschuhe und Sicherheitsschuhe.
Nicht an der Schaltung beteiligte Personen müssen den Gefahrenbereich verlassen.
KONZENTRATION

Die 5 Sicherheitsregeln anwenden.
- Freischalten (allpolig und allseitig)
- Gegen Wiedereinschalten sichern
- Spannungsfreiheit feststellen
- Erden und Kurzschließen
- Benachbarten unter Spannung stehende Teile abdecken und/oder abschranken

VERHALTEN BEI STÖRUNGEN / UNFÄLLEN; ERSTE HILFE

Vermeiden Sie jede Selbstgefährdung!
Ruhe bewahren, Notruf absetzten, Vorgehensweise abstimmen. Bei Notwendigkeit den Gefahrenbereich großflächig absperren. 5-SichR anwenden; Bergen. Erste Hilfe leisten.

FOLGEN BEI NICHTBEACHTUNG

Neben den möglichen gesundheitlichen Folgen werden bei Missachtung der o.a. Verhaltensvorschriften disziplinarische Maßnahmen ergriffen.

www.sicher-schalten.de NULL Unfälle NULL Fehlschaltungen

Bild 12.15 Muster-Betriebsanweisung: Schalthandlung

12.6.2 Beispiel 2

Bild 12.16 zeigt allgemein die Tätigkeitsschritte zwischen:

1. Schaltauftragsberechtigten SAB durch Anlagenbetreiber beauftragt,
2. Schaltberechtigten SB = Anlagenverantwortlicher,
3. Arbeitsverantwortlicher AV,
4. Arbeitspersonal AP.

Die Verantwortungsbereiche der Personen 1 bis 4 bzw. 2 bis 4 kann auch durch eine Person abgedeckt sein – abhängig von der betrieblichen Organisation und Festlegung der Verantwortungsbereiche (Schaltdienstanweisung).

Neu hinzugekommen sind die Begriffe:

- Durchführungserlaubnis,
- Freigabe zur weiteren Verfügung, Verfügungserlaubnis,
- Freigabe zur Arbeit,
- Genehmigung zur Arbeit,
- Freimeldung,
- Klarmeldung.

Die Erklärung dieser Begriffe geht bereits aus dem Ablaufschema Bild 12.16 hervor. Kapitel 11 „Begriffsbestimmungen“ erläutert mit Text weiter.

Tätigkeit	Ausführung durch …		Tätigkeit
Ausschalten (Fernsteuerung)	SAB SB	SB SAB	Einschalten (Fernsteuerung)
Freischalten (Fernsteuerung)	SAB SB	SB SAB	Schaltklar machen
Sichern gegen Wiedereinschalten auf der Leitstelle	SAB SB	SB SAB	Aufheben des Sicherns gegen Wiedereinschalten auf der Leitstelle
Freigabe zur weiteren Verfügung (VE)	SAB ↓ SB	SAB ↑ SB	Einschaltbereitschaft, Rückgabe der Verfügungserlaubnis
Kontrolle der Sicherheitsregel 1 vor Ort	SB		
Durchführen der Sicherheitsregeln 2 bis 5 vor Ort	SB	SB	Aufheben der Sicherheitsregeln 5 bis 2 vor Ort
Einweisen des Aufsichtsführenden	SB AF		
Kontrolle der durchgeführten Sicherheitsregeln	SB AF		Rückgabe der Durchführungserlaubnis
Durchführungs-erlaubnis (DE) (schriftlich)	SB ↓ AF	SB ↑ AF	Freimeldung (schriftlich)
Einweisen des Arbeitspersonals	AF AP	SB AF	Kontrolle der Räumung
Genehmigung/Freigabe zum Arbeiten	AF ↓ AP	AP AF	Räumen der Arbeitsstelle
	AF + AP **Ausführung der Arbeiten**		

Beginn ↓ — Ende ↑

Bild 12.16 Tätigkeitsschritte für Arbeiten in einer ferngesteuerten Schaltanlage

12.6.3 Beispiel 3: Arbeiten im Leistungsschalter-Bereich (LS-Revision)

- Schaltanforderungen

  SB: Im UW München beantrage ich für LS-Revision der 110-kV-Leitung Hamburg gelb den Freischaltbereich Leistungsschalter.

  SAB: Wiederholung;

  SB: Bestätigung;

  SAB: Ausführung der Schaltung mit Fernsteuerung.

- Freigabe zur weiteren Verfügung

  SAB: Im UW München ist der LS-Bereich der 110-kV-Leitung Hamburg gelb freigeschaltet und gesichert, und ich erteile Ihnen (Name) dafür um 7:30 Uhr die Freigabe zur weiteren Verfügung. Auf der Leitung steht Spannung an.

  SB: Wiederholung;

  SAB: Bestätigung.

- Meldung der eingebauten EuK/Arbeitserden

  SB: Im UW München habe ich um 8:05 Uhr in den LS-Bereich der 110-kV-Leitung Hamburg gelb drei Arbeitserden vor LS und drei Arbeitserden hinter LS eingebaut.

  SAB: Wiederholung;

  SB: Bestätigung.

- Rückgabe der Verfügungserlaubnis

- Meldung der Einschaltbereitschaft

  SB: Ich habe im UW München die LS-Revision beendet, die sechs Arbeitserden sind ausgebaut, und ich melde um 15:15 Uhr die Einschaltbereitschaft des LS-Bereichs der 110-kV-Leitung Hamburg gelb.

  SAB: Wiederholung;

  SB: Bestätigung;

  SAB: Ausführung der Schaltung mit Fernsteuerung.

12.6.4 Beispiel 4: Arbeiten im Leistungsschalter-Bereich (LS-Revision); Schaltung im Schaltauftragsverfahren (ohne Fernsteuerung)

- Schaltanforderung

  SB: Im UW Berlin beantrage ich für LS-Revision der 110-kV-Leitung Frankfurt rot den Freischaltbereich Leistungsschalter.

  SAB: Wiederholung;

  SB: Bestätigung.

- Die Schaltung erfolgt von der Nahsteuerwarte vor Ort

  SAB: Im UW Berlin den 110-kV-Leistungsschalter der 110-kV-Leitung Frankfurt rot ausschalten.

  SB: Wiederholung;

  SAB: Bestätigung;

  SB: LS wird ausgeschaltet, Kontrolle von Strom und Spannung;

  SB: Um 7:25 Uhr habe ich im UW Berlin den 110-kV-Leistungsschalter der 110-kV-Leitung Frankfurt rot ausgeschaltet. Der Strom ist null, Spannung steht an.

  SAB: Wiederholung;

  SB: Bestätigung;

  SAB: Im UW Berlin den LS-Bereich der 110-kV-Leitung Frankfurt rot allseitig mit Trennschalter trennen und sichern.

  SB: Wiederholung;

  SAB: Bestätigung;

  SB: Sammelschienentrennschalter 2 und Abgangstrennschalter werden geöffnet. Gegen unzulässiges Betätigen auf der Nahsteuerwarte gesichert.

  SB: Um 7:28 Uhr habe ich im UW Berlin den LS-Bereich 110-kV-Leitung Frankfurt rot allseitig getrennt und gesichert.

  SAB: Wiederholung;

  SB: Bestätigung.

- Freigabe zur weiteren Verfügung

  SAB: Im UW Berlin ist der LS-Bereich der 110-kV-Leitung Frankfurt rot freigeschaltet und gesichert, und ich erteile Ihnen (Name) dafür um 7:30 Uhr die Freigabe zur weiteren Verfügung. Auf der Leitung steht Spannung an.

  SB: Wiederholung;

  SAB: Bestätigung.

- Meldung der eingebauten Arbeitserden

  SB: Im UW Berlin habe ich um 8:05 Uhr in den LS-Bereich der 110-kV-Leitung Frankfurt rot drei Arbeitserden vor LS und drei Arbeitserden hinter LS eingebaut.

  SAB: Wiederholung;

  SB: Bestätigung.

- Meldung der Einschaltbereitschaft

  SB: Ich habe im UW Berlin die LS-Revision beendet, die sechs Arbeitserden sind ausgebaut, und ich melde um 15:15 Uhr die Einschaltbereitschaft des LS-Bereichs der 110-kV-Leitung Frankfurt rot.

  SAB: Wiederholung;

  SB: Bestätigung.

- Die Schaltung erfolgt von der Nahsteuerwarte vor Ort

  SAB: Im UW Berlin den Abgangstrennschalter und den SS-Trennschalter 2 der 110-kV-Leitung Frankfurt rot schließen.

  SB: Wiederholung;

  SAB: Bestätigung.

  SB: Aufheben der Sicherungsmaßnahmen auf der Nahsteuerwarte. Abgangstrennschalter einschalten, SS-Trennschalter 2 einschalten.

  SB: Um 15:25 Uhr habe ich im UW Berlin den SS-Trennschalter 2 und den Abgangstrennschalter der 110-kV-Leitung Frankfurt rot geschlossen.

  SAB: Wiederholung;

  SB: Bestätigung;

  SAB: im UW Berlin den Leistungsschalter der 110-kV-Leitung Frankfurt rot einschalten.

  SB: Wiederholung;

  SAB: Bestätigung;

  SB: Einschalten des Leistungsschalters. Kontrolle der Stromaufnahme;

  SB: um 15:27 Uhr habe ich im UW Berlin den Leistungsschalter der 110-kV-Leitung Frankfurt rot eingeschaltet. Die Leitung ist mit 100 A belastet.

  SAB: Wiederholung;

  SB: Bestätigung.

12.6.5 Beispiel 5: Schutzprüfung – Erlaubnis für Arbeiten oder Prüfungen, Prüfgenehmigung

- Anforderung

  SP: Im UW Essen möchte ich an der 10-kV-Kupplung Schutzprüfungen durchführen.

  SAB: Wiederholung;

  SP: Bestätigung;

  SAB: Durchführung der notwendigen Schaltungen.

- Erlaubnis zur Schutzprüfung – Prüfgenehmigung

  SAB: Um 13:00 Uhr ist im UW Essen die 10-kV-Kupplung freigeschaltet, und ich erteile Ihnen die Prüfgenehmigung am Schutz der Kupplung.

  SP: Wiederholung;

  SAB: Bestätigung;

  SP: Durchführung der Prüfungen und evtl. Schaltungen in Absprache mit dem SAB.

- Beendigung

  SP: Um 15:10 Uhr melde ich die Beendigung der Schutzprüfungen an der 10-kV-Kupplung im UW Essen und gebe die Prüfgenehmigung zurück.

  SAB: Wiederholung;

  SP: Bestätigung.

- Rückschaltung

12.6.6 Beispiel 6: Arbeiten an Freileitungen (Isolatorenaustausch); Schaltung im Schaltauftragsverfahren

- Schaltanforderung (von SB an der Arbeitsstelle)

SB: Für Isolatorenwechsel beantrage ich die Freischaltung und Erdung der 380-kV-Leitung Dresden – Leipzig 2 und die KU/AWE-Ausschaltung der 380-kV-Leitung Dresden – Leipzig 1.

SAB: Wiederholung;

SB: Bestätigung.

- Die Schaltung erfolgt von den Nahsteuerwarten Dresden „DRES“ und Leipzig „LEIP“.

SAB: In Dresden die 380-kV-Leitung Leipzig 2 ausschalten.

SB (DRES): Wiederholung;

SAB: Bestätigung.

SB (DRES): LS ausschalten, Kontrolle von Strom und Spannung SB (DRES): Um 7:00 Uhr habe ich im UW Dresden die 380-kV-Leitung Leipzig 2 ausgeschaltet. Der Strom ist null, Spannung steht an.

SAB: Wiederholung;

SB (DRES): Bestätigung.

SAB: In Leipzig die 380-kV-Leitung Dresden 2 ausschalten und trennen.

SB (LEIP): Wiederholung;

SAB: Bestätigung.

SB (LEIP): LS ausschalten, Kontrolle von Strom und Spannung, Abgangstrennschalter öffnen.

SB (LEIP): Im UW Leipzig habe ich um 7:03 Uhr die 380-kV-Leitung Dresden ausgeschaltet und getrennt. Die Spannung ist null.

SAB: Wiederholung SB (LEIP): Bestätigung.

SAB: In Dresden die 380-kV-Leitung Leipzig 2 trennen, erden und sichern.

SB (DRES): Wiederholung SAB: Bestätigung.

SB (LEIP): Abgangstrennschalter öffnen, Kontrolle der Spannung, Abgangserder einschalten, Abgangstrennschalter und Abgangserdungsschalter gegen unzulässiges Betätigen auf der Nahsteuerwarte sichern.

SB (DRES): Um 7:06 Uhr habe ich im UW Dresden die 380-kV-Leitung Leipzig 2 getrennt, geerdet und gesichert.

SAB: Wiederholung;

SB (DRES): Bestätigung.

SAB: In Leipzig die 380-kV-Leitung Dresden 2 erden und sichern.

SB (LEIP): Wiederholung;

SAB: Bestätigung.

SB (LEIP): Abgangserdungsschalter einschalten, Abgangstrennschalter und Abgangserdungsschalter gegen unzulässiges Betätigen auf der Nahsteuerwarte sichern.

SB (LEIP): Im UW Leipzig habe ich um 7:08 Uhr die 380-kV-Leitung Dresden 2 geerdet und gesichert.

SAB: Wiederholung;

SB (LEIP): Bestätigung.

SAB: In Leipzig die AWE (KU) der 380-kV-Leitung Dresden 1 ausschalten.

SB (LEIP): Wiederholung;

SAB: Bestätigung.

SB (LEIP): AWE (KU) ausschalten.

SB (LEIP): Im UW Leipzig habe ich um 7:10 Uhr die KU/AWE der 380-kV-Leitung Dresden 1 ausgeschaltet.

SAB: Wiederholung;

SB (LEIP): Bestätigung.

SAB: In Dresden die AWE (KU) der 380-kV-Leitung Leipzig 1 ausschalten.

SB (DRES): Wiederholung;

SAB: Bestätigung.

SB (DRES): AWE (KU) ausschalten.

SB (DRES): Um 7:11 Uhr habe ich im UW Dresden die KU/AWE der 380-kV-Leitung Leipzig 1 ausgeschaltet.

SAB: Wiederholung;

SB (DRES): Bestätigung.

- Freigabe zur weiteren Verfügung (an SB an der Arbeitsstelle)

  SAB: Die 380-kV-Leitung Dresden – Leipzig 2 ist freigeschaltet, geerdet und gesichert, und ich gebe Ihnen (Name) um 7:15 Uhr die Freigabe zur weiteren Verfügung für die 380-kV-Leitung Dresden – Leipzig 2. Die AWE (KU) der 380-kV-Leitung Dresden – Leipzig 1 ist ab 7:11 Uhr ausgeschaltet.

  SB (LEIP): Wiederholung;

  SAB: Bestätigung.

- Meldung der Einschaltbereitschaft (von SB an der Arbeitsstelle)

  SB: Der Isolatorentausch auf der 380-kV-Leitung Dresden – Leipzig 2 ist beendet, und ich melde um 16:15 Uhr die 380-kV-Leitung Dresden – Leipzig 2 einschaltbereit. Die AWE (KU) der 380-kV-Leitung Dresden – Leipzig 1 kann eingeschaltet werden.

  SAB: Sie (Name) melden um 16:15 Uhr die 380-kV-Leitung Dresden – Leipzig 2 einschaltbereit, die Leitung steht für Sie (Name) ab sofort unter Spannung. Die KU/AWE der 380-kV-Leitung Dresden – Leipzig 1 kann eingeschaltet werden.

  SB: Bestätigung.

- Die Einschaltung erfolgt in umgekehrter Reihenfolge zur Ausschaltung.

12.6.7 Beispiel 7: Austausch einer 24-kV-SF_6-gasisolierten Lasttrennschalteranlage „Am Blumenkamp“

Das Beispiel zeigt die Verwendung des Formulars für die Durchführung von Schaltungen eines Versorgungsnetzbetreibers (VNB) (siehe **Bild 12.17**). Der „Schaltbrief“ dient zur Vorbereitung einer Schaltung. **Bild 12.18** zeigt einen Ausschnitt des 20-kV-Netzplans der Betriebsstelle, die Stationen und Schaltmöglichkeiten. Der aktuelle Schaltzustand ist der Leitstelle bekannt. **Bild 12.19** zeigt den schematischen Netzplan zur besseren Übersichtlichkeit für das Beispiel.

Um die SF_6-gasisolierte Lasttrennschaltanlage „Am Blumenkamp“ austauschen zu können, muss nach den fünf Sicherheitsregeln der spannungsfreie Zustand her- und sichergestellt werden. Vorher ist das Ortsnetz (400 V Niederspannung) umzuschalten, das vom Transformator „Am Blumenkamp“ versorgt wird. Diese Schaltung wird getrennt festgehalten.

Das Formular (Bild 12.17) eignet sich gut zur Vorplanung durch die Betriebsstelle und zum Notieren der erforderlichen Tätigkeiten in bestimmter Reihenfolge. Die Vorschaltung/Vorplanung wird mehrere Tage vorher zur Prüfung und Genehmigung zur Netzleitstelle geschickt, weil dort die gesamten aktuellen Schaltzustände und die Netzübersicht vorliegen.

Am Tag der Schaltung meldet sich der schaltauftragsberechtigte Anlagenverantwortliche „Herr Schmidt“ aus der Betriebsstelle bei der Netzleitstelle zu einem Informationsgespräch und bezieht sich auf den „Schaltbrief“ mit der Nr. *xx*.

Der schaltauftragsberechtigte Anlagenverantwortliche führt das **Schaltgespräch** über Betriebsfunk direkt vor Ort anhand der vorbereiteten Schaltreihenfolge. In das Formular hat er kurz vorher die Namen der Schaltberechtigten und die Funkrufnummern/Mobiltelefonnummern geschrieben. Die Uhrzeit wird nach Rückmeldung der Schaltung des jeweiligen Schaltberechtigten notiert.

Im Beispiel ist der schaltauftragsberechtigte Anlagenverantwortliche gleichzeitig Schaltberechtigter an der Station „Am Blumenkamp“ und Arbeitsverantwortlicher beim Austausch der Schaltanlage. Nach durchgeführter Schaltung meldet der schaltauftragsberechtigte Anlagenverantwortliche das Betriebsmittel an die Netzleitstelle zurück.

Bild 12.20, Formular „Abschaltungen“, zeigt die spannungslosen Netzbereiche und Stationen mit den zugehörigen Zeiten.

Zwei Tage später wird die „Rückschaltung“ durchgeführt und die Normalschaltung des 20-kV-Netzes wiederhergestellt (siehe **Bild 12.21** und **Bild 12.22**).

Die **Bilder 12.23** bis **12.30** dienen zur Verdeutlichung des Beispiels.

Hinschaltung Blatt 1

B / Tag Freitag Datum 10.6.2016

Durchführung der Schaltung von 9^{00} Uhr bis 10^{00} Uhr und von ______ Uhr bis ______ Uhr

Bezeichnung der 20-kV-Leitung Bokel - Hollen

Schaltbereich zwischen SST Bokel und FLT Heise Bokel

und Station Wittstedt-Ortsstr. und ______

Vor Beginn der Schalthandlungen sind im Ortsnetz Netzumschaltung und Rück-Spannungskontrolle vorzunehmen.

1. Ortsnetz Station Witt. Ortsstr./Am Blumenkamp Name Aldag, Wintjen
2. Ortsnetz ______ Name ______
3. Ortsnetz ______ Name ______

Uhrzeit	Schaltort Mastschalter Trennstelle	Richtung	AUS	E. u. K.	EIN	Verantwortlicher der Gruppe	Nr.
8^{38}	Station Am Blumenkamp	Ortsstr. Trafo	LTR			Aldag	453
"	"	" "			ES	"	"
8^{39}	"	Ortsstr.	LTR			"	"
8^{43}	Station Ortsstr.	Am Blumenkamp	LTR			Schmidt	253
"	" "	"			ES	"	"
8^{44}	Station Am Blumenkamp	Ortsstr.			ES	Aldag	453
9^{03}	SST Bokel	Hollen	LS			Leitstelle	Tel.
9^{00}	"	"	SST			Mertins	353
"	"	"	STRT			"	"
"	"	"			ES	"	"
9^{09}	ES Heise Bokel	Bokel			ES	Jagusch	753
9^{06}	Station Am Blumenkamp	Zweigleitg. Bokel-Hollen			ES	Schmidt	253
9^{10}	Station Jagdhaus-Lürssen	Am Blumenkamp	TST			Aldag	453
9^{42}	"	"		×	×	"	"
9^{46}	ES Heise Bokel	Bokel	ES			Jagusch	753
9^{48}	SST Bokel	Hollen	ES			Mertins	353
"	"	"			STRT	"	
"	"	"			SST	"	
9^{50}	"	"			LS	Leitstelle	Tel.

Verantwortlicher	Monteure
1 Schmidt	
2 Aldag	Wintjen
3 Mertins	
4 Jagusch	
5	

UNH-Form 131 9.89 40 Bl./50 Bl

Übermittlung der Freimeldung an/von Aldag $9^{10} \rightarrow 9^{42}$ durch Schmidt

Fünf Sicherheitsregeln

Vor Beginn der Arbeiten

- Freischalten
- Gegen Wiedereinschalten sichern
- Spannungsfreiheit feststellen
- Erden und kurzschließen
- Benachbarte, unter Spannung stehende Teile abdecken oder abschranken

i. A. Schmidt

Betriebsstellenleiter

Bild 12.17 Hinschaltung

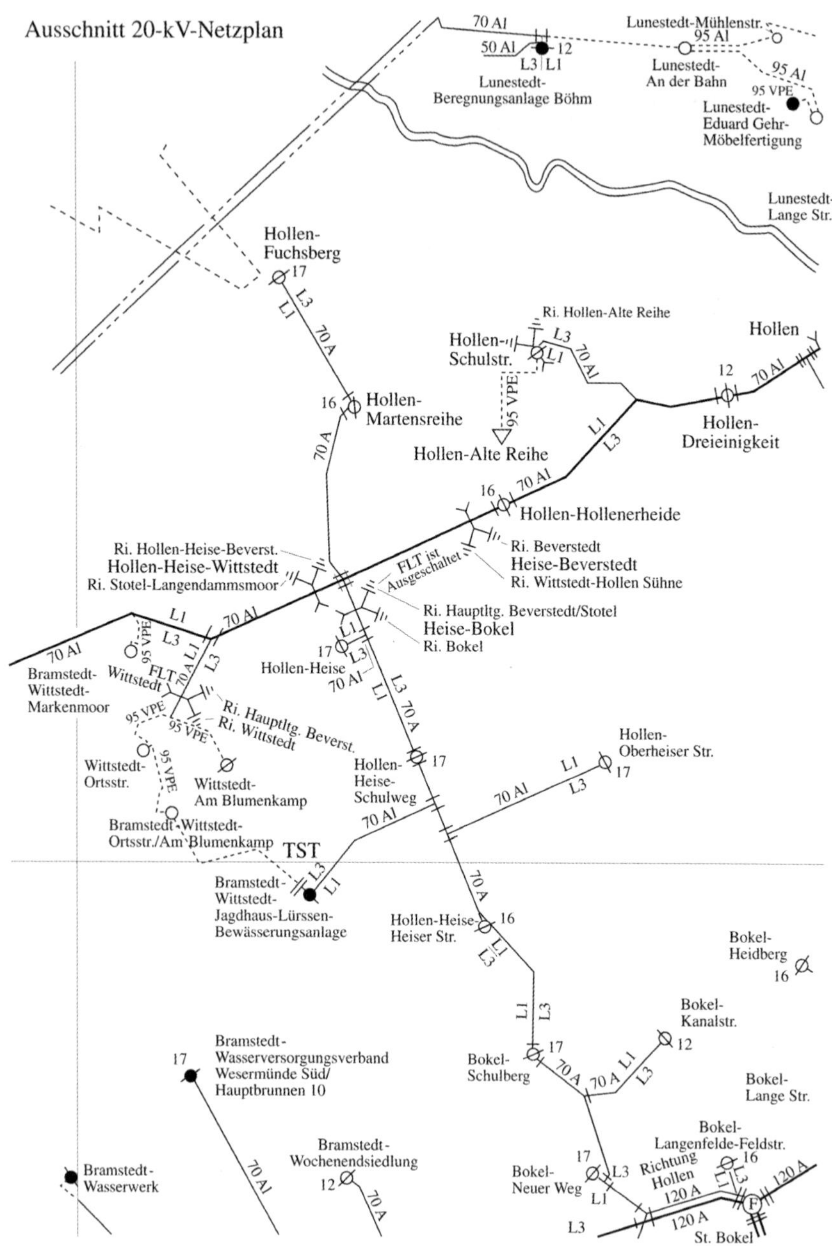

Bild 12.18 Ausschnitt 20-kV-Netzplan

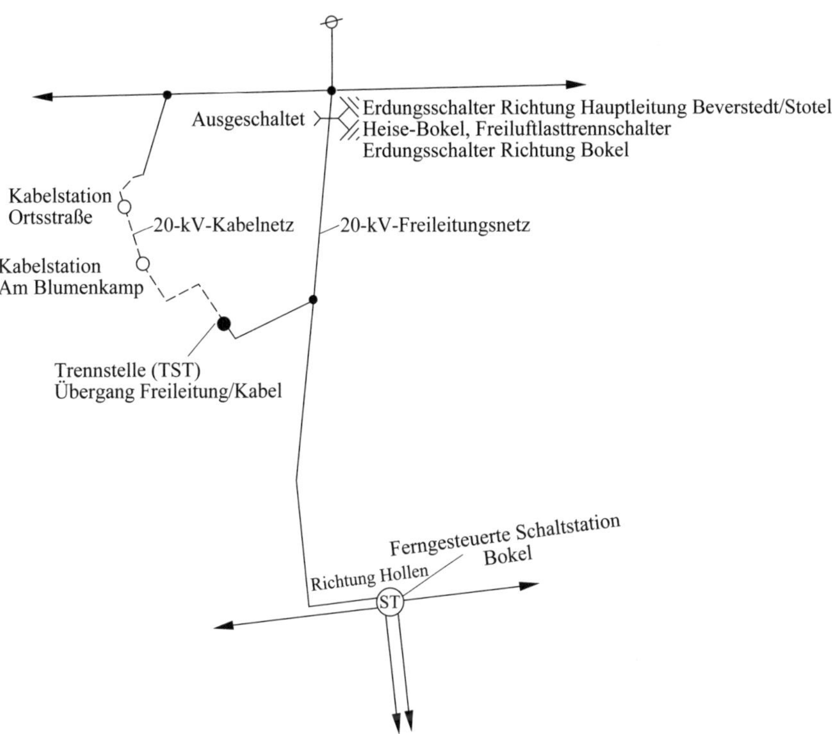

Bild 12.19 Schematischer 20-kV-Netzplan und Erklärung der im Beispiel verwendeten Abkürzungen:

FLT Freiluftlasttrennschalter,
LTR Lasttrennschalter,
ES Erdungsschalter,
LS Leistungsschalter,
SST Sammelschienentrennschalter,
STRT Streckentrennschalter,
TST Trennstrecke,
ST Schaltstation

Abschaltungen

Mittwoch, den 10.6. 2016

Spannungslose Leitung von	Spannungslose Leitung bis	Zeit beantragt von	Zeit beantragt bis	Zeit abgeschaltet von	Zeit abgeschaltet bis	Grund der Abschaltung	ausgearb. von	BL genehm. u. bestät.	weitergeleitet an
20-kV-Leitung Bokel-Hollen							BW12		
							Schmidt		
ST Bokel	FLT Heise - Bokel	9^{00}	10^{00}			Austausch der 24 kV-gasiso-			
TST Wittstedt-Jagdhaus-Lürssen						Lierte Lasttrennschaltanlage			
TST Jagdhaus-Lürssen	Station Wittstedt-Ortsstr.	9^{00}	24^{00}			in der Station Wittstedt-			
						Am Blumenkamp			
						Die Station bleibt bis			
						zum 11.6. Abgeschaltet			

ÜNH-Form 311 2.89 50 Bl./50 Bl.

Bild 12.20 Abschaltungen

Rückschaltung Blatt 1

B 1 Tag Freitag Datum 10.6.2016

Durchführung der Schaltung von 9⁰⁰ Uhr bis 10⁰⁰ Uhr und von ______ Uhr bis ______ Uhr

Bezeichnung der 20-kV-Leitung Bokel - Hollen

Schaltbereich zwischen ST Bokel und FLT Heise - Bokel

und Station Wittstedt - Ortsstr. und ______

Vor Beginn der Schalthandlungen sind im Ortsnetz Netzumschaltung und Rück-Spannungskontrolle vorzunehmen.

1. Ortsnetz Station Witt. Ortsstr./Am Blumenkamp Name Aldag, Wintjen
2. Ortsnetz ______ Name ______
3. Ortsnetz ______ Name ______

Uhrzeit	Schaltort Mastschalter Trennstelle	Richtung	AUS	E. u. K.	EIN	Verantwortlicher der Gruppe	Nr.
	SST Bokel	Hollen	LS			BL	Tel.
	" "	"	ST			Mertins	353
	" "	"	STRT			"	"
	" "	"			ES	"	"
	ES Heise-Bokel	Bokel			ES	Jagusch	753
	Station Jagdhaus-Lürssen	Am Blumenkamp			TST	Aldag	453
	"	"	X	X		"	"
	Station Am Blumenkamp	Zweigleitg. Bokel-Hollen	ES			Aldag	"
	ES Heise-Bokel	Bokel	ES			Jagusch	753
	SST Bokel	Hollen	ES			Mertins	353
	"	"			STRT	"	"
	"	"			SST	"	"
	"	"			LS	BL	Tel.
	Station Am Blumenkamp	Ortsstr.	ES			Aldag	453
	Station Ortsstr.	Am Blumenkamp	ES			Schmidt	253
	" "	"			LTR	"	"
	Station Am Blumenkamp	Ortsstr.			LTR	Aldag	453
	" "	Ortsstr. Trafo	ES			"	"
	" "	" "			LTR	"	"

Verantwortlicher	Monteure
1 Schmidt	
2 Aldag	Wintjen
3 Mertins	
4 Jagusch	
5	

Übermittlung der Freimeldung an/von Aldag durch Schmidt

Fünf Sicherheitsregeln
Vor Beginn der Arbeiten:
- Freischalten
- Gegen Wiedereinschalten sichern
- Spannungsfreiheit feststellen
- Erden und kurzschließen
- Benachbarte, unter Spannung stehende Teile abdecken oder abschranken

i. A. Schmidt
Betriebsstellenleiter

UNH-Form 131 9.89 40 Bl./50 Bl.

Bild 12.21 Rückschaltung

Abschaltungen

Freitag, den 10.6. 2016

Spannungslose Leitung von	Spannungslose Leitung bis	Zeit beantragt von	Zeit beantragt bis	Zeit abgeschaltet von	Zeit abgeschaltet bis	Grund der Abschaltung	ausgearb. von	BL genehm. u. bestät.	weitergeleitet an
20-kV-Leitung Bokel-Hollen									
ST Bokel	FLT Heise-Bokel	9^{00}	10^{00}			Wiederinbetriebnahme		Schmidt	
TST Wittstedt-Jagdhaus-	Lürssen					der Station			
						Wittstedt-Am Blumenkamp			
TST Jagdhaus-Lürssen	Station Wittstedt-Ortsstr.	0^{00}	10^{00}						

ÜNH-Form 311 2.89 50 Bl./50 Bl.

Bild 12.22 Ausschaltungen

Bild 12.23 Die 24-kV-SF_6-isolierte Lasttrennschaltanlage „Am Blumenkamp“ soll gegen eine größere Anlage ausgetauscht werden; vorher sind umfangreiche Umschaltungen erforderlich

Bild 12.24 Der schaltauftragsberechtigte Anlagenverantwortliche ist auch Schaltberechtigter und leitet die Schaltung über den Betriebsfunk; der geplante Schaltungsablauf nach und der Netzplan liegen vor ihm

Bild 12.25 Das NS-Netz ist umgeschaltet; der NH-Sicherungslasttrennschalter der Station „Am Blumenkamp“ wird ausgeschaltet, die NH-Sicherungen entnommen und sicher aufbewahrt

Bild 12.26 Der NH-Sicherungslasttrennschalter ist gegen Wiedereinschalten gesichert

Bild 12.27 Freischalten: 24-kV-Lasttrennschalter ausschalten; gegen Wiedereinschalten sichern: Schalthebel abziehen; Spannungsfreiheit allpolig feststellen

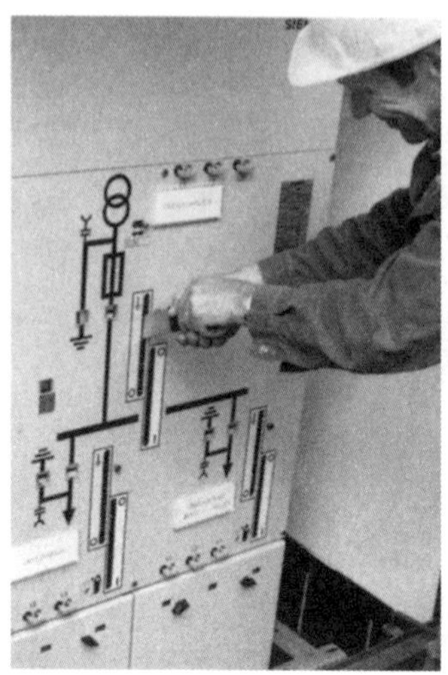

Bild 12.28 Erden und Kurzschließen

Bild 12.29 Gegen Wiedereinschalten sichern bedeutet immer das zusätzliche Aufhängen des Schaltverbotsschilds; hierdurch werden die Antriebsschlitze bedeckt, wenn möglich verschließen

Bild 12.30 Erst nach Durchführung aller Schaltungen und Erdung aller einspeisenden 24-kV-Kabel kann die Durchführungserlaubnis vom Anlagenverantwortlichen an den Arbeitsverantwortlichen erteilt werden. Anschließend wird die Arbeitsstelle vom Verantwortlichen für Arbeiten freigegeben werden

13 Verständnisfragen zum Thema Schaltberechtigung

Auf den folgenden Seiten sind Fragen aufgelistet, die ein schaltauftragsberechtigter Anlagenverantwortlicher/Schaltberechtigter beantworten kann. Sicherlich nicht ohne Vorbereitung, denn wer könnte auf Anhieb die Fragebögen für einen Kfz-Führerschein beantworten, obwohl wir ihn „alle“ besitzen? Sinn und Zweck der Testfragen ist, dass sich der (zukünftige) Schaltberechtigte mit der Thematik auseinandersetzt. Denn die Unfallverhütungsvorschriften und VDE-Bestimmungen lassen sich nicht wie ein Roman lesen.

Wenn ein konkretes Problem zu lösen ist, wird der Text sofort interessanter, und das Erfolgserlebnis bleibt bestimmt nicht aus.

Probieren Sie es bitte, die folgenden Fragen zu beantworten. Die Lösungen finden Sie in der UVV, in der DIN VDE 0105-100, in Fachbüchern oder in diesem Buch.

Testfragenauswahl zum Thema Schaltberechtigung

1. Durch welche Maßnahmen muss die Ausführung der Forderung „Gegen Wiedereinschalten sichern“ stets ergänzt werden?

   A Isolierende Schutzplatten reinigen.

   B Schaltverbotsschild anbringen.

   C Schaltkurbel abziehen.

2. Bei der Außerbetriebnahme einer Transformatornetzstation sollte entsprechend der Bauweise eine Schaltfolge eingehalten werden.

   A Niederspannungshauptschalter Aus,
   Transformatortrennschalter Aus.

   B Transformatortrennschalter Aus,
   Niederspannungshauptschalter Aus.

3. Ist immer eine **sichtbare** Trennstrecke erforderlich?

   A Ja.

   B Nein.

4. Für eine Freischaltung einer Mittelspannungs-Ringleitung erhalten Sie folgende Anweisung:

   Leistungsschalter, Sammelschienentrennschalter und Abgangstrennschalter ausschalten und den Erdungsschalter nicht einschalten.

Darf diese Anweisung gegeben werden?

A Ja, um keinen Kurzschluss durch den Erdungsschalter zu verursachen, da bei einer Ringleitung die Spannung am Abgangstrennschalter ansteht.

B Nein, negierende Schaltanweisungen dürfen nicht gegeben werden.

5. Welche Bedeutung hat das nachfolgende Schild?

A Warnung vor elektrischer Spannung.

B Hochspannung, Vorsicht Lebensgefahr.

C Nicht schalten. Es wird gearbeitet.

D Vorsicht. Unbefugten Zutritt verboten.

6. Welche der unten aufgeführten Maßnahmen sind für das Feststellen der Spannungsfreiheit zugelassen?

A Feststellen der Spannungsfreiheit mit Spannungsprüfer.

B Feststellen der Spannungsfreiheit mit ortsveränderlichen Messgeräten.

7. Bei Kabeln und isolierten Leitungen sowie deren Zubehörteilen darf – nachdem an den Ausschaltstellen die Spannungsfreiheit festgestellt worden ist – vom Feststellen der Spannungsfreiheit an der Arbeitsstelle abgesehen werden, wenn:

A an den Ausschaltstellen geerdet und kurzgeschlossen worden ist,

B das Kabel oder die isolierte Leitung eindeutig ermittelt worden ist, z. B. durch Bezeichnungen, Kabelauslesegeräte,

C ein Sicherheits-Kabelschneidgerät eingesetzt wird.

8. Welche der nachstehenden Punkte sind zu beachten beim Erden und Kurzschließen an der Arbeitsstelle?

A Die Erdung und Kurzschließung muss von der Arbeitsstelle aus sichtbar sein.

B Geräte zum Erden und Kurzschließen müssen immer zuerst mit der Erdungsanlage oder mit einem Erder und dann mit den zu erdenden Teilen verbunden werden.

C Ist an einer Ausschaltstelle von elektrischen Anlagen und Freileitungen mit Nennspannungen über 1 kV geerdet und kurzgeschlossen, so genügt an der Arbeitsstelle ein Querschnitt der Erdungs- und Kurzschlussseile von 25 mm^2 Cu.

9. Benachbarte, unter Spannung stehende Teile werden in Schaltfeldern durch isolierende Schutzplatten abgedeckt. Welche Punkte sind zu berücksichtigen?

   A Die Platte muss sich vor dem Einschieben in einem sauberen und trockenen Zustand befinden.

   B Die Platte muss aus einem geeigneten Material bestehen.

   C Nach DIN VDE 0105-100 ist das Einschieben der isolierenden Schutzplatte eine der Möglichkeiten, um die zweite Sicherheitsregel „Gegen Wiedereinschalten sichern" zu erfüllen.

10. Welche der nachstehend aufgeführten Arbeiten an unter Spannung stehenden Teilen sind Elektrofachkräften und elektrotechnisch unterwiesenen Personen erlaubt?

    1. Bei einer Nennspannung von über 50 V Wechselspannung oder 120 V Gleichspannung bis zu Nennspannungen von 1 000 V Wechsel- und Gleichspannung:

       A Das Heranführen von geeigneten Prüf-, Mess- und Justiereinrichtungen, Spannungsprüfern, Betätigungsstangen und von geeigneten Werkzeugen zum Bewegen leichtgängiger Teile.

    2. Bei einer Nennspannung von über 1 kV:

       A Das Heranführen von Spannungsprüfern und Phasenvergleichern.

       B Das Heranführen von Werkzeugen und Hilfsmitteln zum Reinigen.

11. Was heißt Schutz gegen direktes Berühren?

    A Darunter sind alle Maßnahmen zu verstehen, die verhindern, dass Personen aktive Teile berühren oder bei Nennspannungen über 1 kV sich diesen Teilen Gefahr bringend nähern können.

    B Es ist der Schutz von Personen vor Gefahren, die sich im Fehlerfall aus einer Berührung mit dem Körper oder fremden leitfähigen Teilen ergeben können.

    C Es muss in jedem Fall sichergestellt werden, dass der Leiter nicht berührt werden kann.

12. Für welchen Bereich gilt DIN VDE 0105-100?

    A Diese Norm gilt nur für den Betrieb von elektrischen Anlagen.

    B Sie gilt für den Betrieb von elektrischen Anlagen und auch für die Annäherung an elektrische Anlagen bei Bauarbeiten und sonstigen nicht elektrotechnischen Arbeiten.

    C Sie gilt auch beim Errichten und Ändern von elektrischen Anlagen, soweit dabei die Anlagen oder einzelne Teile unter Spannung stehen, unter Spannung stehende Teile berührt werden können oder Spannung an der im Bau befindlichen Anlage auftreten kann.

13. Das Herstellen und Sicherstellen des spannungsfreien Zustands von elektrischen Anlagen bzw. elektrischen Anlagenteilen geschieht anhand der fünf Sicherheitsregeln. Wie heißen diese Regeln im Wortlaut?

    1. ....
    2. ....
    3. ....
    4. ....
    5. ....

14. Zwischen Betätigungs- und Erdungsstangen wird u. a. unterschieden. Welches Merkmal kennzeichnet die Erdungsstange?

    A Roter Ring.

    B Roter Ring und Begrenzungsscheibe zwischen Handhabe und Isolierteil.

    C Schwarzer Ring.

15. Betriebsmittel, z. B. Schalter, mit denen freigeschaltet worden ist, sind gegen Wiedereinschalten zu sichern. Welche der aufgezeigten Möglichkeiten sind zulässig?

    A Sichern durch Sperren der Druckluftzufuhr.

    B Sichern durch Abziehen der Schaltkurbel.

    C Sichern durch Anbringen eines Vorhängeschlosses.

16. Wird eine Arbeit von mehreren Personen gemeinschaftlich ausgeführt, so ist eine von ihnen als arbeitsverantwortliche Person zu bestimmen. Was zeichnet diese Person aus?

    A Sie ist für die Einhaltung der Sicherheitsmaßnahmen an der Arbeitsstelle verantwortlich.

    B Sie hat nur zu beobachten und darf nicht mitarbeiten.

    C Sie wird generell besser entlohnt als die übrigen.

17. Gefahrenzone ist der durch bestimmte Maße begrenzte Bereich um unter Spannung stehende Teile, gegen deren direktes Berühren kein vollständiger Schutz besteht. Welches Maß gilt für die Netz-Nennspannung von 20 kV?

    A 160 mm.

    B 320 mm.

    C 220 mm.

18. Werden Bauarbeiten und sonstige nicht elektrotechnische Arbeiten in Nähe unter Spannung stehender Anlagen oder Teile elektrischer Anlagen, die über keinen Schutz gegen direktes Berühren verfügen, ausgeführt, so sind bestimmte Schutzabstände einzuhalten. Welcher Abstand wird für den Nennspannungsbereich über 1 kV bis 110 kV gefordert?

    A 2 m.

    B 3 m.

    C 4 m.

19. Wie lautet die Definition für eine …

    A Elektrofachkraft:

    ………………………………………………………………………………

    B Elektrotechnisch unterwiesene Person:

    ………………………………………………………………………………

20. Nennen Sie mind. fünf Ursachen, die zu einer Fehlschaltung führen können:

    1. ………………………………………………………………………………
    2. ………………………………………………………………………………
    3. ………………………………………………………………………………
    4. ………………………………………………………………………………
    5. ………………………………………………………………………………

21. Nennen Sie mind. fünf Kriterien, die ein Unternehmer nach DGUV-Vorschrift 1 bezüglich der Arbeitssicherheit beachten muss:

    1. ………………………………………………………………………………
    2. ………………………………………………………………………………
    3. ………………………………………………………………………………
    4. ………………………………………………………………………………
    5. ………………………………………………………………………………

22. In welchem Stromstärkebereich muss mit dem gefährlichen Herzkammerflimmern gerechnet werden?

    A Stromstärkebereich I (0 mA bis 25 mA).

    B Stromstärkebereich II (25 mA bis 80 mA).

    C Stromstärkebereich III (80 mA bis 5 A).

    D Stromstärkebereich IV (> 5 A).

23. Welche Folgen kann die Nichtbeachtung der fünf Sicherheitsregeln haben?
    A Gehaltskürzung.
    B Bußgeld.
    C Keine.
    D Arbeitsunfall.

24. Ist auch ein Niederspannungslichtbogen gefährlich?
    A Ja.
    B Nein.

25. Welche Erste-Hilfe-Maßnahmen sind bei elektrischen Unfällen anzuwenden, wenn Atem- und Herz-/Kreislaufstillstand vorliegen?
    A Verletzten in Seitenlage bringen.
    B Verletzten in einen warmen Raum bringen.
    C Atemspende und äußere Herzmassage durchführen.

26. Welche Maßeinheiten gehören zu den physikalischen Größen?

A	Strom	Nr. [ ]
B	Leistung	Nr. [ ]
C	Spannung	Nr. [ ]
D	Widerstand	Nr. [ ]
E	elektrische Arbeit	Nr. [ ]
F	Frequenz	Nr. [ ]

Nummer: 1 = Volt, 2 = Wattstunde, 3 = Ampere, 4 = Watt, 5 = Hertz, 6 = Ohm

27. Ordnen Sie das Schaltvermögen den angegebenen Schaltern zu:

A	....	können große Leistungen und Kurzschlüsse schalten.
B	....	werden für eine Trennung von Anlagenteilen verwendet und im unbelasteten Zustand geschaltet.
C	....	werden für eine Trennung von Anlagenteilen verwendet. Sie können auch im belasteten Zustand (Nennstrom) geschaltet werden.

1 = Lasttrennschalter, 2 = Leistungsschalter, 3 = Trennschalter

28. Ordnen Sie die Fehlerarten der genauen Beschreibung zu:
    1. Doppelerdschluss (Mehrfacherdschluss)
    2. Kurzschluss
    3. Erdschluss

A [ ] Berührung zweier Außenleiter untereinander ohne Erdberührung.

B [ ] Berührung eines Außenleiters mit Erde.

C [ ] Berührung von drei Außenleitern untereinander und mit Erde.

D [ ] Berührung zweier oder mehrerer Außenleiter mit Erde, wobei die einzelnen Fehlerorte in verschiedenen Leitungen eines einspeisenden Umspannwerks liegen.

Bei welcher Fehlerart erfolgt eine sofortige Ausschaltung?

Lösungen der Testfragen zum Thema Schaltberechtigung

1: B

2: A

3: B

4: B

5: A

6: A, B

7: B, C

8: A, B

9: A, B

10: 1A, 2A

11: A

12: B

13: 1. Freischalten
2. Gegen Wiedereinschalten sichern
3. Spannungsfreiheit feststellen
4. Erden und Kurzschließen
5. Benachbarte, unter Spannung stehende Teile abdecken oder abschranken

14: C

15: A, B, C

16: A

17: C

18: B

19: *Elektrofachkraft*:
- fachliche Ausbildung
- Kenntnisse und Erfahrungen
- Kenntnisse der einschlägigen Normen

kann:
- Arbeiten beurteilen
- mögliche Gefahren erkennen

Elektrotechnisch unterwiesene Person:
- durch Elektrofachkraft unterrichtet über die:
  - ihr übertragenen Aufgaben
  - Gefahren bei unsachgemäßem Verhalten
- erforderlichenfalls angelernt
- belehrt über notwendige:
  - Schutzmaßnahmen
  - Schutzeinrichtungen

20:
- Konzentrationsmangel
- mangelnde Eignung
- Überforderung
- fünf Sicherheitsregeln nicht beachtet
- schadhafte Betriebsmittel
- schlechte Organisation
- keine Verantwortungsbereiche festgelegt

21:
- mangelhafte Einrichtungen stilllegen
- persönliche Schutzausrüstung zur Verfügung stellen
- organisieren, auswählen, einsetzen, beaufsichtigen
- regelmäßig unterweisen
- Pflichten übertragen

22: B, C

23: B, D

24: A

25: C

26: A3, B4, C1, D6, E2, F5

27: A2, B3, C1

28: A2, B3, C2, D1, Kurzschluss, Doppelerdschluss

14 Anhang, Formblattsammlung

Erteilung der Schaltberechtigung (Muster)

Herrn/Frau (Name, Vorname): ______________________

Org. Einheit / Abteilung: ______________________

wird hiermit die Schaltberechtigung gemäß der jeweils gültigen Schaltdienstanweisung/Betriebsanweisung für nachfolgende Anlagenteile / Spannungsebenen erteilt.

Nr.	Anlagenteil / Netz
1	
2	
3	
4	

Die Schaltberechtigung verlängert sich, wenn an einer Jahresunterweisung „Schaltberechtigung" sowie an einem Praxistraining erfolgreich teilgenommen wurde.

Mit meiner Unterschrift bestätige ich, dass ich in dem beschriebenen Bereich mit der Abwicklung von Schalthandlungen in den aufgeführten Anlagen und Netzen vertraut bin und mir die fachlichen Inhalte zur Schaltberechtigung vermittelt wurden.

Weiterhin bestätige ich, dass ich bei der Abwicklung von Schalthandlungen die einschlägigen Unfallverhütungsvorschriften (DGUV Vorschrift 1, Vorschrift 3) und VDE Bestimmungen insbesondere die 5 Sicherheitsregeln (VDE 0105-100) beachten werde.

Die Schaltdienstanweisung / Betriebsanweisung wurde mir ausgehändigt.

Ort, Datum: ______________________

Unterschrift Schaltberechtigter: ______________________

Unterschrift VEFK: ______________________

www.sicher-schalten.de NULL Unfälle NULL Fehlschaltungen

Bild 14.1 Musterformular als Nachweis für die Erteilung der Schaltberechtigung

Firmenkopfzeile

Erklärung zur Erteilung der Schaltberechtigung für befähigte Personen

Name ....
beschäftigt als ....
im Bereich ....

Erklärung für befähigte Personen

Ich erkläre hiermit, über die Gefahren des elektrischen Stroms unterrichtet zu sein. Mir sind auch die VDE-Bestimmung „Betrieb von elektrischen Anlagen" (DIN VDE 0105-100) sowie die Unfallverhütungsvorschrift DGUV-Vorschrift 3 „Elektrische Anlagen und Betriebsmittel" (mit Durchführungsanweisung) bekannt, und ich verpflichte mich zu deren Befolgung. Im Einzelnen nehme ich Folgendes zur Kenntnis:

Betriebsstätten

Ich bescheinige ausdrücklich, dass ich abgeschlossene elektrische Betriebsstätten nur betreten darf, soweit dies zur Vornahme der mir aufgetragenen Arbeiten als Schaltberechtigter erforderlich ist.

Bei Betreten von Betriebsräumen mit elektrischen Anlagen sowie bei Arbeiten in solchen Räumen und Anlagen werde ich größte Vorsicht walten lassen. Ich werde vor allem streng darauf achten, dass die elektrischen Betriebsstätten nach dem Verlassen stets sorgfältig verschlossen werden und niemals unbewacht offen stehen.

Bedienen von elektrischen Anlagen

Zur Vornahme von Schaltungen in Nieder-, Mittel- und Hochspannungsanlagen bin ich nur im Rahmen dieser Schaltberechtigung befugt. Ich habe die Aufgabe, aufgrund meiner örtlichen Übersicht und meiner Betriebserfahrung die Zulässigkeit einer Schaltung und die Reihenfolge der Schalthandlungen kritisch zu überdenken und im Fall eines Irrtums meine Führungskraft/den Anlagenbetreiber sofort zu informieren.

Die generelle Schaltberechtigung wurde mir am .... vom Betriebsleiter, Herrn/Frau ...., erteilt.

Arbeiten an und in elektrischen Anlagen

An elektrischen Anlagen darf mit Ausnahme des § 8 der DGUV-Vorschrift 3 nur gearbeitet werden, wenn diese spannungsfrei und geerdet sind. Der schaltberechtigte Anlagenverantwortliche stellt das Herstellen und Sicherstellen des spannungsfreien Zustands an der Arbeitsstelle her und erteilt nach Einweisung die Durchführungserlaubnis an den Arbeitsverantwortlichen.

Zur Herstellung und Sicherstellung der Spannungsfreiheit vor Arbeitsbeginn sind folgende Maßnahmen (fünf Sicherheitsregeln) durchzuführen:

1. Freischalten,
2. gegen Wiedereinschalten sichern,
3. Spannungsfreiheit feststellen,
4. Erden und Kurzschließen,
5. benachbarte, unter Spannung stehende Teile abdecken oder abschranken.

Bild 14.2 Musterformular „Erklärung zur Erteilung der Schaltberechtigung" (Vorderseite)

Wird eine Arbeit an elektrischen Anlagen unter meiner Anleitung von mehreren Personen gemeinsam durchgeführt, so werde ich eine Person als Arbeitsverantwortlichen bestimmen, wenn ich mich von der Arbeitsstelle entferne. Diese Aufsicht führende Person ist für die Einhaltung aller Sicherheitsbestimmungen während meiner Abwesenheit verantwortlich.

Personen, die allein arbeiten, übernehmen sinngemäß die Aufgaben des Arbeitsverantwortlichen für ihren Bereich.

Arbeiten in der Nähe von unter Spannung stehenden Teilen

Besteht bei diesen Arbeiten die Gefahr einer zufälligen oder direkten Berührung spannungsführender Anlagenteile, dann werde ich diese durch hinreichend feste und zuverlässig angebrachte isolierende Abdeckungen oder andere geeignete Einrichtungen gegen zufälliges Berühren sichern.

In Anlagen mit Nennspannungen über 1 kV sind die Grenzen des Arbeitsbereichs kenntlich zu machen.

Personen, die keine Elektrofachkraft sind, aber durch genaue Unterweisung über die ihnen übertragenen Arbeiten und möglichen Gefahren als unterwiesene Personen gelten, sollten bei Arbeiten in der Nähe von unter Spannung stehenden Teilen nur dann eingesetzt werden, wenn sie die erfolgte Unterweisung verstanden und auf dem dafür vorgesehenen Erklärungsvordruck bestätigt haben.

Arbeiten an unter Spannung stehenden Teilen

Arbeiten an unter Spannung stehenden Teilen sind nur in Ausnahmefällen zulässig. Hierfür muss in jedem Einzelfall eine schriftliche Anweisung vom Leiter des Betriebs/vom Vorgesetzten vorliegen, und es müssen die zugehörigen Bedingungen der DIN VDE 0105 und die Schutzziele gemäß DGUV-Regel 103-011 „Arbeiten unter Spannung“ erfüllt sein.

Bei allen Arbeiten an unter Spannung stehenden Teilen werde ich als Schaltberechtigter größte Sorgfalt walten lassen und die zum Schutz zur Verfügung stehenden Schutzmittel (z. B. isolierte Werkzeuge, PSAgS, isolierte Absperrungen usw.) unbedingt benutzen.

Es ist mir bekannt, dass die Nichtbefolgung dieser Anweisung sowie die Nichtbefolgung der angeführten Sicherheitsvorschriften und Bestimmungen arbeitsrechtliche Konsequenzen haben kann.

....

Ort, Datum Unterschrift

Anlage: Muster einer Erklärung für Personen, die als elektrotechnisch unterwiesene Personen zur Arbeit herangezogen werden.

Bild 14.2 (*Fortsetzung*) Musterformular „Erklärung zur Erteilung der Schaltberechtigung“ (Rückseite)

Bescheinigung

Nach DGUV-Vorschrift 84 § 10

Certificate

According to national Accident Prevention Regulation 84 § 10

Herr/Frau ______________________________
Mr./Mrs.
geboren am ____________________ in/at ____________________
born on
hat vom ____________________ bis/to ____________________
has from

an der Ausbildungsstätte/at the training centre/school

____
in
____

an einem von der BG Verkehr anerkannten Lehrgang zum Erwerb der Schaltberechtigung für Mittelspannungsanlagen bis 36 kV erfolgreich teilgenommen.

successfully attended on a training course approved by the BV Verkehr for the safe operation of medium voltage systems of up to 36 kV.

____________________ ____________________
Ort, Datum Stempel und Unterschrift
Place, date Seal and signature

Bild 14.3 Musterformblatt der Teilnahmebestätigung als Empfehlung der BG Verkehr Hamburg

Firmenkopf

Der Auftragnehmer ist verpflichtet, bei Durchführung und Abwicklung des Auftrags die maßgeblichen Unfallverhütungsvorschriften, andere Arbeitsschutzvorschriften sowie im Übrigen die „Maßnahmen zur Verbesserung der Sicherheit und des Gesundheitsschutzes“ zu beachten.

Unser Mitarbeiter, Herr/Frau …, ist von uns als betriebsbeauftragte Person eingesetzt und wird die Arbeiten Ihrer Firma mit den Arbeiten der Mitarbeiter vom Auftraggeber und den von uns ebenfalls beauftragten Firmen koordinieren, um eine mögliche, gegenseitige Gefährdung zu vermeiden. Soweit es für die Sicherheit erforderlich ist, hat er auch Weisungsbefugnis gegenüber Ihren bei uns tätig werdenden Mitarbeitern. Bitte, unterrichten Sie Ihre Mitarbeiter, dass auch den Weisungen unseres Betriebsbeauftragten Folge zu leisten ist. Veranlassen Sie auch, dass sich Ihre mit der Durchführung der Arbeiten betrauten Mitarbeiter vor Beginn der Arbeiten mit unserem Betriebsbeauftragten in Verbindung setzen und auch während der Durchführung der Arbeiten Kontakt halten.

Der Ordnung halber machen wir Sie darauf aufmerksam, dass die Weisungsbefugnis unseres Beauftragten in Fragen der Koordination gegenüber dem bei uns tätig werdenden Mitarbeiter Ihrer Firma die verantwortlichen Vorgesetzten Ihrer Firma nicht von ihrer Verantwortung (besonders Aufsichtspflicht) gegenüber Ihren Mitarbeitern entbindet.

Darüber hinaus müssen auch Ihre entsandten Mitarbeiter alles tun, um eine Gefährdung unserer Mitarbeiter und den von uns beauftragten Firmen, die durch ihre Tätigkeit gegeben sein kann, zu vermeiden.

Werden Arbeiten ausgeführt, an denen keine Mitarbeiter vom Auftraggeber oder von Firmen, die von uns beauftragt wurden, beteiligt sind, so haben Sie sich entsprechend DGUV-Vorschrift 1 § 6 Abs. 2 mit den anderen Unternehmen abzustimmen.

Bild 14.4 Muster-Formblatt 1: Verhütung von Unfällen bei Fremdvergabe nach Unfallverhütungsvorschrift (UVV) „Grundsätze der Prävention“ DGUV-Vorschrift 1, § 6

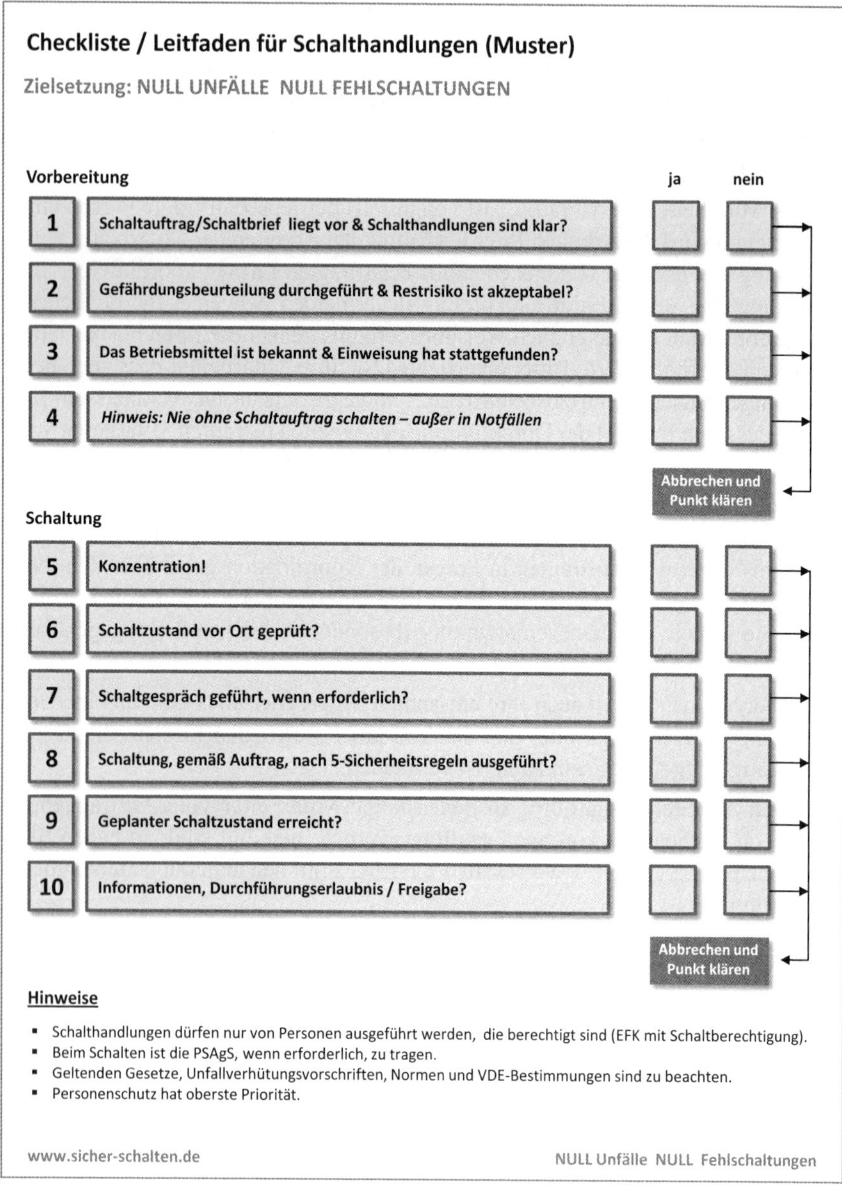

Checkliste / Leitfaden für Schalthandlungen (Muster)

Zielsetzung: NULL UNFÄLLE NULL FEHLSCHALTUNGEN

Vorbereitung

Nr.	Prüfpunkt	ja	nein
1	Schaltauftrag/Schaltbrief liegt vor & Schalthandlungen sind klar?		
2	Gefährdungsbeurteilung durchgeführt & Restrisiko ist akzeptabel?		
3	Das Betriebsmittel ist bekannt & Einweisung hat stattgefunden?		
4	*Hinweis: Nie ohne Schaltauftrag schalten – außer in Notfällen*		

Abbrechen und Punkt klären

Schaltung

Nr.	Prüfpunkt	ja	nein
5	Konzentration!		
6	Schaltzustand vor Ort geprüft?		
7	Schaltgespräch geführt, wenn erforderlich?		
8	Schaltung, gemäß Auftrag, nach 5-Sicherheitsregeln ausgeführt?		
9	Geplanter Schaltzustand erreicht?		
10	Informationen, Durchführungserlaubnis / Freigabe?		

Abbrechen und Punkt klären

Hinweise

- Schalthandlungen dürfen nur von Personen ausgeführt werden, die berechtigt sind (EFK mit Schaltberechtigung).
- Beim Schalten ist die PSAgS, wenn erforderlich, zu tragen.
- Geltenden Gesetze, Unfallverhütungsvorschriften, Normen und VDE-Bestimmungen sind zu beachten.
- Personenschutz hat oberste Priorität.

www.sicher-schalten.de NULL Unfälle NULL Fehlschaltungen

Bild 14.5 Leitfaden für Schalthandlungen (Checkliste)

- Für die Übertragung von Aufgaben (Pflichten), die wegen ihrer grundsätzlichen Bedeutung dem Unternehmer persönlich obliegen, finden Sie hier entsprechend DGUV-Vorschrift 1 § 13 ein Muster.

Übertragung von Unternehmerpflichten

Herrn/Frau ....

werden für den Betrieb/die Abteilung*) ....

....

....

der Firma ....

....

....

(Name und Sitz der Firma)

die dem Unternehmer hinsichtlich des Arbeitsschutzes und der Unfallverhütung obliegenden Pflichten übertragen, in eigener Verantwortung

- Einrichtungen zu schaffen und zu erhalten*)
- Anordnungen und sonstige Maßnahmen zu treffen*)
- ärztliche Untersuchungen von Beschäftigten zu veranlassen*)

soweit ein Betrag von .... € nicht überschritten wird.*)

Dazu gehören insbesondere:

....

....

....

....

...., den ....

....

(Unterschrift des Unternehmers)   (Unterschrift des Verpflichteten)

*) Nichtzutreffendes streichen

Bild 14.6 Musterformular „Übertragung von Unternehmerpflichten zur Arbeitssicherheit" nach DGUV-Vorschrift 1 § 13

Einweisung für EuP | Elektrotechnisch unterwiesene Person

Name, Vorname (EuP): ______________________

Tätigkeitsbereich / Arbeitsstelle: ______________________

Ich erkläre durch meine Unterschrift, dass ich vor Beginn der Arbeiten an der o.g. Arbeitsstelle über die Gefahren des elektrischen Stromes sowie über die notwendigen Schutzeinrichtungen, Schutzmaßnahmen und Sicherheitsabstände beim Arbeiten in oder an elektrischen Anlagen unterwiesen wurde.

Ich bestätige ausdrücklich, dass ich den Anordnungen von der EFK Folge leiste und das ich die Personen, die mir unterstellt sind bzw. die ich beaufsichtige durch eine Elektrofachkraft unterweisen lasse.

Detaillierte Tätigkeitsbeschreibung

Nr.	Tätigkeit
1	
2	
3	

Mir ist insbesondere bekannt, dass elektrische Anlagen und Betriebsstätten nur betreten werden dürfen, soweit dies für die Arbeiten erforderlich ist und soweit die Anlagen durch eine Elektrofachkraft freigegeben wurden. Bei Arbeiten in der Nähe von unter Spannung stehenden Anlagenteilen sind mir die genannten Sicherheitsabstände einzuhalten, insbesondere beim Handhaben von Metallteilen, Leitern und Werkzeugen. Änderungen und Reparaturen an elektrischen Betriebsmitteln sind der EUP verboten.

Ort, Datum: ______________________

Unterschrift unterwiesene Person: ______________________

Unterschrift Elektrofachkraft: ______________________

www.sicher-schalten.de NULL Unfälle NULL Fehlschaltungen

Bild 14.7 Musterformular „Einweisung EuP – Elektrotechnisch unterwiesene Person“

Errichterbestätigung (Muster)

Nach § 5 Absatz 4 der DGUV Vorschrift 3 „Elektrische Anlagen und Betriebsmittel"

1.	Auftragnehmer / Errichter
	Name oder Firma
	Anschrift (Straße, Nr, PLZ, Ort)

2.	Auftraggeber / Eigentümer
	Name oder Firma
	Anschrift (Straße, Nr, PLZ, Ort)

3.	Örtlicher Bereich
	Anschrift (Straße, Nr, PLZ, Ort)

4.	Genaue Bezeichnung der / des Anlagenteile(s)

Es wird hiermit verbindlich bestätigt, dass die elektrische Anlage den Bestimmungen der einschlägigen Gesetze und DIN / VDE-Bestimmungen entsprechend errichtet und nach der berufsgenossenschaftlichen Vorschrift DGUV Vorschrift 3 entsprechend geprüft wurde und nicht zu beanstanden ist.

Errichter der Anlage

Ort, Datum

Unterschrift / Stempel

www.sicher-schalten.de

NULL Unfälle NULL Fehlschaltungen

Bild 14.8 Musterformular einer „Errichterbestätigung"

Schaltbrief (Muster)

Seite ___

Nr.: ______________________

Ort der Schaltung: ______________________ geplant am: __________

Schaltungsgrund: ______________________ Anforderer: __________

Verantwortlichkeiten

a) Schaltberechtigter (Name) ______________________

b) Anlagenverantwortung (Name) ______________________

c) Arbeitsverantwortung (Name) ______________________

Hinschaltung am/um	von	Besonderheiten	Rückschaltung am/um	von

Abkürzungen

LS=Leistungsschalter | TR=Trennschalter | ES=Erdungsschalter | SG=Schaltgerät
LT=Lasttrennschalter | HH=HH Sicherung | NH=NH Sicherung | AE=Arbeitserde (EuK)

Schaltablauffolge

Nr.	Ort, UW/Station, Spannungsebene, Feld, Abgang	SG	Aktion	am	um	von
1	**Bsp.: Netzstation „Müllerstr.“ , 10kV, Schaltfeld 3, Trafo**	LT	AUS			
2						
3						
4						
5						
6						
7						
8						
9						
10						
11						
12						
13						
14						
15						
16						

Die 5 Sicherheitsregeln sind zu beachten !

www.sicher-schalten.de

NULL Unfälle NULL Fehlschaltungen

Bild 14.9 Schaltbrief

Qualifikationsnachweis

zur elektrotechnisch unterwiesenen Person

für einen begrenzten Tätigkeitsbereich in abgeschlossenen elektrischen Betriebsstätten

für ______________________________ ______________________________

(Name der zu unterweisenden Person) beschäftigt bei (Firmenname, Anschrift)

Unterweisung:

Die vorgenannte Person gilt als **elektrotechnisch unterwiesene Person** für den begrenzten Tätigkeitsbereich „Gärtnerische Arbeiten" in den unten aufgeführten Umspannwerken.

Dieser Qualifikationsnachweis gilt bis zum ______________ nur in Verbindung mit der Zugehörigkeit zu der benannten Firma und einer bestehenden Beauftragung dieser Firma.

Die vorgenannte Person wurde anhand des Merkblatts „Gärtnerische Arbeiten" entsprechend der Unfallverhütungsvorschrift „Elektrische Anlagen und Betriebsmittel" (DGUV-Vorschrift 3) und der DIN VDE 0105-100 über das gefahrfreie Verhalten in Umspannwerken unterwiesen und ist berechtigt, die unten aufgeführten Anlagen zu betreten, um dort gärtnerische Arbeiten durchzuführen. Das Merkblatt „Gärtnerische Arbeiten" wurde ausgehändigt.

Unterweisung am ______________________________

Ort, Datum

______________________________ ______________________________

Elektrofachkraft Unterwiesener (Unterschrift)

Eignungsbestätigung des Auftragnehmers:

Die unterwiesene Person gilt als zuverlässig und geeignet, entsprechend der durchgeführten Unterweisung gärtnerische Arbeiten in Umspannwerken

☐ auszuführen ☐ zu beaufsichtigen

______________________________ ______________________________

Ort, Datum Bestätigung des Auftragnehmers

Einweisung der unterwiesenen Person:

Die unterwiesene Person wurde in folgende Umspannwerke eingewiesen:

(Anlage)	(Elektrofachkraft)	Datum	Unterwiesener
(Anlage)	(Elektrofachkraft)	Datum	Unterwiesener
(Anlage)	(Elektrofachkraft)	Datum	Unterwiesener
(Anlage)	(Elektrofachkraft)	Datum	Unterwiesener
(Anlage)	(Elektrofachkraft)	Datum	Unterwiesener

Bild 14.10 Qualifikationsnachweis zur elektrotechnisch unterwiesenen Person (EUP) – als Dokumentationsunterlage für begrenzte Tätigkeiten von EUP in abgeschlossenen elektrischen Betriebsstätten

Erklärung

Elektro-Fachfirmen (Formblatt A)

Der Arbeitsverantwortliche ____________________
Name

Firma ____________________
Name

Baustelle / Anlage ____________________

Anlagenverantwortlicher ____________________
Name Telefon

bescheinigt hiermit,
von dem Anlagenverantwortlichen ____________________
Name / Betrieb

in die örtlichen Verhältnisse der Anlage eingewiesen und über Unfallgefahren unterrichtet worden zu sein.

Der gefahrlose Weg zu den Aufenthaltsräumen und den Arbeitsstellen ist mir bekannt.

Die unter Spannung stehenden Anlageteile sind mir bezeichnet worden. Ich erkenne die Bedeutung der werkseitigen Sicherheitsmaßnahmen an und werde den Anweisungen des zuständigen Anlagen verantwortlichen unbedingt Folge leisten.
Ich bin nicht befugt, Sicherheitsvorkehrungen zu verändern und Schalthandlungen vorzunehmen.

Ich bin verpflichtet, Veränderungen und Provisorien, die durch den Arbeitsfortschritt entstehen und sich auf die Sicherheit und den schaltungstechnischen Aufbau der Anlage auswirken, dem zuständigen Anlageverantwortlichen unverzüglich zu melden.

Ich über nehme die Verpflichtung, als Arbeitsverantwortlicher für die Unterweisung der einzelnen Mitarbeiter zu sorgen.
Ich bin verpflichtet, das mir erläuterte und ausgehändigte Merkblatt „Arbeitssicherheit“ für Auftragnehmer und deren Mitarbeiter zu beachten.

Ein Wechsel des Arbeitsverantwortlichen ist unverzüglich dem Anlagenverantwortlichen mitzuteilen.

____________________ ____________________
Ort, Datum Unterschrift

Bild 14.11 Erklärung Elektrofachfirmen –
als Dokumentationsunterlage für die Einweisung des Arbeitsverantwortlichen/Aufsichtführenden von Fremdfirmen durch den schaltberechtigten Anlagenverantwortlichen des Auftraggebers

Erklärung

Fachfremde Personen (Formblatt B)

von Mitarbeitern der Firma ________________________
Name

Ich erkläre hiermit,
von dem Anlageverantwortlichen ________________________
Name / Betrieb

in die örtlichen Verhältnisse der Anlage ________________________

durch den Anlageverantwortlichen ________________________
Name Telefon

eingewiesen und über die **Gefahren**, die **durch Annäherung** an elektrische Leitungen und Betriebsmittel entstehen, genau unterwiesen worden zu sein. Ich habe den Anweisungen des Anlageverantwortlichen unbedingt Folge zu leisten.

Ich bin verpflichtet, das mir erläuterte und ausgehändigte Merkblatt „Arbeitssicherheit" für Auftragnehmer und deren Mitarbeiter zu beachten.

Hinweis:
Jede Veränderung des Personaleinsatzes ist sofort von der verantwortlichen Person des Auftragnehmers dem zuständigen Anlageverantwortlichen zu melden.

____
Ort Datum

1. ________________ ________________
Verantwortliche Person des Auftragnehmers
2. ________________ ________________
3. ________________ ________________
4. ________________ ________________
5. ________________ ________________
6. ________________ ________________
7. ________________ ________________
8. ________________ ________________
9. ________________ ________________
10. ________________ ________________
Name Unterschrift

Bild 14.12 Erklärung fachfremde Person –
als Dokumentationsunterlage für die Einweisung von Mitarbeitern von Fremdfirmen

Arbeiten im Umspannwerk / Schaltstation (Formblatt C1)

UW / SST ______ Datum: ______ Blatt 3

Art der Arbeit: ______ Beachte Blatt-Nr.: ______

Arbeitsstelle: ______

im Anlageteil: ______

Freischaltbereiche (Fsb)

Fsb ① ______

Fsb ② ______

Fsb ③ ______

Fsb ④ ______

Freigabe zur weiteren Verfügung

von ______ (Schaltleitung / Name)

von ______ (Schaltleitung / Name)

an ______ (Schaltberechtigter (SB) im UW)

für Fsb ① ② ③ ④

um (Uhrzeit) .... h .... h ....h .... h

für Fsb ① ② ③ ④

um (Uhrzeit) .... h .... h ....h .... h

Eingeschaltete Erdungsschalter	Eingebaute Arbeitserden / EuK – Einbauorte	Anzahl
Fsb ① ______	______	______
Fsb ② ______	______	______
Fsb ③ ______	______	______
Fsb ④ ______	______	______

Meldung der eingeschalteten Erdungsschalter / eingebauten Arbeitserden Gesamtanzahl ______

von ______ (Schaltberechtigter (SB) im UW) an ______ (Name (GSL Dollern)) um ______ (Uhrzeit) h

Durchführungserlaubnis Freigabe zur Arbeit

Der Arbeitsverantwortliche wurde eingewiesen und hat die vollständige Durchführung der „5 Sicherheitsregeln" überprüft.
Er übernimmt die Verantwortung für die Arbeitssicherheit an der Arbeitsstelle.

von ______ (ANLV / Schaltberechtigter (SB) im UW (Unterschrift)) an ______ (Arbeitsverantwortlicher (Unterschrift)) um ______ (Uhrzeit) h

---

Freimeldung und Rückgabe der Durchführungserlaubnis Datum: ______

Der Arbeitsverantwortliche erklärt die Arbeit für beendet und meldet die Arbeitsstelle frei von Personen, Werkzeugen und Geräten.
Das Betreten der Arbeitsstelle ist für den Arbeitsverantwortlichen und das Arbeitspersonal ab sofort verboten.

von ______ (Arbeitsverantwortlicher (Unterschrift)) an ______ (Schaltberechtigter (SB) im UW (Unterschrift)) um ______ (Uhrzeit) h

Ausgeschaltete Erdungsschalter					Ausgebaute Arbeitserden / EuK				
Fsb	①	②	③	④	Fsb	①	②	③	④
Anzahl	....	....	....	....	Anzahl	....	....	....	....

Gesamtanzahl ______

Meldung der ausgeschalteten Arbeitserder / ausgebauten Arbeitserden / EuK

von ______ (ANLV / Schaltberechtigter (SB) im UW) an ______ (Name) um ______ (Uhrzeit) h

Meldung der Einschaltbereitschaft

von ______ (ANLV / Schaltberechtigter (SB) im UW)

an ______ (Schaltleitung / Name)

an ______ (Schaltleitung / Name)

für Fsb ① ② ③ ④

um (Uhrzeit) .... h .... h ....h .... h

für Fsb ① ② ③ ④

um (Uhrzeit) .... h .... h ....h .... h

Blatt 3

Bild 14.13 Arbeiten im Umspannwerk/Schaltstationen (SSt) –
als Dokumentationsunterlage für die Tätigkeiten/Meldungen, die zwischen der jeweils zuständigen Leitstelle und dem schaltberechtigten Anlagenverantwortlichen vor Ort durchgeführt werden müssen

Arbeiten an Leitungen / Kabeln (Formblatt C2)

(Freigabe zur Arbeit) Datum: ______ Blatt 3

Geerdete Freischaltbereiche (Fsb) / KU / AWE - Ausschaltung Beachte Blatt-Nr.: ______

Fsb ① ______ - kV-Leitung / Kabel ______

Fsb ② ______ - kV-Leitung / Kabel ______

Fsb ③ ______ - kV-Leitung / Kabel ______

Fsb ④ ______ - kV-Leitung / Kabel ______

KU ⑤ ______ - kV-Leitung ______

KU ⑥ ______ - kV-Leitung ______

Art der Arbeit: ______

Arbeitsstelle: ______

Freigabe zur weiteren Verfügung / KU - Ausschaltung (KU)

von ______ (Schaltleitung / Name) an ______ (Beauftragter)

für Fsb ① ② ③ ④ /KU ⑤ ⑥

um (Uhrzeit) .... h .... h .... h .... h .... h .... h

von ______ (Schaltleitung / Name)

für Fsb ① ② ③ ④ /KU ⑤ ⑥

um (Uhrzeit) .... h .... h .... h .... h .... h .... h

Eingebaute Abschnitts- / Arbeitserden

	Mastnummer / Anzahl	Anzahl pro Fsb
Fsb ①		
Fsb ②		
Fsb ③		
Fsb ④		

Meldung der eingebauten Abschnitts- / Arbeitserden Gesamtanzahl ______

von ______ (Beauftragter) an ______ (Name) um ______ (Uhrzeit) h

Freigabe zur Arbeit

Der Arbeitsverantwortliche wurde eingewiesen und hat sich davon überzeugt, dass die erforderlichen Sicherheitsmaßnahmen an der Arbeitsstelle getroffen wurden.
Er übernimmt die Verantwortung für die Arbeitssicherheit an der Arbeitsstelle.

von ______ (Beauftragter (Unterschrift)) an ______ (Arbeitsverantwortlicher (Unterschrift)) um ______ (Uhrzeit) h

---

Freimeldung Datum: ______

Der Arbeitsverantwortliche erklärt die Arbeit für beendet und meldet die Arbeitsstelle frei von Personen, Werkzeugen und Geräten.
Das Betreten der Arbeitsstelle ist für den Arbeitsverantwortlichen und das Arbeitspersonal ab sofort verboten.

von ______ (Arbeitsverantwortlicher (Unterschrift)) an ______ (Beauftragter (Unterschrift)) um ______ (Uhrzeit) h

Ausgebaute Abschnitts- / Arbeitserden

Fsb	①	②	③	④
Anzahl	....	....	....	....

Gesamtanzahl ______

Meldung der ausgebauten Abschnitts- / Arbeitserden

von ______ (Beauftragter) an ______ (Name) um ______ (Uhrzeit) h

Meldung der Einschaltbereitschaft (Fsb / KU)

von ______ (Beauftragter)

an ______ (Schaltleitung / Name)

für Fsb ① ② ③ ④ /KU ⑤ ⑥

um (Uhrzeit) .... h .... h .... h .... h .... h .... h

an ______ (Schaltleitung / Name)

für Fsb ① ② ③ ④ /KU ⑤ ⑥

um (Uhrzeit) .... h .... h .... h .... h .... h .... h

Blatt 3

Bild 14.14 Arbeiten an Leitungen/Kabeln –
Erlaubnis zur Durchführung zur Arbeit durch den schaltberechtigten Anlagenverantwortlichen

Freigabeschein (Muster)

Für Arbeiten an elektrischen Anlagen

Gültig für Zeitraum: ______________________________

Arbeitsstelle(n): ______________________________

Folgende Arbeiten dürfen ausgeführt werden: ______________________________

Durchführungserlaubnis vom Anlagenverantwortlichen an den Arbeitsverantwortlichen, nach Freischaltung der elektrischen Anlage unter Anwendung der 5-Sicherheitsregeln, erteilt: ______________________________

Datum / Urzeit	**Anlagenverantwortlicher**	**Arbeitsverantwortlicher**

Sonstige Festlegungen, Sicherheitsmaßnahmen und Gefahrenbereiche:

____

Freigabe erteilt zur Arbeit vom Arbeitsverantwortlichen an die Arbeitsgruppe:

Datum / Urzeit	**Unterschrift**

Einweisung der beteiligten Mitarbeiter

Ich habe Kenntnis von der erteilten Freigabe erhalten und wurde über die Grenzen der Arbeitsstelle, über getroffene Sicherheitsmaßnahmen und über besondere Gefahren unterwiesen. Zur Sicherung der Arbeitsstelle dienende Maßnahmen dürfen nicht verändert werden. Elektrische Anlagenteile außerhalb des abgegrenzten Arbeitsbereiches gelten als unter Spannung stehend. Das Betreten nicht freigegebener Anlagenbereiche ist lebensgefährlich und verboten.

Nach Beendigung der Arbeiten habe ich das Verlassen der Arbeitsstelle täglich zu bestätigen. Die Arbeitsstelle ist danach als unter Spannung stehend zu betrachten. Eine weitere Arbeitsaufnahme ist erst nach erneuter Unterweisung und Freigabe durch den Arbeitsverantwortlichen zulässig.

Beginn der Arbeiten	**Datum**	**Arbeitsverantwortlicher**	**1. Mitarbeiter**	**2. Mitarbeiter**	**3. Mitarbeiter**

Nach der Arbeit

Personen, Werkzeuge und Hilfsmittel sind von der Arbeitsstelle entfernt. Die Arbeitsstelle wird nicht mehr betreten.
Rückgabe der Durchführungserlaubnis vom Arbeits-an den Anlagenverantwortlichen

Datum / Urzeit	**Arbeitsverantwortlicher**	**Anlagenverantwortlicher**

www.sicher-schalten.de **NULL Unfälle NULL Fehlerschaltungen**

Bild 14.15 Durchführungserlaubnis und Freigabe für das Arbeiten an elektrischen Anlagen

Umspannwerke, Stationen ______________________

Freigabeschein

für Arbeiten in abgeschlossenen elektrischen Betriebsstätten

Freigabe für Arbeiten in der Anlage: ______________________

durch den Anlagenverantwortlichen: ______________ Datum: ____________ Uhrzeit: ________

für die Arbeitsstelle(n): ______________________

____

____

Folgende Arbeiten dürfen ausgeführt werden: ______________________

____

Hinweise auf Hilfs- und Steuerspannungen, CO-Anlagen, Druckluftanlagen: ______________________

____

Die Arbeitsgrenzen sind kenntlich gemacht. Erforderliche Sicherheitsmaßnahmen sind durchgeführt:

Bemerkungen: ______________________

____

____

Hinweise:
Elektrische Anlageteile außerhalb des abgegrenzten Arbeitsbereiches gelten als unter Spannung stehend. Das Betreten nicht freigegebener Bereiche, die Annäherung an nicht freigegebene Leitungen und Betriebsmittel, direkt oder mit Gegenständen, ist lebensgefährlich und verboten.
Hierauf ist beim Transport von langen Gegenständen wie Metallteilen und Leitern zu achten.
Ein unnötiger Aufenthalt in der Nähe unter Spannung stehender Teile ist zu vermeiden.
Es ist verboten, Schaltfelder zu öffnen.
Zur Sicherung der Arbeitsstelle dienende Maßnahmen dürfen nicht verändert werden.
Die Außentüren sind auch bei kurzzeitigem Verlassen der elektr. Betriebsstätte zu verschließen.
Nach jedem Verlassen der elektr. Betriebsstätte darf die Arbeit nicht ohne erneute Einweisung durch den Arbeitsverantwortlichen wieder aufgenommen werden. Der Arbeitsverantwortliche überzeugt sich von dem Zustand der freigegebenen Arbeitsstätte durch Ortsbesichtigung.
Die Hinweise für Arbeiten an elektr. Anlagen sind vom Anlagenverantwortlichen zu erläutern.
Nur die durch Unterschrift erfaßten Personen sind zu obigen Arbeiten berechtigt.

______________	______________	______________
Anlagenverantwortlicher	Arbeitsverantwortlicher	Abteilung

Weitere vom Anlagenverantwortlichen eingewiesene Personen: ______________________

____

Vom Arbeitsverantwortlichen eingewiesene Personen: ______________________

____

Der Freigabeschein ist für die Dauer der obigen Arbeiten an der Arbeitsstelle sichtbar aufzubewahren und nach Beendigung der Arbeiten dem Anlagenverantwortlichen zurückzugeben.

Räumung der Arbeitsstelle

Personen und Sachen (Werkzeuge und Hilfsmittel) sind von der Arbeitsstelle zurückgezogen bzw. entfernt. Die Arbeitsstelle wird nicht mehr betreten.

______________	______________
Datum, Uhrzeit	Unterschrift (Der Arbeitsverantwortliche für die Arbeitsstelle)

Bild 14.16 Freigabe für Arbeiten in abgeschlossenen elektrischen Betriebsstätten

Betriebsanweisung

gemäß GefStoffV

Umgang mit verunreinigtem Schwefelhexafluorid (SF_6)

Gefahrenstoffbezeichnung

Schwefelhexafluorid (SF_6) mit Zersetzungsprodukten (verunreinigtes SF_6)

SF_6 in elektrischen Anlagen kann bei einem Störfall mit Lichtbogeneinwirkung Zersetzungsprodukte enthalten: gasförmige Schwefelfluoride und Schwefeloxyfluoride, feste (staubförmige) Metallfluoride, Metallsulfide und Metalloxide, Fluorwasserstoff, Schwefeldioxid.

Gefahren für Mensch und Umwelt

Zersetzungsprodukte können giftig/gesundheitsschädlich bei Einatmen, Verschlucken oder Berührung mit der Haut sein oder Augen, Atmungsorgane oder Haut reizen oder Verätzung verursachen. Beim Einatmen größerer Mengen besteht die Gefahr einer Lungenschädigung (Lungenödem), die sich erst nach längerer Zeit bemerkbar machen kann.

Bei Gasaustritt Erstickungsgefahr infolge Sauerstoffverdrängung, insbesondere am Boden und in tiefer gelegenen Räumen.

SF_6 ist ein Treibhausgas, deshalb sind SF_6-Emissionen zu vermeiden.

Schutzmaßnahmen und Verhaltensregeln

- Anlagenräume dürfen erst nach gründlicher Lüftung betreten werden, wenn gasförmige Zersetzungsprodukte ausgetreten sind,
- SF_6-Gasräume der Schaltanlage erst nach Absaugen des SF_6 mit Wartungsgerät öffnen,
- Atemschutz benutzen,
- Schutzoverall tragen,
- Vollsicht-Schutzbrille und Chemikalien-Schutzhandschuhe benutzen,
- Staub nicht aufwirbeln,
- Berührung der Haut und Schleimhäute mit Zersetzungsprodukten vermeiden,
- Essen, Trinken, Rauchen und Aufbewahren von Lebensmitteln in Räumen mit geöffneten, Schaltstaub enthaltenden Anlagen ist verboten.

Verhalten im Gefahrenfall

- Hinweis auf SF_6-Zersetzungsprodukte durch stechenden Geruch (nach faulen Eiern),
- Anlagenräume dürfen nicht betreten werden oder müssen sofort verlassen werden, wenn Austritt von Zersetzungsprodukten festgestellt oder angezeigt wird,
- Reinigungswasser auffangen oder aufnehmen und neutralisieren,
- wenn der Schaltanlagenraum für Schaltungen betreten werden muss und nicht vollständig gelüftet ist, nur mit umgebungsluftunabhängigem Atemschutzgerät betreten,
- Brandbekämpfung nur durch ausgebildete Feuerwehren,
- Staub mit geprüftem Staubsauger aufnehmen.

Erste Hilfe

- Bei Inhalation: Sauerstoffzufuhr, ggf. künstliche Beatmung mit Beatmungsgerät.
- Bei Hautkontakt: Beaufschlagte Stelle gründlich mit viel Wasser spülen.
- Bei Verschlucken: Sofort Arzt aufsuchen.
- Bei Augenkontakt: Mehrere Minuten bei geöffnetem Liedspalt gründlich mit Wasser spülen.

Sachgerechte Entsorgung

Verunreinigtes Wasser (Abf.-Schl.-Nr. XXX), Einweganzüge,

Atemschutzhalbmaske und Staubsaugerbeutel (Abf.-Schl.-Nr. XXX) sind Sonderabfall und unterliegen dem Abfallgesetz.

Bild 14.17 Musterbetriebsanweisung für den Umgang mit verunreinigtem SF_6 nach einem Störfall mit Lichtbogeneinwirkung

15 Literatur

(abschnittsbezogen)

[1] *Schliephacke, J.*: An einer klaren Arbeitssicherheitsorganisation führt kein Weg vorbei. Blick durch die Wirtschaft – Zeitung für Finanzen, Steuern, Recht und Management 32 (1989) vom 28.11. u. 29.11. – ISSN 0406-4224

[1, 2] *Siller, E.*; *Schliephacke, J.*: Unfallverhütungsvorschrift „Allgemeine Vorschriften" VBG 1. Berufsgenossenschaft der Feinmechanik und Elektrotechnik (Hrsg.). Köln: Greven und Bechthold, 1994

[2.1] *Schliephacke, J.*: Vorschriften und Regeln im Arbeitsschutz. Best.-Nr. SD 21. Sicherheit beim Herstellen und Betreiben. Sonderdruck aus BG-Heften 12/82 und 1/83. Köln: Berufsgenossenschaft der Feinmechanik und Elektrotechnik

[2.4] Erst verbindliche Führungsgrundsätze erwecken die Organisation zum Leben. Blick durch die Wirtschaft – Zeitung für Finanzen, Steuern, Recht und Management 32 (1989) vom 28.11. und 29.11. – ISSN 0406-4224

[3, 10, 11] *Egyptien, H.-H.*; *Schliephacke, J.*; *Siller, E.*: Schutz gegen elektrische Gefährdungen. Berufsgenossenschaft der Feinmechanik und Elektrotechnik (Hrsg.). Köln: Dt. Instituts-Verlag, 2005. – ISBN 978-3-6021-4694-9

[3, 4, 10] Sicherheit bei Arbeiten an elektrischen Anlagen. Berufsgenossenschaft Energie, Textil, Elektro (Hrsg.). Schriftenreihe Arbeitsschutz konkret, BGI 519. Köln: Heymanns, 2009

[4.3] *Drache, G.*: Arbeiten und Bedienen an elektrotechnischen Anlagen. VEB Ingenieurbetrieb der Energieversorgung (Hrsg.). Berlin: Verlag für Standardisierung, 1986. – ISBN 3-7405-0005-3

[4.5] Richtlinie der See-Berufsgenossenschaft, Hamburg

[5.6] *Klockhaus, H.*; *Poll, J.*; *Sauerbach, F.-J.*: Sternpunktbehandlung und Erdschlußfehlerortsuche im Mittelspannungsnetz. Elektrizitätswirtschaft 80 (1981) H. 22, S. 797–803. – ISSN 0013-5496

[5.8] Schneider Electric Sachsenwerk GmbH, Regensburg: www.schneider-electric.com (vormals Areva Energietechnik Sachsenwerk GmbH)

[5.9.1] Leistungsschalter (T-Schalter) für Mittelspannungsanlagen. Firmenschrift. Erlangen: Siemens

[5.9.1] Vakuum-Leistungsschalter – ein neuer Weg im Bereich der Mittelspannung. Firmenschrift. Regensburg: Sachsenwerk, 1982

[5.9.2] Innenraum-Lasttrennschalter. Firmenschrift. Wegberg: Fritz Driescher KG, 1983

[5.10.2] *Grote, M.*; *Hollmann, F.*: Zukunftskonzepte für gasisolierte Mittelspannungs-Lastschaltanlagen. etz Elektrotechn. Z. 110 (1989) H. 17, S. 882–886. – ISSN 0170-1711

[5.11.3] *Müller, A.*: IEC 62271-200: Neue Klassen in der MS-Schaltanlagennormung. etz Elektrotech. + Autom. 124 (2003) H. 15, S. 12–15. – ISSN 0948-7387

[5.11.4] Diverse Broschüren aus dem Lieferprogramm „Mittelspannungsschaltgeräte". Regensburg: Schneider Electric

[5.12.1] Schwefelhexafluorid. Firmenschrift. Hannover: Solvay Fluor und Derivate GmbH

[5.12.2] SF_6-Anlagen und -Betriebsmittel. DGUV-Information 213-013 (vormals BGI 753). Köln: BG Elektro Textil Feinmechanik, 2008

[5.12.3] Erklärung zu SF_6 in elektrischen Schaltgeräten und -anlagen. VDEW Vereinigung Deutscher Elektrizitätswerke e. V./ZVEI Zentralverband Elektrotechnik- und Elektronikindustrie e. V. Frankfurt am Main: VDEW und ZVEI, 1997

[6.3.1] Brand- und Explosionsgefahren. Sonderdruck aus dem Mitteilungsblatt der Nordwestlichen Eisen- und Stahl-Berufsgenossenschaft, Ausg. Mai 1982

[8] Gefahren des elektrischen Stroms. Reihe Arbeitsschutz konkret. Köln: BG Energie Textil Elektro Medienerzeugnisse, 2011. – Best.-Nr. MB 9

[8.2] *Biegelmeier, G.*: Die Wirkungen des elektrischen Stromes auf den Menschen und der elektrische Widerstand des menschlichen Körpers. etz-Report 20. Berlin · Offenbach: VDE VERLAG, 1987. – ISBN 3-8007-1410-8, ISSN 0341-3926

[8.3] DIN IEC/TS 60479-1 (**VDE V 0140-479-1**):2007-05
Wirkungen des elektrischen Stroms auf Menschen und Nutztiere – Teil 1: Allgemeine Aspekte. Berlin · Offenbach: VDE VERLAG

[8.4] *Biegelmeier, G.*; *Kieback, D.*; *Kiefer, G.*; *Krefter, K.-H.*:
Schutz in elektrischen Anlagen – Band 1: Gefahren durch den elektrischen Strom. VDE-Schriftenreihe Bd. 80. Berlin · Offenbach: VDE VERLAG, 2003. – ISBN 3-8007-2603-3, ISSN 0506-6719

[9.1] *Kieback, D.*: Die zeitliche Entwicklung der tödlichen Stromunfälle in der Bundesrepublik Deutschland. etz Elektrotechn. Z. 101 (1980) H. 1, S. 23–26. – ISSN 0170-1711

[10] Sicherheitsregeln für die Elektrofachkraft. Köln: BG Energie Textil Elektro Medienerzeugnisse. – Best.-Nr. MB 25

[10.3, 10.11] *Hoffmann, R.*; *Lantwin, A.*; *Nied, D.*; *Schäfer, J.* (Hrsg.):
Betrieb von elektrischen Anlagen. VDE-Schriftenreihe Bd. 13. Berlin · Offenbach: VDE VERLAG, 2017. – ISBN 978-3-8007-4322-3, ISSN 0506-6719

[12.1] *Klemmer, H.*: Einheitliche Schaltsprache – Ja oder Nein?
Der Sicherheitsingenieur 21 (1991) H. 9. – ISSN 0300-3329

[10.2, 12.6] Arbeitsanweisung Schalthandlung. Bremen: swb Netze GmbH

16 Bildquellennachweis

Fotos und Strichzeichnungen stellten freundlicherweise folgende Firmen zur Verfügung:

- ABB AG, Mannheim
  Bild 5.41, Bild 5.93
- Berufsgenossenschaft ETEM, Köln
  Bild 8.2 bis Bild 8.5
- Dehn SE, Neumarkt (Oberpfalz)
  Bild 10.15
- Dilo GmbH, Babenhausen
  Bild 5.113
- Elsic GmbH, Mönchengladbach
  Bild 10.11, Bild 10.13, Bild 10.18, Bild 10.19, Bild 10.25 bis Bild 10.27
- E.ON AG, Hannover
  Bild 10.9, Bild 10.30, Bild 14.10 bis Bild 14.14
- EWE AG (vormals ÜNH), Bremen
  Bild 1.1, Bild 5.63, Bild 5.64, Bild 10.1, Bild 10.2, Bild 10.32 bis Bild 10.41, Bild 12.1 bis Bild 12.4, Bild 12.8, Bild 12.17 bis Bild 12.22, Bild 14.1, Bild 14.7
- F&G, Krefeld/Ormazabal Anlagentechnik GmbH (vormals Moeller)
  Bild 5.60, Bild 5.104
- Fritz Driescher KG, Wegberg
  Bild 5.31, Bild 5.52, Bild 5.53, Bild 5.55, Bild 5.90
- Fuji Electric Co., Ltd., Tokio/Japan
  Bild 5.86
- HEA e. V., Frankfurt am Main
  Bild 5.8
- Kabelmetal Electro GmbH, Hannover
  Bild 5.85
- KW Hydraulik GmbH, Sonneberg
  Bild 10.14
- Miebach GmbH & Co. KG, Dortmund
  Bild 9.3

- Schneider Electric Sachsenwerk GmbH, Regensburg
  (vormals Areva Energietechnik)

  Bild 5.32 bis Bild 5.37, Bild 5.45 bis Bild 5.51, Bild 5.61, Bild 5.88, Bild 5.92, Bild 5.98, Bild 5.101, Bild 5.108
- Siemens AG Energy, Erlangen
  Bild 5.38 bis Bild 5.40, Bild 5.44, Bild 5.82, Bild 5.84, Bild 5.89, Bild 5.95, Bild 5.103, Bild 5.107
- Solvay Fluor und Derivate GmbH, Hannover
  Bild 5.80, Bild 5.81, Bild 5.114
- Star. Energiewerke GmbH & Co. KG, Rastatt
  Bild 12.5

Stichwortverzeichnis

O

P

Q

R

S